趣味数学图鉴

〔日〕中村享史/编著

程亮/译

吴开宁/审校

中国出版集团 现代出版社

1

首先，我们来看各章分别讲了什么内容。我们将在第一章学习数学的基础——“数”与“运算”。

第一章 数与运算

“数”是指数字吗？

运算是指加减乘除吧？

好像挺难哪……

2

例如，你们知道这个算式的得数是多少吗？

$$1+2+3+\cdots+98+99+100=$$

不知道！

不想算！

3

嗯，要是我告诉你们，只需10秒钟就能学会怎么算呢？（→第34页）

想知道！请教我们！

10秒钟？！

4

只要做到寓学于乐，自然就会掌握基本的概念！好了，你们知道这是什么吗？这可不是普通的蝉。（→第46页）

17

13

这只蝉有什么特殊吗？

它背上的数字是什么意思呢？

5

在这些艺术作品和自然造物当中，隐藏着关于数学的神奇规则！（→第74页）

规则？

6

看完第一章，就全明白了。怎么样？还觉得数学难吗？好了，我们来看第二章！

好！

1
老师，这是什么？
第二章
函数与方程
那是绳文人的大腿骨。
我们将在第二章学习各种“函数”和“方程”。借助函数，能够通过这根骨头求出其主人的身高（→第90页），方程则可用于求值。
2
知道x的值，就能导出y的值——这是“函数”的基本概念。除了通过骨头求出身高，你们觉得函数还能做什么？
知道包裹的大小，就能知道快递的费用！
知道距离多远，就能知道打车的费用！
（→第94页）
嗯，没错！
3
细菌很恶心。
此外，我们还能知道细菌在x天后的增殖情况，以及滚烫的汤过多久会达到适宜饮用的温度！（→第114页）
汤看起来很好喝。
4
您的语气听起来并不开心……
老师只有开心时才会露出那副表情，一定是这样！
$y=A\cdot 2^x$
y
2A
A
O
1
$y=91.3e^{-0.07X}$
y(℃)
95 85 75 65 55 45 35 25 15 5 0
2 4 6 8 10 12 14 16 18 20 22 24 26 28 x(分钟后)
还会出现许多这样的图像和方程！
嗯，真开心！
5
好了，我们来看第三章吧！
好！

1

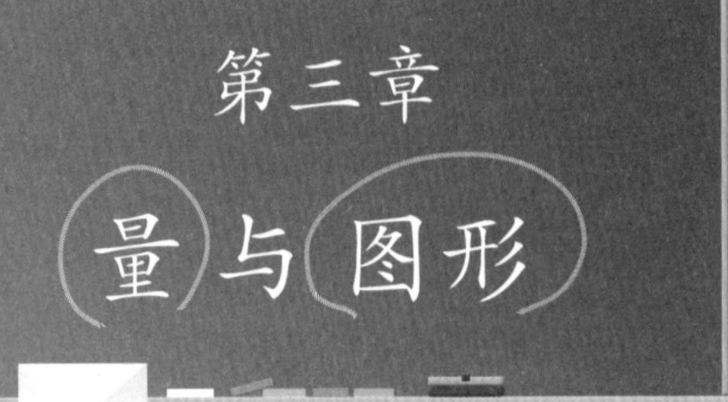

看，世界充满图形！我们将在第三章学习各种图形！

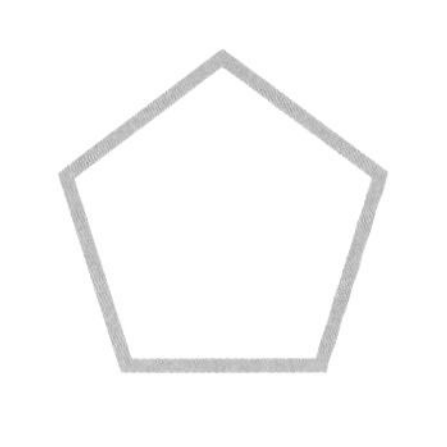

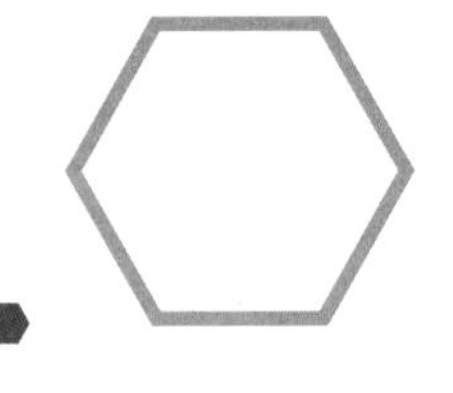

我喜欢这个！

哇！好多种形状！

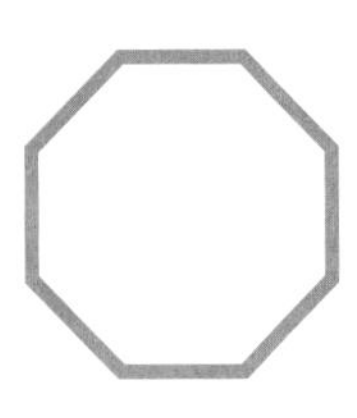

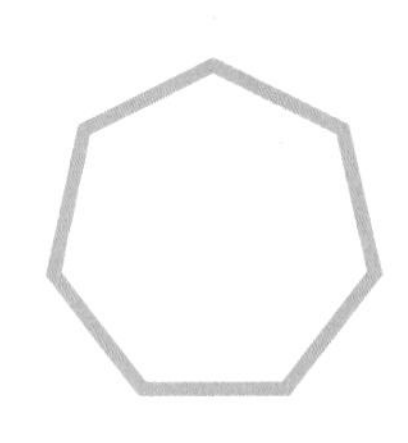

2

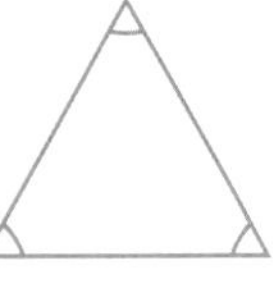
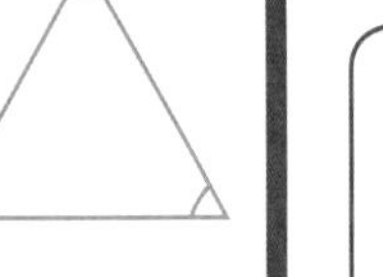

图形的性质、面积和体积的计算方法、多边形的角度等，这些都是很有趣的内容！

啊！量角器！

3

老师，这是什么？

这只是街上随处可见的各种形状之一。

（→第166页）

4

好了，接下来看第四章吧！

好！

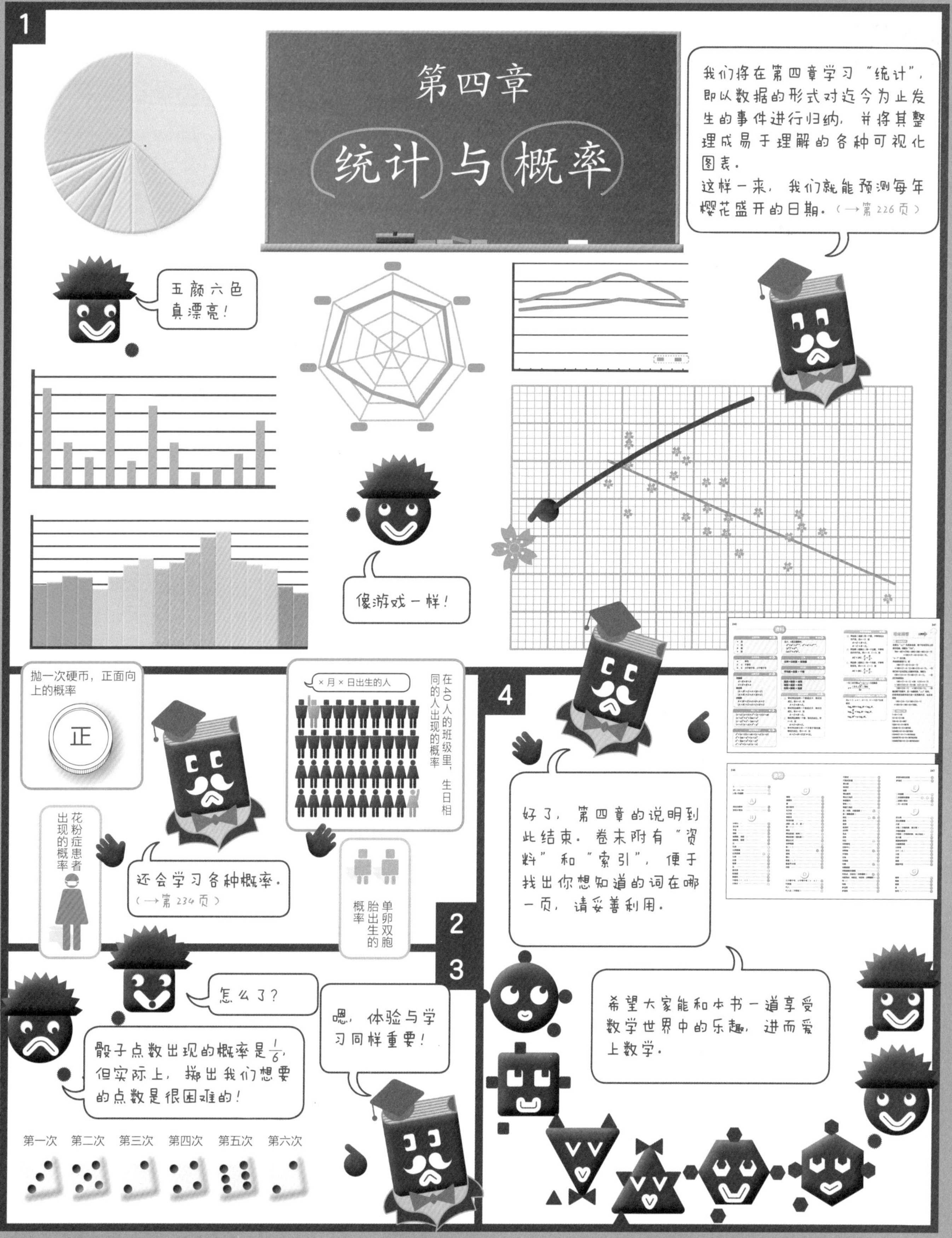

1

第四章

统计与概率

我们将在第四章学习“统计”，即以数据的形式对迄今为止发生的事件进行归纳，并将其整理成易于理解的各种可视化图表。

这样一来，我们就能预测每年樱花盛开的日期。（→第 226 页）

五颜六色真漂亮！

像游戏一样！

2

抛一次硬币，正面向上的概率

正

在40人的班级里，生日相同的人出现的概率

× 月 × 日出生的人

花粉症患者出现的概率

还会学习各种概率。（→第 234 页）

单卵双胞胎出生的概率

3

怎么了？

骰子点数出现的概率是$\frac{1}{6}$，但实际上，掷出我们想要的点数是很困难的！

嗯，体验与学习同样重要！

第一次 第二次 第三次 第四次 第五次 第六次

4

好了，第四章的说明到此结束。卷末附有“资料”和“索引”，便于找出你想知道的词在哪一页，请妥善利用。

希望大家能和本书一道享受数学世界中的乐趣，进而爱上数学。

目录
Contents

第一章 数与运算

第二章 函数与方程

第三章 量与图形

第四章 统计与概率

Chapter I

第一章
数与运算
Numbers / Calculations

1 古代的数字

在古埃及和巴比伦，人们用数字（符号）来表示数。
如下图所示的10、100、1000，当位数增多时，会使用新的符号。
但如此一来，表示很大的数时，就需要使用大量符号，看起来十分复杂。
而且，当表示像6245和6005这种位数相同的数时，符号如何排列并无统一标准。

	1	2	3	4	5	6	7	8	9	10	100	1000
古埃及数字												
巴比伦数字												
希腊数字（阿提卡数字）	I	II	III	IIII	Γ	ΓI	ΓII	ΓIII	ΓIIII	Δ	H	X

中文数字也很复杂，即使位数相同，一旦数位上出现零，字数就会变少。

	1	2	3	4	5	6	7	8	9	10	100	1000
中文数字	一	二	三	四	五	六	七	八	九	十	百	千

六千二百四十五 →6245
六千零五 →6005

2 古代的数字

我们日常使用的从0到9的数字，叫作**阿拉伯数字**。
因为该数字起源于印度，所以又称印度数字。

每当一单位（位）凑齐10个，就形成“十”“百”“千”等新的单位（位），从而向上进一单位（位）的机制，被称为**十进制计数法**。此外，用表示单位个数的数字所占的位置（数位）来表示该单位的大小，这种机制被称为**按位计数法**。

如此一来，由于数位已经确定，所以使用阿拉伯数字表示位数相同的数时，可谓一目了然。又因为计算也很容易，使得阿拉伯数字在世界范围内得到了广泛的应用。

0的发现

“0”这一数字（符号）的使用，是计数法中划时代的发现。
通常认为，该符号是在公元前5世纪或公元前6世纪，由印度的数学家最早使用。
自从有了“0”，人们便可以用它来表示空位，即什么也没有的位。

2 符号 小 初 高

1 运算符号

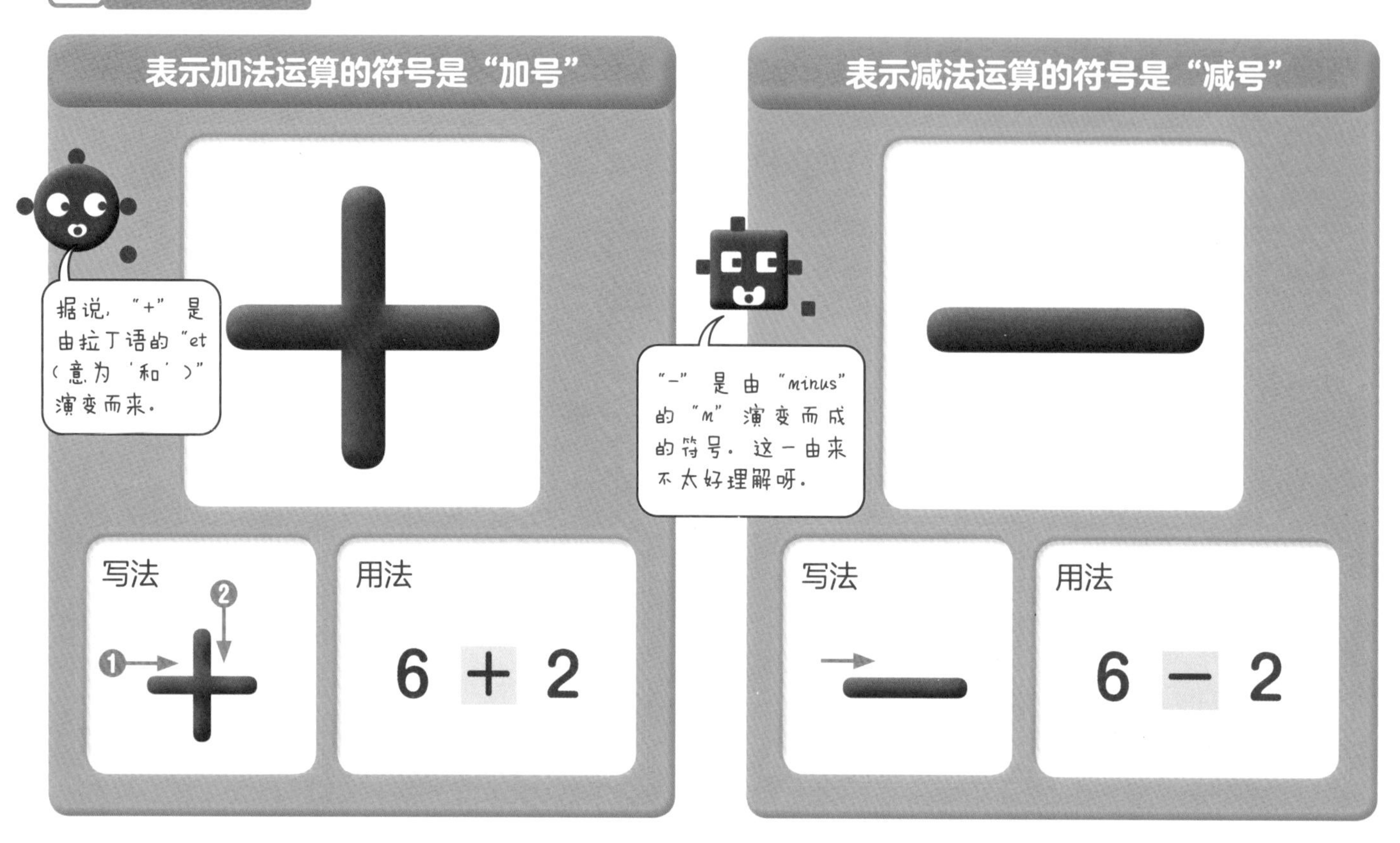

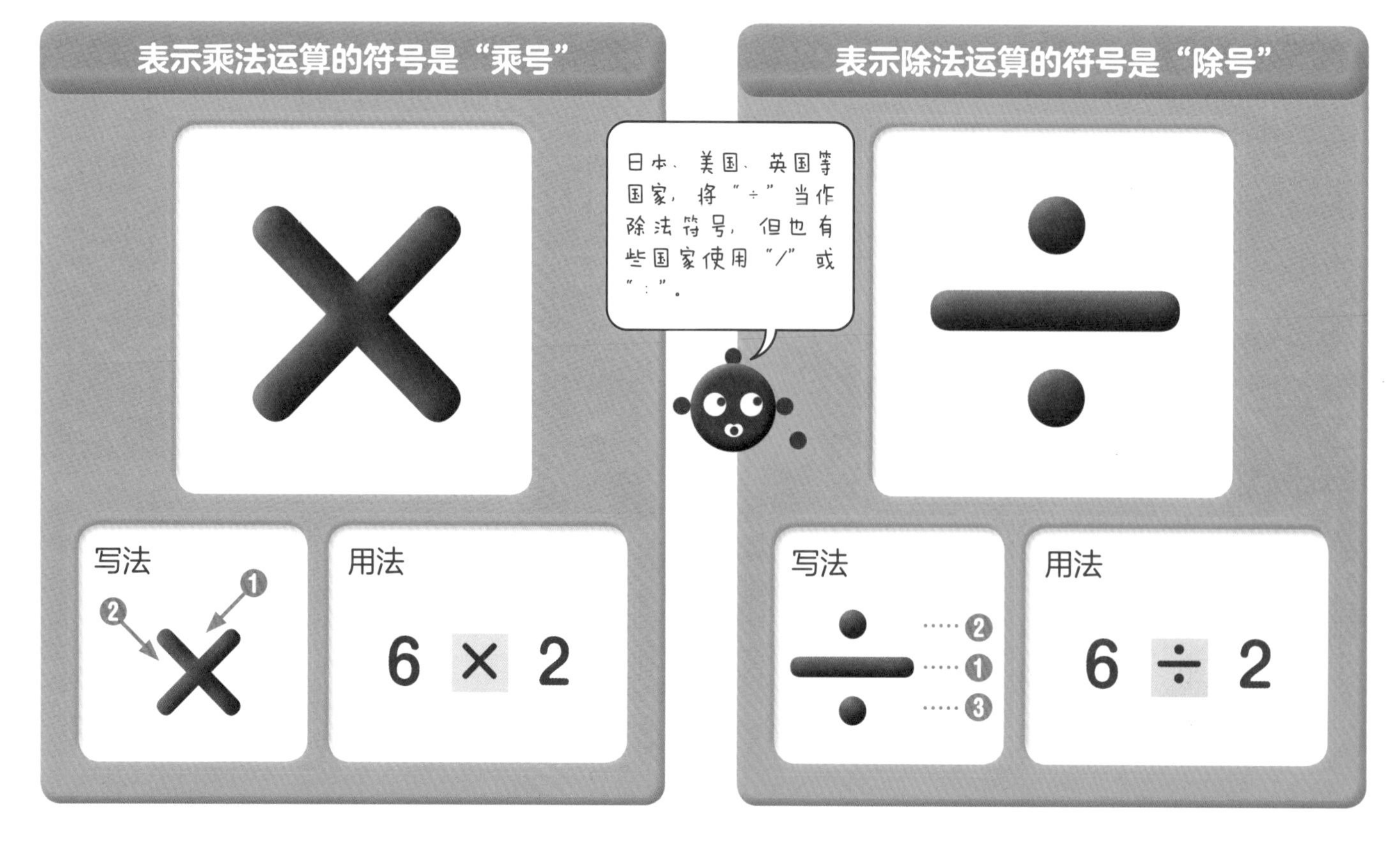

2 关系符号

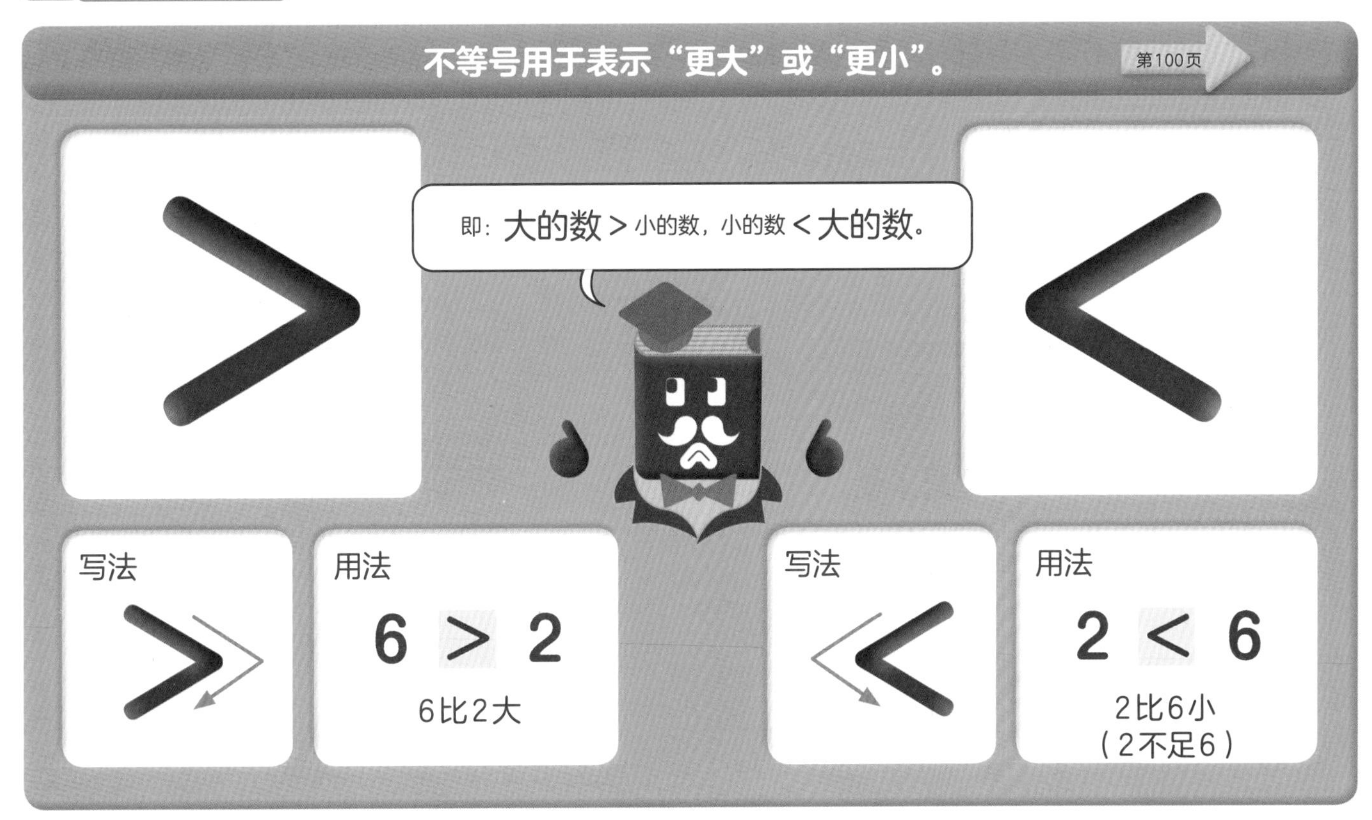

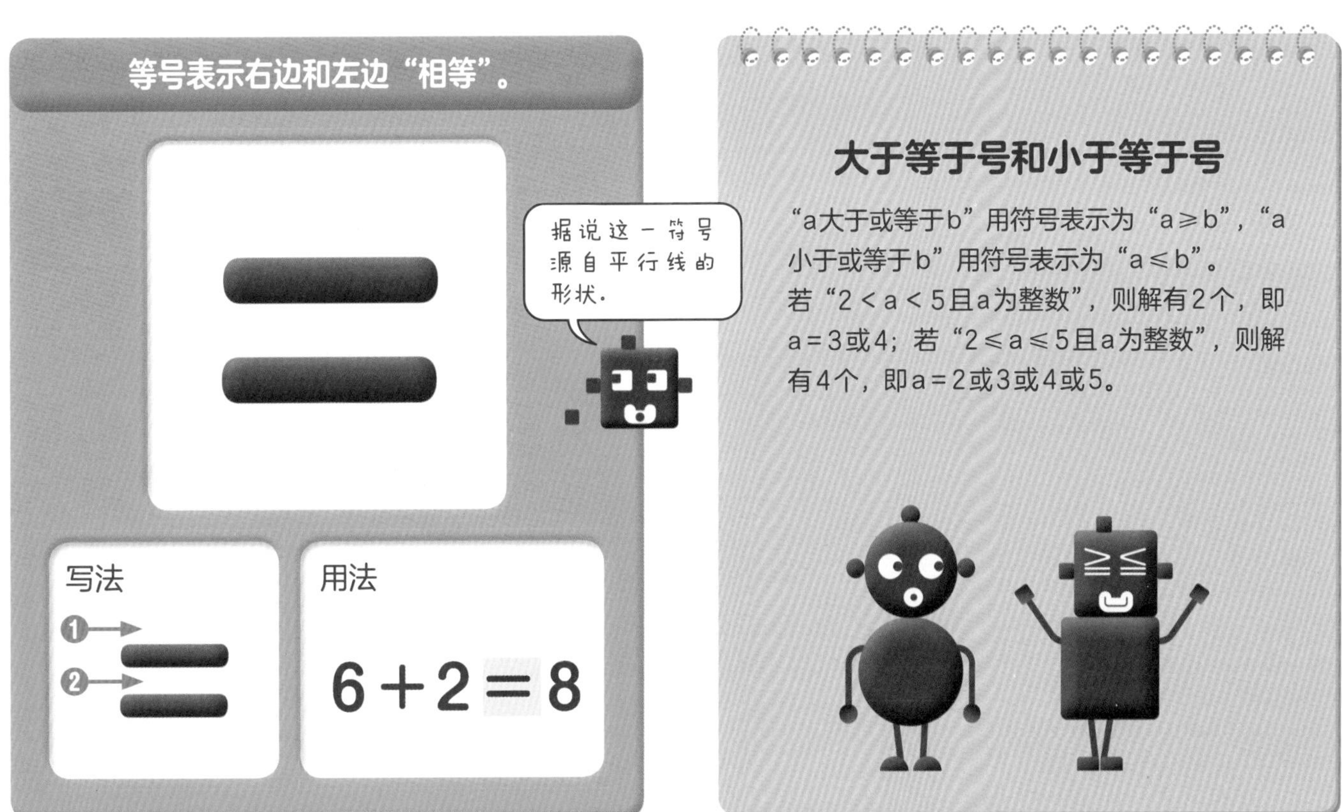

大于等于号和小于等于号

“a大于或等于b”用符号表示为“a≥b”，“a小于或等于b”用符号表示为“a≤b”。

若“2＜a＜5且a为整数”，则解有2个，即a＝3或4；若“2≤a≤5且a为整数”，则解有4个，即a＝2或3或4或5。

3 加法与减法 小 初 高

1 加法的意义

操场上有4个男生、3个女生，则一共有7个人。

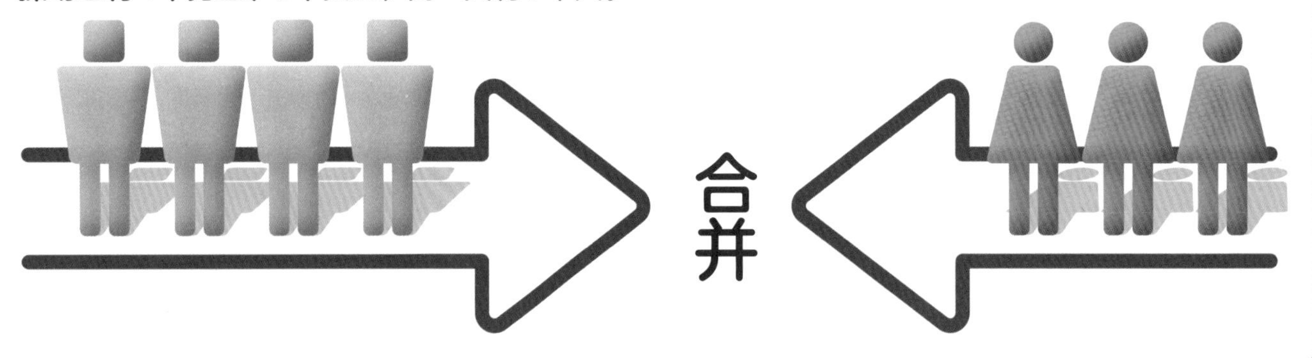

$$4+3=7$$

操场上原来有4个人，又来了3个人，则一共有7个人。

增加

当求2个数量合并后的大小，以及在原本的数量上增加一定的数量后求整体的大小时，使用**加法**。
加法的得数叫作“**和**”。

2 减法的意义

操场上有6个男生、4个女生，则男女人数相差2个人。

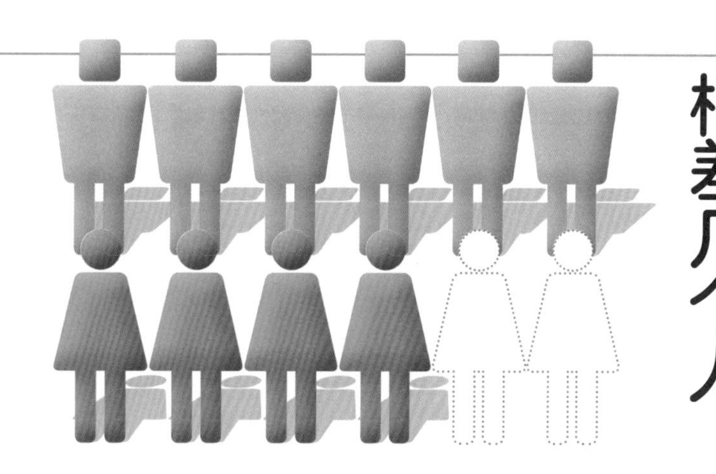

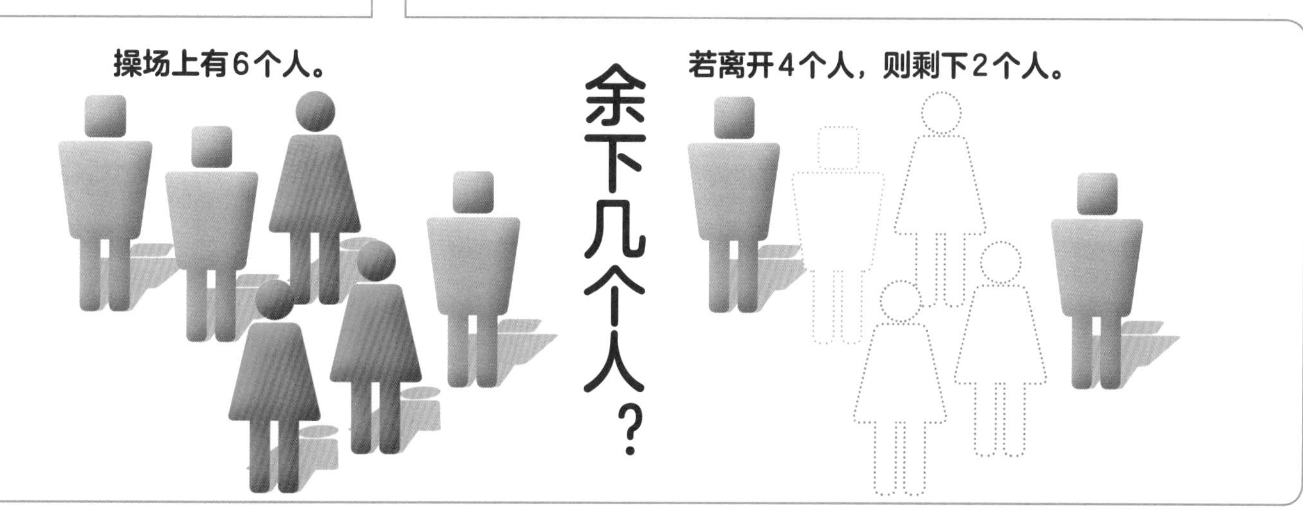

当求2个数量相差多少，以及从原本的数量中减去一定的数量后求剩下的数量时，使用**减法**。

减法的得数叫作“**差**”。

1 乘法的意义

这里有4个盘子，每个盘子里有3个苹果，想一想如何求苹果的总数。

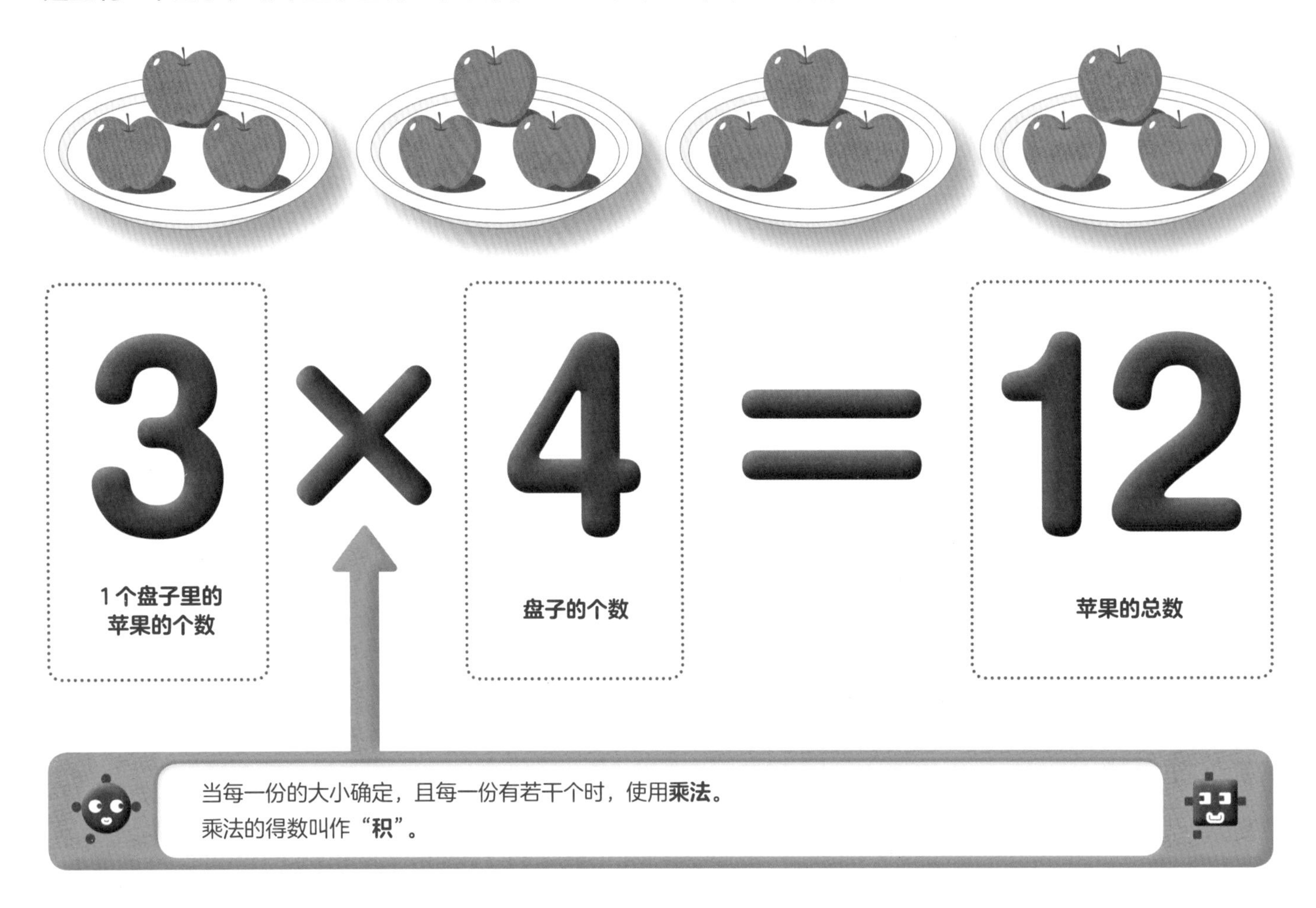

当每一份的大小确定，且每一份有若干个时，使用**乘法**。
乘法的得数叫作“**积**”。

在上式中，3表示每一份的大小，叫作“被乘数”；4表示每一份的个数，叫作“乘数”。

乘法的得数由“乘数”个“被乘数”相加求得。

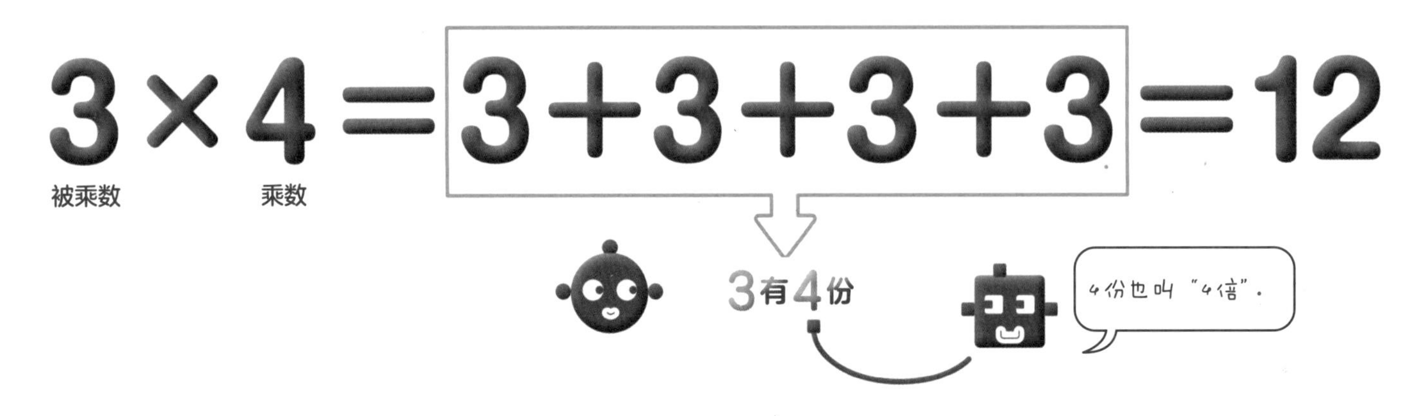

2 九九乘法表

“3×4＝12”可读作“三四十二”。这一口诀被称为“九九乘法”。请背诵并熟记该口诀。

九九乘法表	×1	×2	×3	×4	×5	×6	×7	×8	×9
第1行 1	一一得一 1	一二得二 2	一三得三 3	一四得四 4	一五得五 5	一六得六 6	一七得七 7	一八得八 8	一九得九 9
第2行 2	二一得二 2	二二得四 4	二三得六 6	二四得八 8	二五一十 10	二六十二 12	二七十四 14	二八十六 16	二九十八 18
第3行 3	三一得三 3	三二得六 6	三三得九 9	三四十二 12	三五十五 15	三六十八 18	三七二十一 21	三八二十四 24	三九二十七 27
第4行 4	四一得四 4	四二得八 8	四三十二 12	四四十六 16	四五二十 20	四六二十四 24	四七二十八 28	四八三十二 32	四九三十六 36
第5行 5	五一得五 5	五二得十 10	五三十五 15	五四二十 20	五五二十五 25	五六三十 30	五七三十五 35	五八四十 40	五九四十五 45
第6行 6	六一得六 6	六二十二 12	六三十八 18	六四二十四 24	六五三十 30	六六三十六 36	六七四十二 42	六八四十八 48	六九五十四 54
第7行 7	七一得七 7	七二十四 14	七三二十一 21	七四二十八 28	七五三十五 35	七六四十二 42	七七四十九 49	七八五十六 56	七九六十三 63
第8行 8	八一得八 8	八二十六 16	八三二十四 24	八四三十二 32	八五四十 40	八六四十八 48	八七五十六 56	八八六十四 64	八九七十二 72
第9行 9	九一得一 9	九二十八 18	九三二十七 27	九四三十六 36	九五四十五 45	九六五十四 54	九七六十三 63	九八七十二 72	九九八十一 81

九九乘法的历史

九九乘法起源于中国。※现在多按照第1行、第2行……第9行的顺序来读，但原本是从最后的“九九八十一”开始往前读的，所以称作“九九乘法”。

※ 九九乘法自春秋战国时期开始沿用至今，已有3000多年历史。

除法 小 初 高

除法的意义

把12颗糖均分给3个人，想一想每人能分得几颗糖？

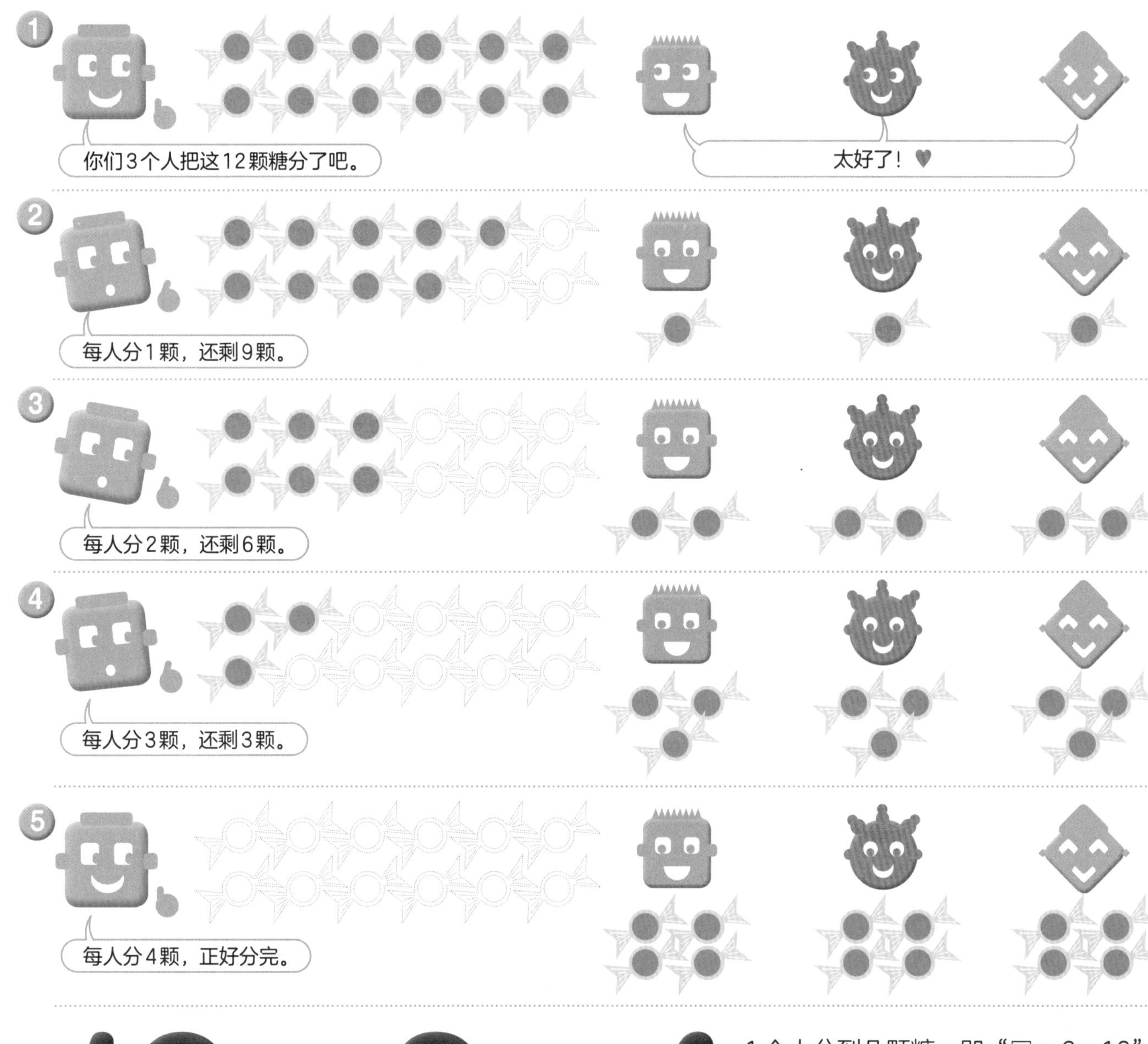

$$12 \div 3 = 4$$

被除数　除数

1个人分到几颗糖，即“□ ×3＝12”中的□，可使用九九乘法求得。

在左式中，12叫作“被除数”，3叫作“除数”。

有余数的除法

如果是3个人均分14颗糖，就会得出“每个人分到4颗，剩余2颗”，该算式表示为14÷3＝4……2。这种除不尽的量叫作“余数”。“余数”一定比“除数”小。

把12颗糖按照每3颗一组分装到袋子里，想一想需要几个袋子？

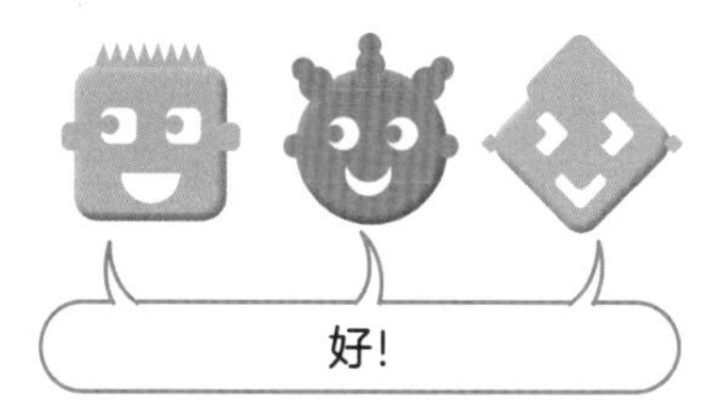

1 把12颗糖按照每3颗一组分装到袋子里，看看需要几个袋子？

好！

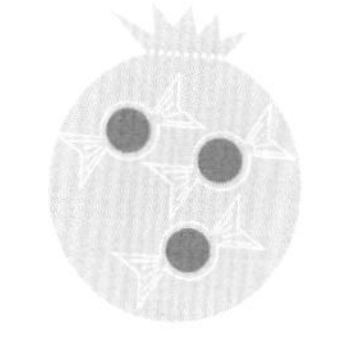

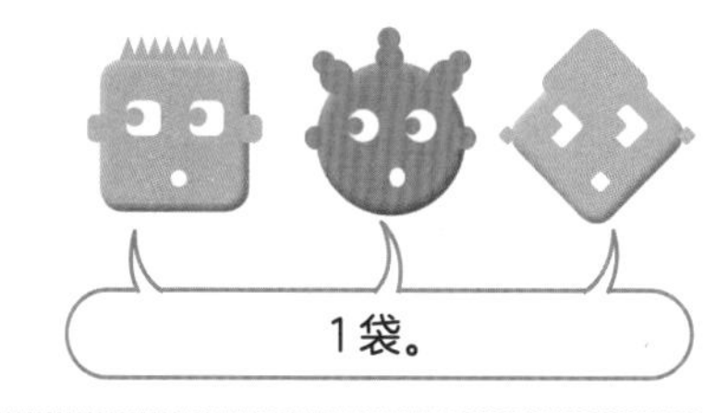

2 装完1个袋子，还剩9颗。

1袋。

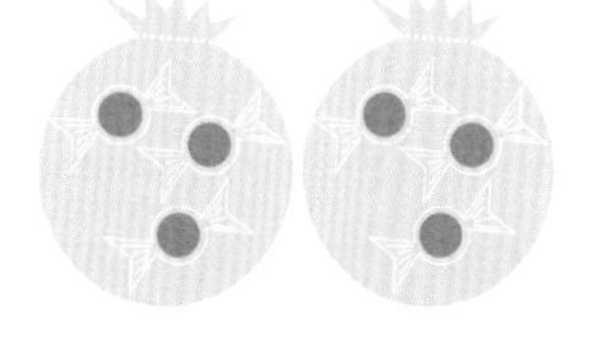

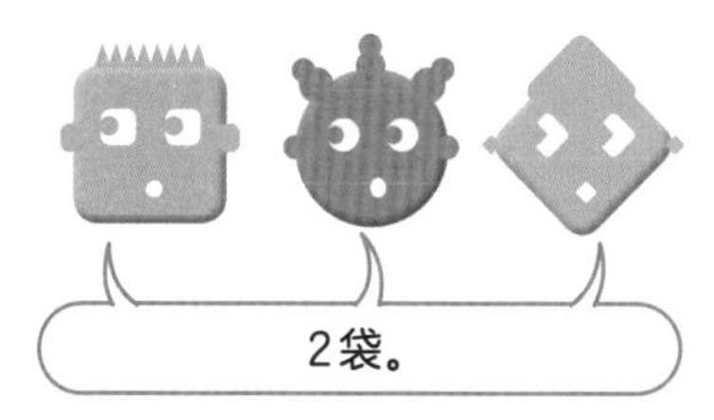

3 装完2个袋子，还剩6颗。

2袋。

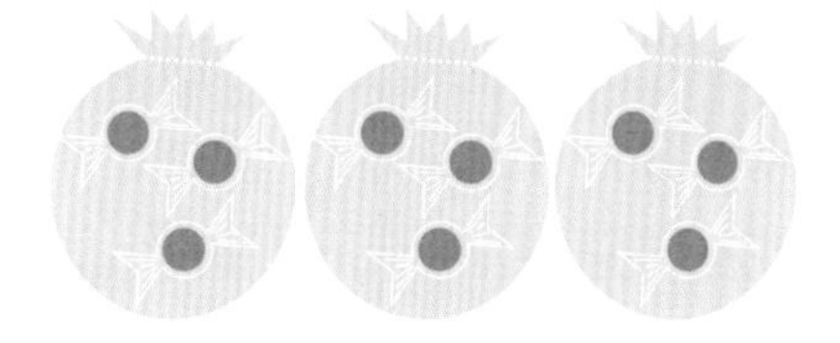

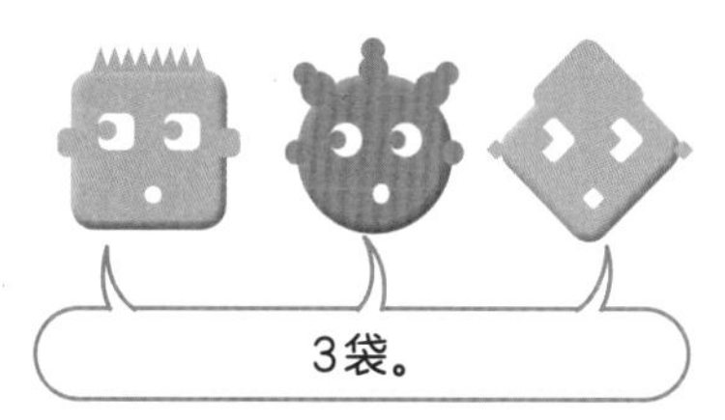

4 装完3个袋子，还剩3颗。

3袋。

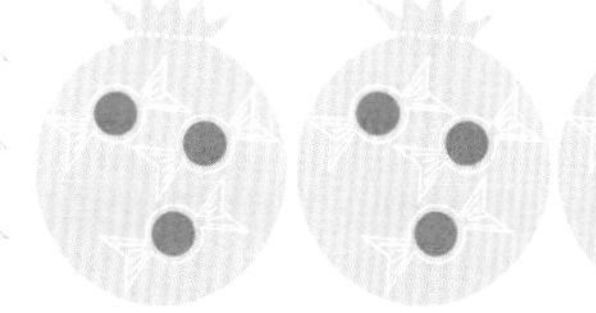

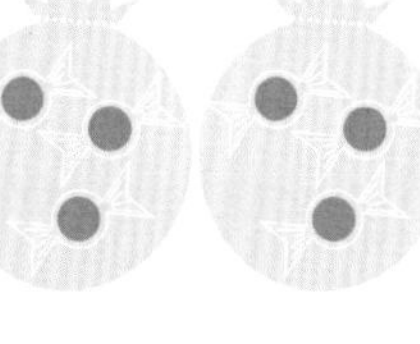

5 用4个袋子正好装完。

4袋。

$$12 \div 3 = 4$$

需要几个袋子，即“3×□=12”中的□，可使用九九乘法求得。

当求均分时每人对应的数，以及把相同数量的东西装袋需要多少袋子时，使用**除法**。
除法的得数叫作“**商**”。

6 笔算

1 加法和减法的笔算

加法和减法的笔算，要把相同数位纵向对齐，从个位开始逐位计算。

$$\begin{array}{r} 34 \\ +\ 28 \\ \hline \end{array}$$

相同数位纵向对齐。

$$\begin{array}{r} {}^{1}\ \ \\ 34 \\ +\ 28 \\ \hline 2 \end{array}$$

个位
4 + 8 = 12，
向十位进1。

$$\begin{array}{r} {}^{1}\ \ \\ 34 \\ +\ 28 \\ \hline 62 \end{array}$$

十位
因为进了1，
所以
1 + 3 + 2 = 6。

$$\begin{array}{r} 53 \\ -\ 26 \\ \hline \end{array}$$

相同数位纵向对齐。

$$\begin{array}{r} 4\ 10 \\ \not{5}\ 3 \\ -\ 2\ 6 \\ \hline 7 \end{array}$$

个位
因为要从3里减去6，不够减，所以从十位退1。
13 − 6 = 7。

$$\begin{array}{r} 4\ \ \\ \not{5}3 \\ -\ 26 \\ \hline 27 \end{array}$$

十位
因为退了1，
所以
4 − 2 = 2。

2 乘法和除法的笔算

乘法的笔算，要把相同数位纵向对齐，从个位开始逐位计算。

个位是6乘3得18
向上进1。

十位是6乘4得24，
加上进的1，就是25，
向上进2。

百位是6乘2得12，
加上进的2，就是14。

除法的笔算，从最高位开始逐位计算。

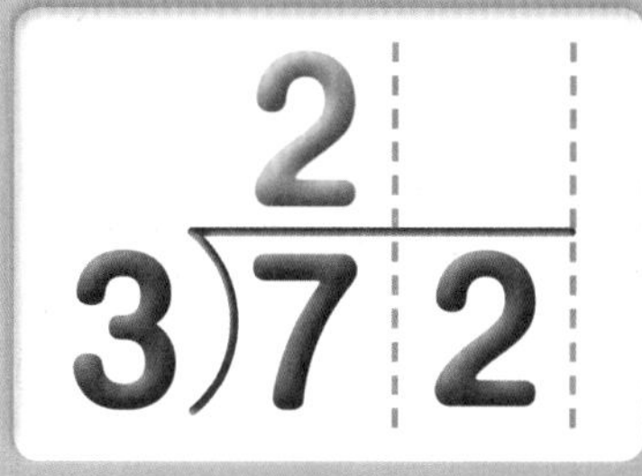

7除3立商2。

2乘3得6，
7减6得1，
把2降下来，即12。

12除3立商4。
4乘3得12，
12减12得0。

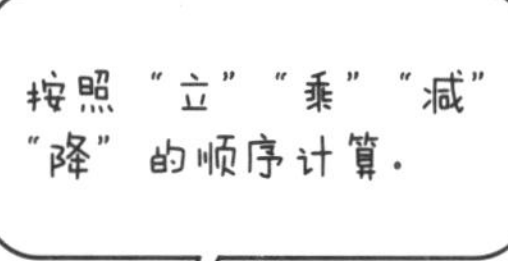

7 运算定律 小 初 高

1 交换律

加法交换律和乘法交换律

加法和乘法，改变运算顺序，得数不变。

$A+B=B+A$　　　$A\times B=B\times A$

$$3\times 4 = 4\times 3$$

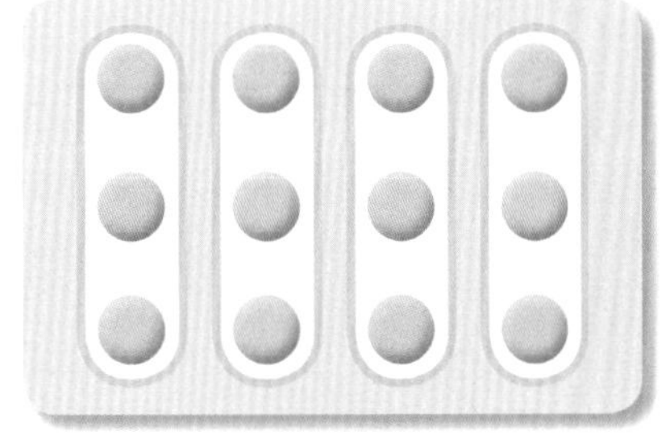

3有4组

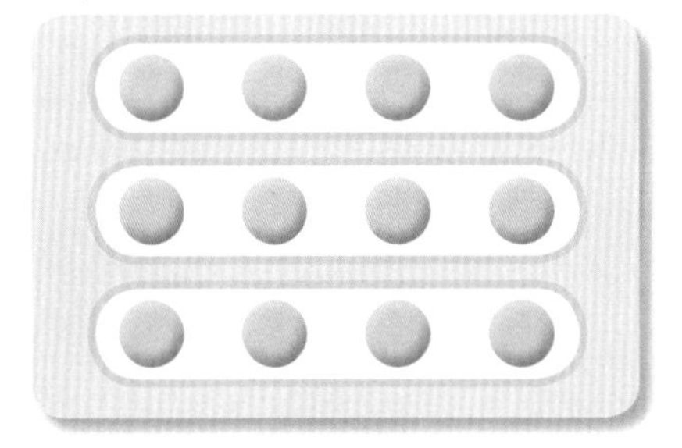

4有3组

2 结合律

加法结合律和乘法结合律

先计算前两个数，或者先计算后两个数，得数不变。

$(A+B)+C=A+(B+C)$　　　$(A\times B)\times C=A\times (B\times C)$

$$(3\times 2)\times 4 = 3\times (2\times 4)$$

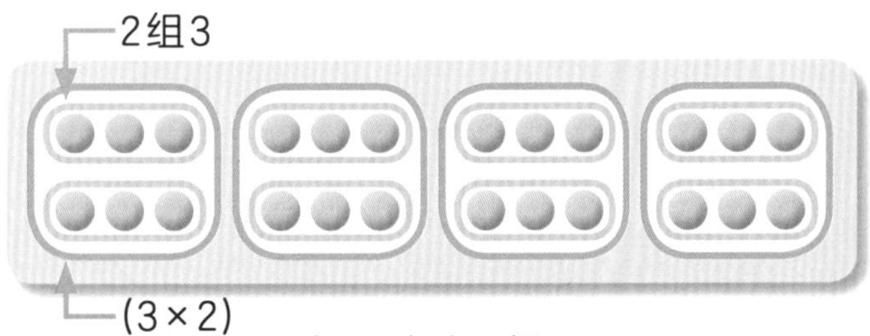

(3×2) 有4组

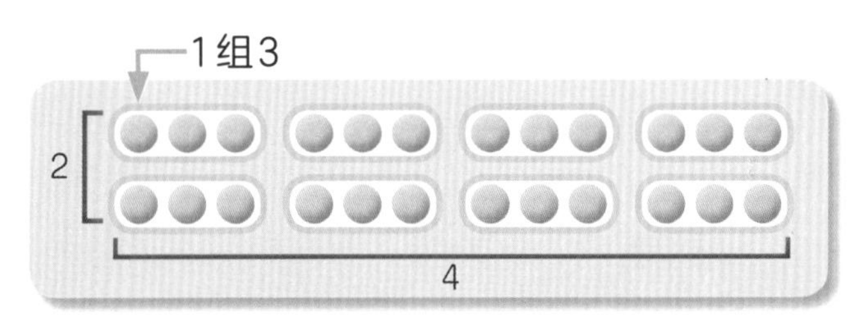

3有 (2×4) 组

3 分配律

乘法分配律

$$A\times(B+C)=A\times B+A\times C \qquad (A+B)\times C=A\times C+B\times C$$

$$3\times(4+5)=3\times4+3\times5$$

1组3

3有（4+5）组

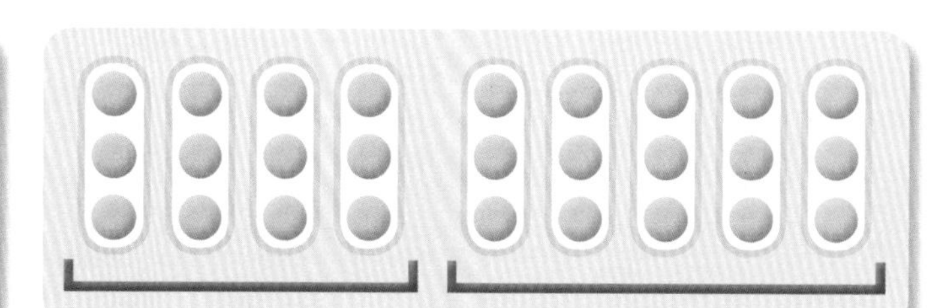

3有4组　3有5组

运算定律对任何数都成立。

运算顺序

- 在有括号的算式中，将括号里的内容视为一组，先计算。

$$400-(100+50)=400-150=250$$

①：100＋50　②：400－①

- 在加减乘除混合的算式中，先计算乘法和除法。

$$10\times4+30\div5=40+6=46$$

①：10×4　②：30÷5　③：①＋②

1 个位上是5的同一数字相乘

快速地进行运算的方法被称为速算。下面我们就来看几例乘法的速算。

$15\times15=225$（1×2）

$35\times35=1225$（3×4）

$25\times25=625$（2×3）

$45\times45=2025$（4×5）

得数的后两位一定是25，前面则是（十位上的数）×（十位上的数+1），如此即可求出得数。
至于为什么要这样运算，看完下图就明白了。

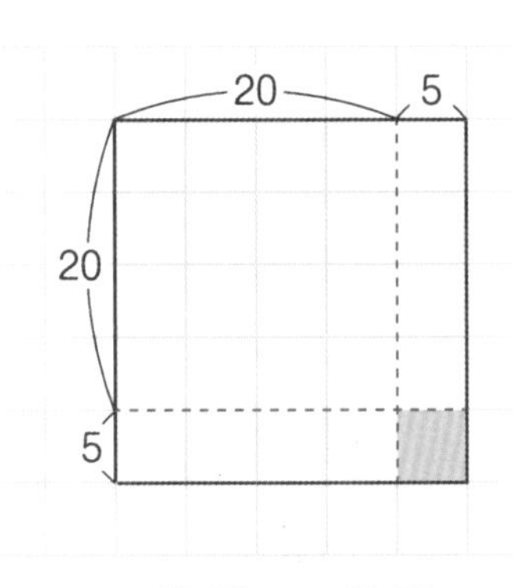

25×25

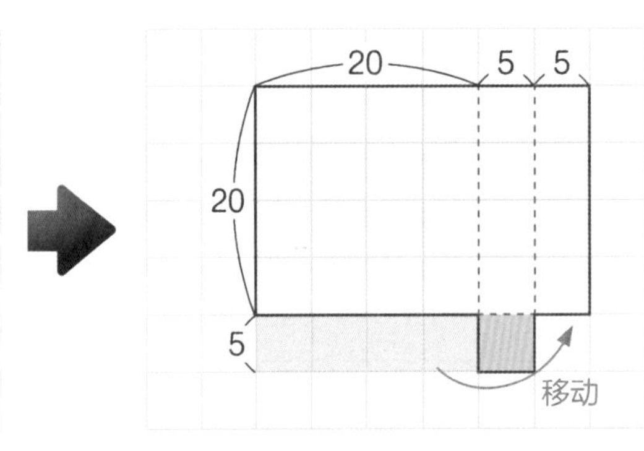

$20\times30+5\times5=625$

黄色长方形

35×35

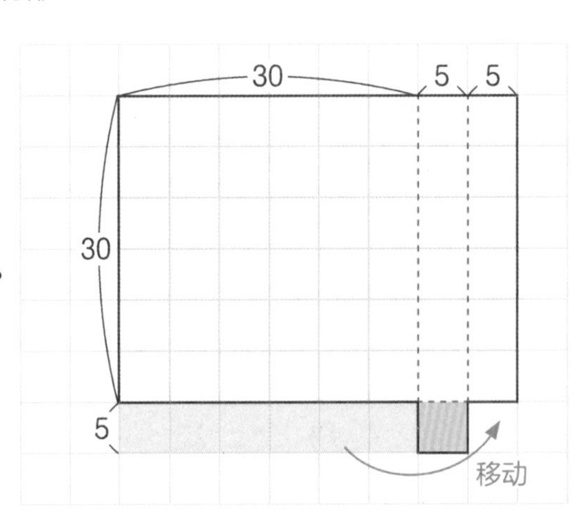

$30\times40+5\times5=1225$

黄色长方形

2 十位上的数相同、个位上的数相加之和是10，这样的两个数相乘

用跟1类似的方法，就能立刻求出“十位上的数相同、个位上的数相加之和是10，这样的两个数相乘”的得数。

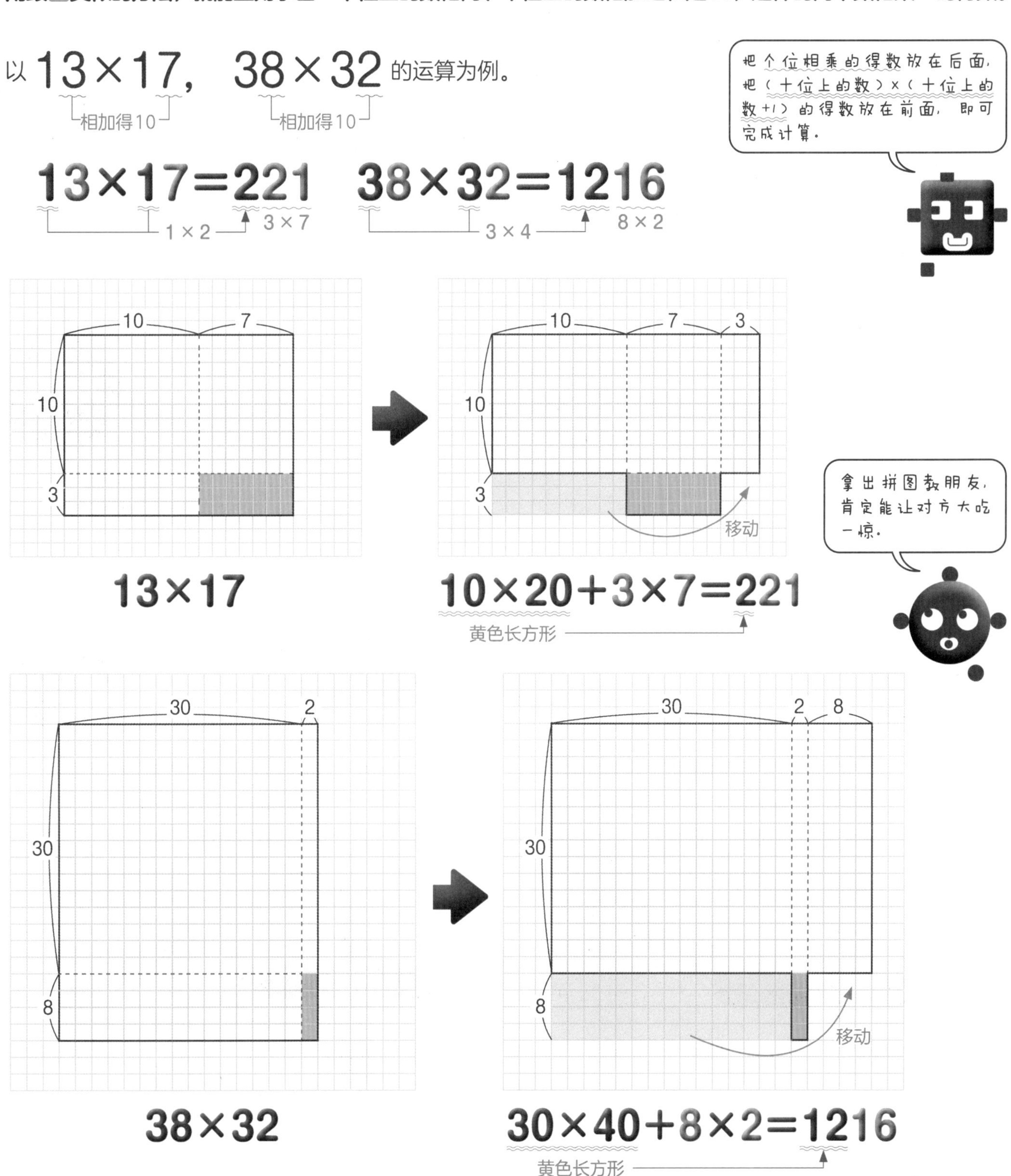

9 整数 小 初 高

1 数轴

数轴是一种形象地表示数的图形。数轴越向右，数越大，通过数轴能够直观地看出数的大小和顺序。

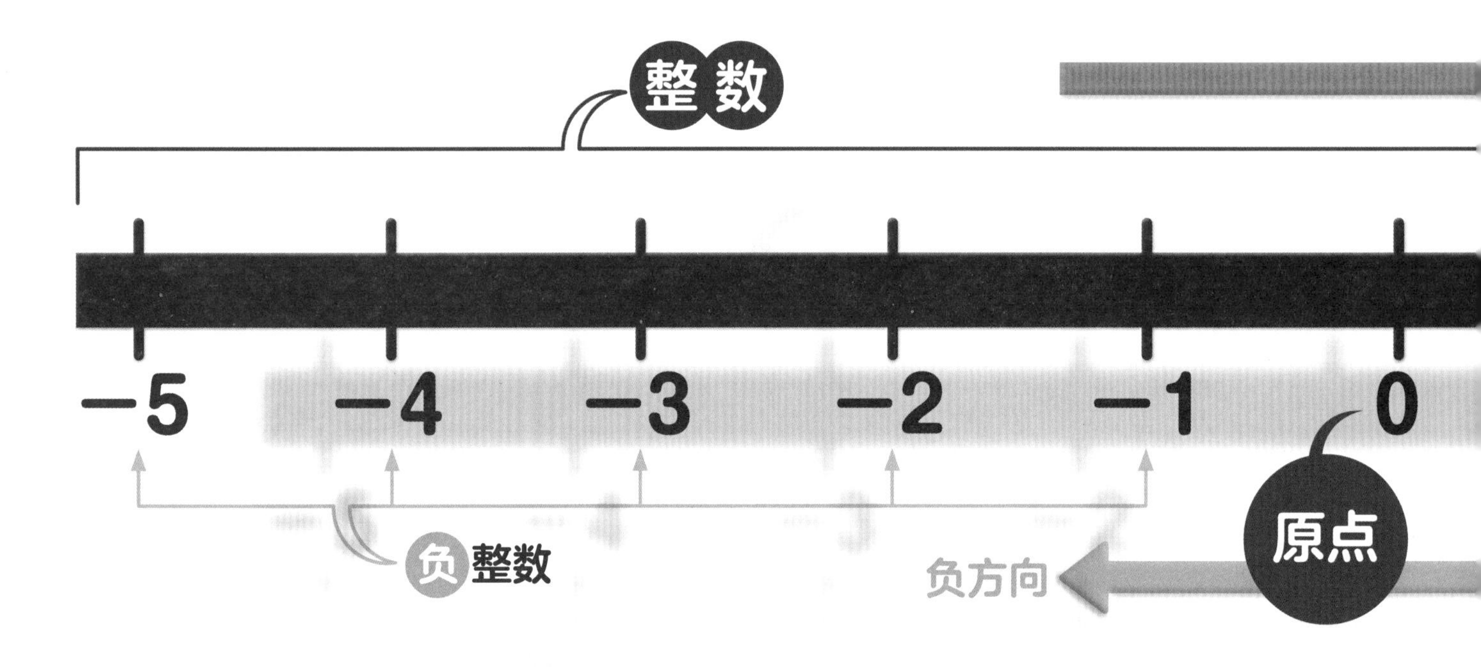

2 正数与负数

以0为基准，比它小的数用“－（负号）”表示。
像－1，－3.5这些比0小的数，都称为**负数**；像5，$\frac{1}{2}$这样比0大的数，都称为**正数**。
负数要用“－”表示；正数则有时用“+”，有时不用。

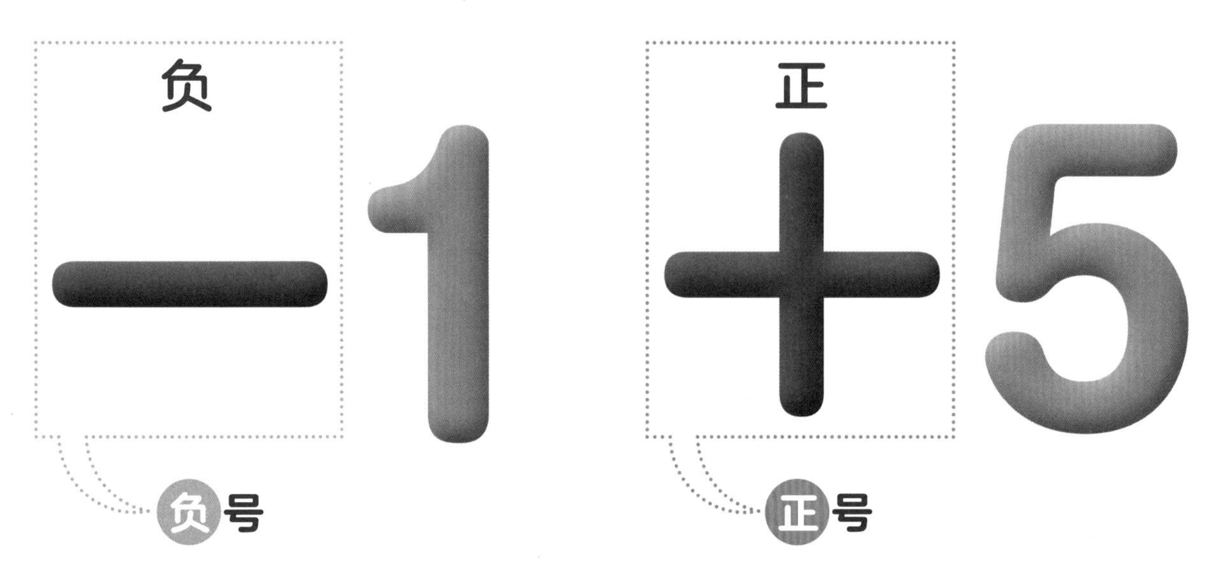

尽管统称为“数”，看待数的方式却多有不同。
在本节，我们把数分成几组来看。

数轴上0对应的点叫作**原点**，右边为正方向，左边为负方向。

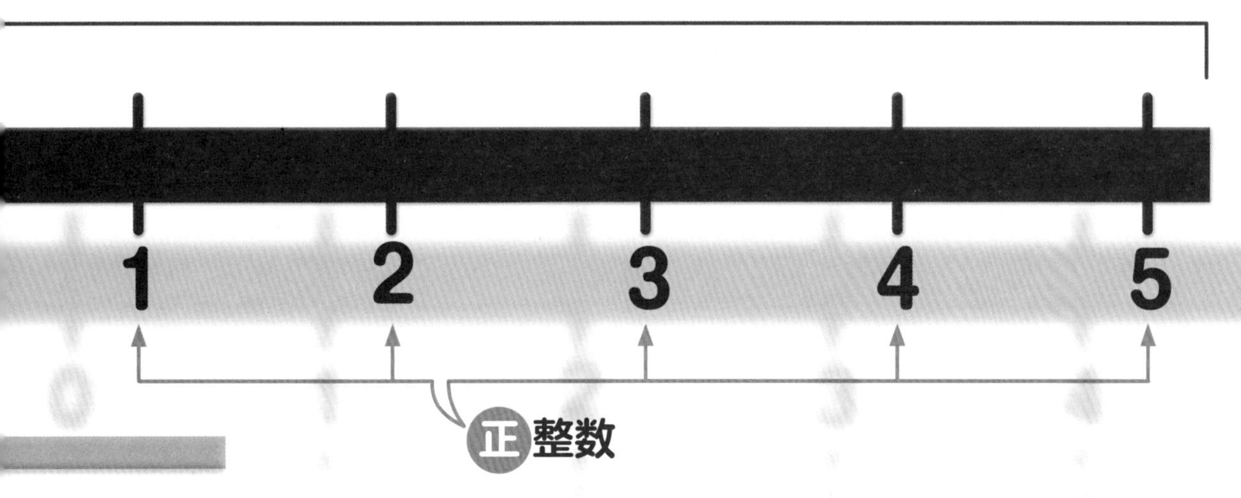

3 整数

整数是由0、把0逐步加1的数(1，2，3，…)以及把0逐步减1的数(-1，-2，-3，…)组成的集合。
0和正整数（1，2，3，…）统称为**自然数**。

整数

-3，-8，

自然数（非负整数）

0，1，4，10，120，3050，…

-12，-100，-40720，…

10 正负数的运算 小 初 高

绝对值

数轴上对应某数的点与原点（0）的距离，叫作该数的绝对值。例如，+3与原点的距离是3，所以其绝对值是3；同理，−3的绝对值也是3。此外，0的绝对值是0。

1 正负数的加法和减法

我们使用数轴来研究正负数的加法和减法。

$$-2+(-3)=-2-3=-5$$

$$+2+(-5)=2-5=-3$$

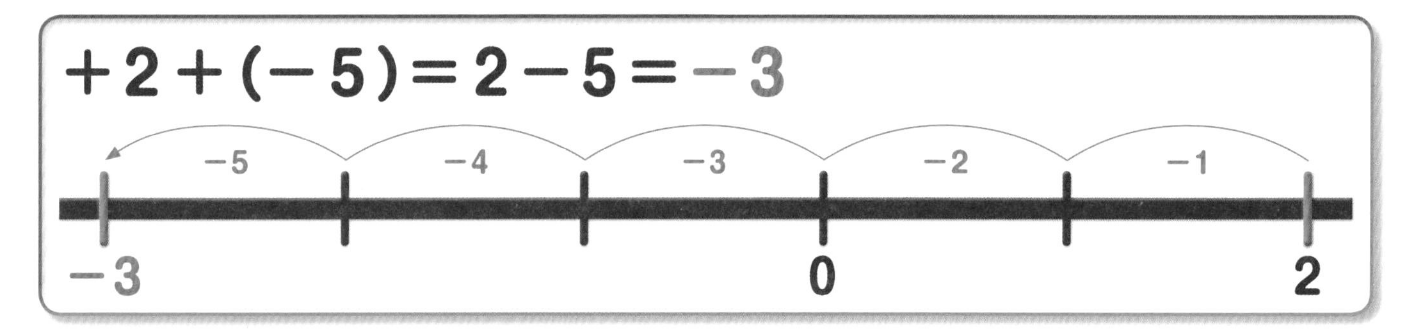

$$+2-(+3)=2+(-3)=2-3=-1$$

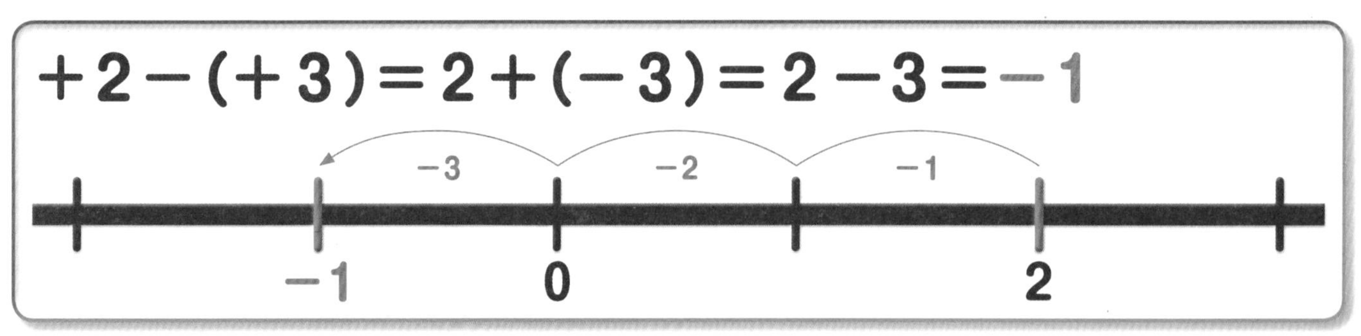

$$+2-(-3)=2+3=5$$ 如同-(-3)=+3，减去负数等于加上正数。

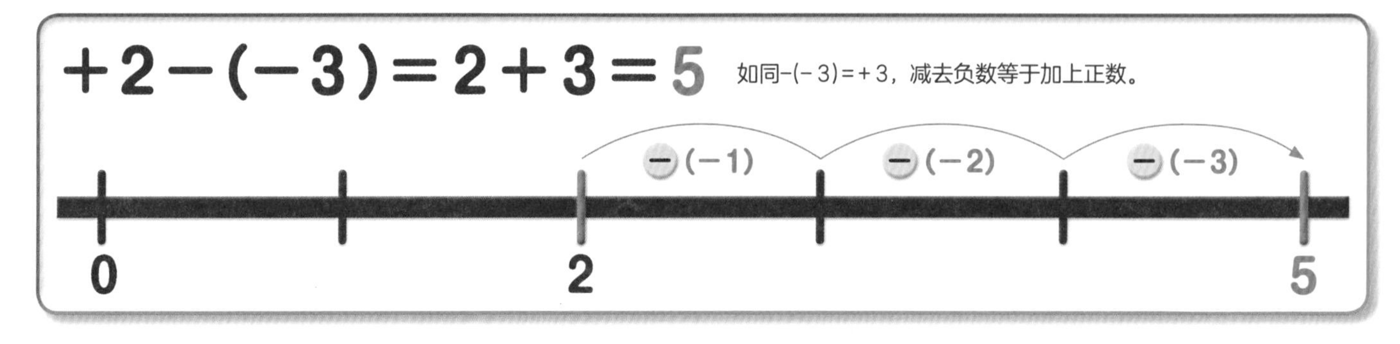

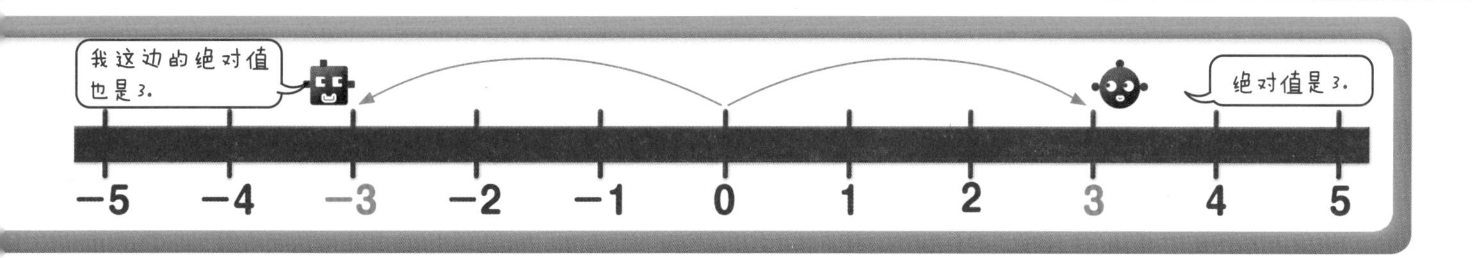

2 正负数的乘法和除法

两个数的乘法和除法，先确定得数的符号，再计算绝对值。

$4\times3=12$

$-4\times(-3)=12$

$6\div2=3$

$-6\div(-2)=3$

同符号的乘法和除法，结果为+。

$+\times+$

$-\times-$

$+\div+$

$-\div-$

$=+$

$4\times(-3)=-12$

$-4\times3=-12$

$6\div(-2)=-3$

$-6\div2=-3$

异符号的乘法和除法，结果为−。

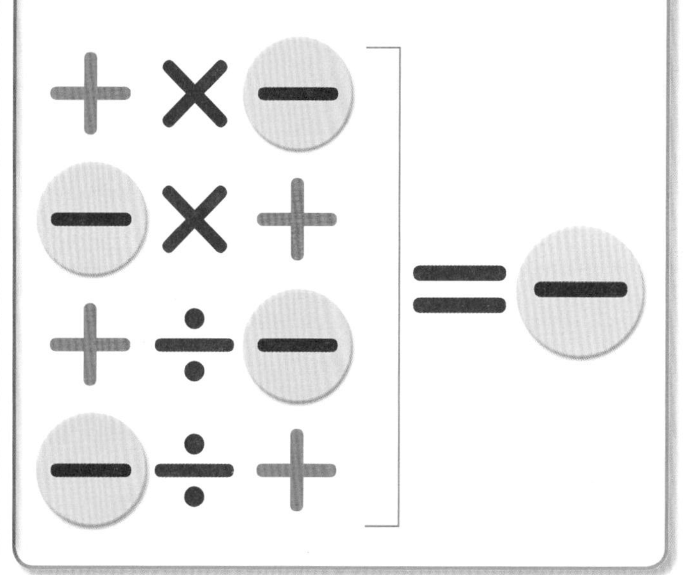

$+\times-$

$-\times+$

$+\div-$

$-\div+$

$=-$

−有偶数个的乘法，积的符号为+；
−有奇数个的乘法，积的符号为−。
例如，$-2\times(-3)\times(-4)=-24$。

11 数列 小 初 高

1 数列与项

按照一定规律排列的一列数叫作**数列**，数列中的每一个数都被称为该数列的**项**。

数列的第一个数叫作第1项（**首项**），第二个数叫作第2项，……

1, 4, 7, 10, 13, …

第1项（首项） 第2项 第3项 第4项 第5项

2 各种数列

要想理解数列，关键在于理解其排列规律。
请分析，以下数列存在怎样的规律。

① 1, 4, 7, 10, 13, …

② 5, 3, 1, −1, −3, …

③ 1, 2, 4, 8, 16, …

④ 1, 4, 9, 16, 25, …

⑤ 2, 3, 5, 8, 12, 17, …

① 1, 4, 7, 10, 13, …

+3 +3 +3 +3

② 5, 3, 1, −1, −3, …

−2 −2 −2 −2

①的规律是从第2项起，每一项都比它的前一项增加3；②的规律是从第2项起，每一项都比它的前一项减少2。
像这种相邻两项之差为一个常数的数列叫作**等差数列**，该常数被称为**公差。**

③ 1, 2, 4, 8, 16, …

×2 ×2 ×2 ×2

③的规律是从第2项起，每一项都是它的前一项乘以2。
像这种相邻两项之比为一个常数的数列叫作**等比数列**，该常数被称为**公比。**

④ 1, 4, 9, 16, 25, …

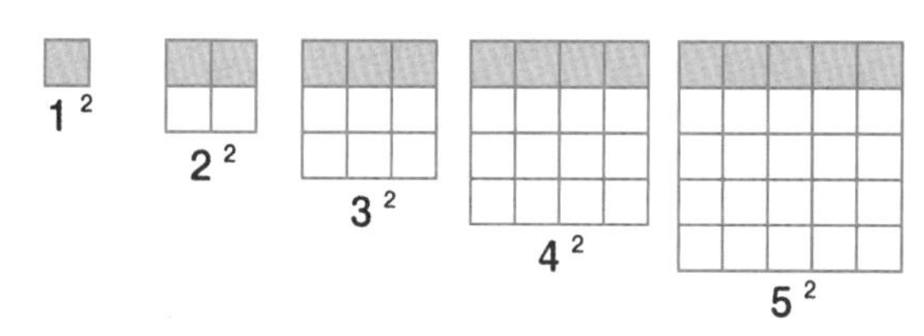

④是由自然数的平方（即某数的自乘积）组成的数列。这些数叫作**平方数**，能用正方形的面积图来表示。

⑤ 2, 3, 5, 8, 12, 17, …

+1 +2 +3 +4 +5

⑤相邻两项之差呈现+1，+2，+3，…的规律。
像这种直接看不出规律，但（后一项）-（前一项）可以看出规律的数列，叫作**差分数列。**

12 斐波纳奇数列

斐波纳奇数列 1，1，2，3，5，8，13，21，34，…，找出该数列的规律。

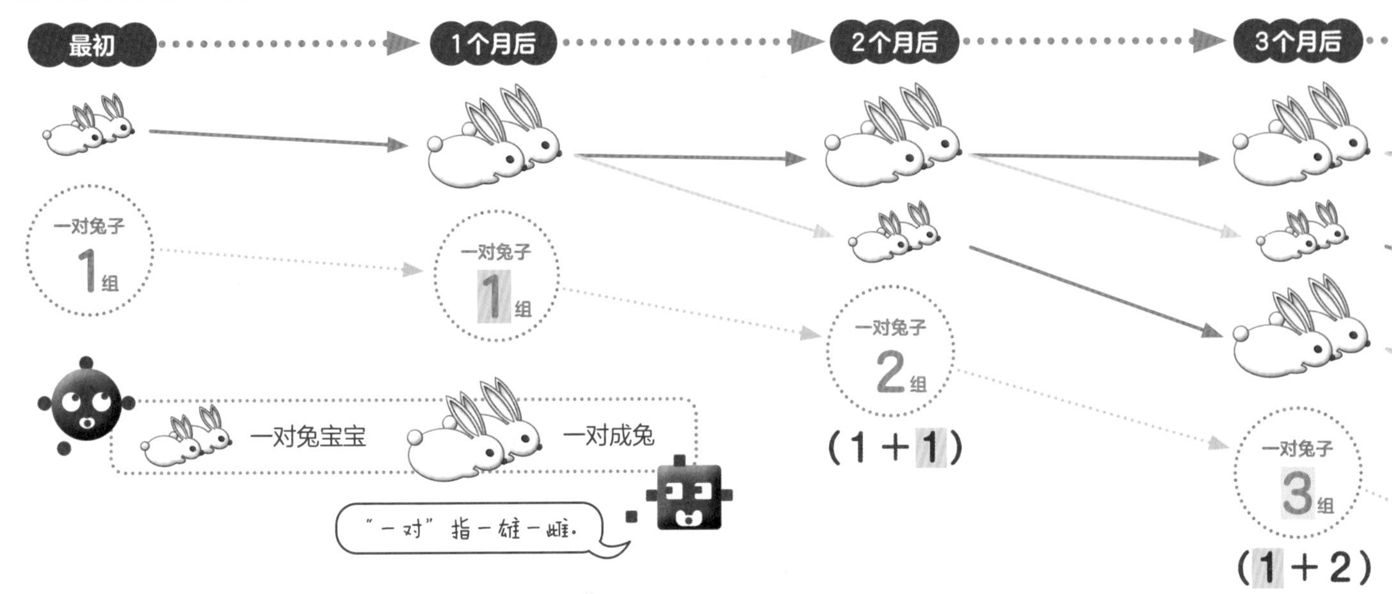

上图是意大利数学家斐波纳奇研究的“兔子问题”。

①一对兔子出生后，从第二个月开始，每月产下一对兔子。

②兔子永远不死。

基于上述两条规则，所有的兔子将一直产崽儿，那么——

一对兔子在一年后会变成多少对兔子呢？

自然界中隐藏的斐波纳奇数列

在树的生长过程中，也会出现斐波纳奇数列。

①树在生长期会分出两条树枝。

②分出的树枝不会均分营养，某一方始终获得更多的营养。

③因此，在下个生长期来临时，营养多的树枝会像①一样分枝，营养少的树枝则不会分枝。

④未分枝的树枝，在下个生长期必定分枝。

按照这一规律，树的生长如右图所示。

树枝的数量将逐渐形成斐波纳奇数列。

在自然界中，花瓣数 （第75页）、松塔的圆锥螺线数、向日葵种子的排列方式等，都隐藏着斐波纳奇数列。

请自行查阅资料，进一步了解神奇的斐波纳奇数列。

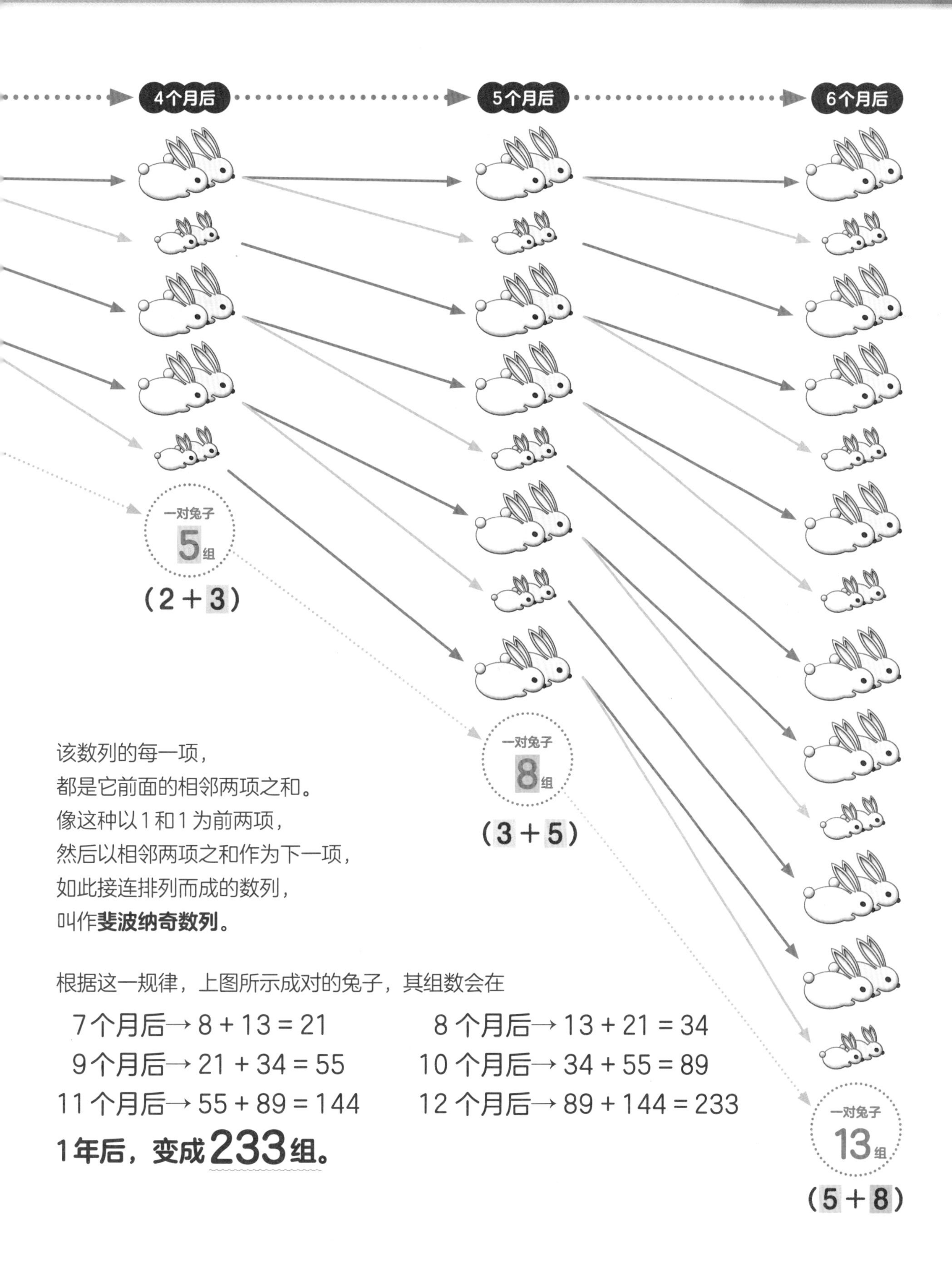

该数列的每一项，
都是它前面的相邻两项之和。
像这种以1和1为前两项，
然后以相邻两项之和作为下一项，
如此接连排列而成的数列，
叫作**斐波纳奇数列**。

根据这一规律，上图所示成对的兔子，其组数会在

7个月后→ 8 + 13 = 21　　8个月后→ 13 + 21 = 34
9个月后→ 21 + 34 = 55　　10个月后→ 34 + 55 = 89
11个月后→ 55 + 89 = 144　　12个月后→ 89 + 144 = 233

1年后，变成233组。

13 整数的和（1）小 初 高

如何求整数的和 把从1到100的自然数相加，即“1＋2＋3＋…＋100”，想一想如何求出该算式的值。

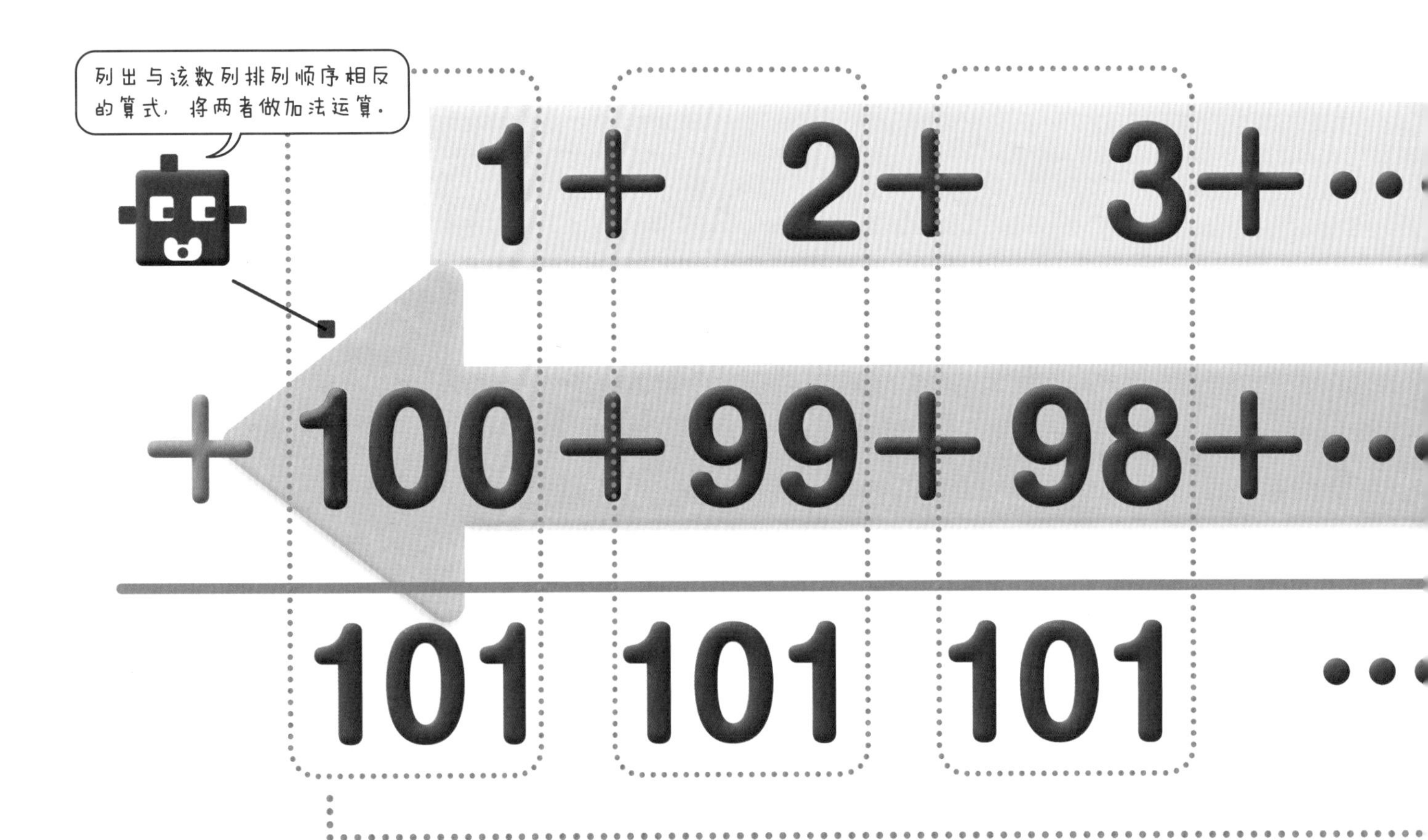

使用这种计算方法，只要是等差数列 第31页，任何数的和都能求出来。

$2+4+6+\cdots+46+48+50=?$

形成25组52

$$
\begin{array}{r}
2+4+6+\cdots+46+48+50=\square \\
+\ 50+48+46+\cdots+6+4+2=\square \\
\hline
52\quad 52\quad 52\quad \cdots\quad 52\quad 52\quad 52
\end{array}
$$

→ $52\times25=1300$ → $1300=2\times\square$ → $\square=650$

使用通常的方法计算“1+2+3+…+100”，不仅很费时间，还相当麻烦。
因此，我们不妨尝试下面这种巧妙的算法。

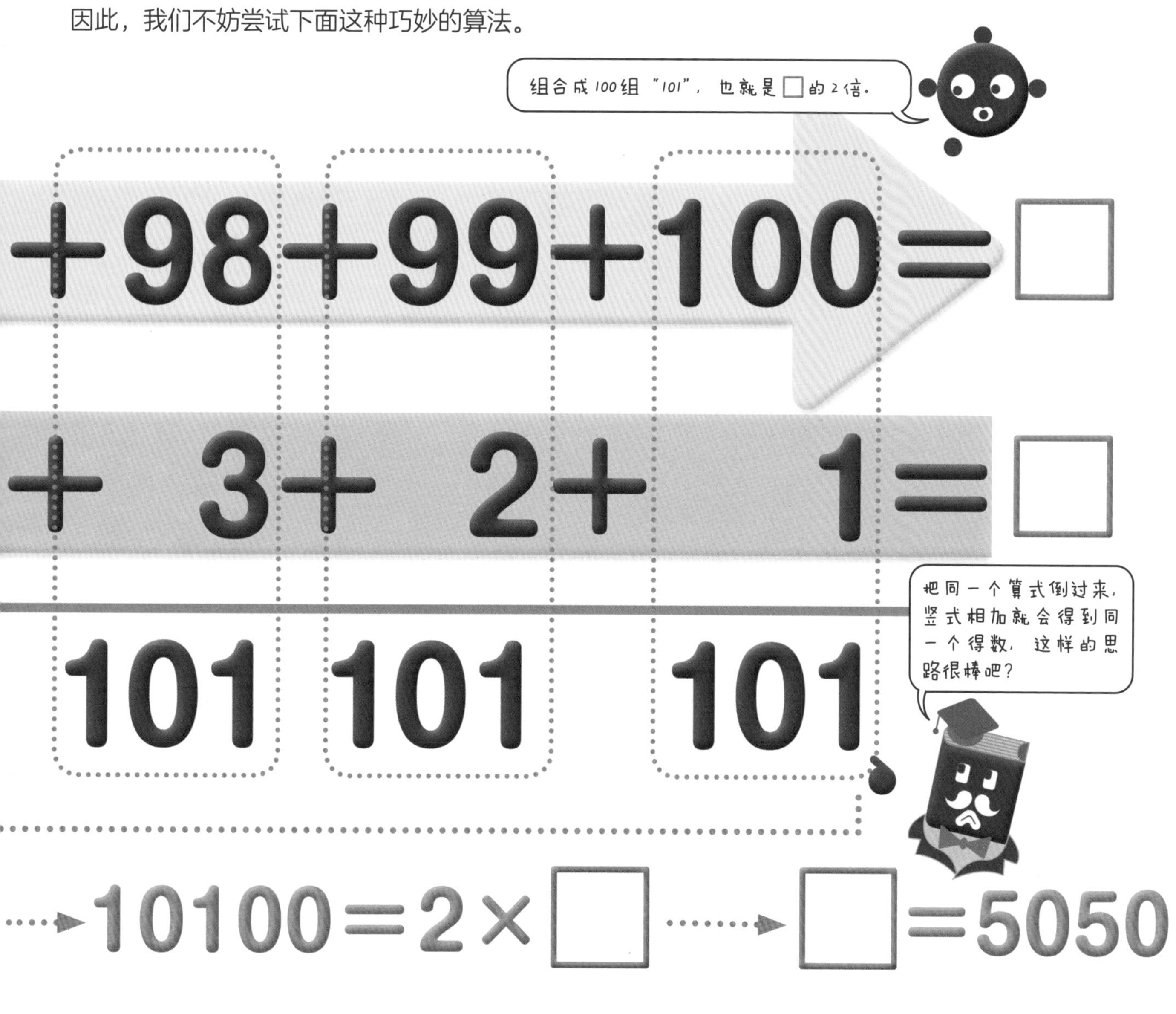

伟大的数学家　高斯

高斯在上小学时就已经知道用上文提到的方法进行计算了。
某一天，高斯的小学老师在课堂上提出了这个问题，他很快给出了答案。据说，高斯19岁时就用圆规和直尺成功绘制了正十七边形。
高斯不只在现代数学的众多领域留下了杰出的成就，在物理学等领域也同样举足轻重。

14 整数的和（2）小 初 高

1 三角数 尝试用图形表示1＋2＋3＋…＋10的和。

像1＋2＋3＋…＋10这样的自然数求和时，可以认为是把●摆成下图所示的等边三角形时●的总数。这样的数之和被称为**三角数**。

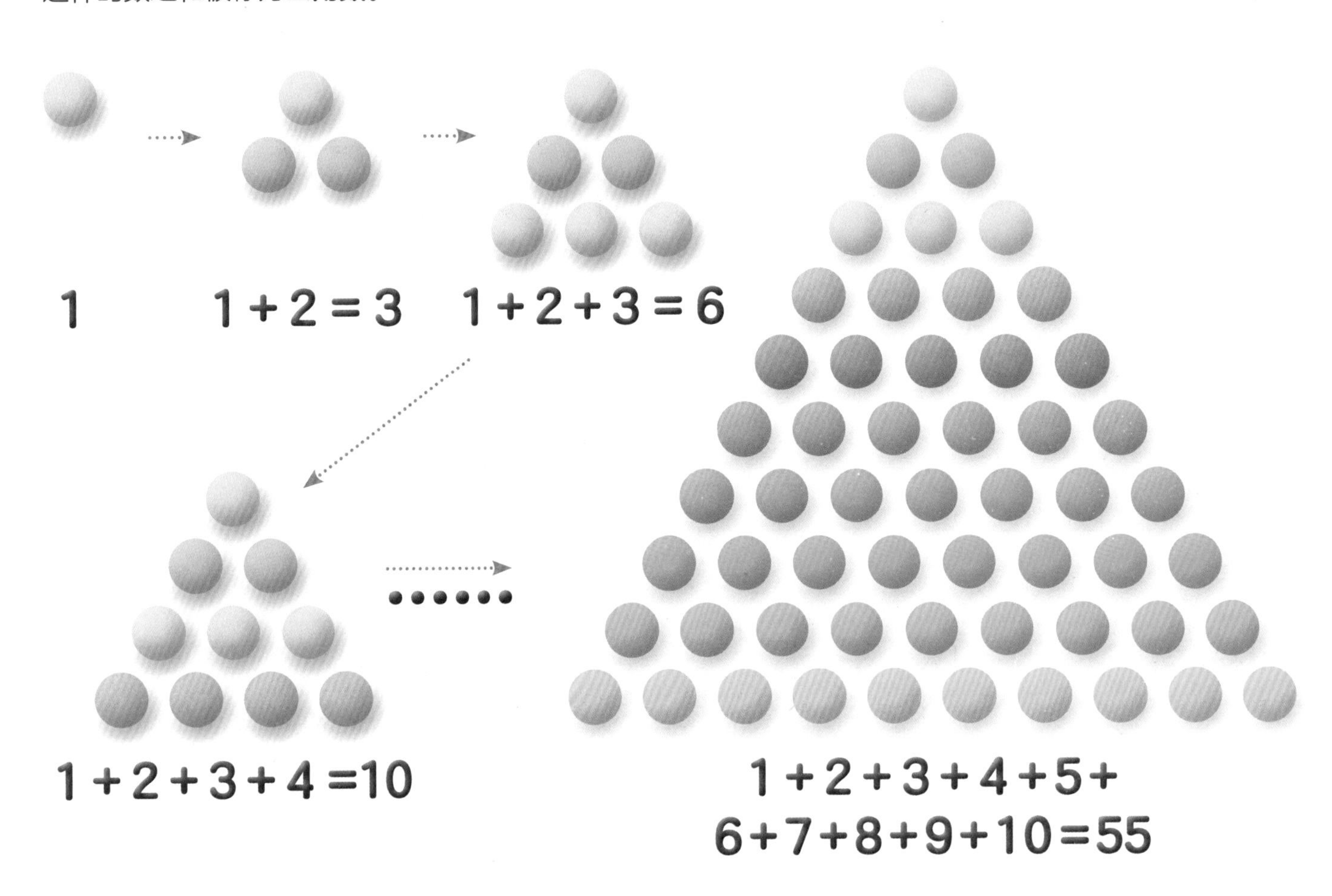

通过右图求1＋2＋3＋4＋5＋6＋7＋8＋9＋10的得数。

横向排列的●有11个，共计10行。

11×10＝110（个）

是所求得数的2倍。

110÷2＝55，

因此，从1到10的自然数之和是55。

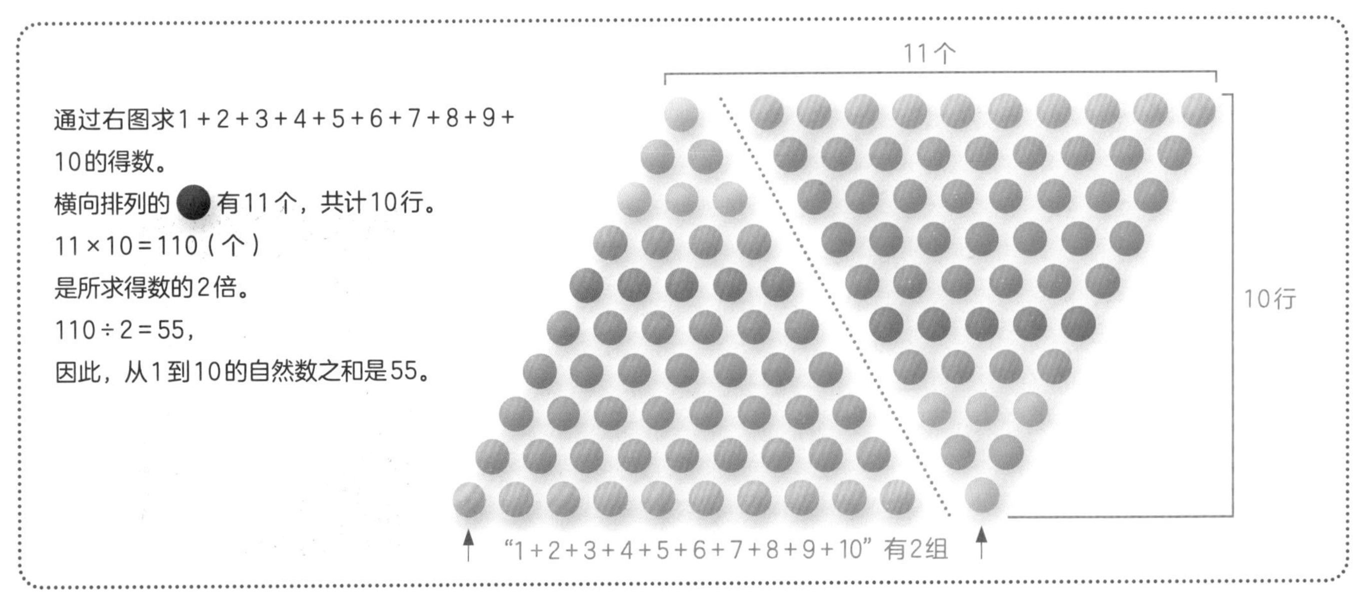

2 四角数 想一想如何求奇数的和，例如，1 + 3 + 5 + 7 + 9 + 11。

像1 + 3 + 5 + 7 + 9 + 11这样的奇数的和，可以认为是把●摆成下图所示的正方形时●的总数。这样的数之和被称为**四角数**。

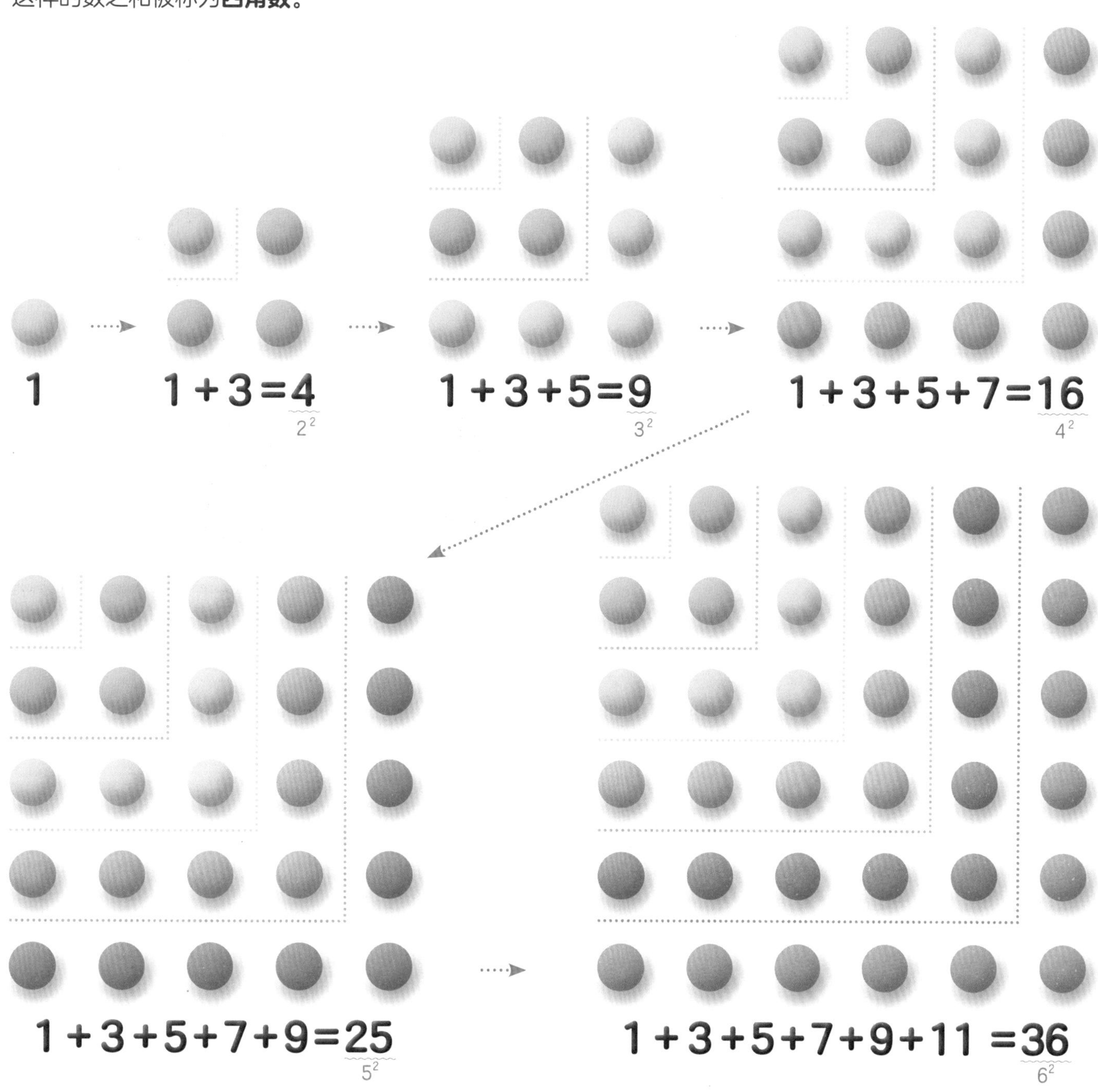

四角数的值可以通过（摆在1条边上的●的个数）^{2} 第80页 来求得。
因此，算出$1+3=4(=2^2)$，$1+3+5=9(=3^2)$，$1+3+5+7=16(=4^2)$，
$1+3+5+7+9=25(=5^2)$，$1+3+5+7+9+11=36(=6^2)$。
像这样用某个整数的平方来表示的数，又被称为**平方数** 第31页。

15 计算器 小 初 高

1 计算器游戏

即使你们不告诉我你们想到的数是多少，只要使用计算器按我的要求去计算，我就能猜中最后的得数。你们知道这是为什么吗？

2 神奇的计算

使用计算器进行下列计算。

$1 \times 8 + 1 =$

$12 \times 8 + 2 =$

$123 \times 8 + 3 =$

$1234 \times 8 + 4 =$

$12345 \times 8 + 5 =$

$123456 \times 8 + 6 =$

$1234567 \times 8 + 7 =$

$12345678 \times 8 + 8 =$

$123456789 \times 8 + 9 =$

卷末第241页

987,654,321

123456789×8+9=
987654321

数字的顺序反过来了！

计算器是一种便利的小型计算机，使用它能够迅速得出各种计算的答案。
我们使用计算器来玩一些游戏吧。

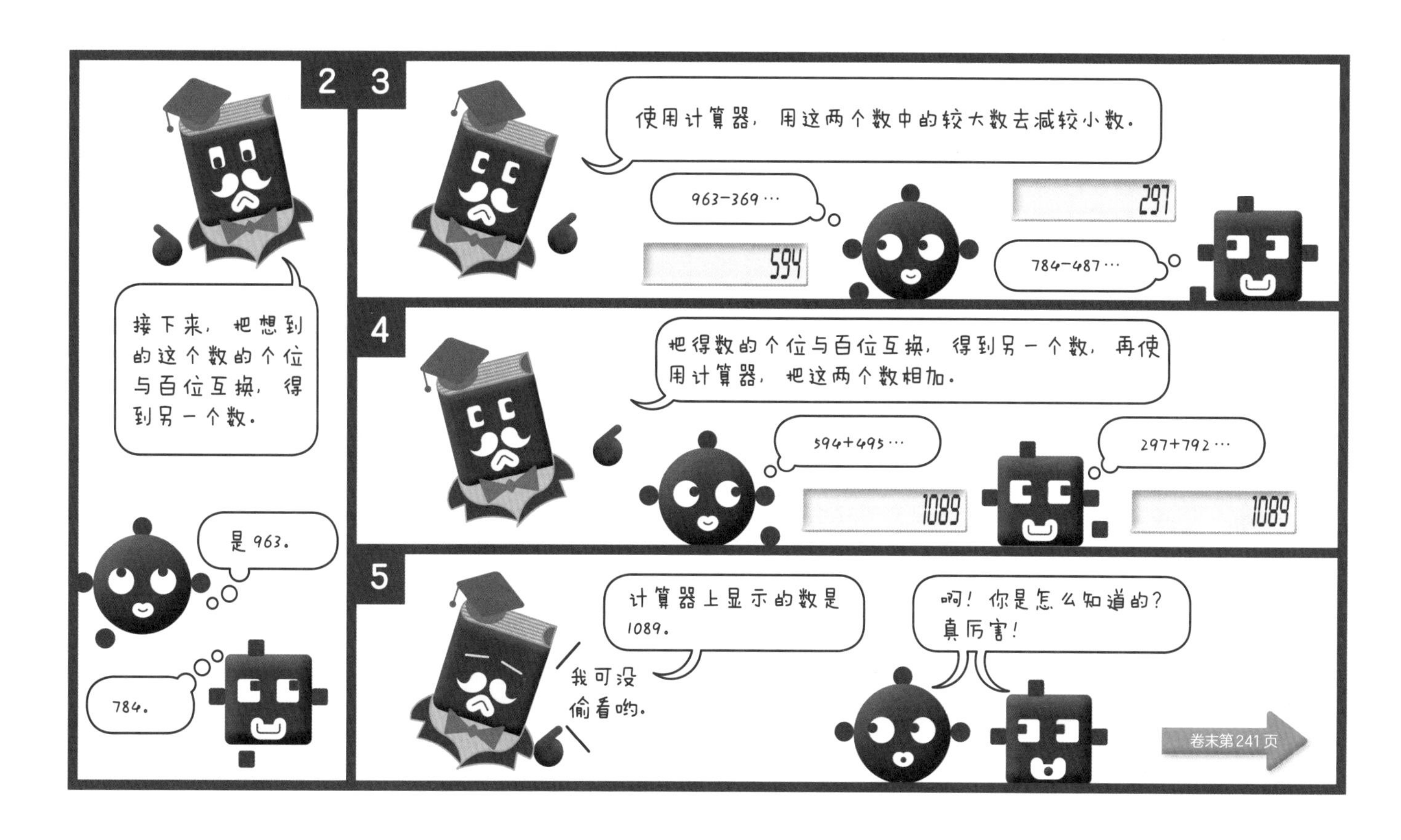

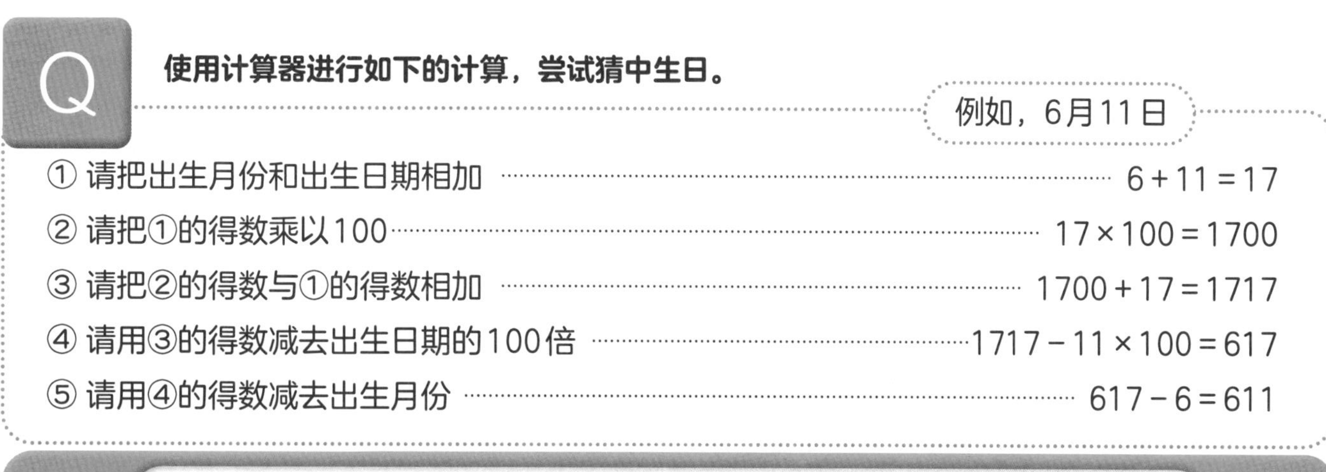

Q 使用计算器进行如下的计算，尝试猜中生日。

例如，6月11日

① 请把出生月份和出生日期相加 …… $6+11=17$

② 请把①的得数乘以100 …… $17\times100=1700$

③ 请把②的得数与①的得数相加 …… $1700+17=1717$

④ 请用③的得数减去出生日期的100倍 …… $1717-11\times100=617$

⑤ 请用④的得数减去出生月份 …… $617-6=611$

如果生日是6月11日，那么通过上述①~⑤的计算，就能得出611。

16 概数 小 初 高

1 概数的意义和表示方法

大概的数称为概数。

概数表示为“近●●”或“约●●”。

将A市的人口162356人和B市的人口168418人用概数来表示。

想一想，两者的概数分别是多少万人。

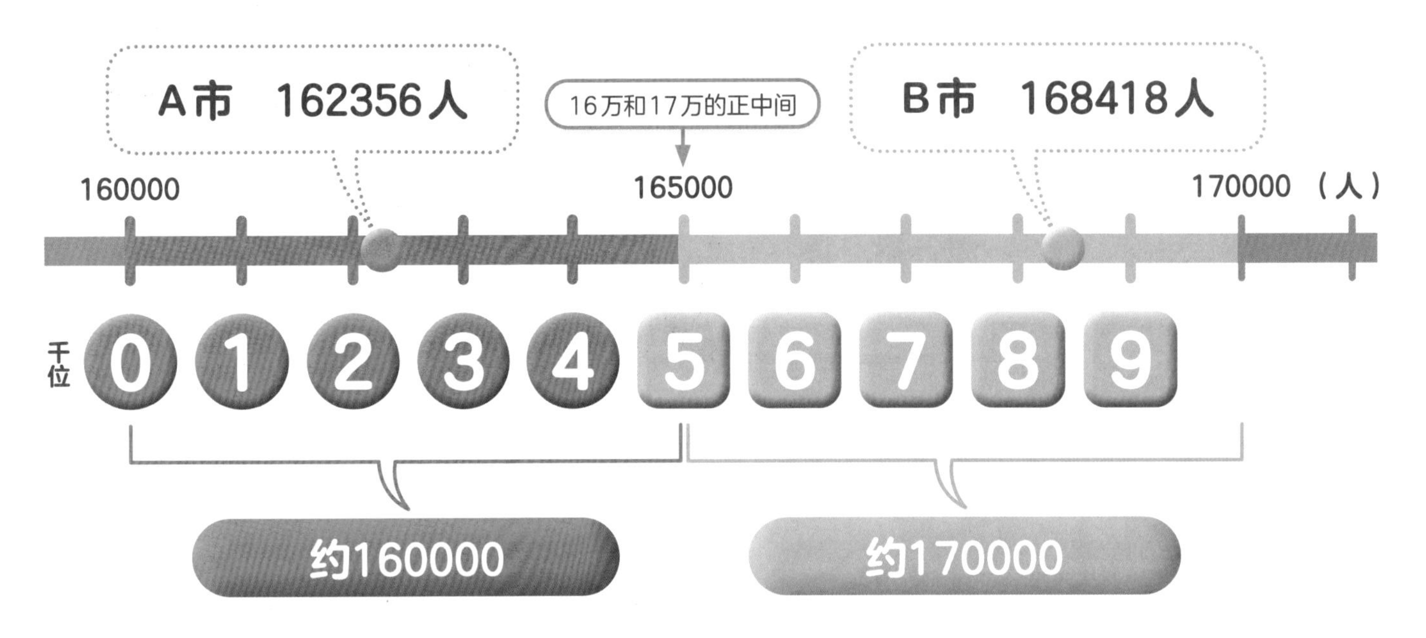

用概数来表示，即：

A市大约有16万人　　B市大约有17万人

既然是求有“多少万人”，就要着眼于万位的下一位——千位。

1 6 2 3 5 6　　1 6 8 4 1 8

万位 千位　　万位 千位

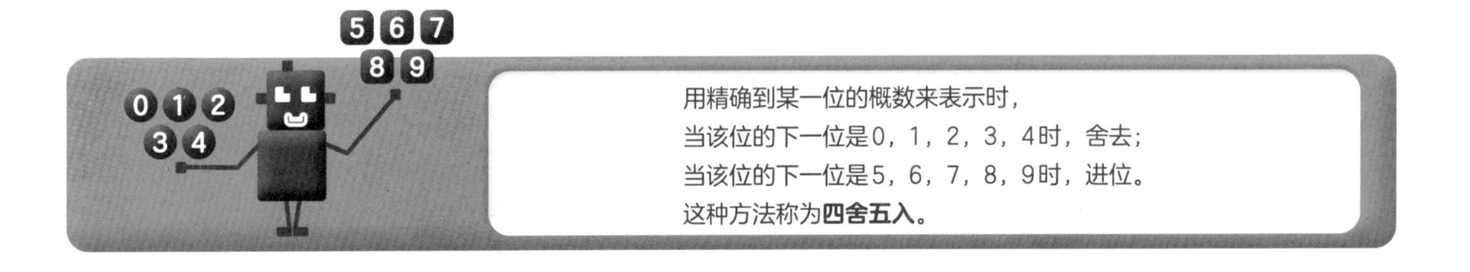

用精确到某一位的概数来表示时，
当该位的下一位是0，1，2，3，4时，舍去；
当该位的下一位是5，6，7，8，9时，进位。
这种方法称为**四舍五入**。

概数的范围

表示概数范围的词，有以下几种。
以上：“160000以上”指大于或等于160000的数。
不足：“不足160000”指小于160000的数，不含160000。
以下：“160000以下”指小于或等于160000的数。

2 概算

进行位数较多的计算或复杂的计算时，有时会使用概数来求得近似的答案。

如何用精确到万位的概数来求解

61986 + 36435

在千位上四舍五入

约6万　约4万

60000 + 40000

= 100000

约100000

把这些数分别化成精确到万位的概数进行计算。

如何用精确到第二高位的概数来求解

736 × 286

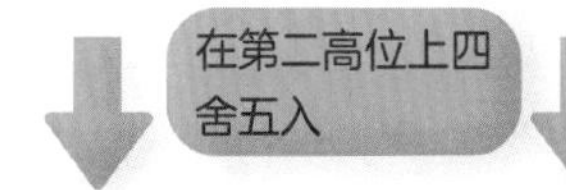

700　300

700 × 300

= 210000

约210000

把这些数分别化成精确到第二高位的概数进行计算。

用概数进行计算，适用于日常生活中的购物等场合。

17 倍数与因数 小 初 高

1 倍数与公倍数

一个数是另一个数的整数倍，前者就叫后者的倍数。

3 的倍数是能被 3 整除的数。

两个或两个以上的数的公有倍数，叫作它们的公倍数，其中最小的数，称为最小公倍数。

3的倍数

3 6 9

15 18

21 27 …

3和4的公倍数

最小公倍数

12

24

⋮

4的倍数

4 8 16

20 28 …

3 和 4 的最小公倍数是 12。

台球与公约数

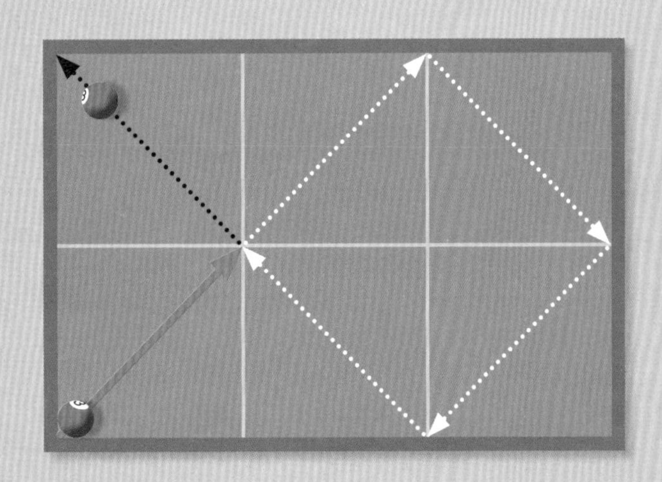

将若干个正方形密铺成一个长方形。

从该长方形的左下角出发，沿正方形的对角线画一条直线。

这条直线向外延伸，撞到长方形的侧边，将发生45°反射，直到最终抵达长方形四个角中的另一个角。

我们来看此时纵向与横向的正方形个数的组合，以及直线通过的正方形个数。

如右图所示，只有当纵向与横向的正方形个数的公约数为1时，直线才会通过所有的正方形；当纵向与横向的正方形数存在1以外的公约数时，直线将不会通过所有的正方形。当存在未通过的正方形时，通过的正方形个数 =（纵向的正方形个数）×（横向的正方形个数）÷（纵向的正方形个数与横向的正方形个数的最大公约数）。

2 因数与公因数

一个整数能整除另一个数，前者就叫后者的因数。

两个或两个以上的数的公有因数，叫作它们的公因数，其中最大的数，称为最大公因数。

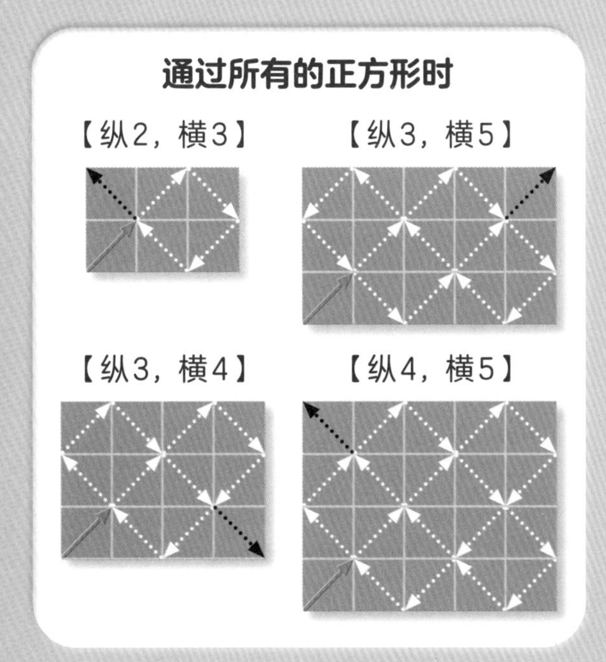

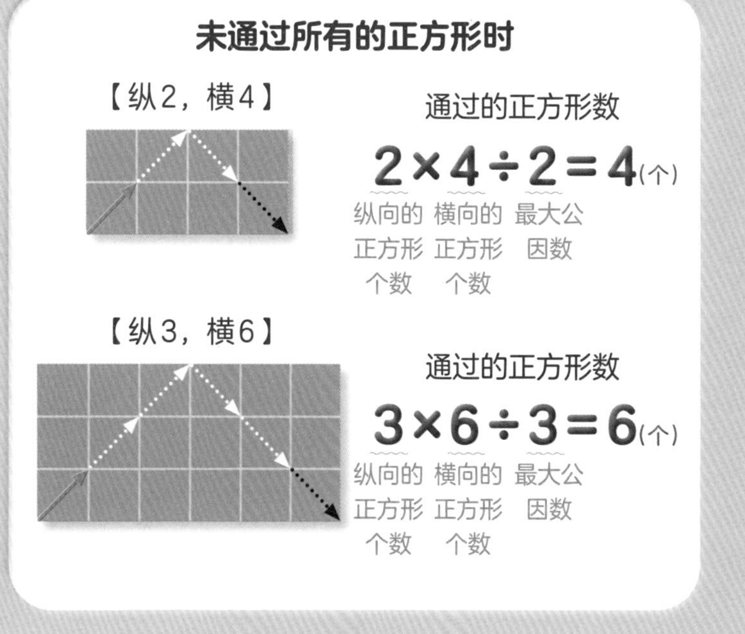

18 质数与分解质因数

1 质数

一个数，如果只有1和它本身两个因数，这样的数叫作质数，比如2，3，5，7，…。

寻找质数，有一种方法叫“埃拉托斯特尼筛法”。下面，我们就通过这种方法，在从1到36的自然数中找出质数。

剩下的数——2，3，5，7，11，13，17，19，23，29，31——就是从1到36的自然数中的质数。要得到某个数以内的全部质数，就要对不大于该数平方根 第70页 的质数进行筛选。在此例中，就是要对不大于36的平方根6（即从1到5）的质数进行筛选。

2 分解质因数 用乘法来表示60这个数。

60＝6×10。此时，6和10称为60的因数。
再尝试用比6×10更小的数的积来表示60。

$$60 = 2 \times 2 \times 3 \times 5$$
$$= 2^2 \times 3 \times 5$$

可以像这样，用质数的因数（质因数）的积来表示60。这叫作**分解质因数**。

3 分解质因数的方法 分解质因数，还可以像下面这样，用最小的质数做除法。

2) 60 → 30

→ 2) 60，2) 30 → 15

→ 2) 60，2) 30，3) 15 → 5

5是质数，不能继续做除法。

$$60 = 2^2 \times 3 \times 5$$

埃拉托色尼

埃拉托色尼是古希腊数学家，他在天文学、地理学等领域也做出了种种贡献。
据说，他听闻在塞伊尼这座城镇有一口深井，每当夏至日的正午，太阳光就会照亮井底。于是，他在这一天来到位于塞伊尼正北方的城镇，观测太阳偏离了正上方多少度。
然后，基于该角度和当地与塞伊尼之间的距离，他推测出了地球的大小。

19 质数与生活 小 初 高

周期蝉 一到夏季，每天都能听到四处响起的蝉鸣声。蝉的种类众多，其鸣叫声也各有特点。蝉是一种寿命很短的昆虫，其幼虫会在地下生活数年，成虫来到地面后只能存活大约两周。

在美国有一类蝉，其特征不同于普通蝉。普通蝉，例如斑透翅蝉，每6~7年发生羽化，而美国的“周期蝉”，则以13年或17年为固定周期发生羽化。
2004年夏季传出一则新闻，泛滥的蝉席卷了纽约周边。

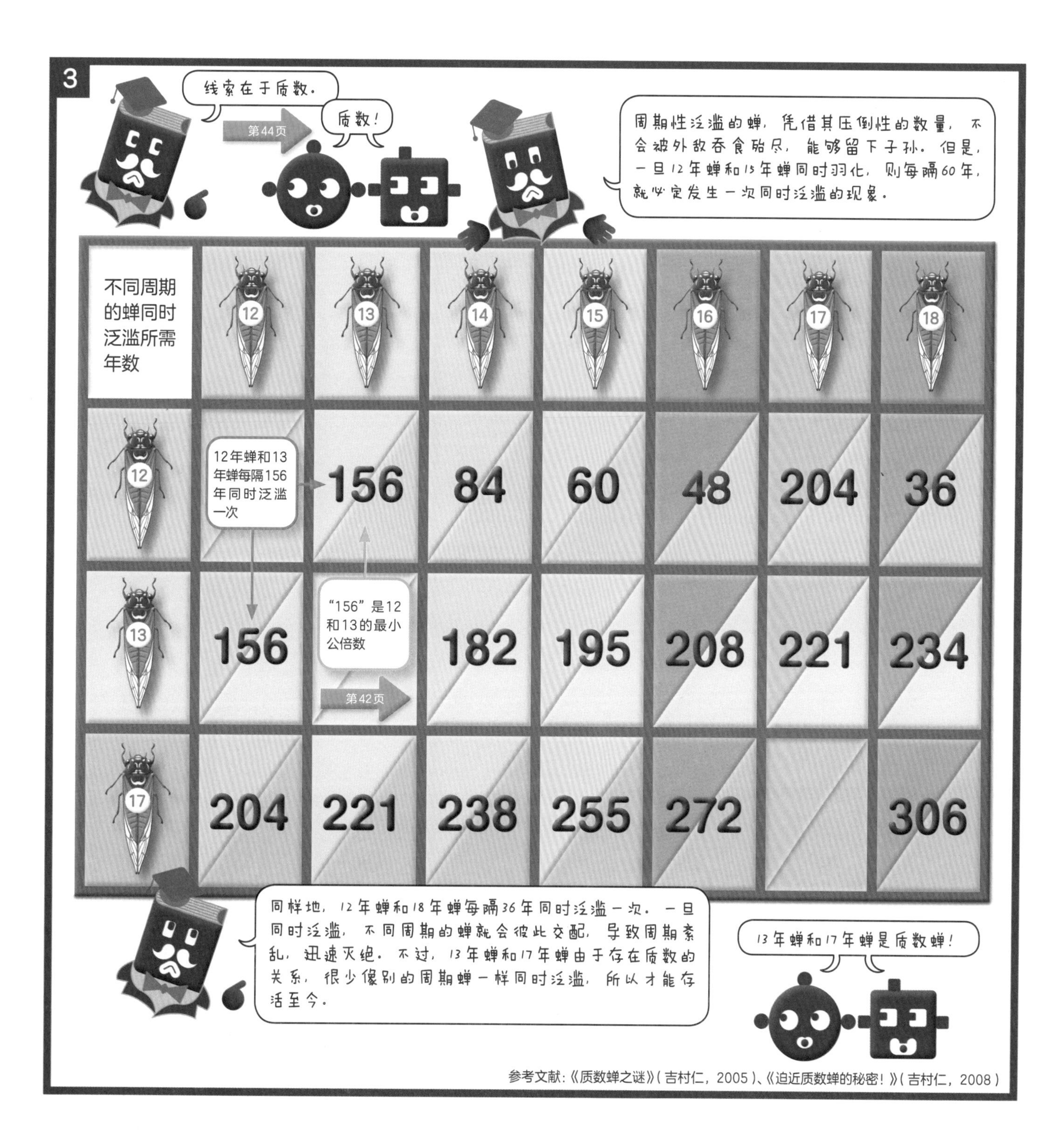

不同周期的蝉同时泛滥所需年数	12	13	14	15	16	17	18
12		156	84	60	48	204	36
13	156		182	195	208	221	234
17	204	221	238	255	272		306

参考文献：《质数蝉之谜》（吉村仁，2005）、《迫近质数蝉的秘密！》（吉村仁，2008）

20 分数（1）小 初 高

1 分数的意义

下图是把圆10等分的示意图。
像这样把单位“1”平均分成若干份，表示其中的1份或几份时，就会使用分数。

$\frac{1}{10}$ 读作“十分之一”，表示把整体10等分后其中的1份。

约分与通分

将分数的分母和分子乘以同一个数，或分母和分子除以同一个数，分数的大小不变。

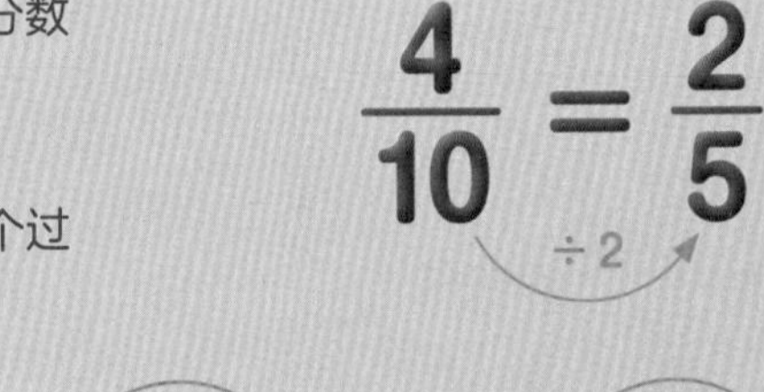

将分数的分母和分子除以同一个数，使之化成分母更小的分数，这个过程叫作**约分**。

将分数的分母统一，更容易计算，也使结果一目了然。

把分母不同的分数的分母统一，这个过程叫作**通分**。
此时，把分母的最小公倍数 第42页 作为分母，计算起来会更容易。

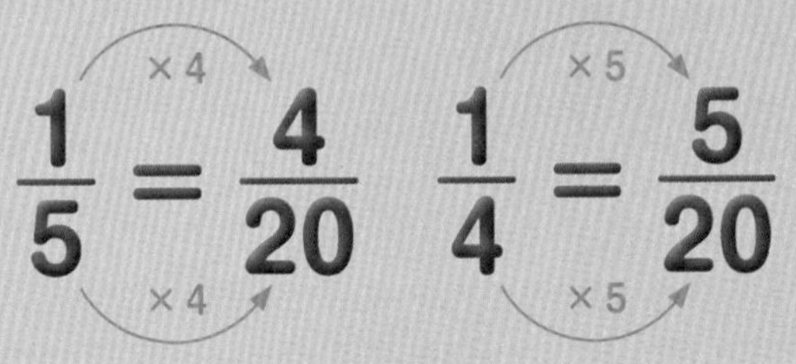

2 分数的表示方法

分数可以根据表示方法分成若干种。

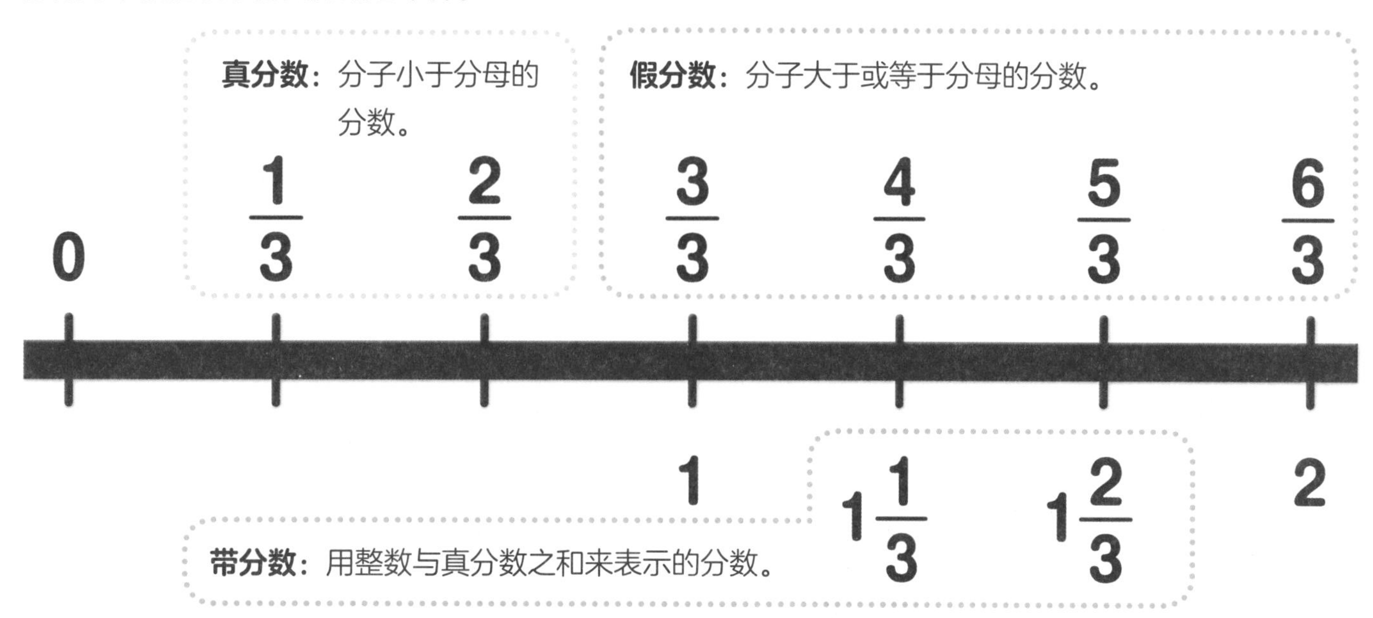

假分数→带分数

把假分数化成带分数时，想一想分子含有多少份分母。

以$\frac{7}{3}$为例，7÷3的商是2余1。即，从$\frac{7}{3}$中减去整数2，剩余$\frac{1}{3}$。

7 ÷ 3 = 2 余 1

$$\frac{7}{3} = 2\frac{1}{3}$$

带分数→假分数

把带分数化成假分数时，将带分数的整数部分与分母相乘，再与分子相加，作为假分数的分子。

$$2 \times 3 + 1 = 7$$

$$2\frac{1}{3} = \frac{7}{3}$$

无论假分数还是带分数，所表示的数的大小不变。

21 分数（2）小 初 高

1 分数的加法与减法

分数的加法与减法，根据是分母相等的分数还是分母不等的分数而有所不同。

分母相等的分数的加法与减法

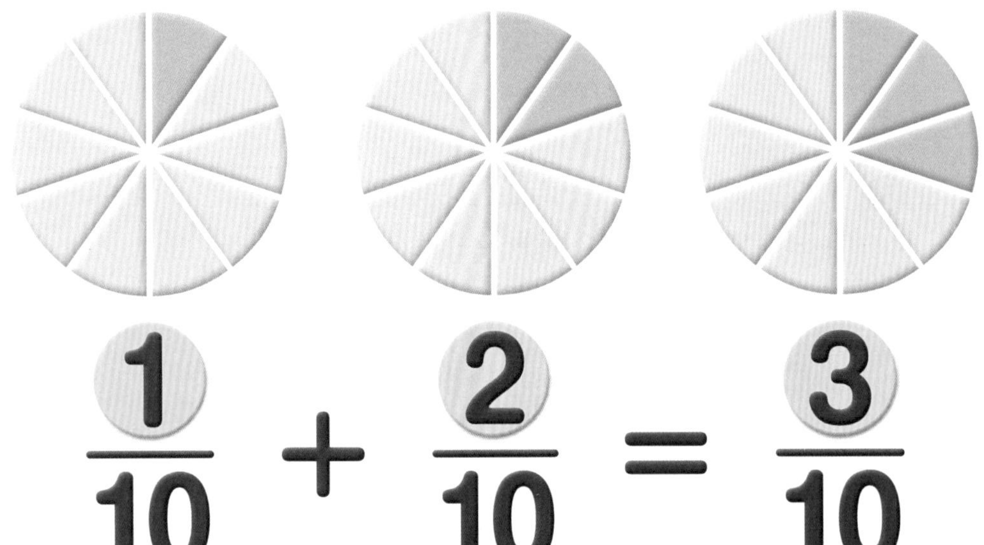

$$\frac{1}{10}+\frac{2}{10}=\frac{3}{10}$$

计算分母相等的分数的加法与减法时，分母保持不变，只计算分子。
如果是带分数，先化成假分数再计算。

分母不等的分数的加法与减法

计算分母不等的分数的加法与减法时，先通分 第48页，将分母统一后再计算。

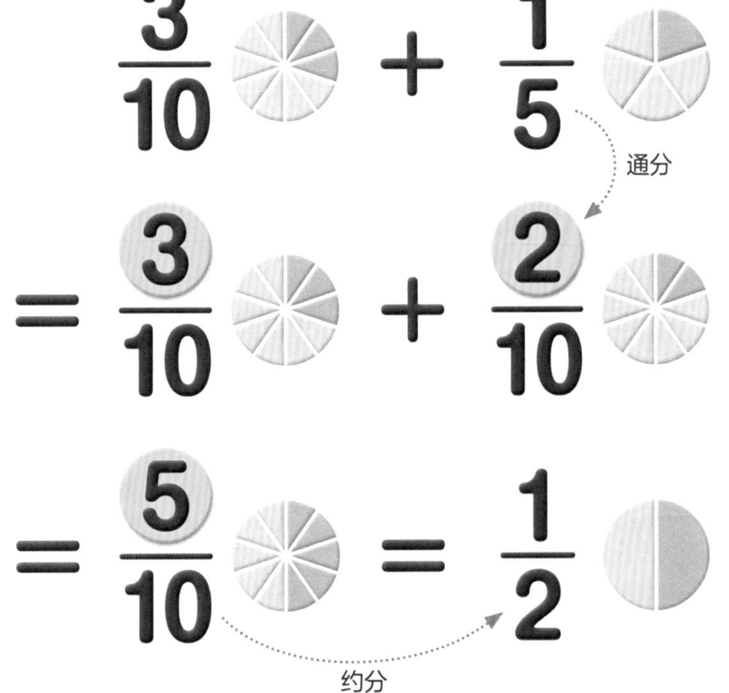

$$\frac{3}{10}+\frac{1}{5}$$

$$=\frac{3}{10}+\frac{2}{10}$$

$$=\frac{5}{10}=\frac{1}{2}$$

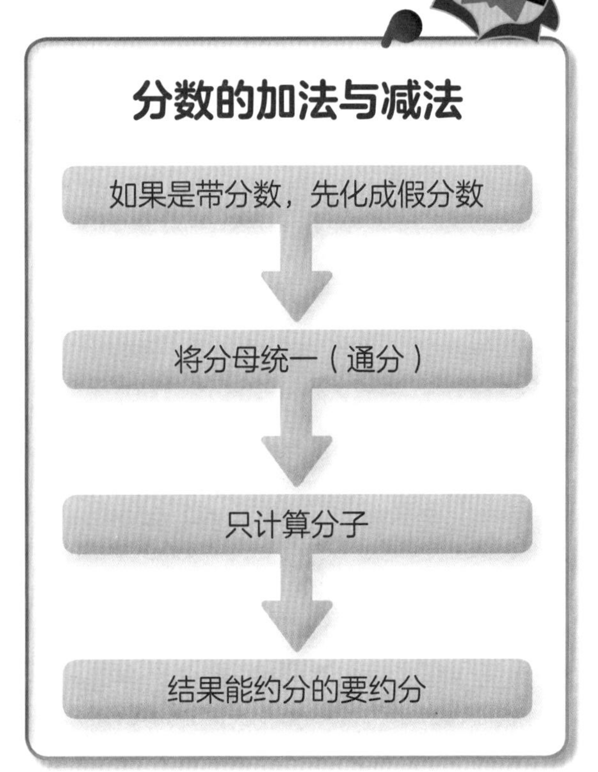

2 分数的乘法与除法

分数 × 整数

$$\frac{1}{2}\times 3=\frac{1}{2}+\frac{1}{2}+\frac{1}{2}=\frac{3}{2}=1\frac{1}{2}$$

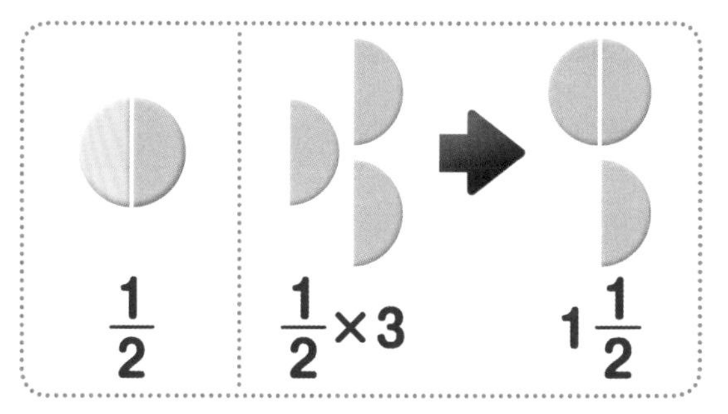

分数 × 分数

$$\frac{1}{2}\times\frac{3}{4}=\frac{1\times 3}{2\times 4}=\frac{3}{8}$$

把一个数乘以分数，就是“求与这个数的几分之几相对应的数”。

分数的乘法，分母与分母相乘，分子与分子相乘。如果是带分数，先化成假分数再计算。

分数 ÷ 整数

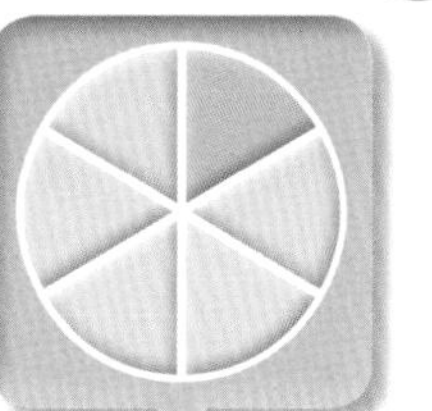

$$\frac{1}{3}\div 2=\frac{1}{3}\times\frac{1}{2}=\frac{1\times 1}{3\times 2}=\frac{1}{6}$$

除以2等同于乘以 $\frac{1}{2}$。

如果两个数相乘得1，例如2和 $\frac{1}{2}$，那么其中一个数就叫作另一个数的**倒数**。

分数 ÷ 分数

$$\frac{2}{3}\div\frac{3}{4}=\frac{2}{3}\times\frac{4}{3}=\frac{2\times 4}{3\times 3}=\frac{8}{9}$$

分数与分数的除法，要把除数变成倒数再相乘。

分数的乘法与除法

如果是带分数，先化成假分数

↓

如果是除法运算，变成乘以倒数的乘法运算

↓

分母与分母相乘，分子与分子相乘

↓

结果能约分的要约分

22 小数 小 初 高

1 小数的表示方法

用小数点来表示的数就是小数。

小数点 这个点的左侧是整数部分，右侧是小数部分。

15.387

整数部分是 15

小数部分是 0.387

3 → 小数第一位（$\frac{1}{10}$位）

8 → 小数第二位（$\frac{1}{100}$位）

7 → 小数第三位（$\frac{1}{1000}$位）

小数也同整数一样是十进制数，每逢10倍就向上进一位，除以10就向下退一位。

3.4
×10
0.34
÷10
0.034

十进制数与前缀

有时，我们会在标准单位前添加10的乘方作为前缀，用来表示很大的量或很小的量。例如，10的3次方1000用“kilo”这一前缀表示，10的6次方1000000用“mega”这一前缀表示。

右表是小于1的十进制数的部分表示方法。

乘数	十进制计数法	前缀
10的0次方	1	
10的-1次方	0.1	deci
10的-2次方	0.01	centi
10的-3次方	0.001	milli
10的-6次方	0.000001	micro
10的-9次方	0.000000001	nano

➡第54页
分数与小数的关系

2 小数的计算

小数也能像整数一样，当作没有小数点进行计算，最后给得数点上小数点即可。

小数的加法与减法

0.3＋0.6＝0.9

0.1有3个　0.1有6个　0.1有 3＋6＝9（个）

1.2－0.5＝0.7

0.1有12个　0.1有5个　0.1有 12－5＝7（个）

把小数点的位置纵向对齐，像整数一样进行计算，最后给得数点上小数点时，要同上方的小数点对齐。

$$\begin{array}{r} 4.3 \\ -\ 2.8 \\ \hline 1.5 \end{array}$$

小数的乘法与除法

小数的乘法，在当作没有小数点的整数进行计算后，被乘数与乘数的小数点右边的位数之和是多少，就从积的末位起数出几位，点上小数点。

小数的除法，要把除数和被除数的小数点向右移动相同的位数，使除数变成整数进行计算。商的小数点，要同被除数移动后的小数点对齐。

1.27 × 8.5

$$\begin{array}{r} 1.27 \\ \times\ 8.5 \\ \hline 635 \\ 1016\ \ \\ \hline 10.795 \end{array}$$

1.27 → 2位

8.5 → 1位

2＋1＝3

10.795 ← 3位

7.56 ÷ 6.3

$$\begin{array}{r} 1.2 \\ 6.3\overline{)7.56} \\ 63\ \ \\ \hline 126 \\ 126 \\ \hline 0 \end{array}$$

23 分数与小数的关系 小 初 高

分数与小数 分数与小数、整数能在同一条数轴上表示。

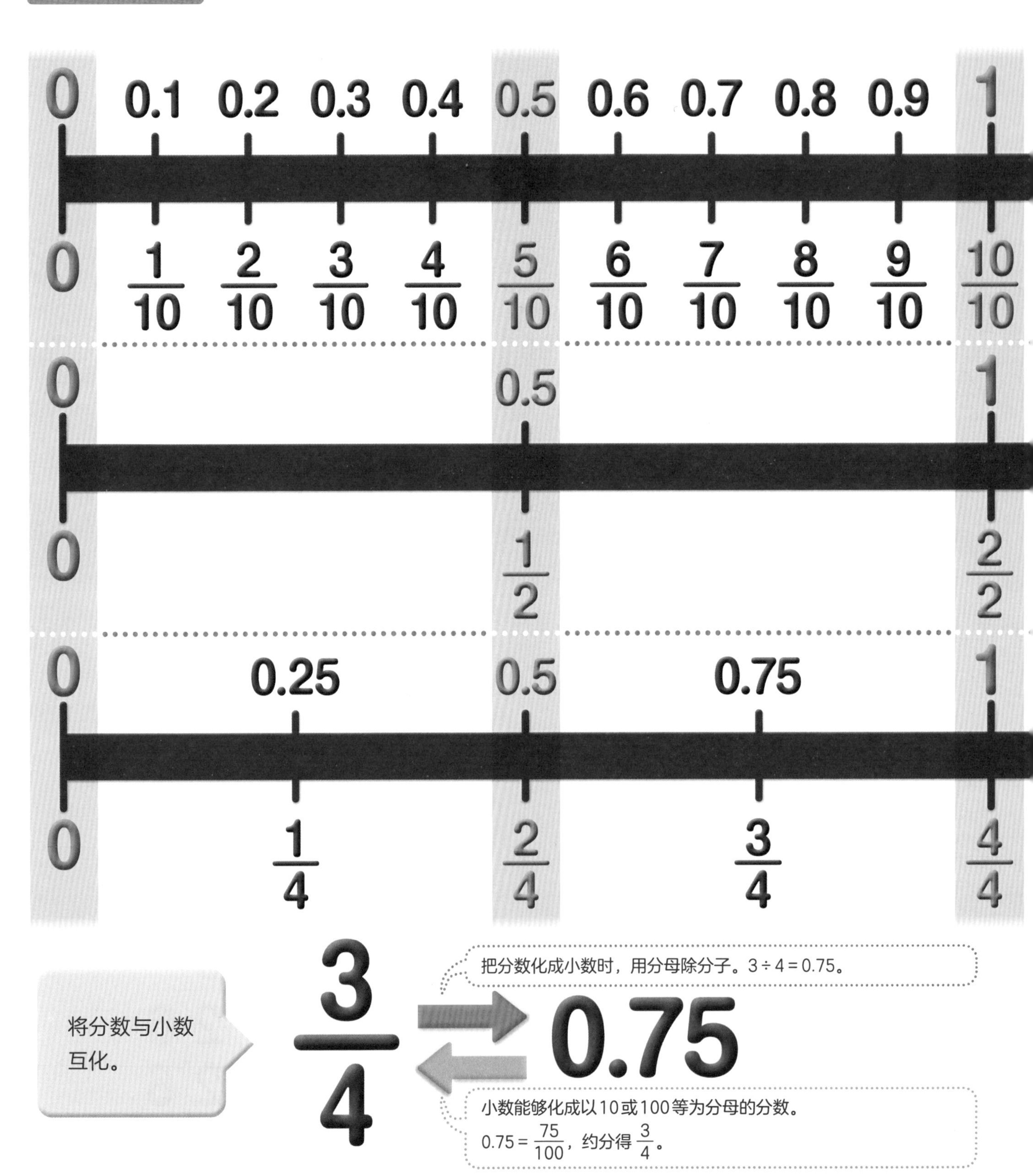

➡第48~53页 分数与小数

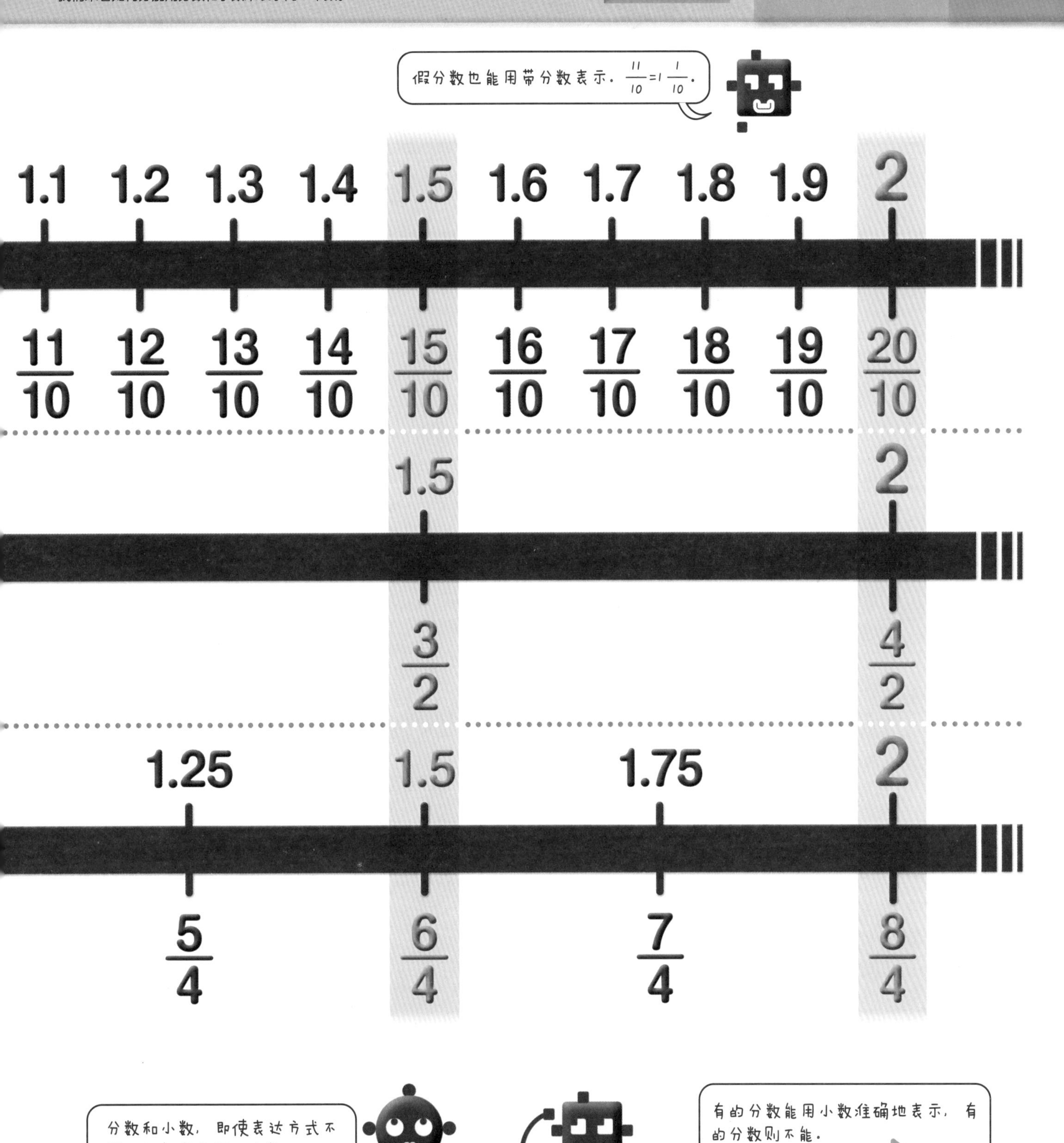

分数和小数，即使表达方式不同，也能表示同一个数。

有的分数能用小数准确地表示，有的分数则不能。
$\frac{1}{3}=1\div3=0.3333\cdots$ 第72页

24 比率与比 小 初 高

1 比率

表示比较量相当于标准量的多少的数，叫作比率。

某小学就伙食剩饭的问题，分别对一年级和六年级的学生展开调查，得到了如下的结果。

因为一年级和六年级的学生人数相等，所以有人认为，剩饭量少的一年级学生吃得更干净。

学年	一年级	六年级
人数	110人	110人
剩饭量	4800克	6000克
伙食量	24000克	40000克

可以只比较剩饭量4800克和6000克的大小，就认定六年级学生吃得不够干净吗？

因为六年级的伙食量原本就比一年级的多，所以应该调查剩饭所占的比率。

把伙食量看作1，计算此时的剩饭量。一年级用□表示，六年级用△表示。

用“1”去除，就能求出比率。

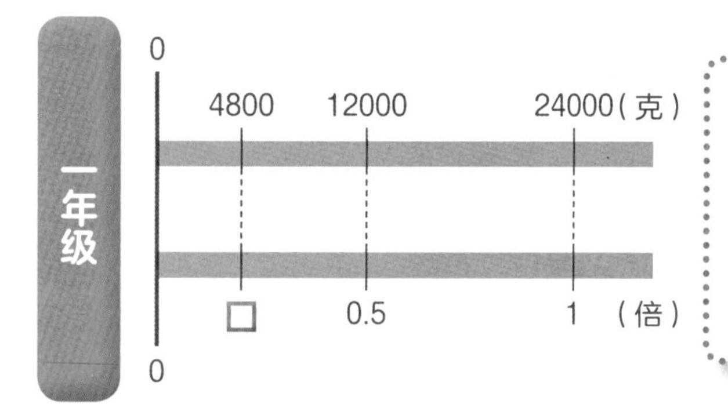

$$4800 \div \underset{\text{把伙食量看作“1”}}{24000} = 0.2$$

$$\square = 0.2$$

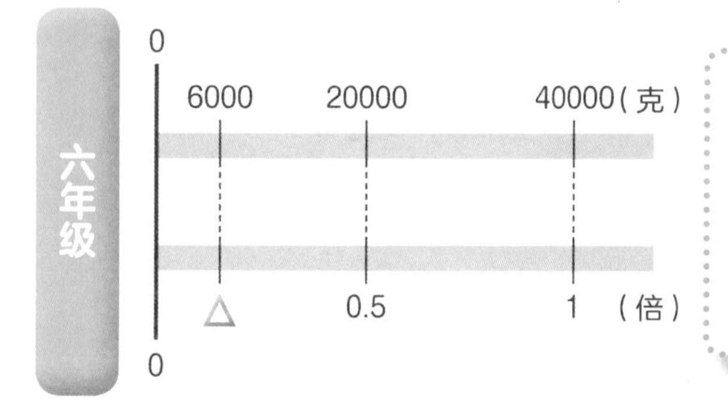

$$6000 \div \underset{\text{把伙食量看作“1”}}{40000} = 0.15$$

$$\triangle = 0.15$$

把伙食量看作“1”时剩饭量的比率，一年级是0.2，六年级是0.15。

乍一看，似乎可以认为，六年级学生的剩饭比一年级学生的多，但我们知道，把伙食量看作“1”时，六年级学生的剩饭量比率却比一年级的小。

如何求比率

比率＝比较量 ÷ 标准量

看作“1”

2 比　用两个数的组合来表示比率，叫作比。

制作2人份的调味汁。
先加入2大匙醋，再加入3大匙色拉油，充分搅拌均匀。

2匙与3匙，就形成了2与3的比率。

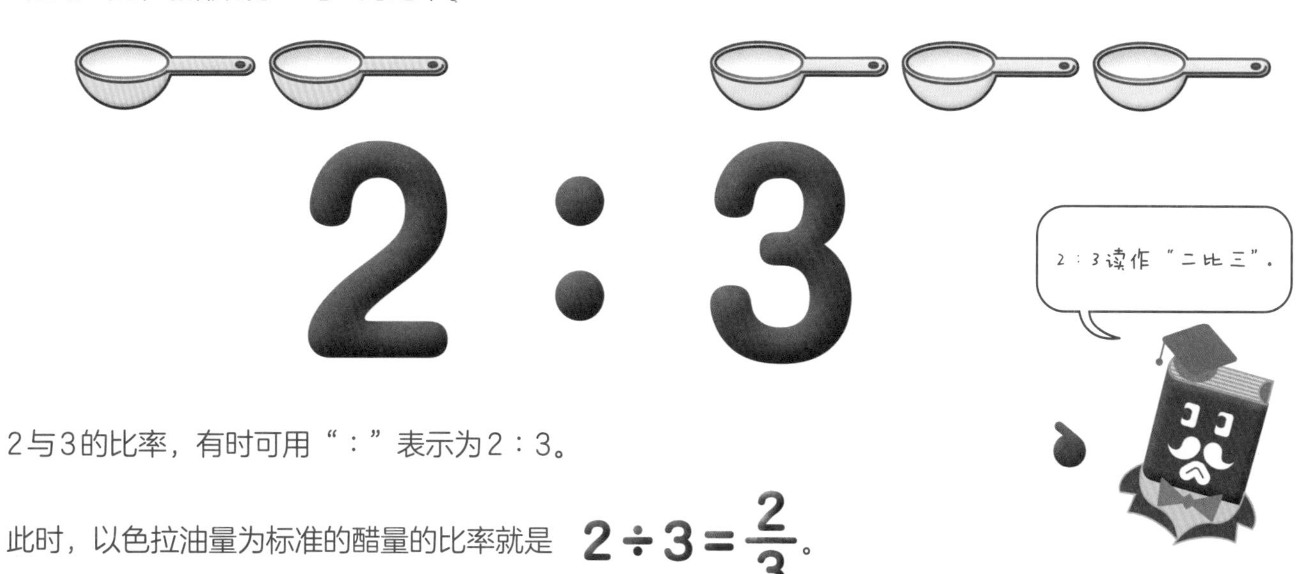

2与3的比率，有时可用“：”表示为2：3。

此时，以色拉油量为标准的醋量的比率就是 $2 \div 3 = \frac{2}{3}$。

比值

在用a：b表示的比中，b除a所得的商，叫作比值。
当比值相等时，我们称它们的“比相等”。例如，可以表示为2：3＝4：6。

25 百分率 小 初 高

1 百分率

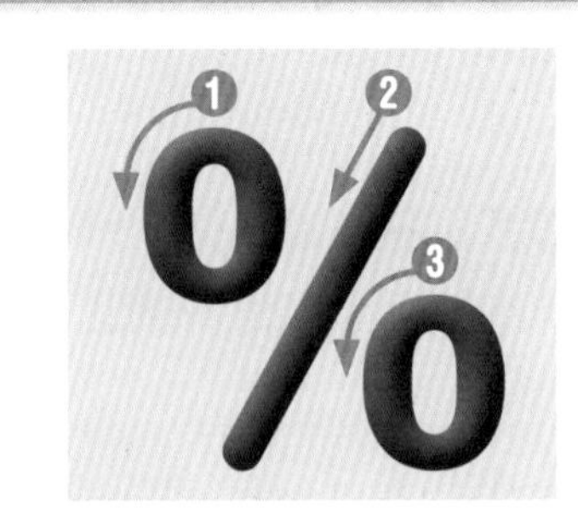

在用数表示的比率 第56页 **中，0.01 叫作百分之一，写作1%。**
这种表示比率的方法，叫作百分率。

表示比率的数与百分率之间的关系，如下图所示。

0 0.1 0.5 1 ← 表示比率的数

0 10% 50% 100% ← 百分率

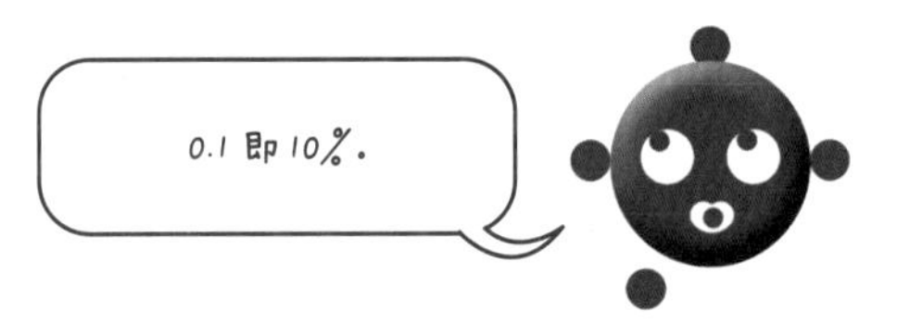

有时，我们用**一成**表示0.1，用**一分**表示0.01，用**一厘**表示0.001。
这种表示方法叫作**成数**。

0.325 ⟷ 三成二分五厘

表示比率的数、成数、百分率之间的关系，如右表所示。

表示比率的数	1	0.1	0.01	0.001
成数	十成	一成	一分	一厘
百分率	100%	10%	1%	0.1%

降水概率

天气预报公布的降水概率，是特定地域在特定时间内的降水概率，基于过去的天气记录，用百分率来表示下雨的可能性有多大。
“降水概率10%”的意思就是，假如同样的预报出现多次，例如100次，那么根据预计，其中约有10次会下雨。

2 百分率与标准量

百分率是把标准量看作100时表示比率的方法。

即使比率相同，如果标准量不同，比较量也会不同。

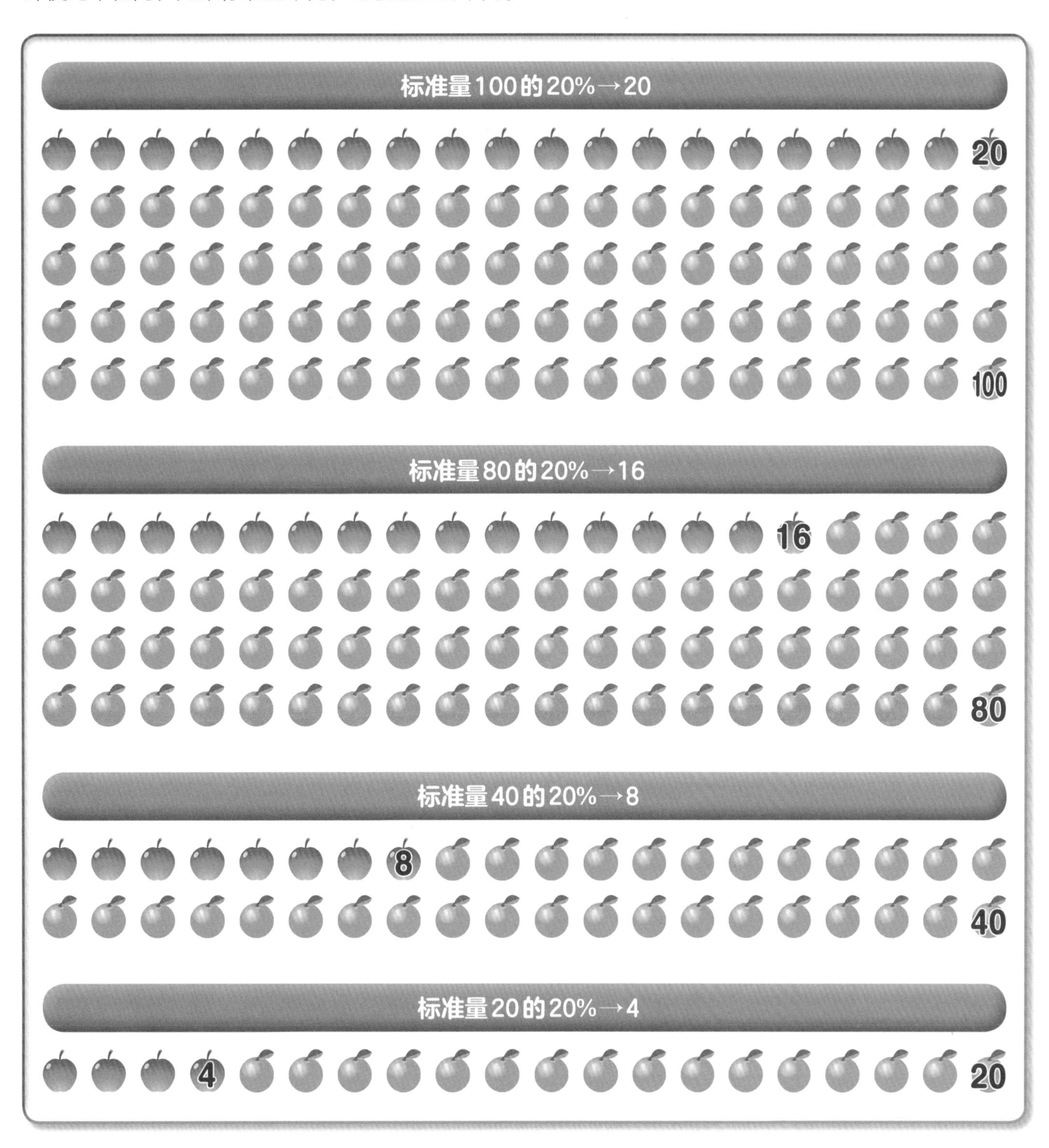

26 比率与生活 小 初 高

1 折扣

商品的价格有时会在原价的基础上“打几折”或“降百分之几”。

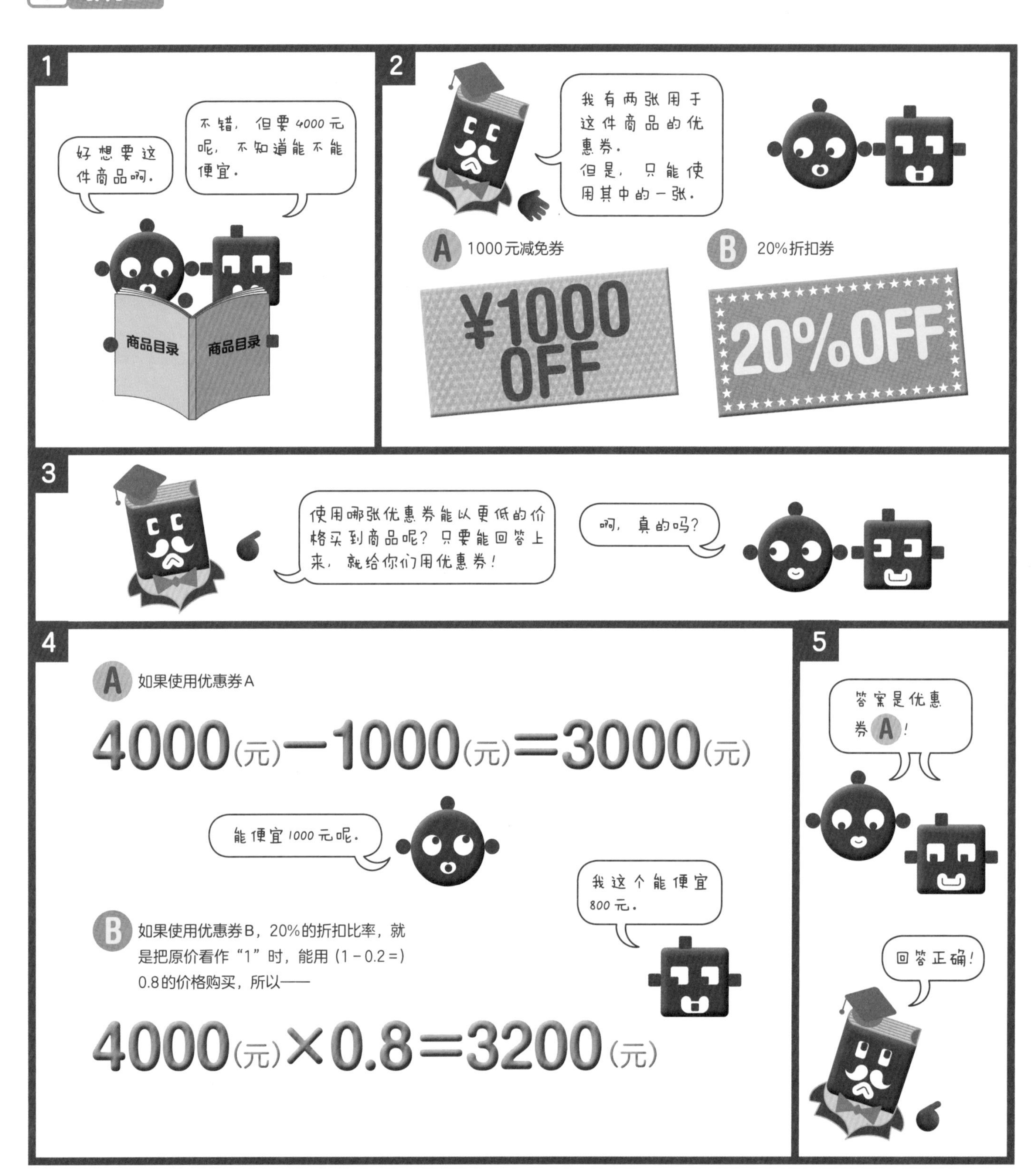

➡第56页 比率与比

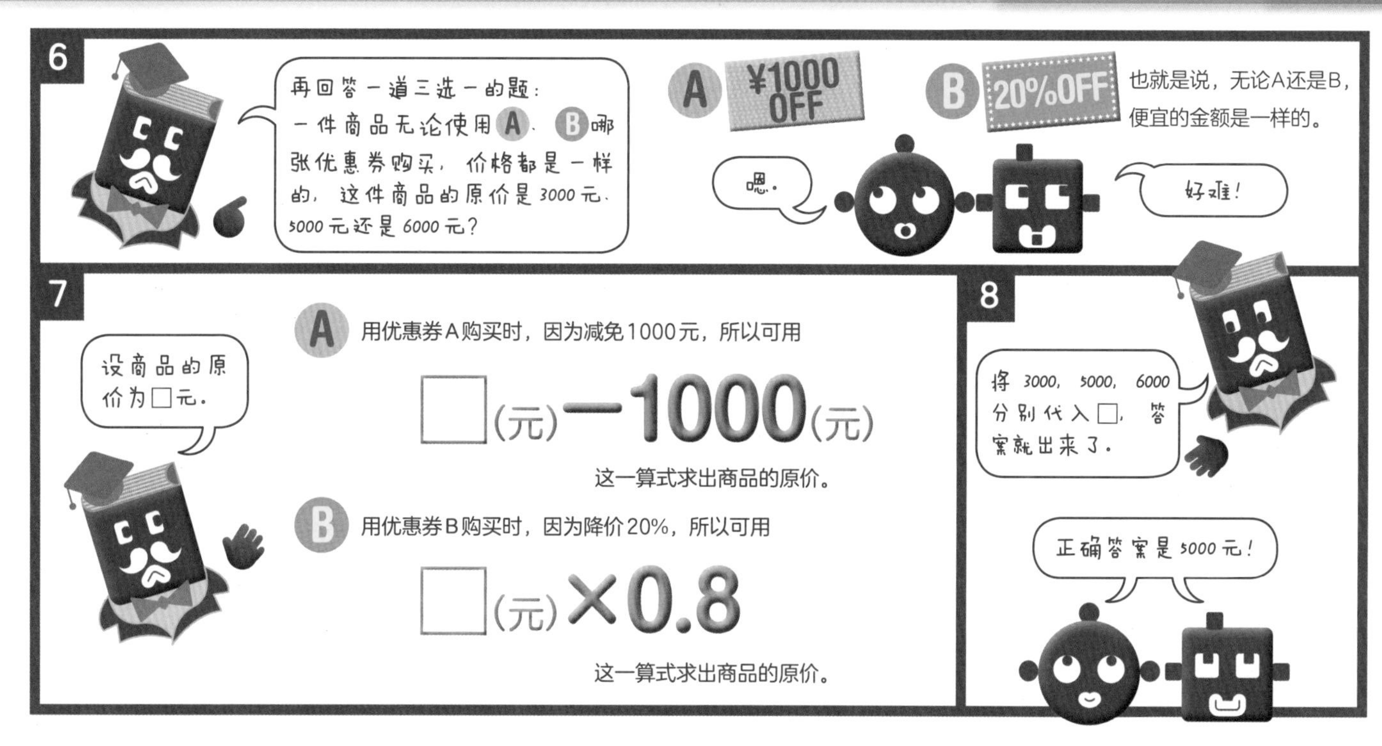

2 比率与税

我们在购买商品时，需要支付消费税，就是用商品的价格乘以一定的比率所得的金额。日本的消费税税率，在1997年4月~2014年3月是5%，从2014年4月起变成了8%。

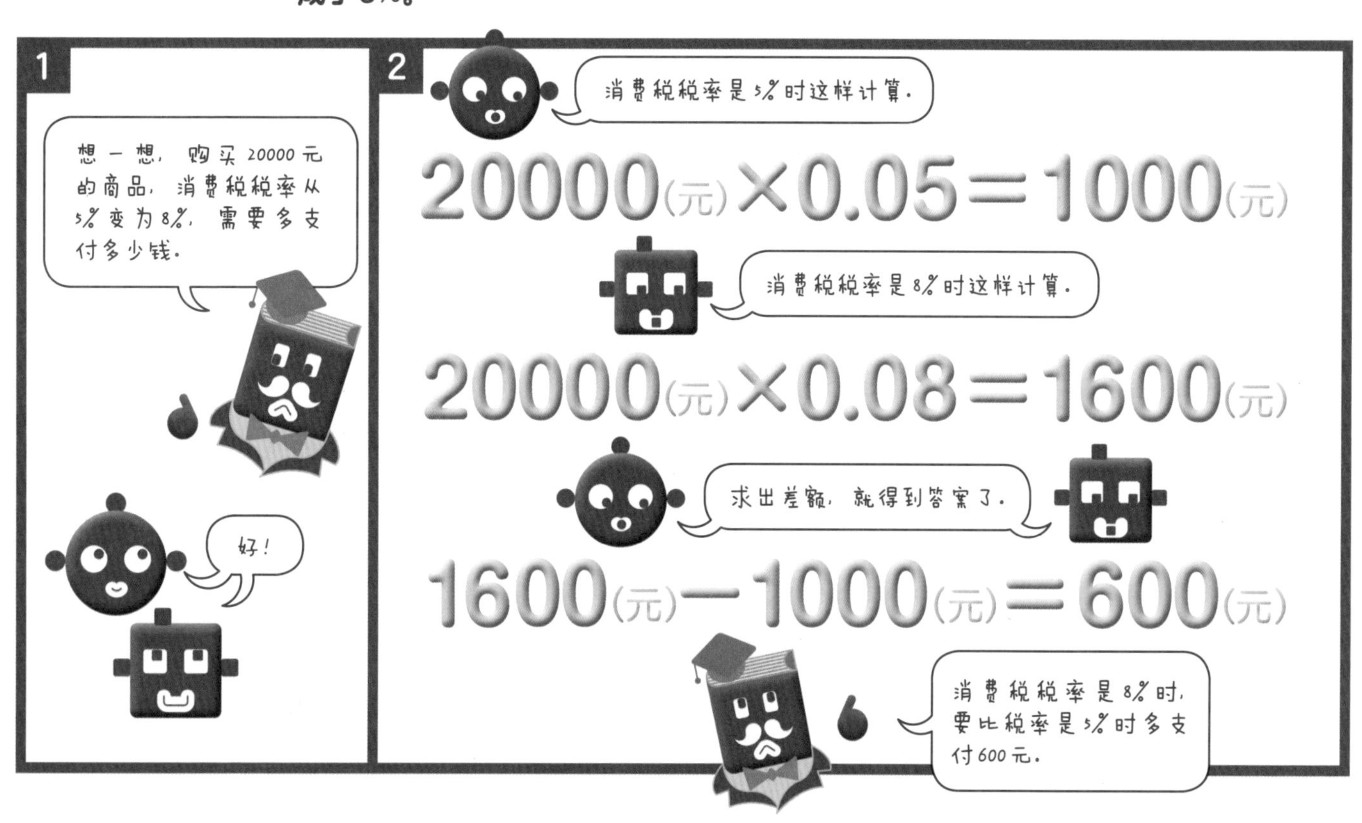

1 比与乳酸菌饮料

我们可以通过乳酸菌饮料浓缩液与水的配比来研究比率。

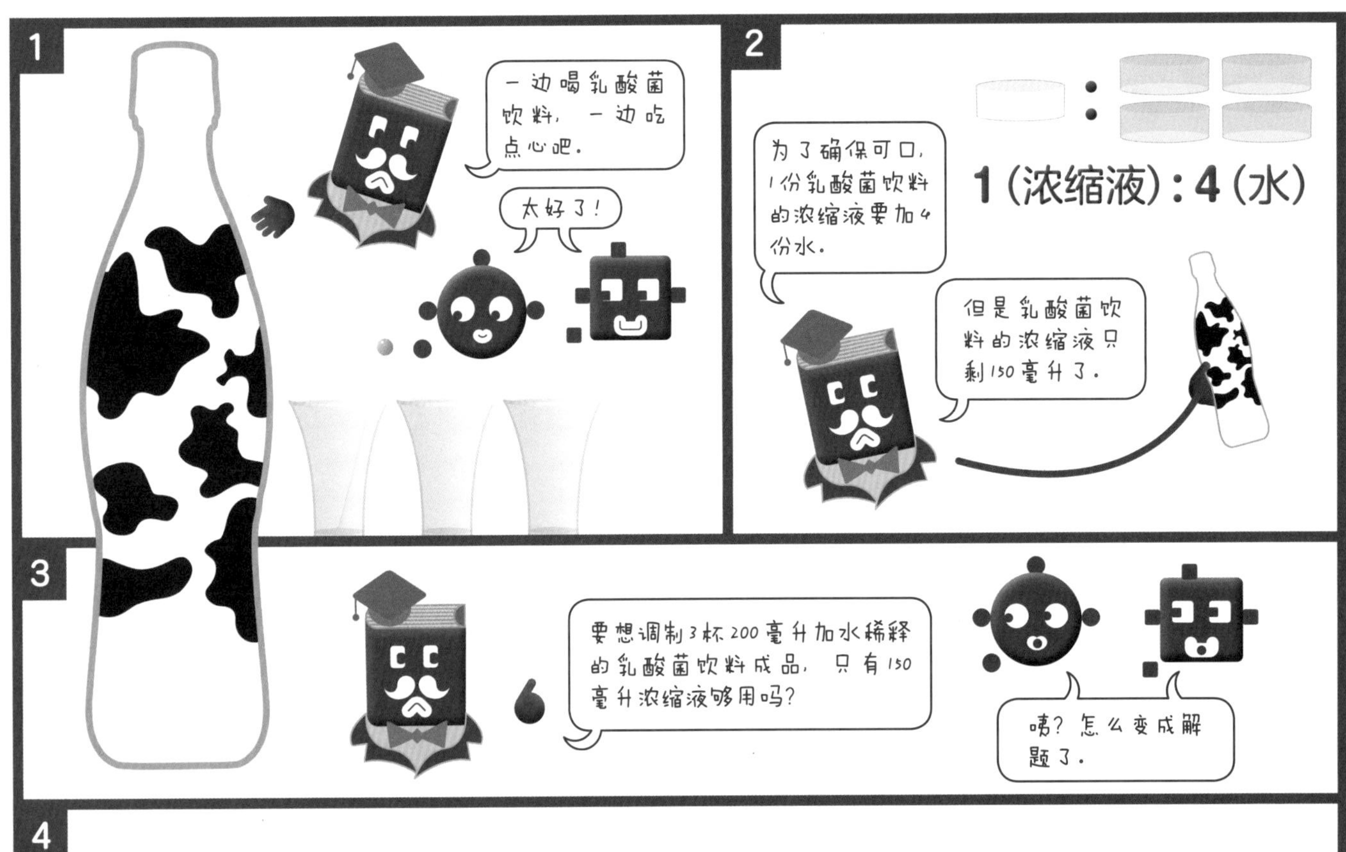

4

调制可口的乳酸菌饮料需要： → **浓缩液：水＝1：4**

所以，加水制成的乳酸菌饮料成品为： → 1（浓缩液）＋4（水）＝5（乳酸菌饮料成品）

浓缩液与乳酸菌饮料成品之比为： → **浓缩液：乳酸菌饮料成品＝1：5**

3杯200毫升的乳酸菌饮料成品，合计就是600毫升，若将此时需要的浓缩液设为□毫升，则：

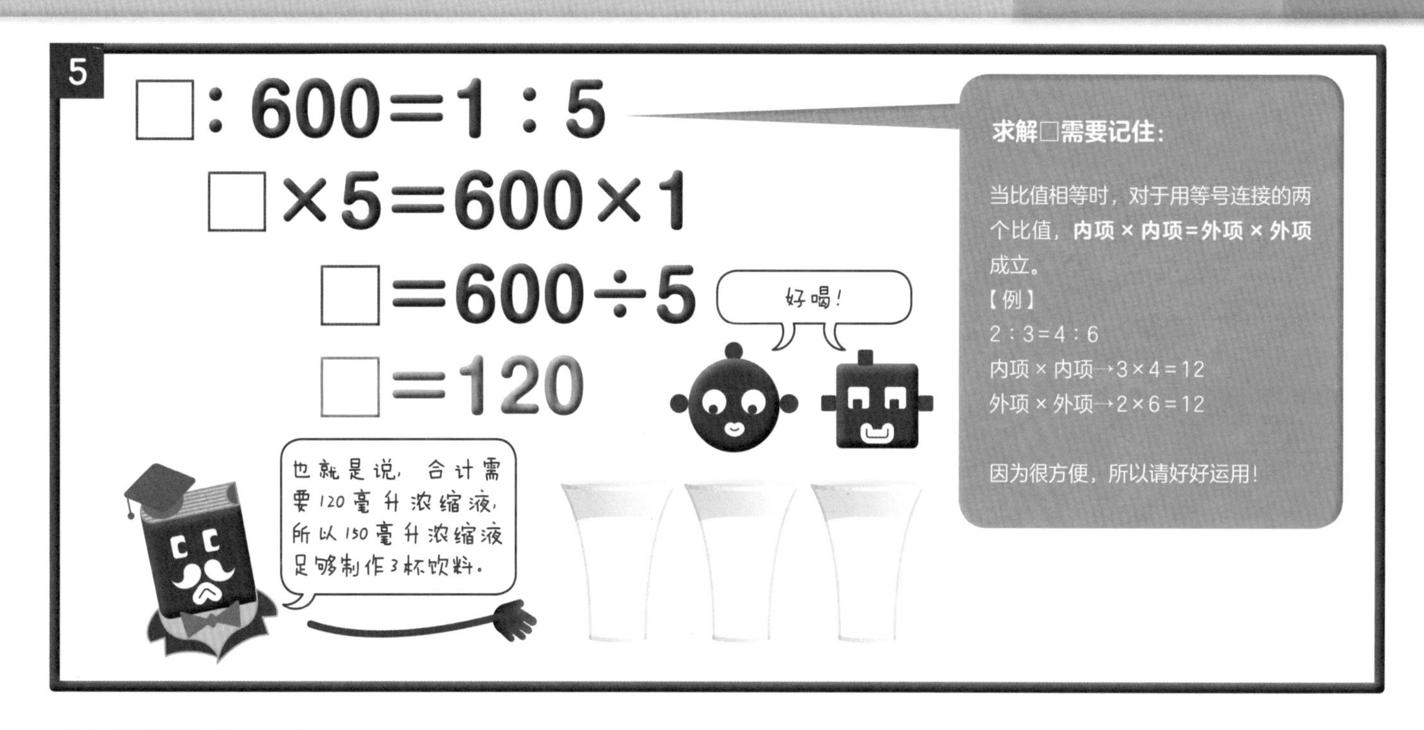

2 比与电视

我们从比率的角度来看一下现在与过去的电视屏幕的大小差异。

1

左侧是现在的电视，屏幕尺寸的长宽比是16：9。右侧是过去的模拟电视，长宽比是4：3。

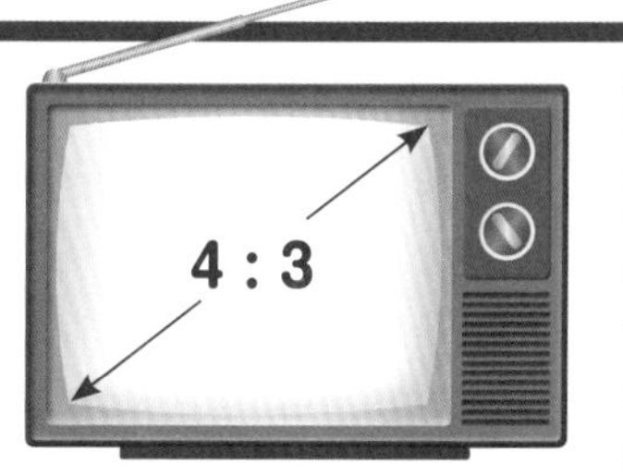

现在的电视屏幕横向更长，过去的电视屏幕更近似正方形。

2

如果用现在的电视播放模拟电视时期的节目，为了让纵向尺寸符合现在的电视，左右就会像这样出现黑边。求此时画面的横向比率。

$4:3=\square:9$

$4\times9=3\times\square$

$\square=36\div3$

$\square=12$

也就是说，横向16的画面，只能显示出12。

28 二进制计数法

1 二进制计数法

我们通常使用0，1，2，3，4，5，6，7，8，9这10个数字的组合来表示数。

9的下一个数字是10，向上进一位。像这种逢十进位的计数法，称为**十进制计数法**。

第11页

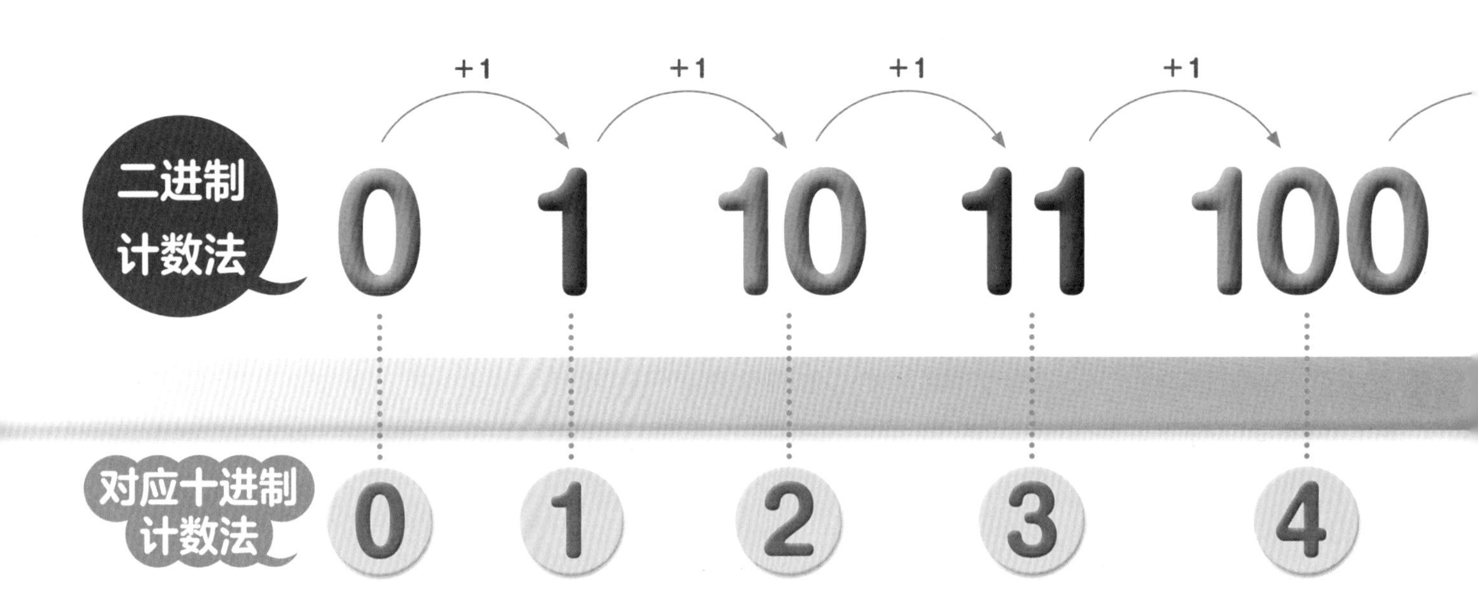

2 如何用二进制计数法表示数

为了用二进制计数法来表示11个●的数目，我们把这些●分成两个一组。

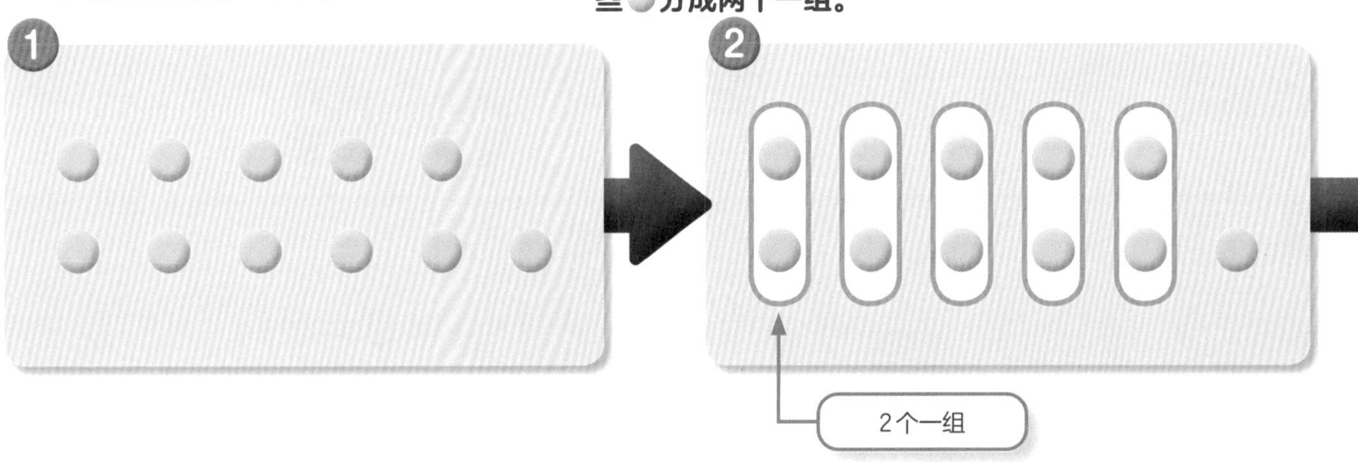

分完的情况如图❹所示，(8的集合最大) 有1个，(4的集合第二大) 被包含在最大的集合里，所以是0个，(2的集合第三大) 有1个，此外还剩下1个●。

二进制计数法只使用“0”“1”这两个数字来表示数。
在二进制计数法中，0，1的下一个数字是10(=2)。逢二向上进一位。
我们来看如何使用二进制计数法来表示数。

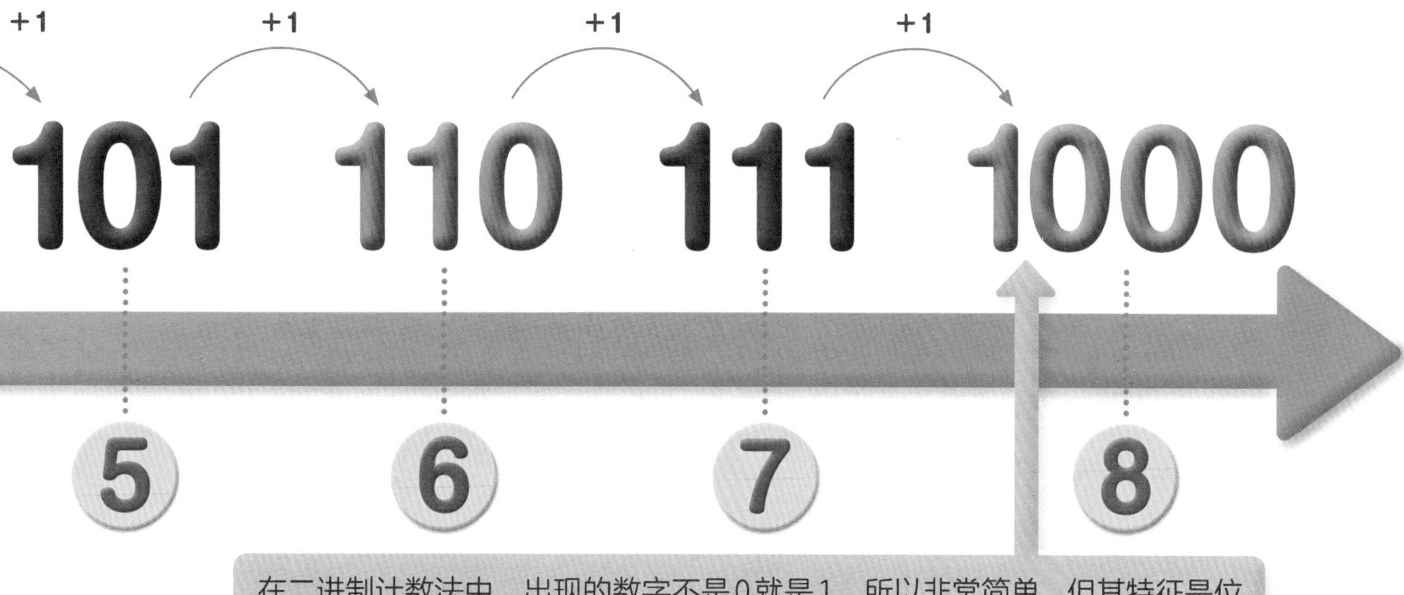

在二进制计数法中，出现的数字不是0就是1，所以非常简单，但其特征是位数很大，需要书写的数字很多。

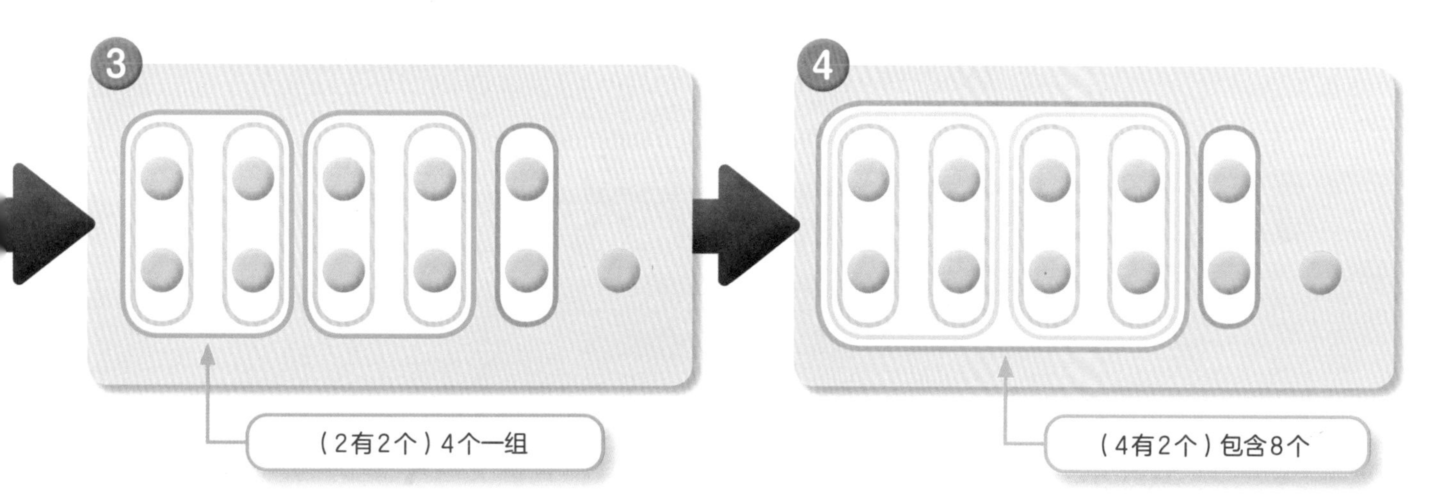

十进制计数法中的11，用二进制计数法表示为1011。

$$11_{(10)}=1\times 2^3+0\times 2^2+1\times 2+1=1011_{(2)}$$

十进制计数法的标记

二进制计数法的标记

数的表示方法真的有好多种啊！

29 代数式 小 初 高

1 代数式

数量可以用含有x，y或a，b等字母的式子来表示。
字母、数字及+、−、×、÷ 等符号混合的式子，叫作代数式。

代数式的表示方法

①省略乘法符号“×”。

②字母与数的积，数写在前面。

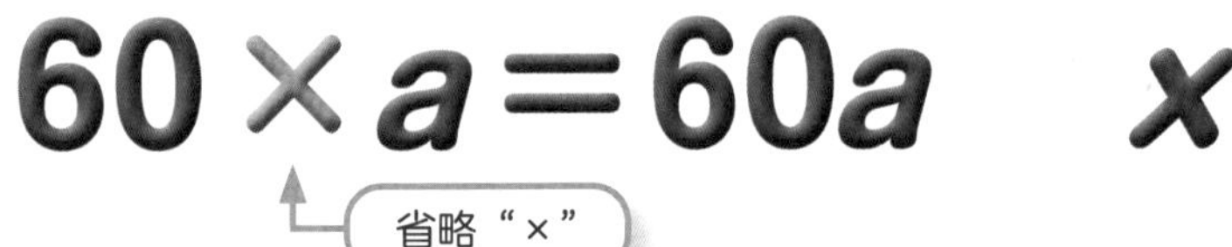

$$x\times3=3x$$

数写在字母前面

③同一字母相乘的积，用乘方的指数 第80页 表示。该字母相乘的次数就是指数。

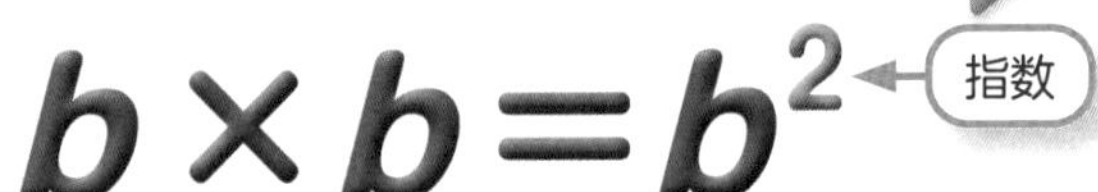

$$y\times y\times y=y^3$$

④除法不使用除法符号“÷”，而写成分数的形式。

$$x\div5=\frac{x}{5}$$

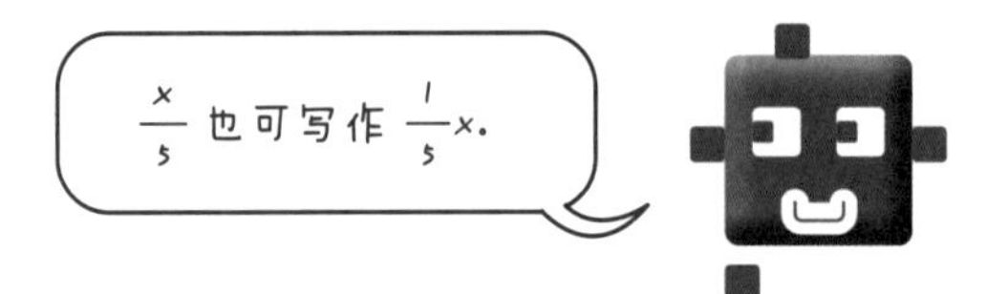

2 单项式与多项式

像60a和3x这样用数或字母的积表示的式子，叫作单项式。

在单项式中，字母的个数叫作该单项式的**次数**，字母以外的数字部分叫作**系数**。

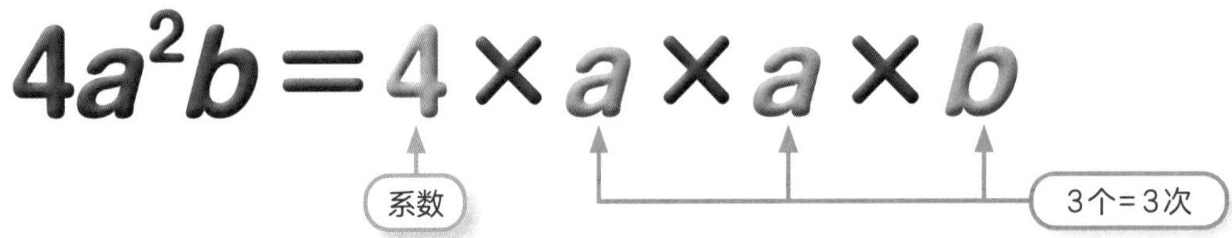

像100+20x和a^2−3b+5这样用单项式之和表示的式子，叫作多项式。

其中的每个单项式叫作该多项式的项，各项中的最大次数就是多项式的次数。

不含字母的项叫作**常数项**。

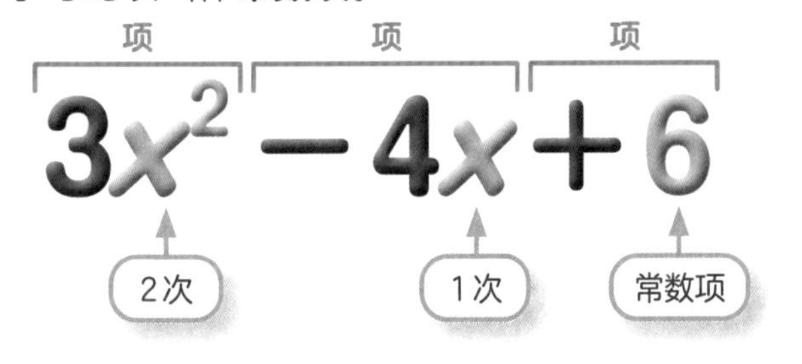

这个多项式的最大次数是2，
所以叫作二次多项式。

3 代数式的运算

在$4x-7y+2x+3y$这类式子中，像$4x$和$2x$、$-7y$和$3y$这样字母部分相同的项，叫作同类项。

加法与减法

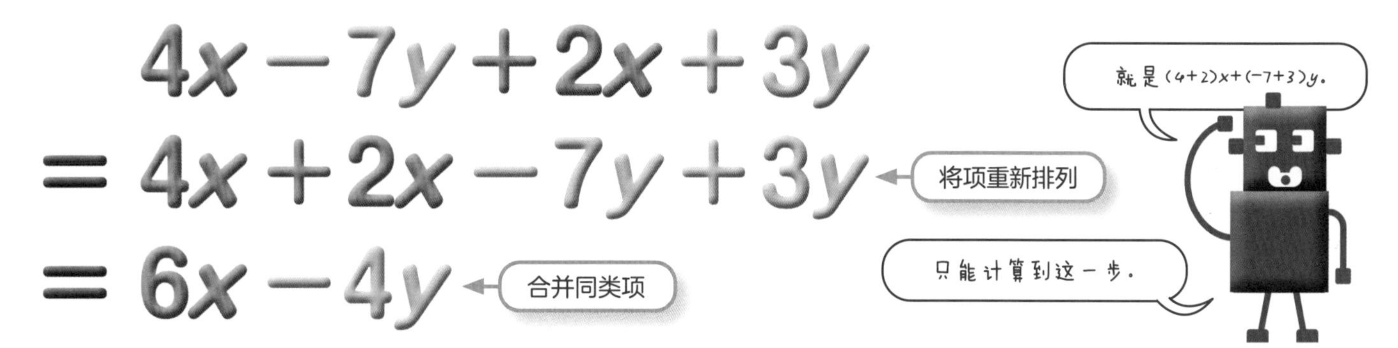

乘法

$$5x\times6y$$
$$=5\times x\times6\times y$$
$$=5\times6\times x\times y$$
$$=30xy$$

将系数的积乘以字母的积

除法

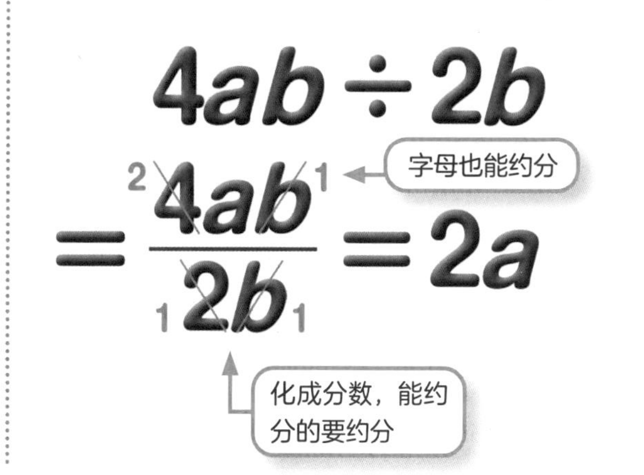

代数式的值

用数代替式子中的字母，称为**代入**。
用数代入字母时，代入的数叫作字母的值，代入计算的结果叫作**代数式的值**。

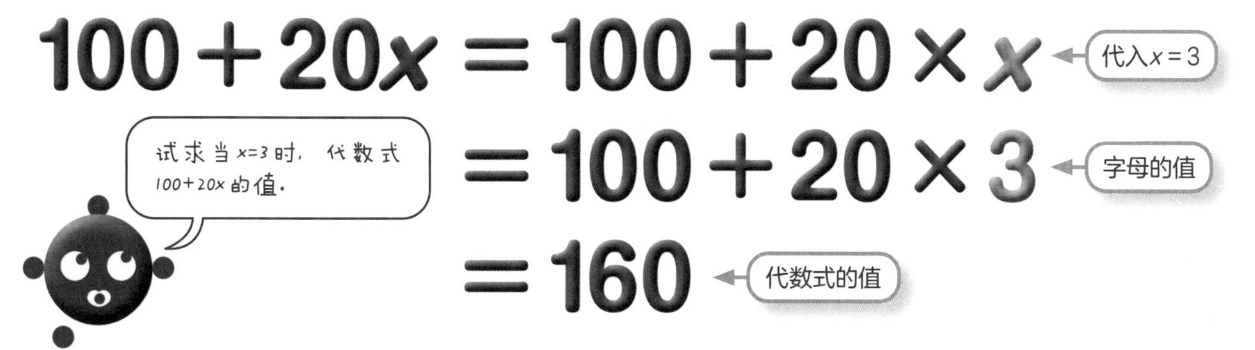

1 乘法公式

对乘法形式的多项式进行运算，并写成加法的形式，叫作展开多项式。

对多项式  的积进行展开时，可以运用若干公式。
第66页

$(x+a)(x+b)$ 的展开

$$(x+a)(x+b)=x^2+(a+b)x+ab$$

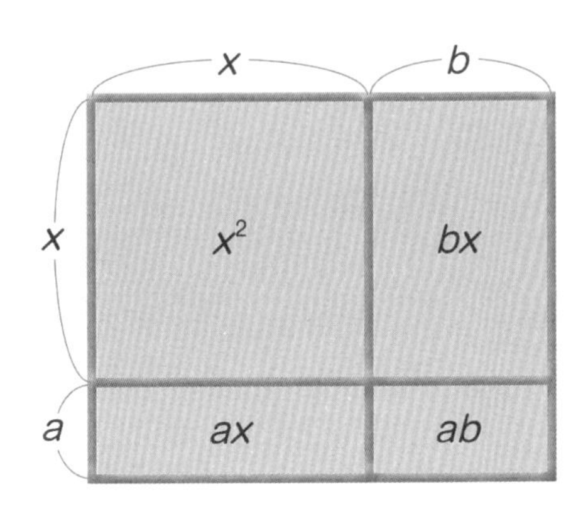

$$(x+a)(x+b)$$
$$=x^2+bx+ax+ab$$
①　②　③　④
$$=x^2+(a+b)x+ab$$

和 $(a+b)$

$$(x+3)(x+4)=x^2+7x+12$$

积 (ab)

完全平方公式

$$(x+a)^2=x^2+2ax+a^2$$
$$(x-a)^2=x^2-2ax+a^2$$

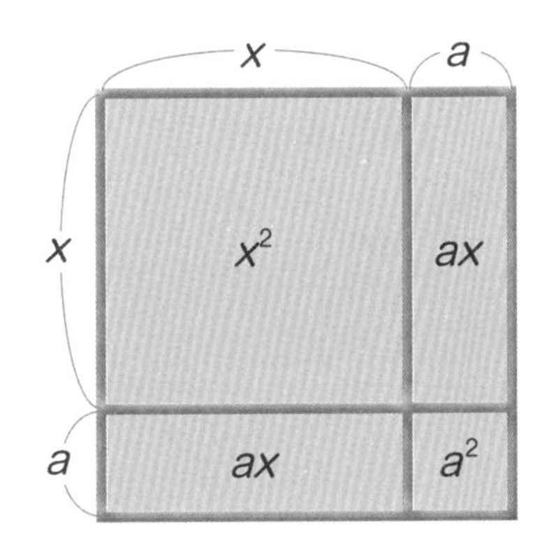

$$(x+a)^2$$
$$=(x+a)(x+a)$$
$$=x^2+(a+a)x+a^2$$
$$=x^2+2ax+a^2$$

2倍 $(2a)$

$$(x+5)^2=x^2+10x+25$$

2次方 (a^2)

平方差公式

$$(x+a)(x-a)=x^2-a^2$$

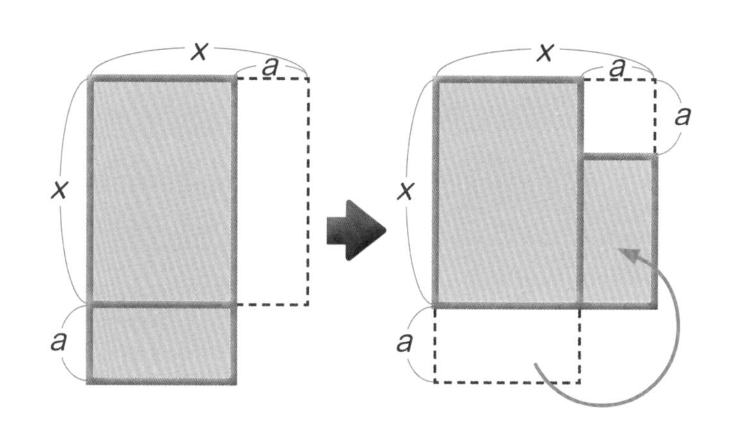

$(x+a)(x-a)$
$=x^2-ax+ax-a^2$
$=x^2-a^2$

这些展开式子的公式，叫作**乘法公式。**

2 因式分解

展开 $(x+3)(x+4)$，得到$x^2+7x+12$。
反之，将$x^2+7x+12$写成 $(x+3)(x+4)$ 这样的积的形式，叫作因式分解。
此时，$x+3$和$x+4$叫作$x^2+7x+12$的因式。

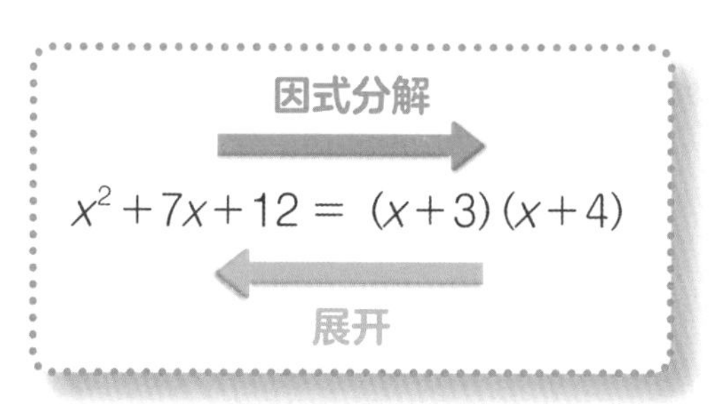

各项均含有公因式的多项式，可以提取公因式进行因式分解。

$$6x^2+15x=3x\times 2x+3x\times 5$$
$$=3x(2x+5)$$

公因式 $3x$

因式分解公式

1. $x^2+(a+b)x+ab=(x+a)(x+b)$
2. $x^2+2ax+a^2=(x+a)^2$　　$x^2-2ax+a^2=(x-a)^2$
3. $x^2-a^2=(x+a)(x-a)$

和 $(a+b)$

$$x^2+7x+12=(x+3)(x+4)$$

积 (ab)

因式分解就是乘法公式的逆用。

31 平方根 小 初 高

1 平方根

对一个数x进行平方运算得到a时，即$x^2=a$成立时，x叫作a的平方根。

例如，$3^2=9$、$(-3)^2=9$成立，
所以9的平方根是3和-3。
0的平方根就是0。

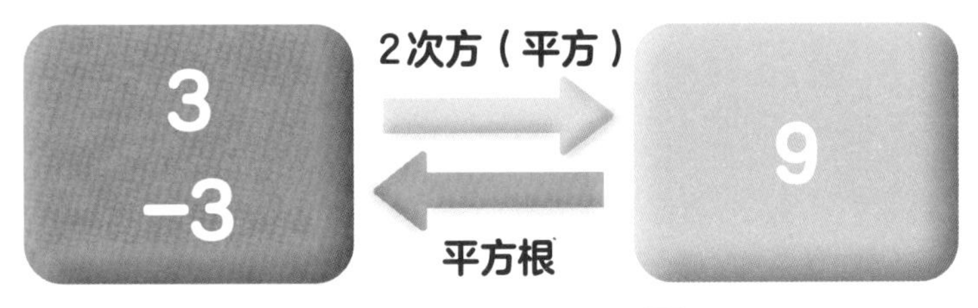

正数a的两个平方根中，正的写作$\sqrt{a}$，读作“根号a”；负的写作$-\sqrt{a}$。这个符号$\sqrt{}$叫作**根号**。

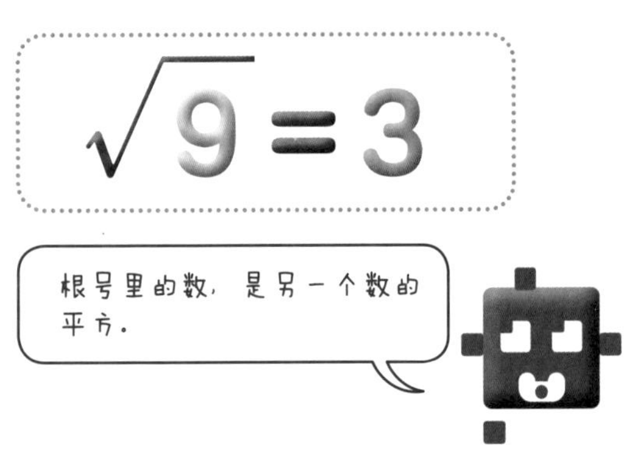

当a是正数时，以下的式子成立。

1 $\sqrt{a^2}=a$，$\sqrt{(-a)^2}=a$
2 $(\sqrt{a})^2=a$，$(-\sqrt{a})^2=a$

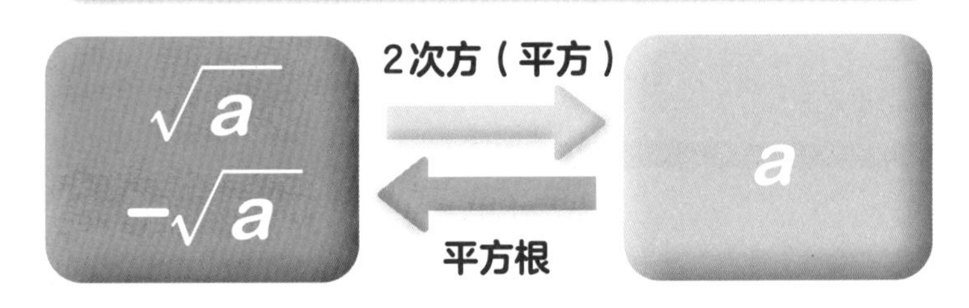

根据1可计算得出 $\sqrt{25}=\sqrt{5^2}=5$，
$\sqrt{48}=\sqrt{16\times3}=\sqrt{4^2\times3}=4\sqrt{3}$。
根据2可计算得出 $(\sqrt{7})^2=7$，$(-\sqrt{7})^2=7$。

常用的平方根

$\sqrt{1}=1$

$\sqrt{4}=2$

$\sqrt{9}=3$

$\sqrt{16}=4$

$\sqrt{25}=5$

$\sqrt{36}=6$

$\sqrt{49}=7$

$\sqrt{64}=8$

$\sqrt{81}=9$

$\sqrt{100}=10$

$\sqrt{121}=11$

$\sqrt{144}=12$

$\sqrt{169}=13$

2 平方根的大小

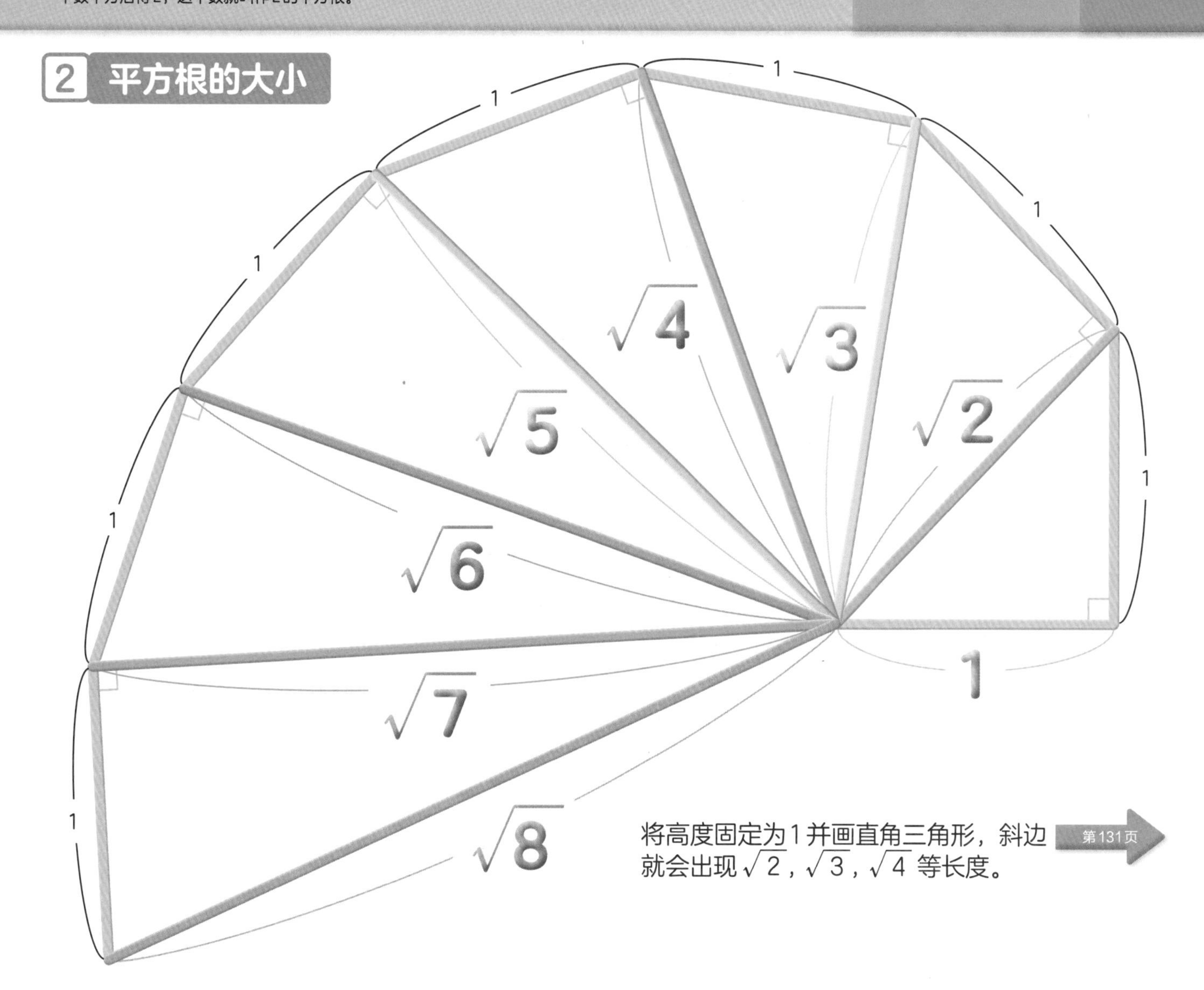

将高度固定为1并画直角三角形，斜边就会出现$\sqrt{2}$，$\sqrt{3}$，$\sqrt{4}$等长度。

第131页

平方根的近似值

“近似值”即接近真值的值。

平方根的近似值，利用下面的谐音易记易背。

$\sqrt{2} \approx 1.41421356$　（意思意思而已，甚无聊）

$\sqrt{3} \approx 1.7320508$　（一起上，爱领舞领吧）

$\sqrt{5} \approx 2.2360679$　（爱矮山，刘伶留妻酒）

$\sqrt{6} \approx 2.44949$　（儿试试，救四舅）

$\sqrt{7} \approx 2.64575$　（尔刘氏，勿欺吾）

32 数的分类 小 初 高

1 有理数与无理数

像$\frac{4}{5}$，$-\frac{2}{3}$这样，能用整数p和不等于零的整数q组成的分数$\frac{p}{q}$表示的数，叫作**有理数。**
整数也能用这种形式表示，所以整数也是有理数。例如，3可以表示为$\frac{3}{1}$，0可以表示为$\frac{0}{2}$。

与之相对，$\sqrt{2}=1.414\cdots$，$\sqrt{5}=2.236\cdots$之类的平方根第70页，或是圆周率$\pi=3.141\cdots$第146页，这些数不能用分数$\frac{p}{q}$表示。
不能用分数表示的数叫作**无理数。**
有理数和无理数统称**实数。**

用小数表示非整数的有理数时，既有像$\frac{3}{4}=0.75$这样能除尽（得数是有限小数）的，也有像$\frac{1}{3}=0.3333\cdots$这样除不尽的，即小数部分无穷尽（得数是无限小数）。
例如，用小数表示$\frac{1}{7}$时，

$$\frac{1}{7}=0.\underbrace{142857}\underbrace{142857}\cdots$$

会无限地重复出现“142857”这一组数字。像这样的无限小数叫作循环小数，循环的数字或循环部分的首末数字上要添加“•”，像下面这样表示。

$$\frac{1}{3}=0.\dot{3} \qquad \frac{1}{7}=0.\dot{1}4285\dot{7}$$

因为有限小数和循环小数的左边是分数，所以它们都是有理数。
与之相对，无理数可称为无限不循环小数。

神奇的公式：“无理数”=“有理数”

$\pi=3.141\cdots$是无限不循环小数，所以它是无理数。
无理数用整数去除仍是无理数，所以$\frac{\pi}{4}$也是无理数，但下面的式子却成立。

$$\frac{\pi}{4}=1-\frac{1}{3}+\frac{1}{5}-\frac{1}{7}+\frac{1}{9}-\frac{1}{11}+\cdots$$

等号右边全部是有理数的加减法运算，所以得数应该是有理数。
也就是说，我们得到了“无理数”=“有理数”这一神奇的式子。
这就是要到大学才会学到的深奥的“莱布尼茨公式”。

2 数集汇总

实数

有理数（能用分数表示的数）

- **整数** 第27页
  - **正整数** 1，12等
  - **0**
  - **负整数** −2，−123等
- **分数** 第48页
  - **有限小数** $\frac{3}{4}$，1.5，0.88等
  - **循环小数** $0.\dot{3}$，$0.\dot{1}4285\dot{7}$等

无理数（不能用分数表示的数）

- **无限不循环小数** $\sqrt{3}$，$-\sqrt{2}$，$\frac{\sqrt{5}}{2}$，π等

33 黄金比与生活 小 初 高

1 黄金比

黄金比被视为人眼可见的最美的比率。我们在许多艺术作品和自然造物上都能发现这一比率。

列奥纳多·达·芬奇的画作《蒙娜丽莎》中，人物面部的横纵比。

列奥纳多·达·芬奇的《维特鲁威人》中，圆的半径与正方形的边长之比。

如果一个接一个地画出1.618倍的正方形，就会得到比率相同的图形。在自然界中，螺壳就是像这样生长的。

2 黄金角 和黄金比一样，另一个蕴藏着美之秘密的是黄金角，在自然界中也十分常见。

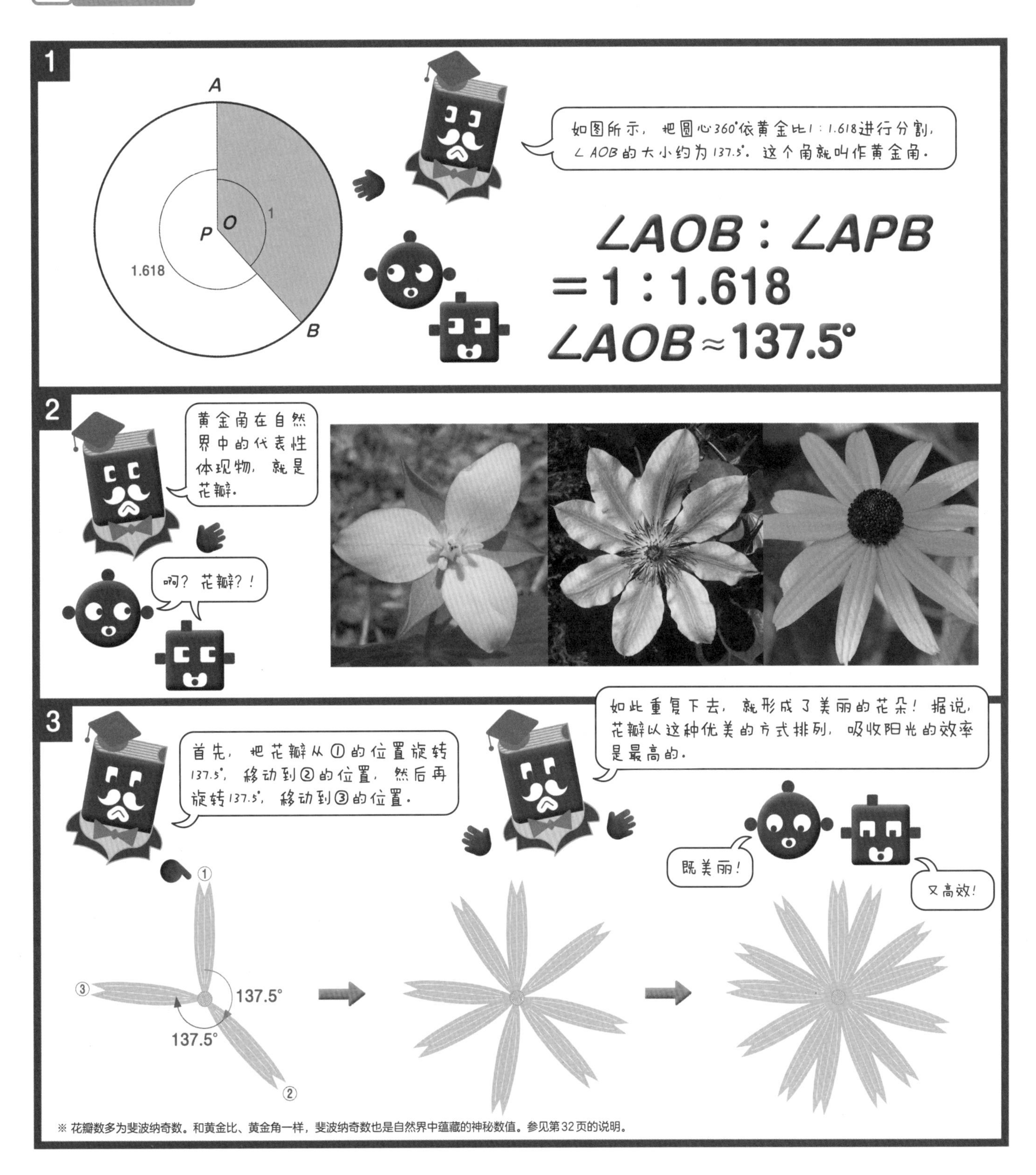

※ 花瓣数多为斐波纳奇数。和黄金比、黄金角一样，斐波纳奇数也是自然界中蕴藏的神秘数值。参见第32页的说明。

34 白银比与生活 小 初 高

1 白银比

$1:\sqrt{2}$ 即约为1：1.4的比，称为白银比。

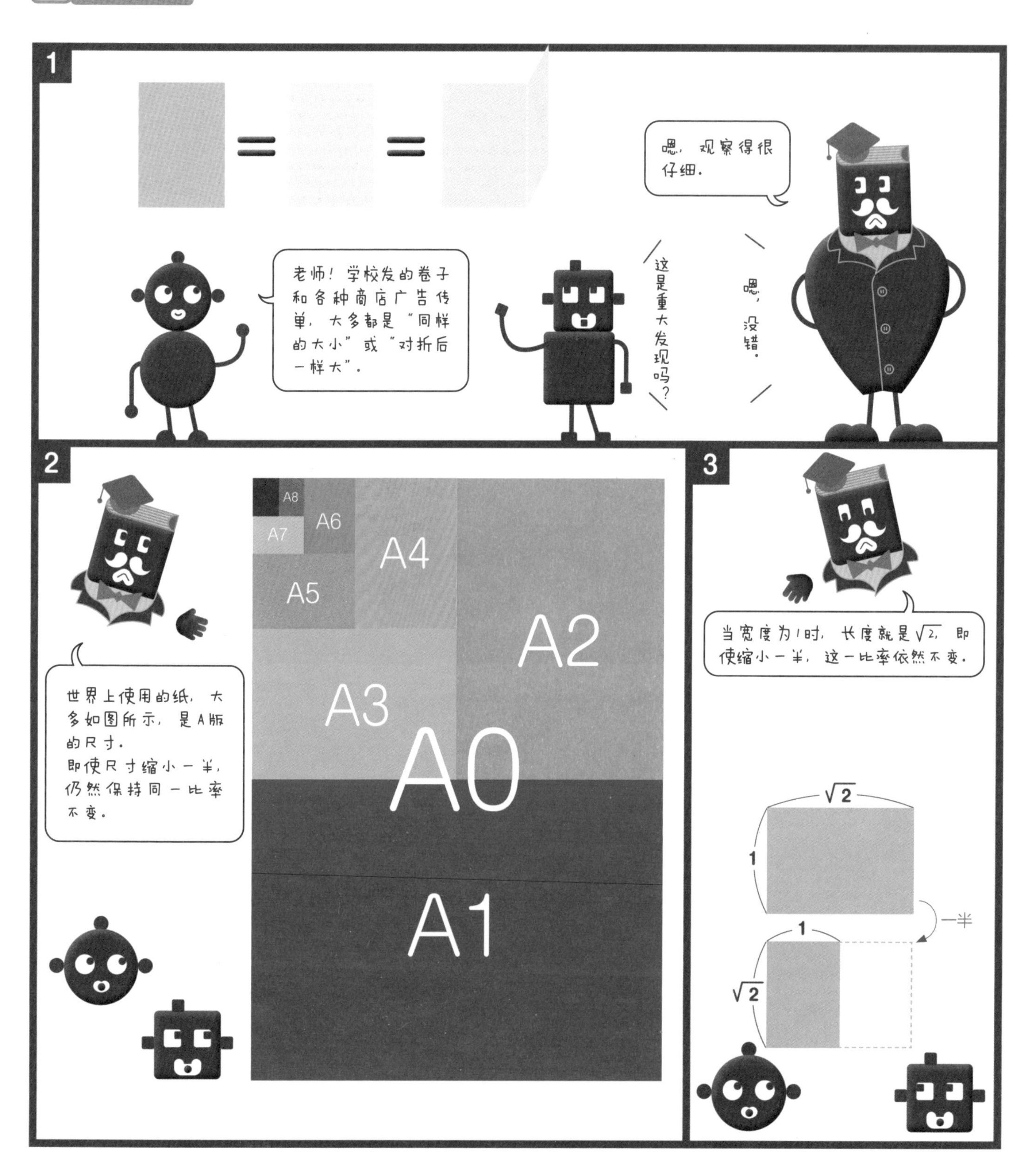

2 出现在我们身边的白银比

经常出现在人们日常生活中的白银比。

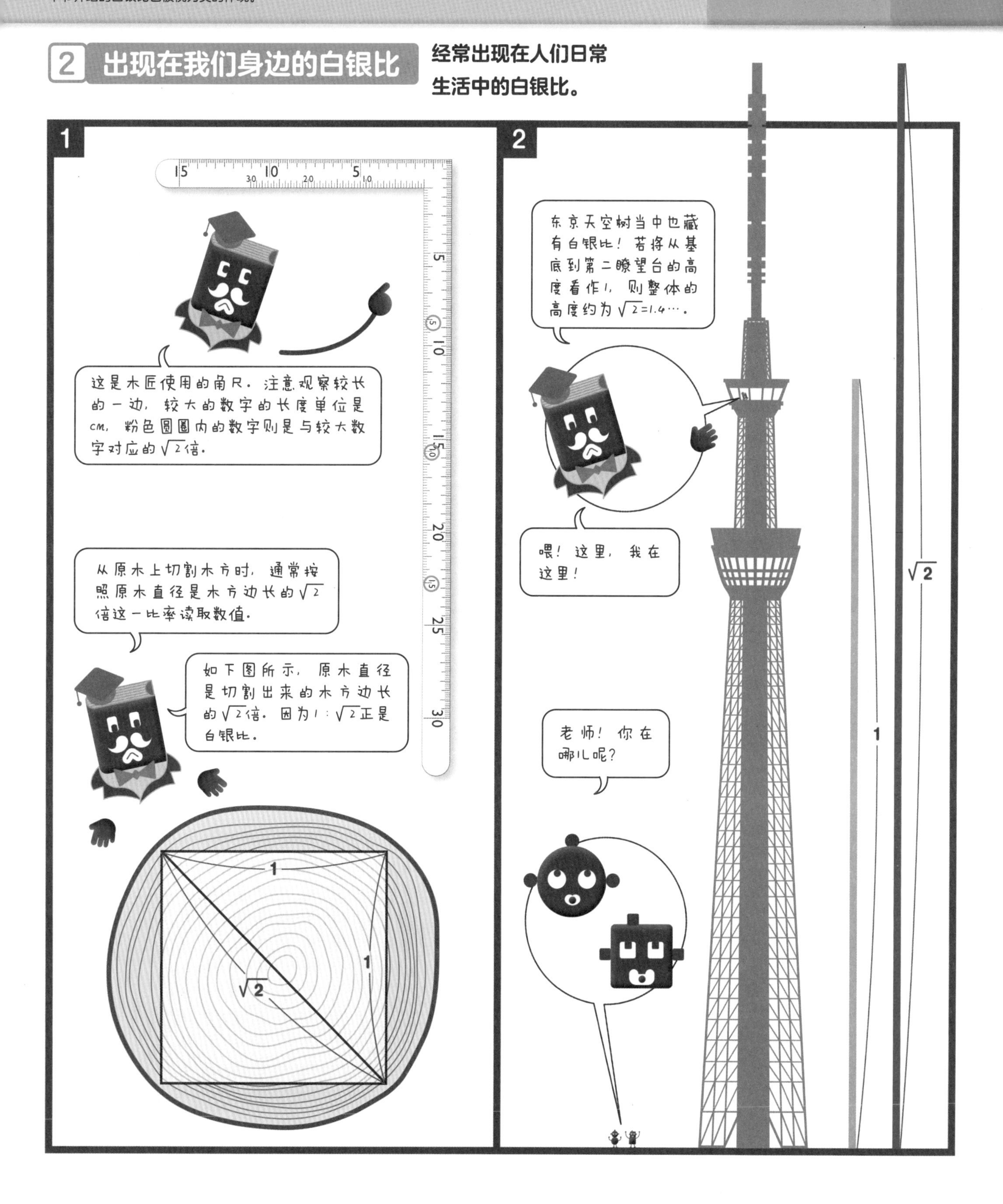

35 复数 小 初 高

1 复数与复数平面

复数

3 + 2i

我们想象一个新数，其平方等于-1，用符号i来表示，即$i^2=-1$。这里的i叫作**虚数单位**。

像$3+2i$和$3-2i$这样，用实数a，b和虚数单位i表示为$a+bi$这种形式的数，叫作**复数**。实数也包含在复数内。

复数$a+bi$，当$b=0$时是实数，当$b\neq0$时是**虚数**。

$b\neq0$表示b不为0。

复数 $a+bi$	
实数 ($b=0$)	虚数 ($b\neq0$)

复数平面

如同用数轴上的点表示实数，复数可以用平面上的点来表示。

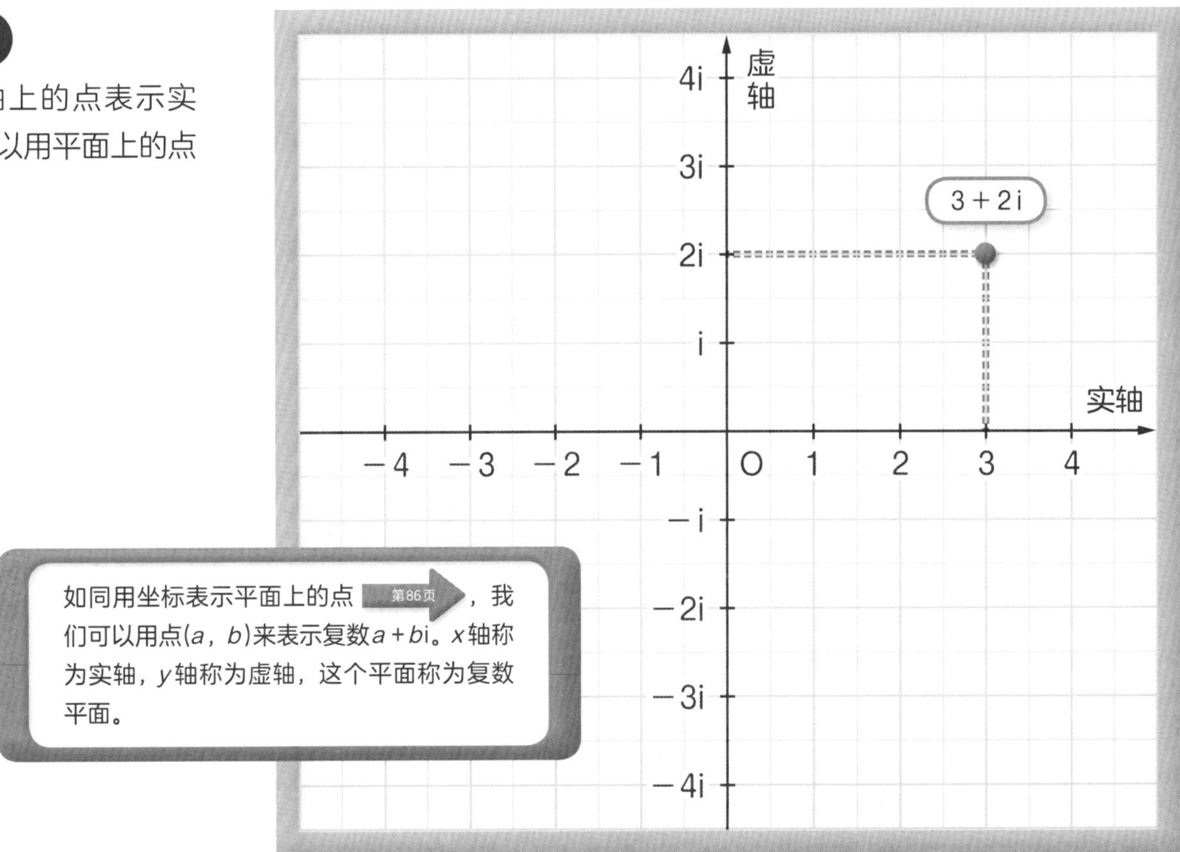

复数的应用实例

通过使用复数，右页说明的旋转操作能用乘法来表示。
因此，据说解决旋转受阻之类的问题多会使用复数。
例如，在机械工程和电气工程等领域涉及的许多技术，计算时都会用到复数。

如果是实数，平方后就不会变成负数。
本节，我们来研究平方后会变成负数的数，从而进一步扩大数的范围。

2 复数平面与旋转

实数的场合

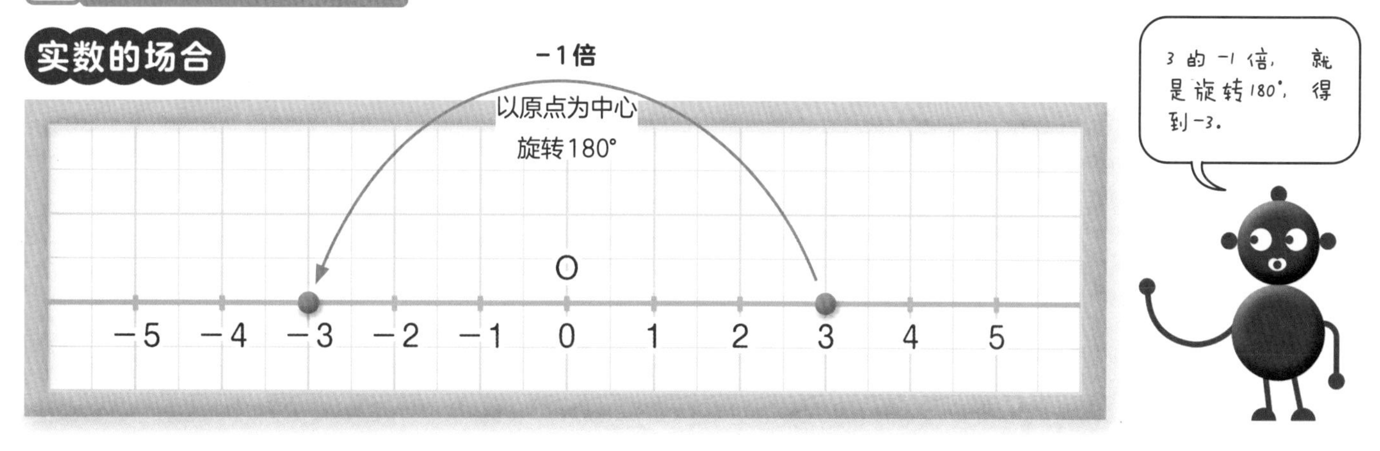

所有的实数都能在数轴上表示。数轴上3的-1倍可以认为是以原点为中心旋转180°后移动到-3这个点。

复数的场合

由于在复数平面上纵轴是虚数，所以实数3的i倍，就是移动到虚轴上的3i这个点，即以原点为中心旋转90°。

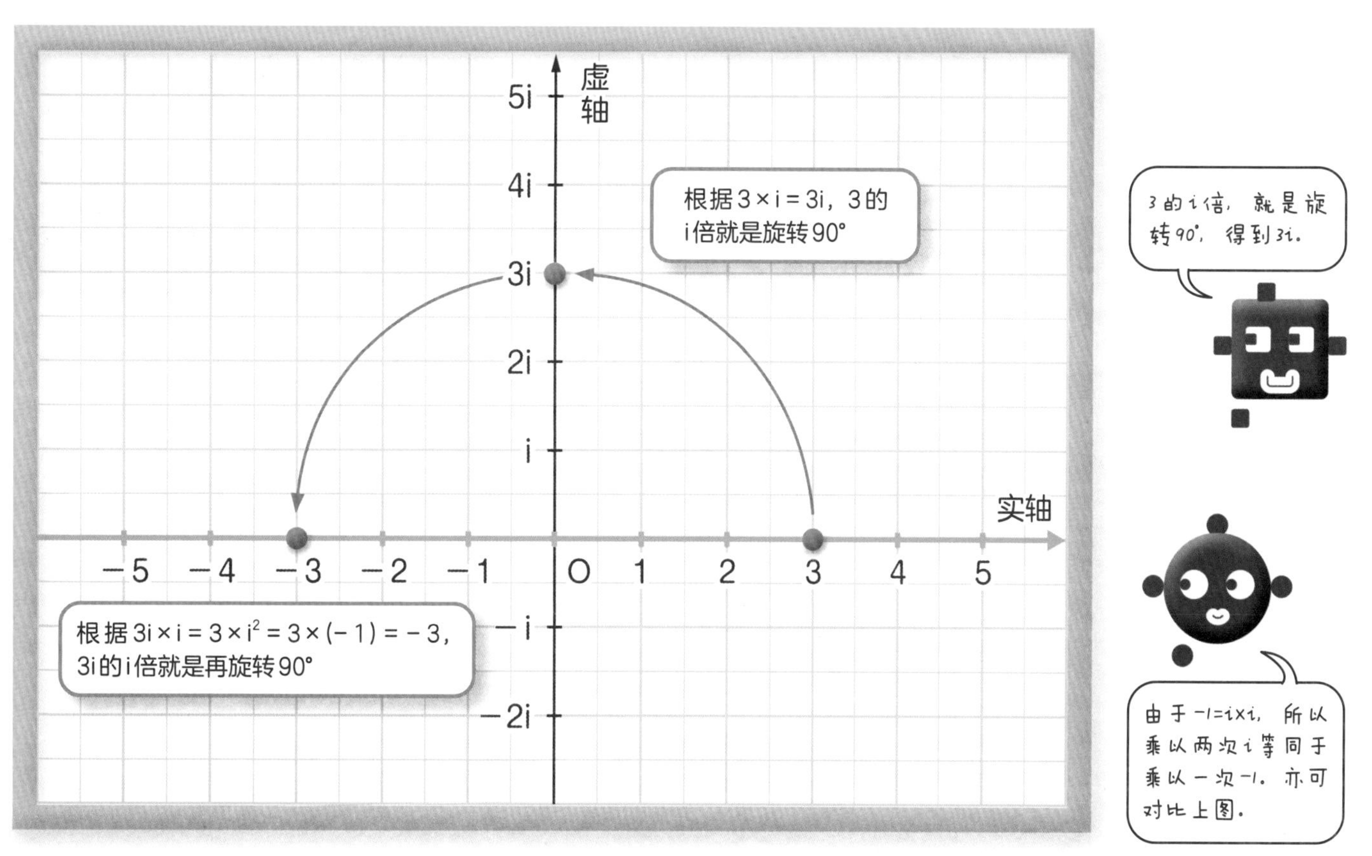

36 指数 小 初 高

1 幂

像5×5和5×5×5一样，若干个相同的数相乘的结果，叫作这个数的幂。

$$5\times5=5^2$$ …“5的二次方”或“5的平方”

$$5\times5\times5=5^3$$ …“5的三次方”或“5的立方”

m^2是“平方米”，m^3是“立方米”。

右上角的小数字表示相乘的个数，叫作幂的指数。

3个

$$5\times5\times5=5^3$$

指数

2 幂的运算

幂的运算有如下规则：

2＋3＝5

$$4^2\times4^3=(4\times4)\times(4\times4\times4)=4^5$$

5－2＝3

$$4^5\div4^2=\frac{4\times4\times4\times4\times4}{4\times4}=4^3$$

2×3＝6

$$(4^2)^3=(4\times4)\times(4\times4)\times(4\times4)=4^6$$

➡第112页 指数函数

指数运算法则

当m，n为正整数时，以下的指数运算法则成立。

1 $a^m \times a^n = a^{m+n}$，$a^m \div a^n = a^{m-n}$

2 $(a^m)^n = a^{mn}$

3 $(ab)^m = a^m b^m$

$$(4x^2y^3)^2 = 4^2 \times (x^2)^2 \times (y^3)^2 = 16x^4y^6$$

一张纸如果不停折叠

想一想，厚0.1mm的纸如果不停折叠，会变得有多厚呢?

多张纸“叠放”与一张纸“折叠”，厚度的增加方式是不同的。

6张厚0.1mm的纸叠放时，其厚度是

$0.1 \times 6 = 0.6$，即0.6mm。

而一张厚0.1mm的纸折叠六次时，厚度将变为

$0.1 \times 2 \times 2 \times 2 \times 2 \times 2 \times 2 = 0.1 \times 2^6 = 6.4$，

即厚约6.4mm。

假设一张纸可以无限折叠，则厚度如右表所示。

从中我们可以得知，幂的运算将得到多么巨大的值。

计算0.1×2^{42}，结果约为430000km，理论上，厚0.1mm的纸如果折叠42次，将超过地球与月球的距离——约380000km。

若能折叠14次，大约等同于人的身高。

若能折叠20次，高度将超过100m。

若能折叠25次，将接近富士山的高度（3776m）。

纸的折叠次数及其厚度

次数	厚度（mm）	厚度（m）
0	0.1	0.0001
1	0.2	0.0002
2	0.4	0.0004
3	0.8	0.0008
4	1.6	0.0016
5	3.2	0.0032
6	6.4	0.0064
7	12.8	0.0128
8	25.6	0.0256
9	51.2	0.0512
10	102.4	0.1024
11	204.8	0.2048
12	409.6	0.4096
13	819.2	0.8192
14	1638.4	1.6384
15	3276.8	3.2768
16	6553.6	6.5536
17	13107.2	13.1072
18	26214.4	26.2144
19	52428.8	52.4288
20	104857.6	104.8576
21	209715.2	209.7152
22	419430.4	419.4304
23	838860.8	838.8608
24	1677721.6	1677.7216
25	3355443.2	3355.4432
26	6710886.4	6710.8864

37 对数 小 初 高

1 对数

像 $5\times5\times5=5^3=125$ 这样，相同的数的乘法用指数 第80页 **表示。**
这可以称为“把5变成125的指数是3”。

还可以换成“3是5变成125的指数”这一说法，表示如下：

$$125=5^3 \Leftrightarrow 3=\log_5 125$$

此时，3叫作以5为**底**125的**对数**，125叫作 $\log_5 125$ 的**真数**。

$$M=a^p \Leftrightarrow p=\log_a M$$

对数　底　真数

对数是指数的变形。

可知位数多少的常用对数

使用底为10的对数 $\log_{10}M$，可以知道 M 是多少位的数。我们来看其中的原理。
三位整数从100到999，四位整数从1000到9999。用不等号来表示，即三位整数 X 是 $100\leqslant X<1000$，四位整数 Y 是 $1000\leqslant Y<10000$。
因为100是 10^2，1000是 10^3，10000是 10^4，所以也可表示为：

$$10^2\leqslant X<10^3 \qquad 10^3\leqslant Y<10^4$$

现在给它们全部添上 $\log_{10}$。即使添上 $\log_{10}$，大小依然不变，所以：

$$\log_{10}10^2\leqslant\log_{10}X<\log_{10}10^3 \qquad \log_{10}10^3\leqslant\log_{10}Y<\log_{10}10^4$$

因为 $\log_{10}10^2$ 的含义是“多少个10相乘会得到 10^2”，所以 $\log_{10}10^2=2$。
同样地，$\log_{10}10^3=3$，$\log_{10}10^4=4$，所以：

$$2\leqslant\log_{10}X<3 \qquad 3\leqslant\log_{10}Y<4$$

由此可知，给三位整数 X 添上 $\log_{10}$ 后，$\log_{10}X$ 的值为2以上，不足3；给四位整数 Y 添上 $\log_{10}$ 后，$\log_{10}Y$ 的值为3以上，不足4。
由此得出“当 $n-1\leqslant\log_{10}M<n$ 时，M 是 n 位整数”。

➡第116页 对数函数

2 对数的利用

使用下方的对数公式，研究若干代以前的祖先有多少人。

对数公式

$$\log_a M^p = p\log_a M$$

例 $\log_5 125 = \log_5 5^3 = 3\underbrace{\log_5 5}_{1} = 3\times 1 = 3$

此处假定每一代祖先都在30岁生育。

这样一来，2010年出生的孩子的父母是1980年出生，而这对父母的父母则生于1950年。

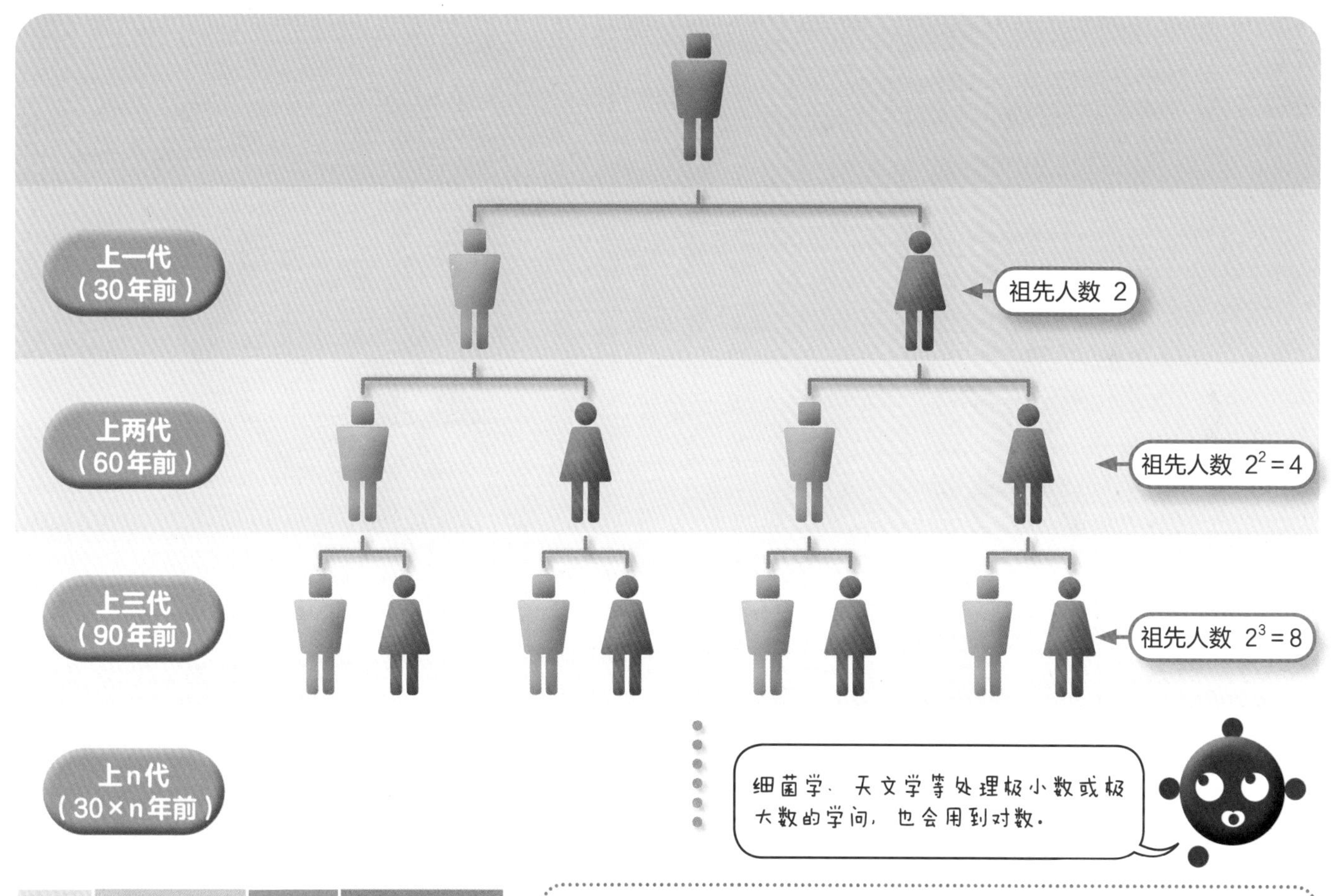

年	距2010年	几代前	祖先人数（人）
1980	30年前	1	$2^1=2$
1800	210年前	7	$2^7=128$
1500	510年前	17	2^{17}
600	1410年前	47	2^{47}
0	2010年前	67	2^{67}

使用对数研究 2^{17} 是多大的值

已知 $\log_{10}2=0.3010$，根据对数公式，

$\log_{10}2^{17}=17\times\log_{10}2=17\times0.3010=5.117$，

由此得出，$5<\log_{10}2^{17}<6$。

通过左页对常用对数的介绍可知，2^{17} 是六位整数。

也就是说，在大约500年前，祖先多达数十万人。

Chapter Ⅱ
x
y

第二章
函数与方程
Functions / Equations

38 坐标

1 图像的坐标

在直线上表示点使用数轴 第26页 **，在平面上表示点使用平面直角坐标系。**

数轴是在直线上确定基准点O（原点）和代表单位长度的点E，在此基础上读取数值。

在一个平面上画两条原点重合且互相垂直的数轴，这两条数轴叫作**坐标轴**，横轴称为***x*轴**，纵轴称为***y*轴**，这个平面叫作**坐标平面。**

从坐标平面上的任意一点P，向x轴、y轴各画一条垂线，落在轴上的点分别设为a，b，此时就确定了一个数对（a，b），点P的**坐标**就是（a，b）。反之，只要确定了一个坐标，就能确定一个与之相对应的点。

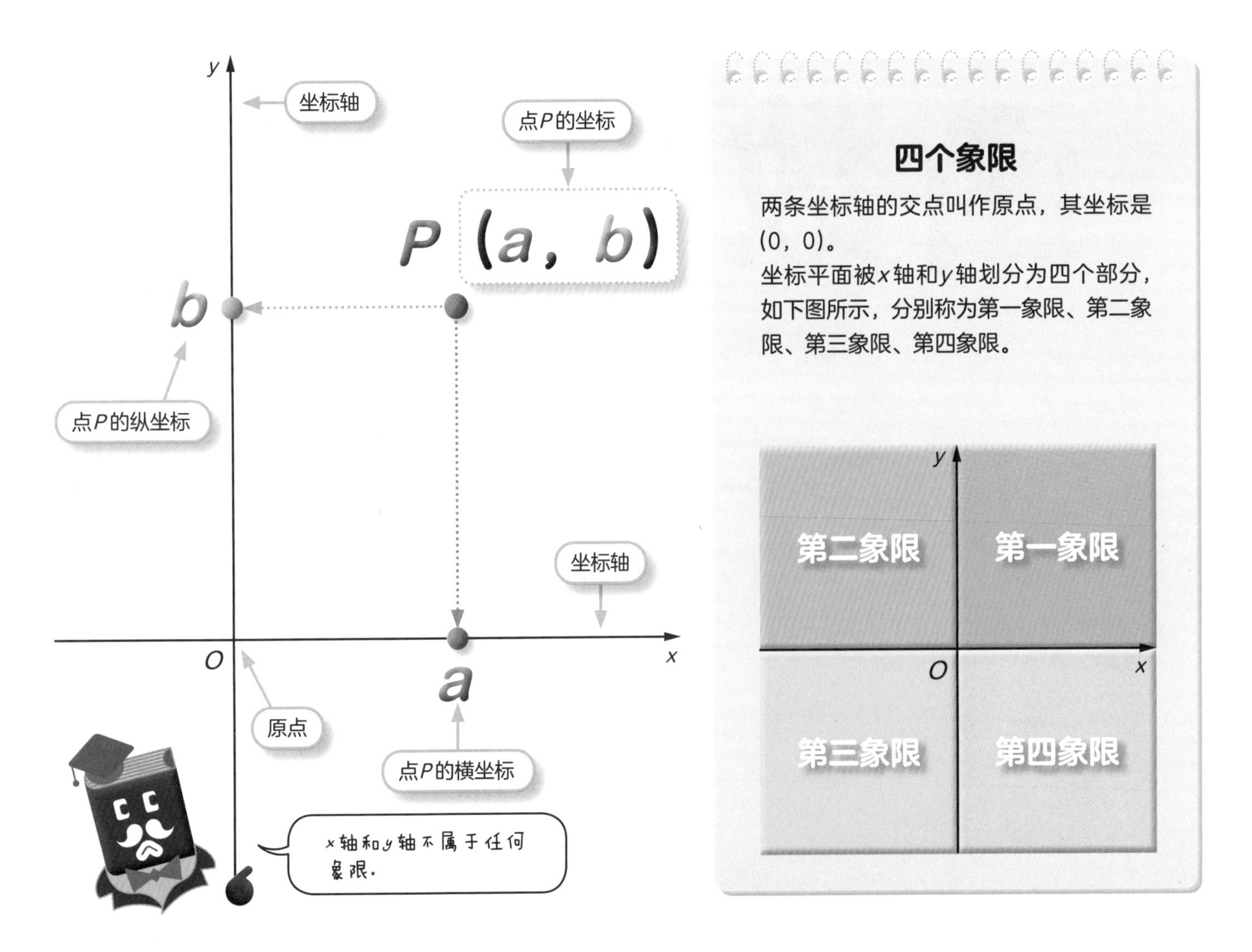

2 函数及其图像

当x每确定一个值，y就随之确定唯一一个值时，y叫作x的函数。

此时，将y用x的式子表示，通常写成$f(x)$。

有函数$y=f(x)$，在坐标平面上表示坐标为［x，$f(x)$］的点的集合的图形，叫作这个函数的图像。

用图形来表示，有助于更直观地理解函数的特征和性质。

函数$y=2x$的图像

关于$y=2x$，如下表所示，求与x的值对应的y的值。

x	…	-4	-3	-2	-1	0	1	2	3	4	…
y	…	-8	-6	-4	-2	0	2	4	6	8	…

在坐标平面上确定以（x，y）为坐标的点。

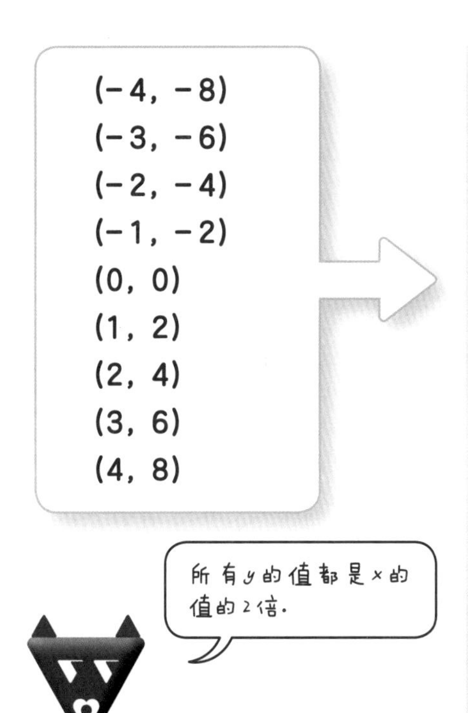

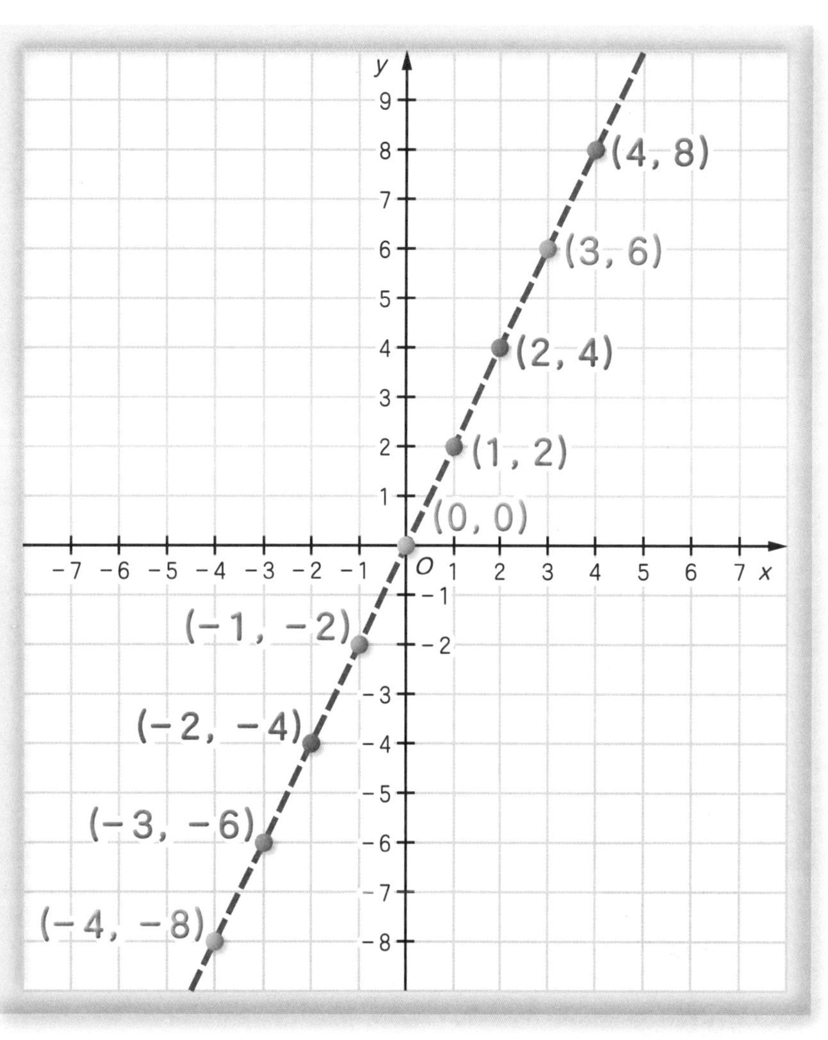

x的值如果取得更频繁一些，我们能够发现，所有的点都在一条直线上，即图中的虚线。由此可知，函数$y=2x$的图像，是一条经过原点的直线。

39 正比例 小 初

1 正比例的定义

设存在共同变化的两个量x和y，如果x的值变为2倍、3倍……y的值也随之变为2倍、3倍……此时称y与x成**正比例**。

观察函数$y=2x$，
即可知y与x成正比例。

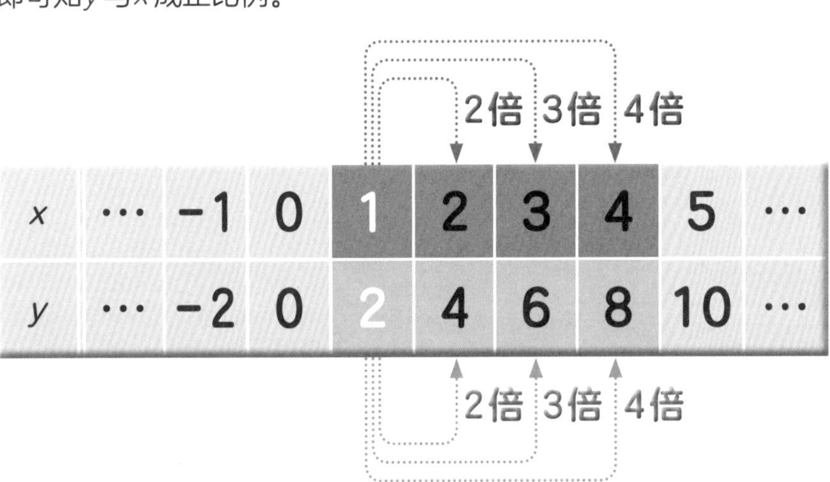

x	…	−1	0	1	2	3	4	5	…
y	…	−2	0	2	4	6	8	10	…

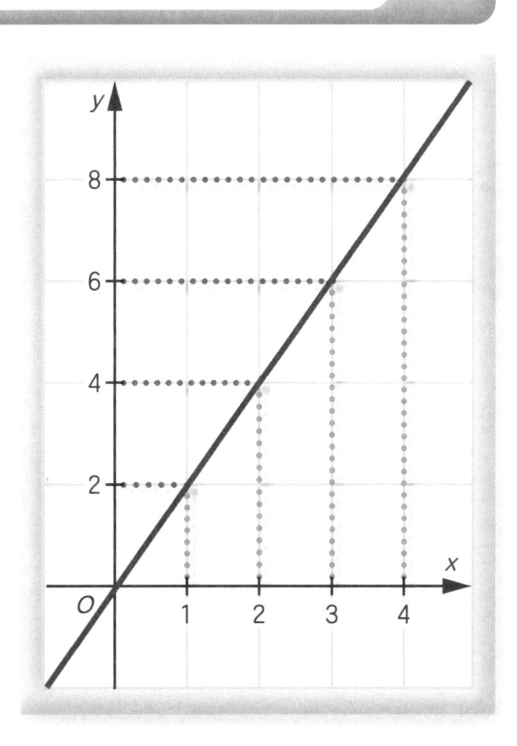

y是x的函数，当用$y=ax$（a是不等于零的常数）表示时，y与x成正比例，a叫作**比例系数**。

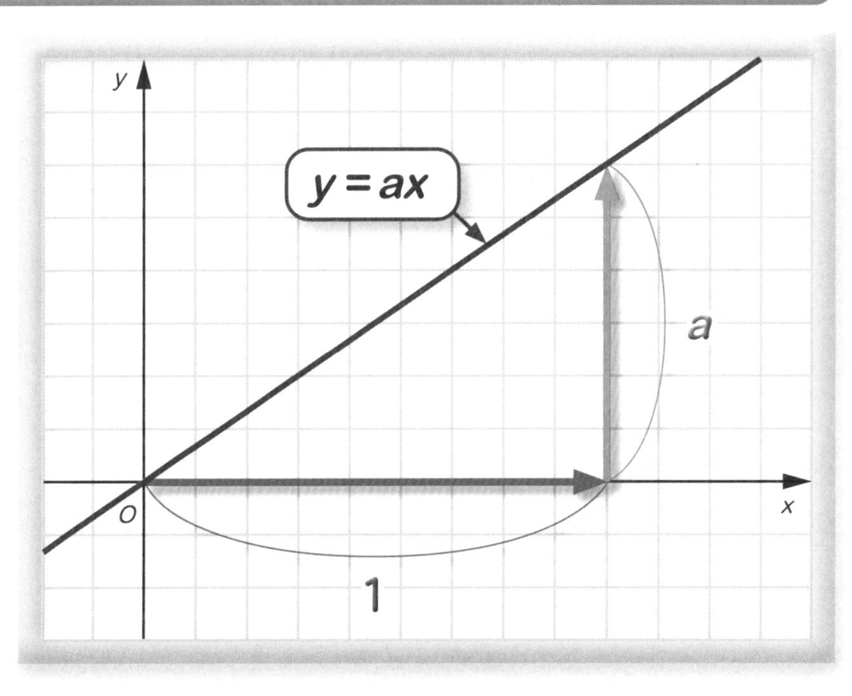

2 正比例图像

当比例系数是分数时　$y=\frac{2}{3}x$的图像

x	…	-3	-2	-1	0	1	2	3	…
y	…	-2	$-\frac{4}{3}$	$-\frac{2}{3}$	0	$\frac{2}{3}$	$\frac{4}{3}$	2	…

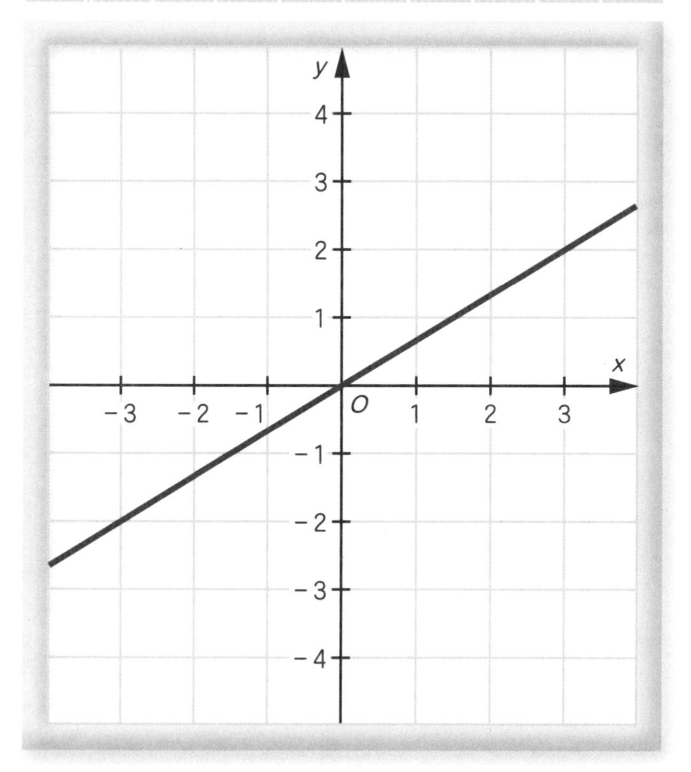

当比例系数是负数时　$y=-2x$的图像

x	…	-3	-2	-1	0	1	2	3	…
y	…	6	4	2	0	-2	-4	-6	…

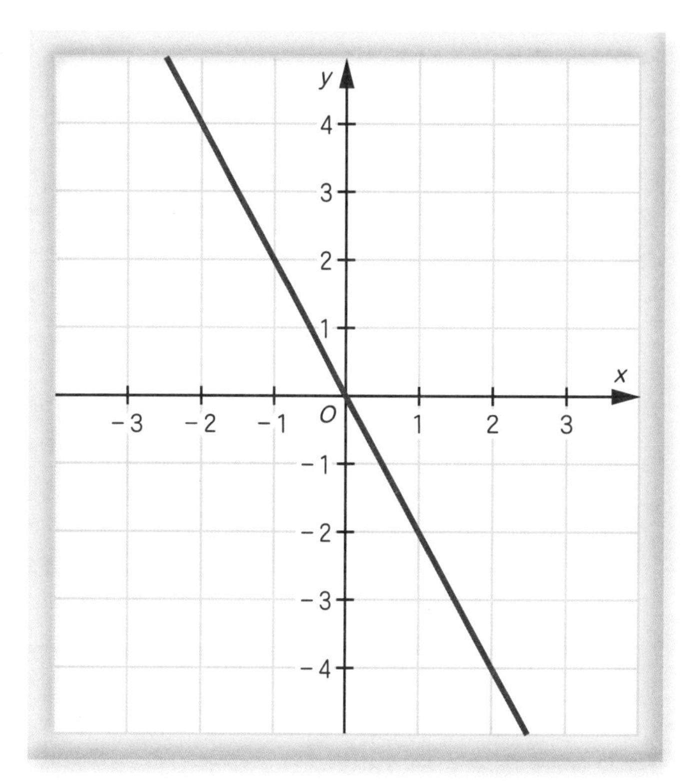

比例系数表示图像的倾斜度，所以叫作**斜率**。
$y=ax$的图像是一条经过原点且斜率为a的直线。

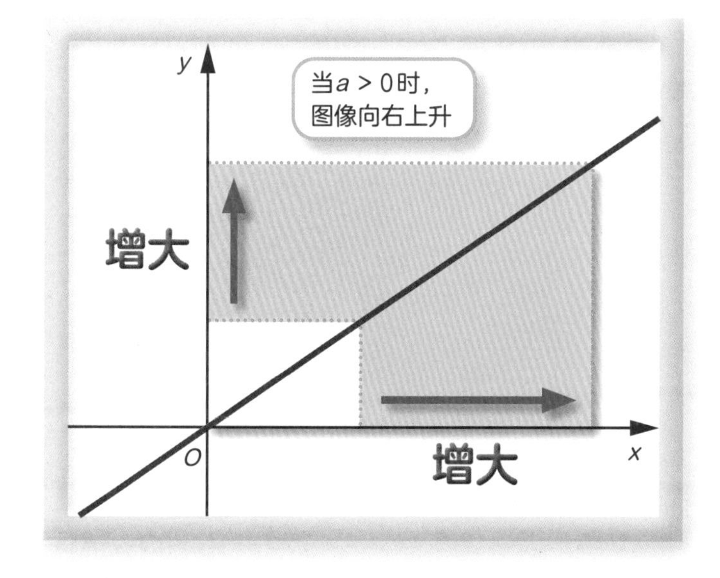

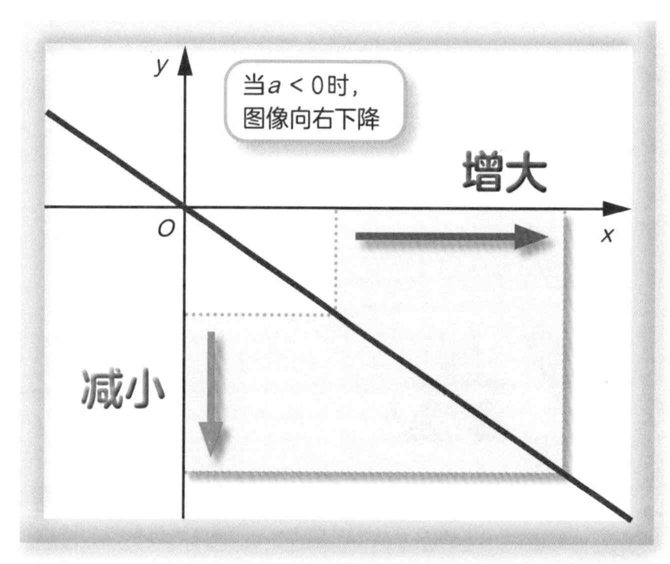

推算身高 我们来试一试通过部分骨头的长度推算身高。

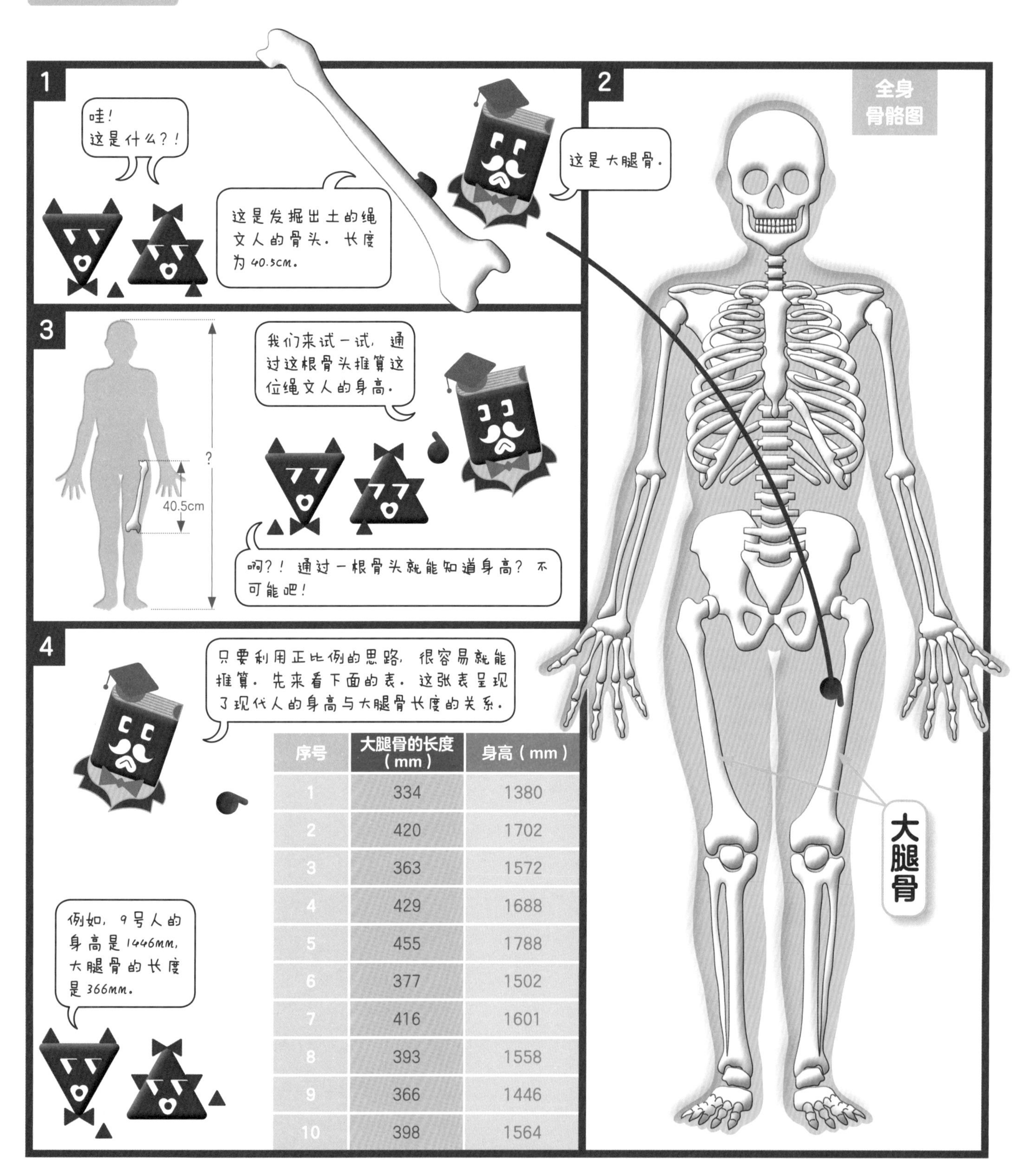

序号	大腿骨的长度（mm）	身高（mm）
1	334	1380
2	420	1702
3	363	1572
4	429	1688
5	455	1788
6	377	1502
7	416	1601
8	393	1558
9	366	1446
10	398	1564

➡第88页 正比例

5

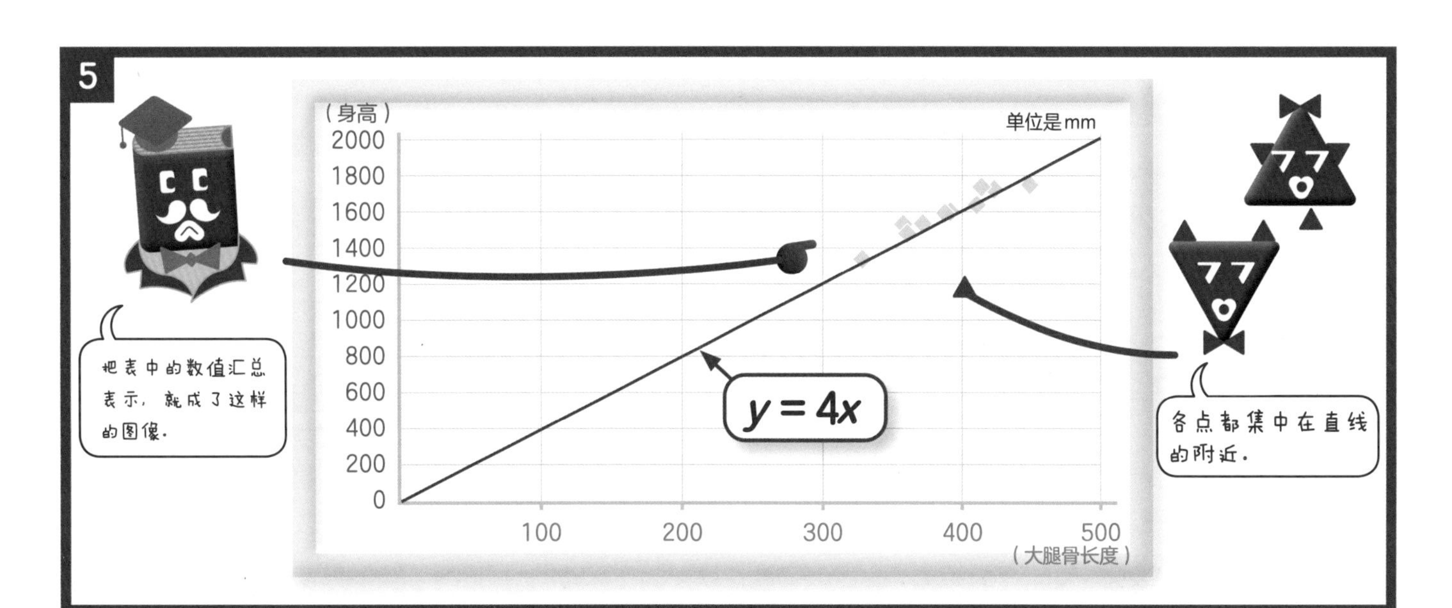

6

没错！
通过图像可知，当身高设为y，大腿骨长度设为x时，二者大约存在这样的关系：

$y=4x$.

这根绳文人的大腿骨长度是40.5cm，即

405mm.

因此，

$y=4\times405$
$=1620$

即1620mm，
这样就能推算出，人的身高约为162cm。

7

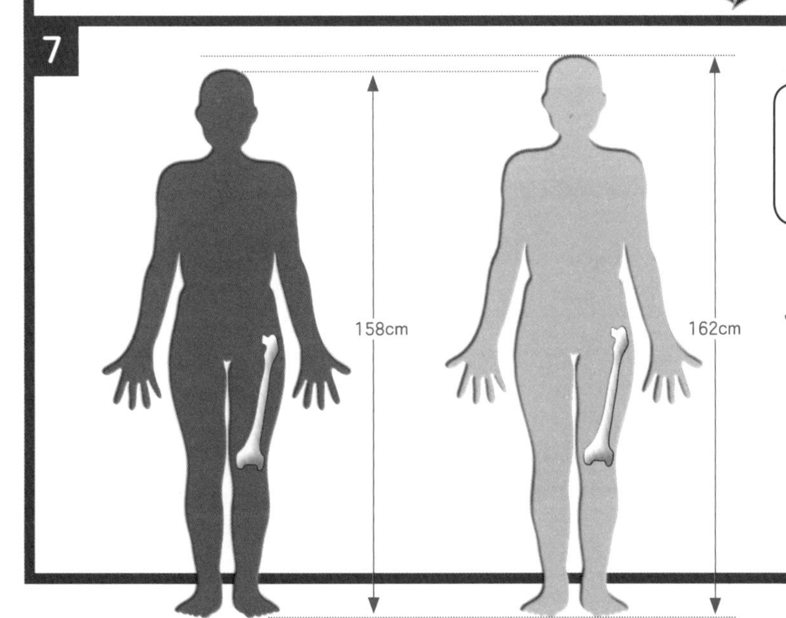

通常认为，绳文人的平均身高是158cm（1580mm），因此可以认为，这根骨头的主人的身高要略高于当时的平均身高。

41 反比例 小 初

1 反比例的定义

设存在共同变化的两个量x和y，如果x的值变为2倍、3倍……y的值随之变为$\frac{1}{2}$倍、$\frac{1}{3}$倍……此时称y与x成**反比例**。

我们来看面积为24cm^{2}的长方形的宽与长的关系。

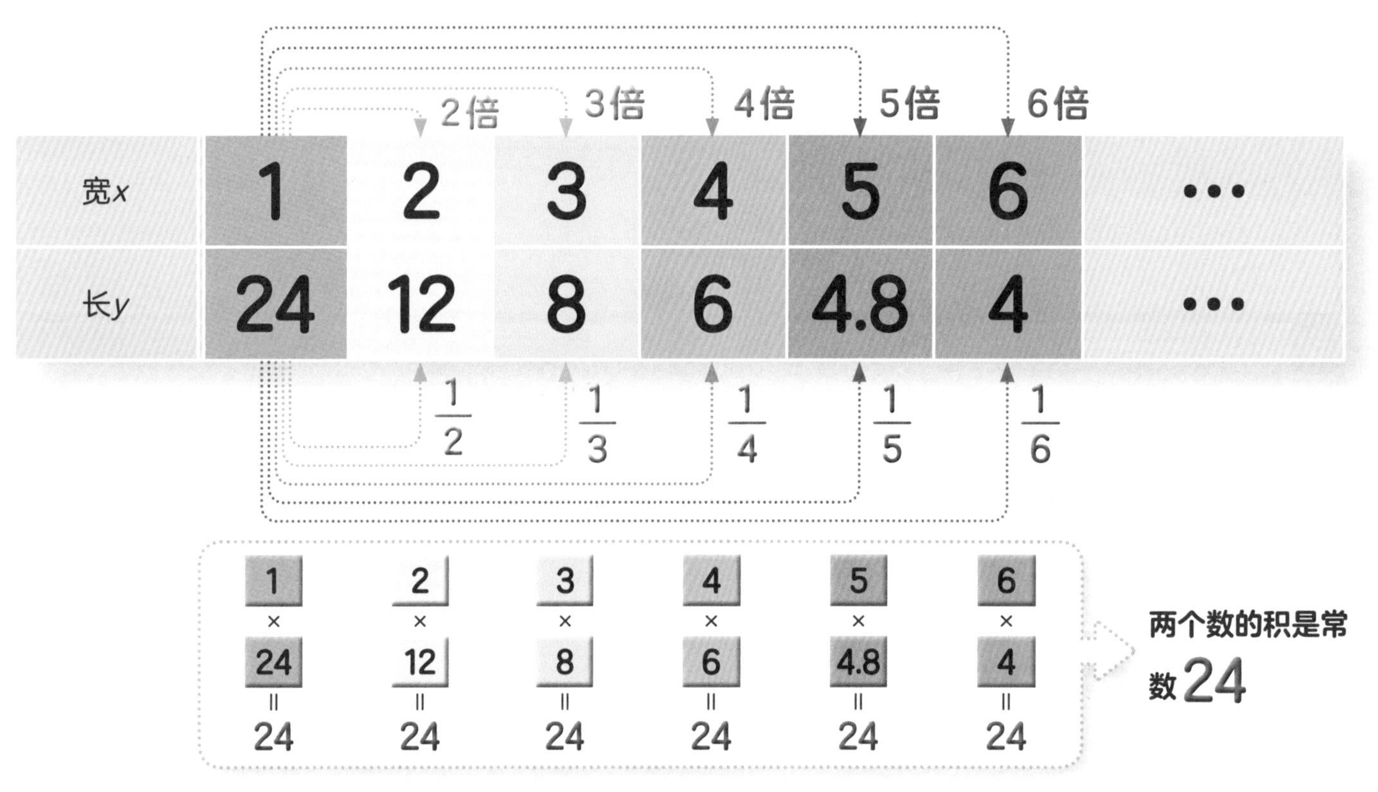

宽x	1	2	3	4	5	6	…
长y	24	12	8	6	4.8	4	…

1	2	3	4	5	6
×	×	×	×	×	×
24	12	8	6	4.8	4
‖	‖	‖	‖	‖	‖
24	24	24	24	24	24

两个数的积是常数24

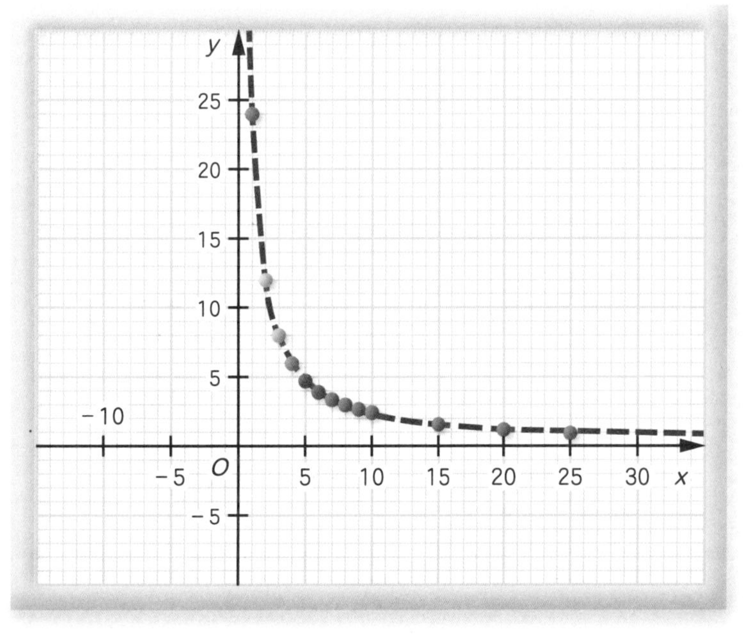

在坐标平面上确定坐标为（x，y）的点，如左图所示。

y是x的函数，当用$y=\frac{a}{x}$（a是不等于零的常数）表示时，y与x成反比例，a叫作比例系数。

x与y的积是常数，等于比例系数。

2 反比例图像

我们来研究怎样画出反比例关系式$y=\frac{6}{x}$的图像。

根据下表，在坐标平面上确定坐标为（x，y）的点。

x	…	−6	−5	−4	−3	−2	−1	0	1	2	3	4	5	6	…
y	…	−1	−1.2	−1.5	−2	−3	−6	×	6	3	2	1.5	1.2	1	…

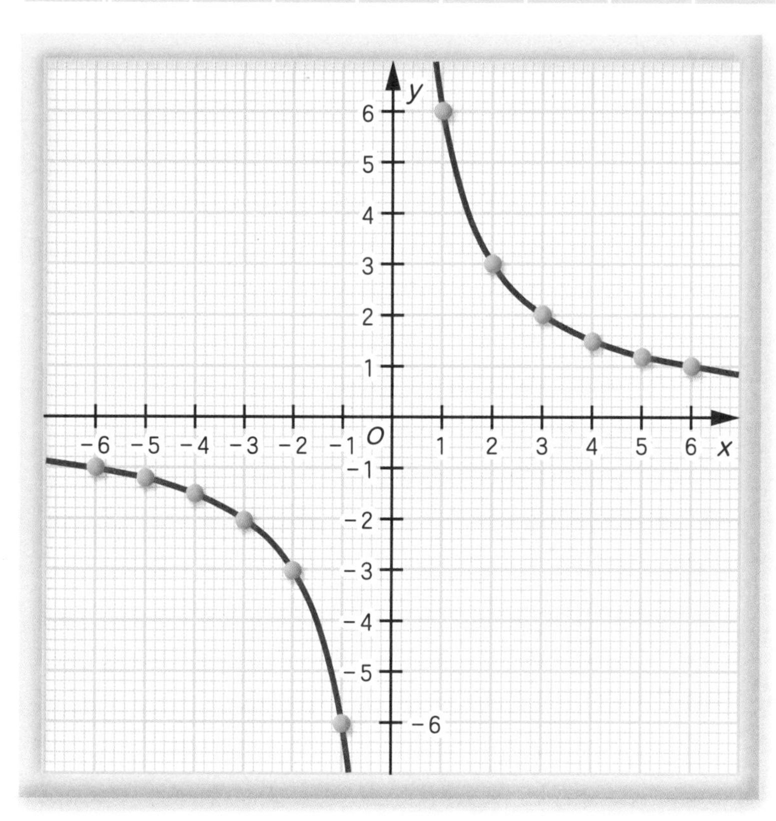

在此基础上画出图像，即如左图所示，是光滑的曲线。

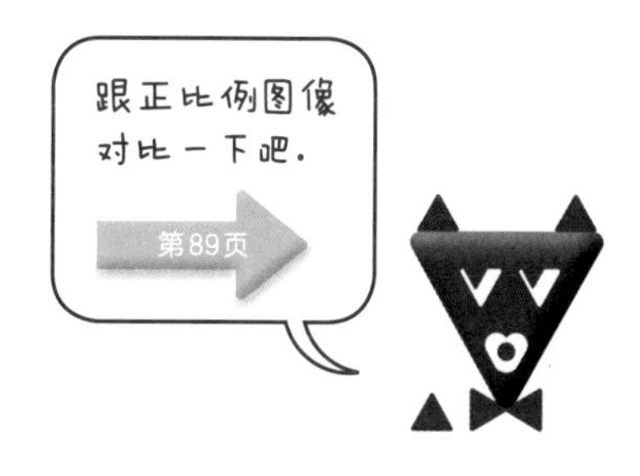

$y=\frac{a}{x}$ 的图像是两条曲线，称为**双曲线**。该图像无限接近x轴和y轴，但永不相交。像x轴、y轴这样的直线，叫作图像的渐近线。

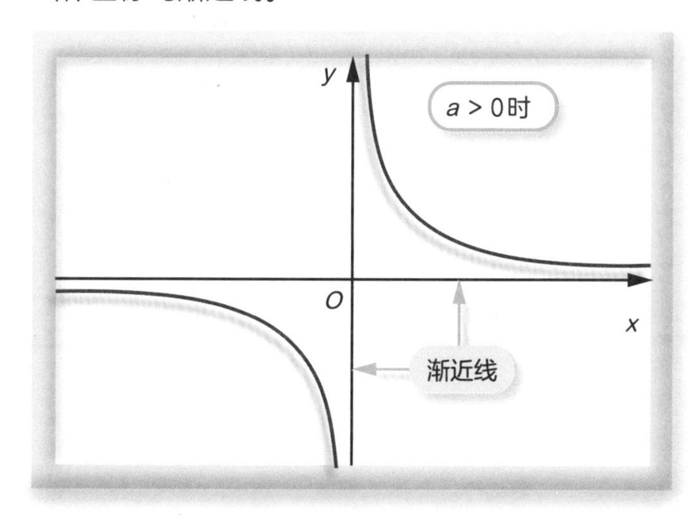

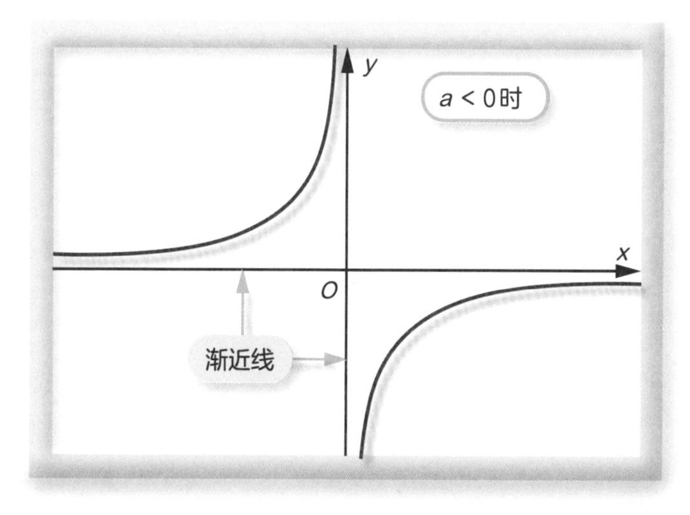

42 各种函数 

1 快递运费表中的函数和图像

快递是一种向各地配送货物的便捷服务，货物不限大小。将物品装箱从A地送往B地时，某快递公司根据货物的宽、长、高的总长度确定收费标准，如右表所示。

总长度x cm	收费y元
不超60	12
不超80	14
不超100	16
不超120	18
不超140	20
不超160	22
不超170	24

设宽、长、高的总长度为x cm，收费为y元。
因为x每确定一个值，与之对应的y也确定唯一值，所以y是x的函数。
用图像表示，即如下图所示。

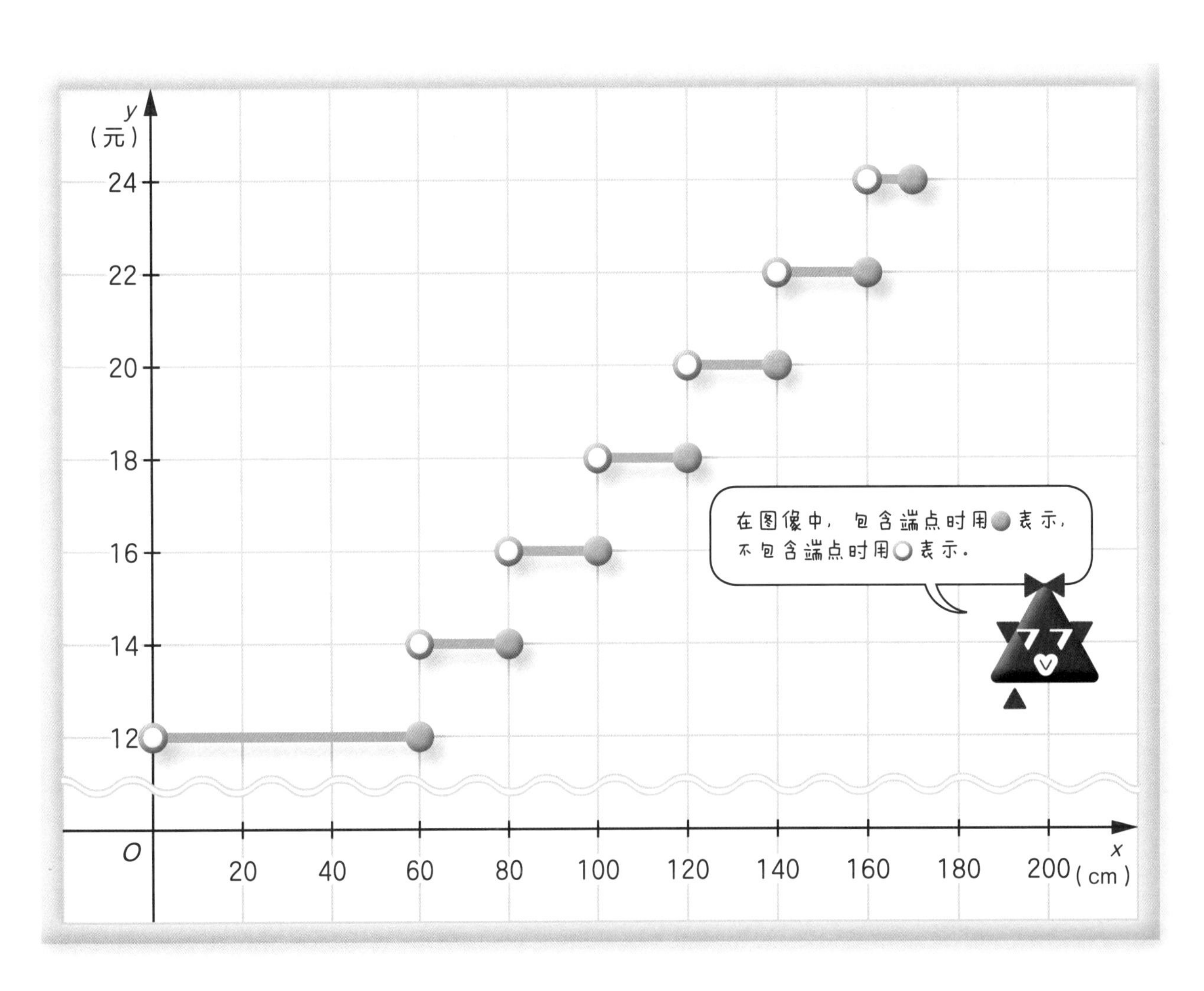

像这样，也存在y取离散值的函数。

2 列车按里程分段计价表中的函数和图像

下表是某铁路公司从上车站到下车站按营运里程分段计价的表单。

营运里程（km）	不超3	不超6	不超10	不超15	不超20	不超25	不超30	不超35	不超40	不超45	不超50	不超60
票价（元）	14	18	20	23	32	40	48	57	65	74	82	95

营运里程不足1km的按1km计算。

营运里程与票价的关系用图像表示，如下图所示。

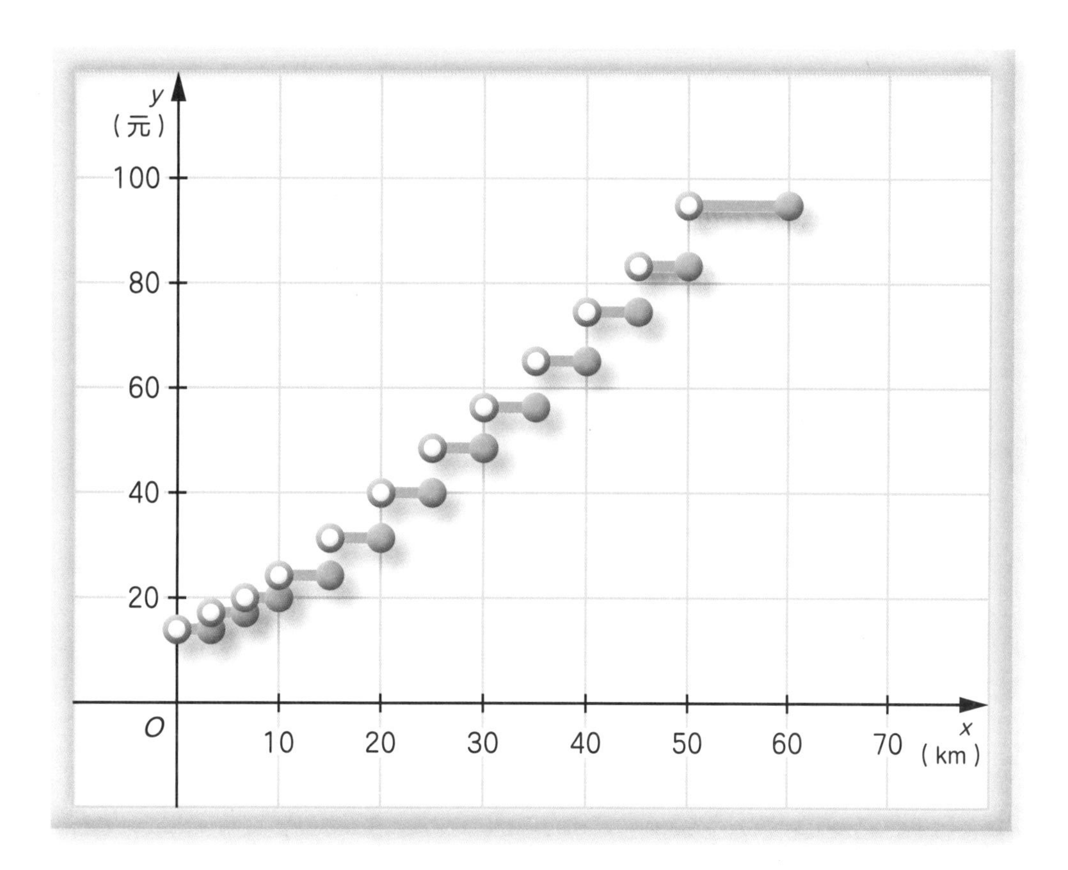

像这样图像呈阶梯状的函数，叫作阶梯函数。

高斯符号

高斯符号［x］（表示不超过x的最大整数）被认为是由卡尔·弗里德里希·高斯率先使用，它在中国、日本、德国等国家也很常用。例如，接近2的1.999…9也表示为［1.999…9］= 1。y =［x］的图像也呈阶梯状，是一种阶梯函数。

43 一次函数 小 初 高

1 一次函数的图像

有两个变量x，y，当y可用x的一次整式表示时，也就是当$y=ax+b$（a是不等于零的常数，b是常数）时，y就叫作x的一次函数。
当$b=0$时，$y=ax$，y与x成正比例。

$y=\frac{1}{2}x+3$的图像

x	…	-2	-1	0	1	2	3	4	…
$\frac{1}{2}x$	…	-1	$-\frac{1}{2}$	0	$\frac{1}{2}$	1	$\frac{3}{2}$	2	…
		↓+3	↓+3	↓+3	↓+3	↓+3	↓+3	↓+3	
$\frac{1}{2}x+3$	…	2	$\frac{5}{2}$	3	$\frac{7}{2}$	4	$\frac{9}{2}$	5	…

$y=\frac{1}{2}x+3$的图像，就是把$y=\frac{1}{2}x$的图像向上平移 第164页 了3个单位长度后得到的一条直线。该直线与y轴的交点的纵坐标，叫作图像的截距。

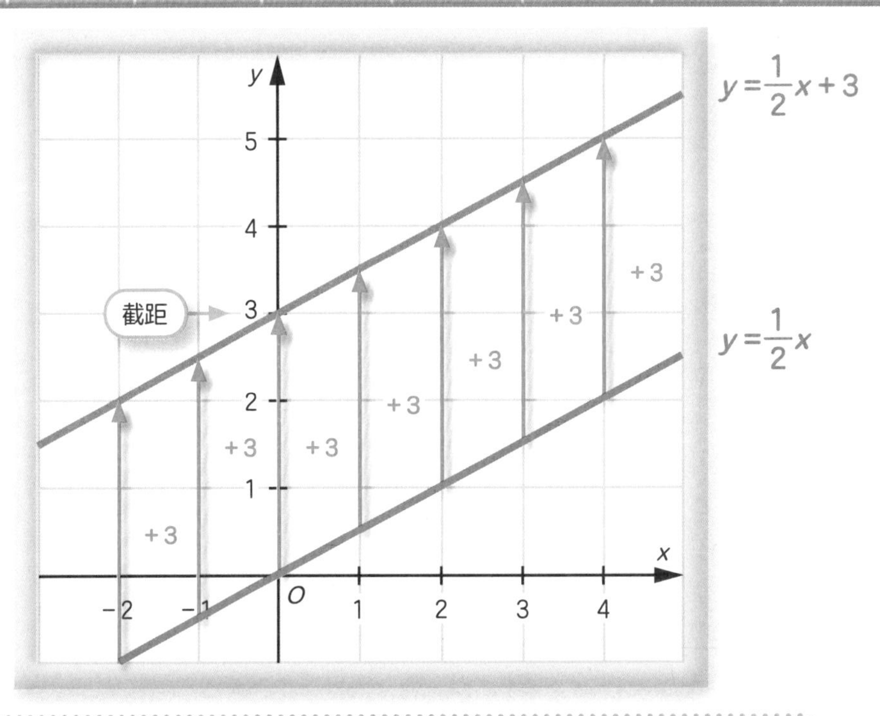

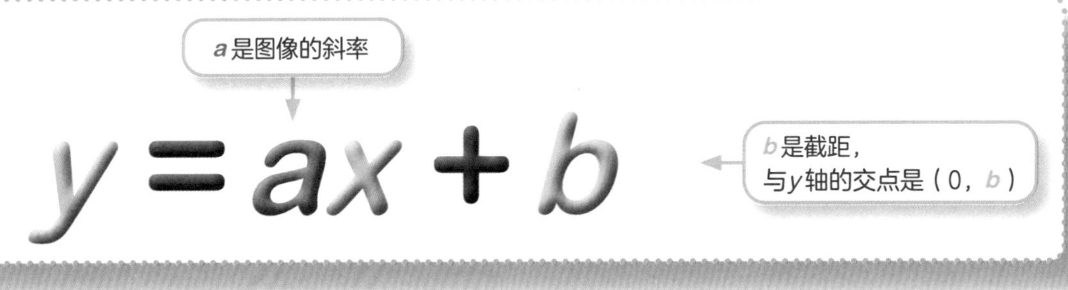

函数$y=ax+b$，变化a或b的值，分别画出图像。

$y=ax+2$ 变化a的值

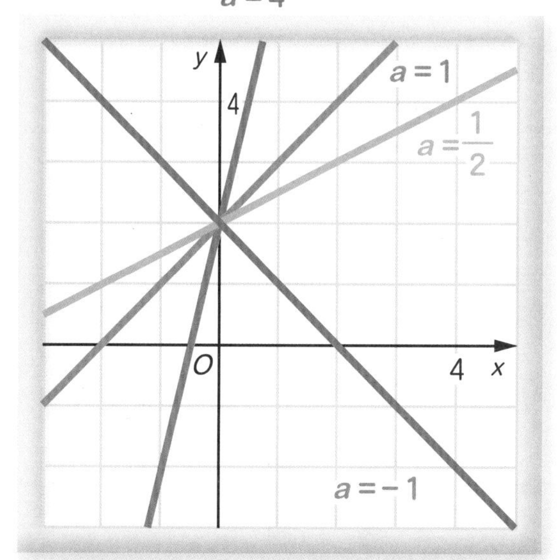

$y=\frac{1}{2}x+b$ 变化b的值

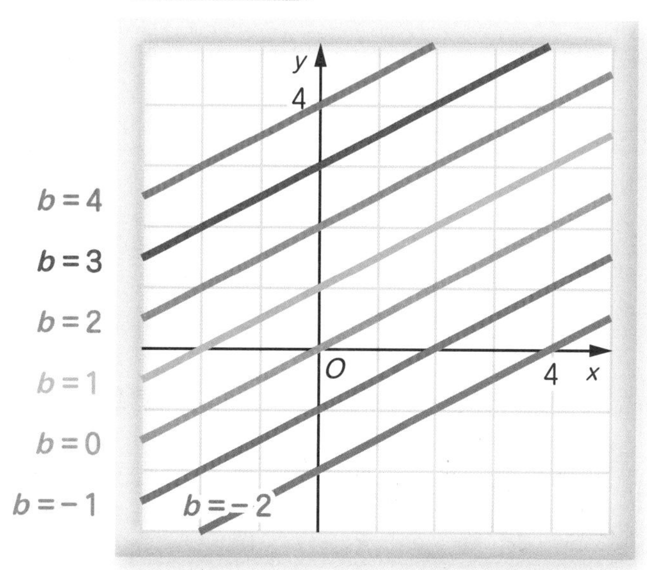

一次函数$y=ax+b$的图像，是一条斜率为a、截距为b的直线，当$a>0$时向右上升，当$a<0$时向右下降。此外，该图像就是把$y=ax$的图像向上平移了b个单位长度后得到的直线。

2 变化率

设$y=ax+b$上的某定点为（x_1，y_1），任意点为（x，y）。

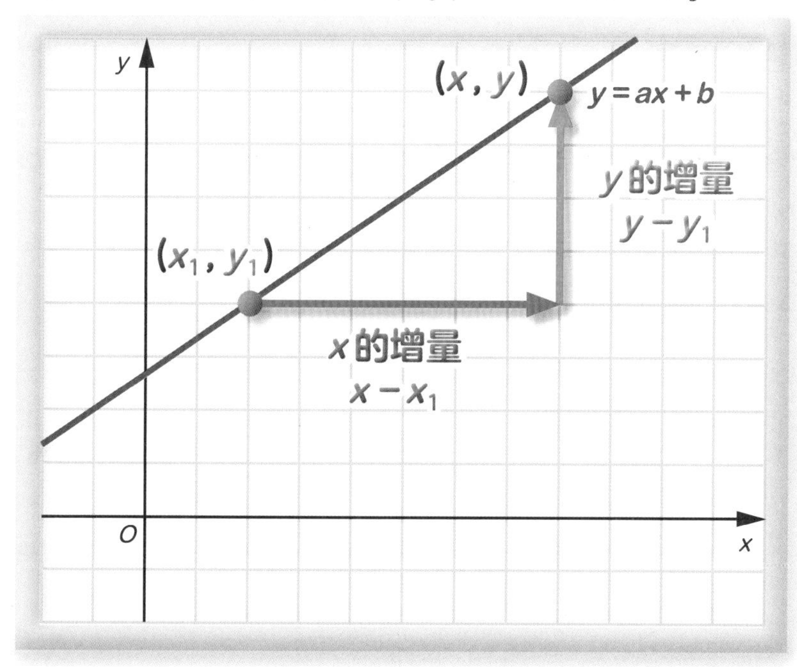

因为（x_1，y_1）是$y=ax+b$上的点，所以

$y_1=ax_1+b$。 …①

因为（x，y）是$y=ax+b$上的点，所以

$y=ax+b$。 …②

这里，y的增量相对于x的增量的比率，叫作**变化率**。

$$（变化率）=\frac{（y的增量）}{（x的增量）}$$

$$=\frac{y-y_1}{x-x_1}$$

把①②的式子代入y，y_1

$$=\frac{ax+b-(ax_1+b)}{x-x_1}$$

$$=\frac{a(x-x_1)}{x-x_1}=a（常数）$$

一次函数$y=ax+b$的变化率是常数，等于a。

44 一元一次方程

一元一次方程

由代入式中字母的值决定成立或不成立的等式，叫作**方程**。
使方程成立的值称为方程的**解**，求解的过程称为**解方程**。

在天平左侧放置2块一样大、一样重的巧克力和1个1g的砝码，在天平右侧放置11个1g的砝码，天平恰好平衡，求1块巧克力的质量。

设1块巧克力的质量是x[g]，可列方程$2x+1=11$。

用等号表示数量间关系的式子就是等式。

未知数

$$2x+1=11$$

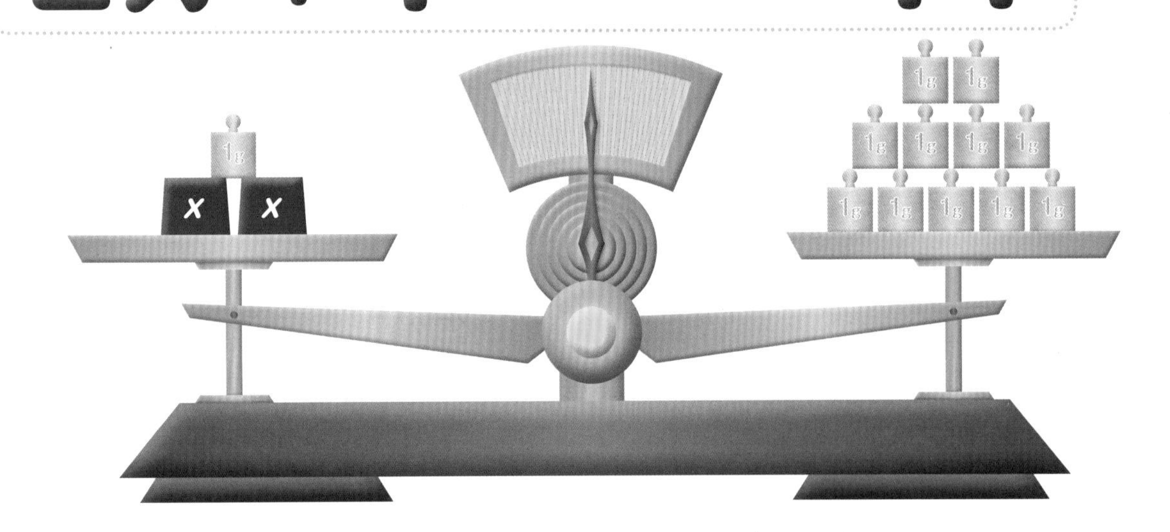

等式的性质

像$2x=10$这样，形如$ax=b$的方程，叫作**一元一次方程**。
利用等式的性质可使方程变形，具体如下：

① 等式两边加同一个数或式子，等式仍成立；
② 等式两边减同一个数或式子，等式仍成立；
③ 等式两边乘同一个数，等式仍成立；
④ 等式两边除以同一个不等于零的数，等式仍成立。

若$A=B$，则
①$A+C=B+C$；
②$A-C=B-C$；
③$A\times C=B\times C$；
④$A\div C=B\div C$。
$(C\neq 0)$

等式一边的某项，可以改变符号移到另一边，这叫作**移项**。

即：$2x+1=11 \longrightarrow 2x=11-1$

从左往右移项，符号改变

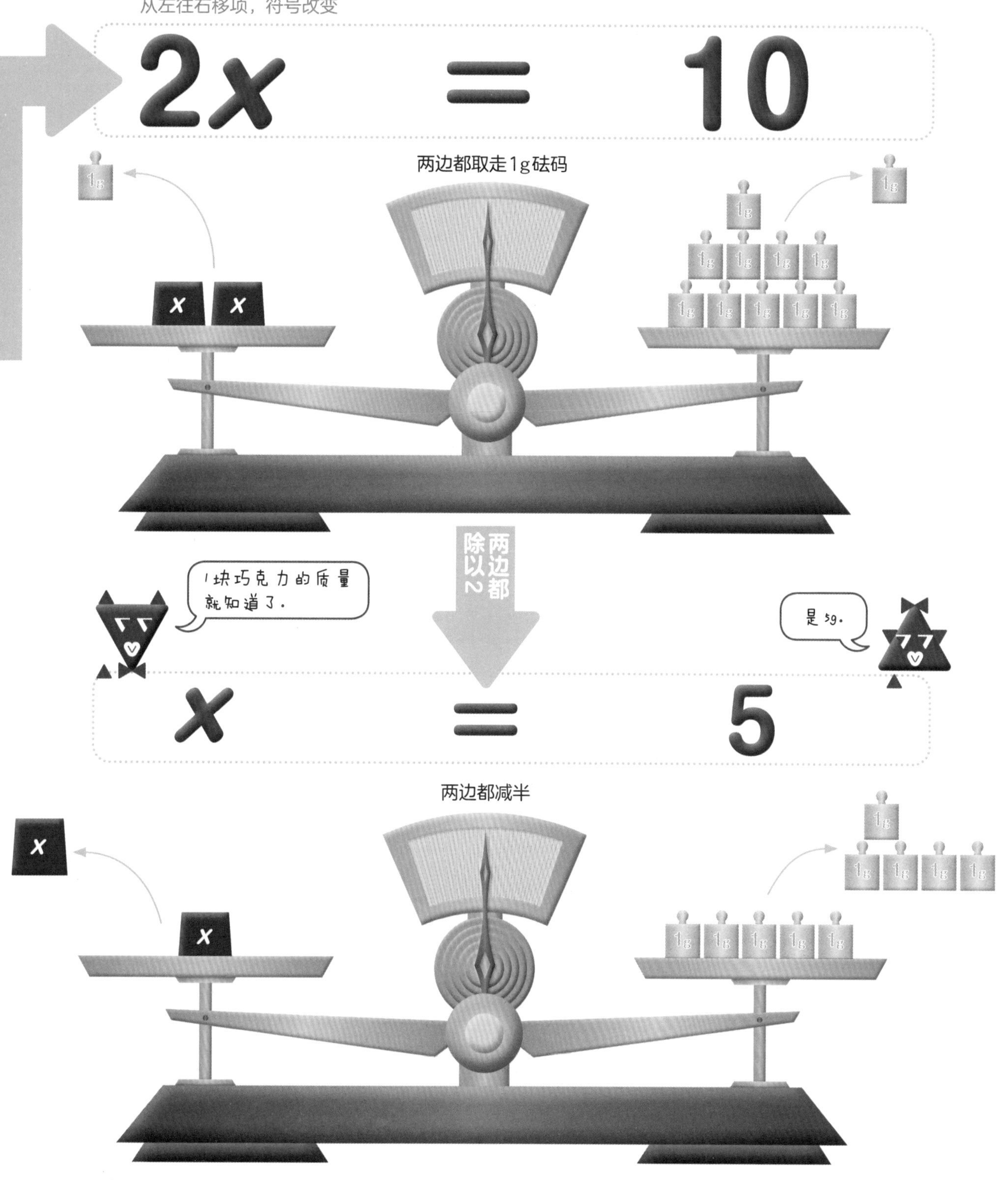

不等式的性质

用不等号 第13页 表示数量间大小关系的式子，叫作不等式。

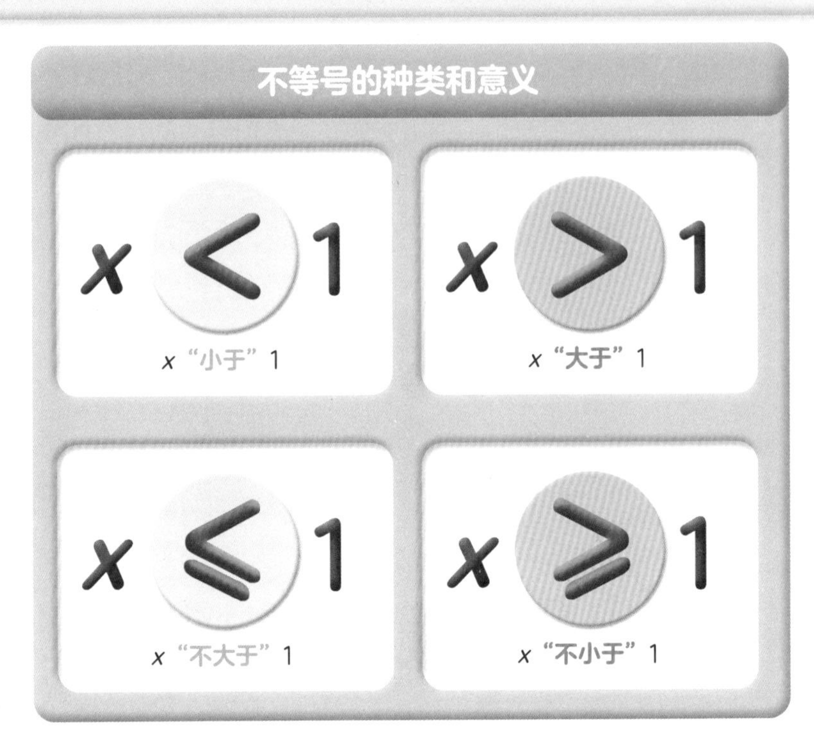

两个数a和b，当$a<b$时，在数轴上表示如下图。

此时，两边加同一个数2后得到$a+2$和$b+2$，两边减同一个数2后得到$a-2$和$b-2$，用数轴上的点分别表示它们的大小。

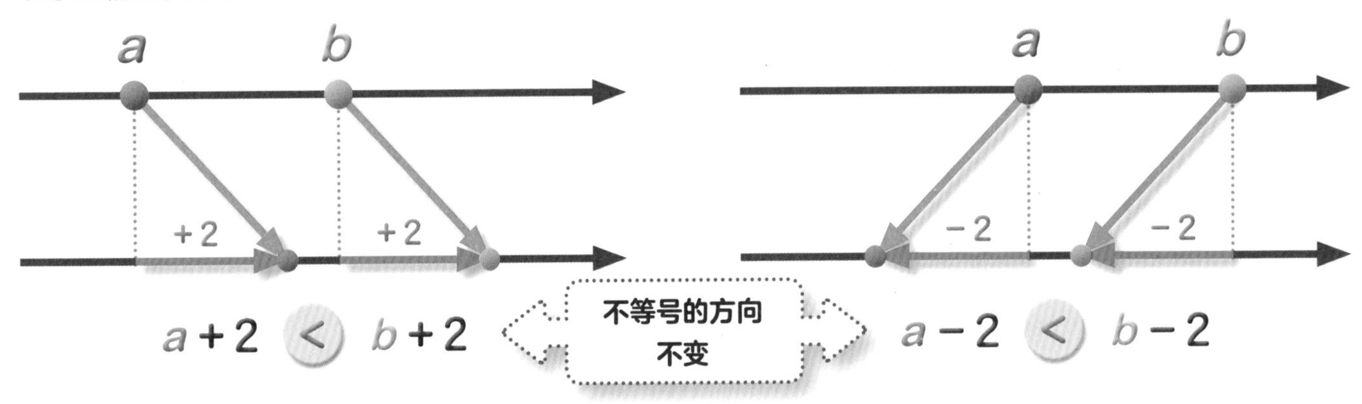

当$0<a<b$时，两边乘同一个**正数**2后得到$2a$和$2b$，两边除以同一个**正数**2后得到$\frac{a}{2}$和$\frac{b}{2}$，用数轴上的点分别表示它们的大小。

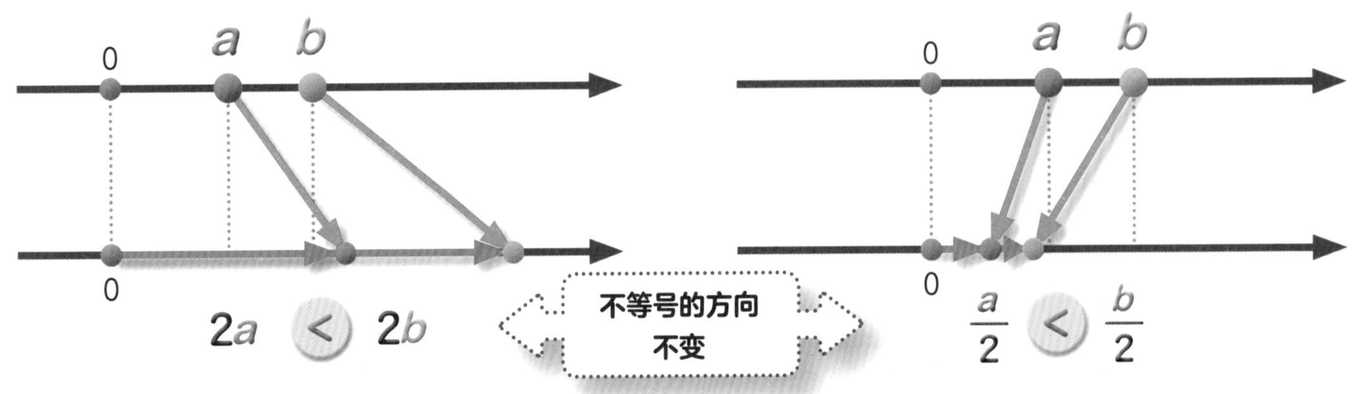

当$0<a<b$时，两边乘同一个负数-2后得到$-2a$和$-2b$，两边除以同一个负数-2后得到$-\frac{a}{2}$和$-\frac{b}{2}$，用数轴上的点分别表示它们的大小。

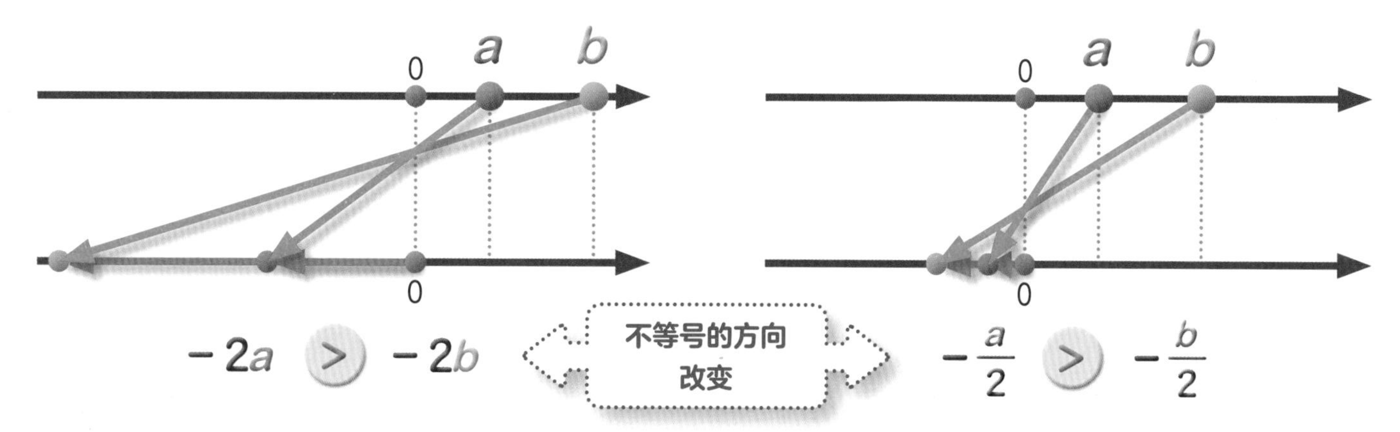

不等式的性质

① 若$A<B$，则$A+C<B+C$，$A-C<B-C$。
两边加（或减）同一个数，不等号的**方向不变**。

② 若$A<B$，$C>0$，则$AC<BC$，$\frac{A}{C}<\frac{B}{C}$。
两边乘（或除以）同一个正数，不等号的**方向不变**。

③ 若$A<B$，$C<0$，则$AC>BC$，$\frac{A}{C}>\frac{B}{C}$。
两边**乘（或除以）同一个负数**，不等号**变反向**。

利用这些性质解不等式。

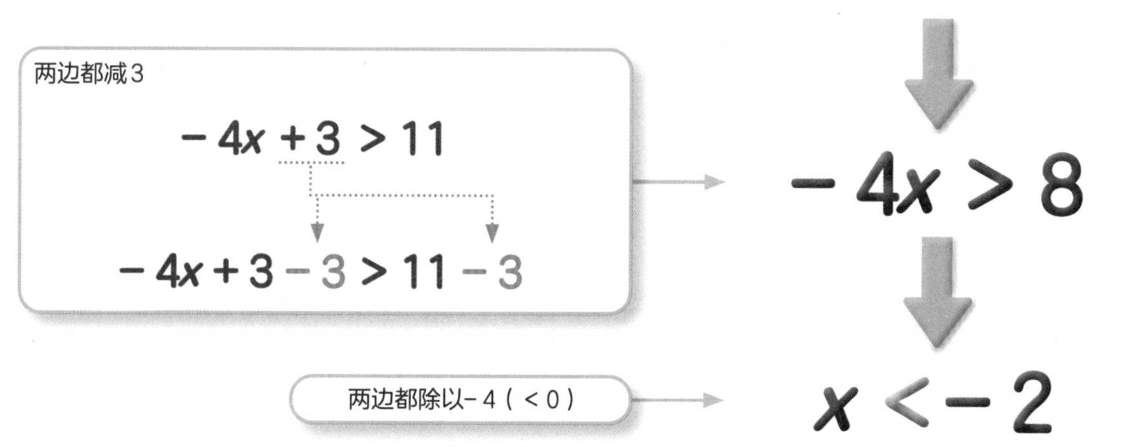

1 方程组

像 $2x+3y=7$ 这样含有两个字母的一次方程，叫作二元一次方程。

含有两个以上的未知数且数量在两个以上的方程的组合，叫作**方程组**。
使这些方程同时成立的未知数的值，称为方程组的**解**，求所有解的过程称为**解方程组**。

含有两个未知数的方程组叫作“二元一次方程组”，
含有三个未知数的方程组叫作“三元一次方程组”。

“解方程组”就是“求表示各个方程的图像的交点”。

以方程组 $\begin{cases} x-y=-2 & \cdots① \\ 2x-3y=-5 & \cdots② \end{cases}$ 为例。

方程①可变形为 $y=x+2$。
表示该方程的图像是一条斜率为1、截距为2的直线。
方程②可变形为 $y=\frac{2}{3}x+\frac{5}{3}$，所以图像是一条斜率为 $\frac{2}{3}$、截距为 $\frac{5}{3}$ 的直线。

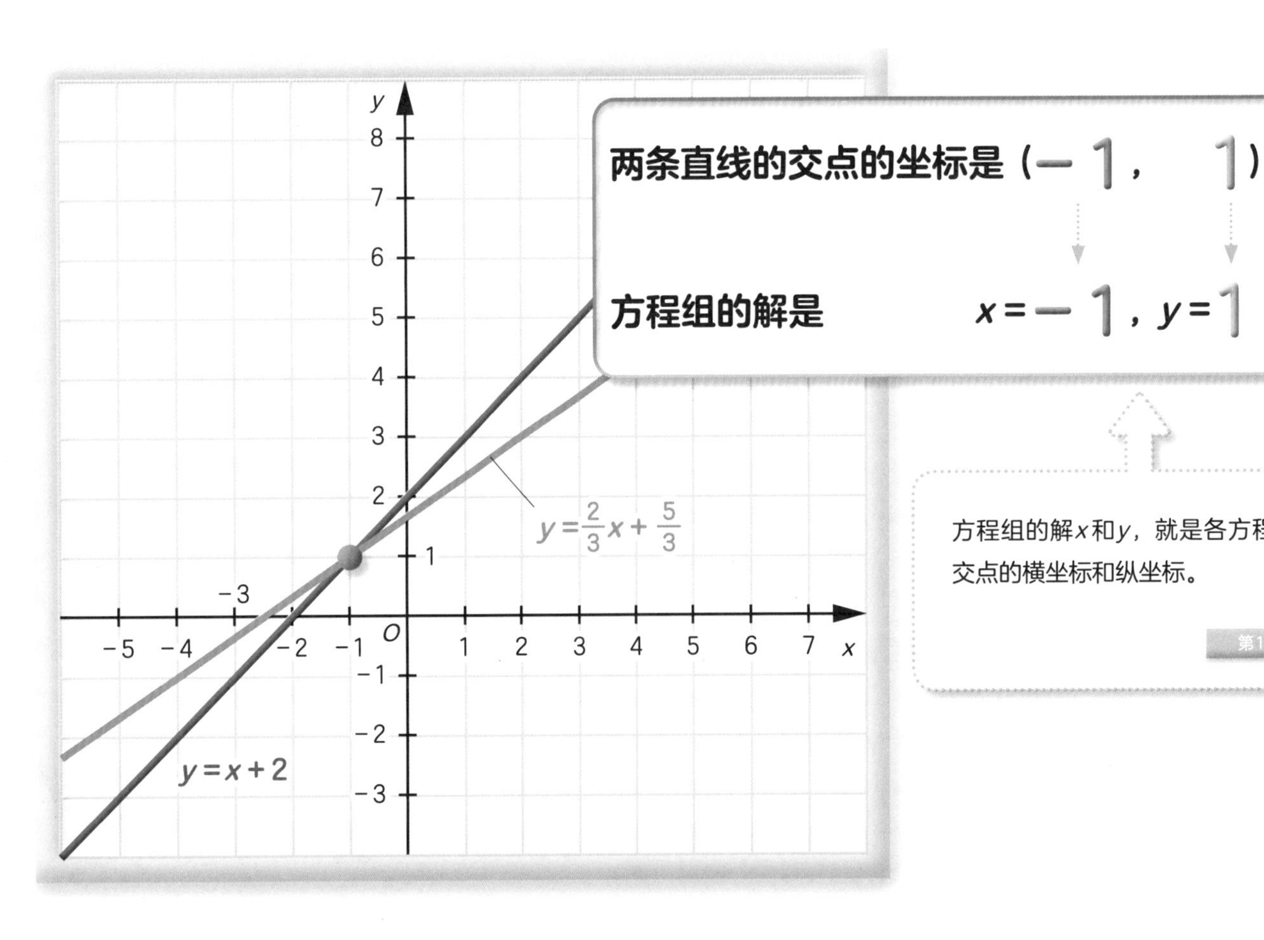

方程组的解 x 和 y，就是各方程图像交点的横坐标和纵坐标。

第104页

2 方程组的解法

解方程组，要把式子变形，使之成为只含一个字母的方程。

下面通过计算方程组 $\begin{cases} x-y=-2 & \cdots① \\ 2x-3y=-5 & \cdots② \end{cases}$ 来研究解法。

通过代入法求解

代入法是“把方程组中的某个式子**代入**别的式子，导出只含一个字母的方程”的解法。

解①，用含有x的式子表示y，得 $y=x+2$ …③ ← y和$x+2$一样

把③代入②，得 $2x-3(x+2)=-5$ ← 只剩一个字母x

整理得 $x=-1$ …④

把④代入③，得 $y=-1+2=1$

所以 $x=-1$，$y=1$

通过加减法求解

加减法是“把方程组中的式子分别增大若干倍，通过**加减**消去一个字母，导出只含一个字母的方程”的解法。

先把①的两边都增大3倍 ← 为了同②中y的系数一致，增大3倍

①×3 $3x-3y=-6$ …③ ← 因为②中y的系数是-3，③中y的系数也是-3，所以可通过③-②消去y这一项

③-②，得

$$\begin{array}{rl} 3x-3y=-6 & \cdots③ \\ -)\ 2x-3y=-5 & \cdots② \\ \hline x\qquad\ =-1 & \cdots④ \end{array}$$

← 通过减法，只剩一个字母x

把④代入①，得 $-1-y=-2$

整理得 $y=1$

所以 $x=-1$，$y=1$

无论代入法还是加减法，方程组解法的根本，都在于减少字母的种类。

47 一次函数与方程

一次函数的图像与方程组

第102页

我们来看含有两个字母x，y的二元一次方程。

$x+2y-8=0$ …①

解①，用含有x的式子表示y，得

$y=-\frac{1}{2}x+4$。

这是一次函数，其图像是一条斜率为$-\frac{1}{2}$、截距为4的直线。

这条直线称为**方程式$x+2y-8=0$的图像。**

方程式$x+2y-8=0$的图像，是以满足该方程的x，y的值为坐标的点的集合。

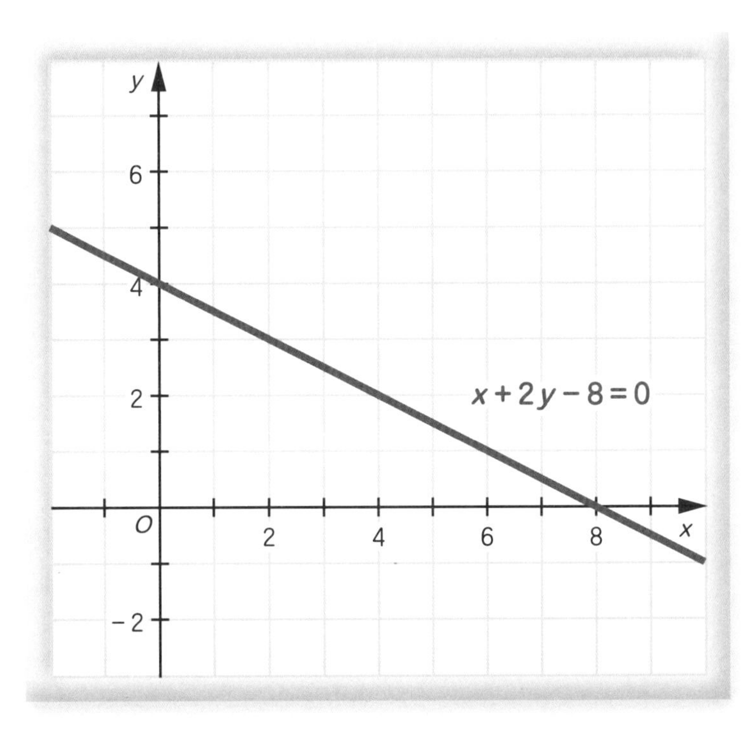

通过图像求方程组 $\begin{cases} x+2y-8=0 & \cdots① \\ x-y+1=0 & \cdots② \end{cases}$

的解。

①当$x=0$时$y=4$，当$y=0$时$x=8$，所以其图像是一条经过点（0，4）和点（8，0）的直线。

②当$x=0$时$y=1$，当$y=0$时$x=-1$，所以其图像是一条经过点（0，1）和点（−1，0）的直线。

画出这两条直线。

通过图像可读取交点的坐标是（2，3）。

因此，该方程组的解是$x=2$，$y=3$。

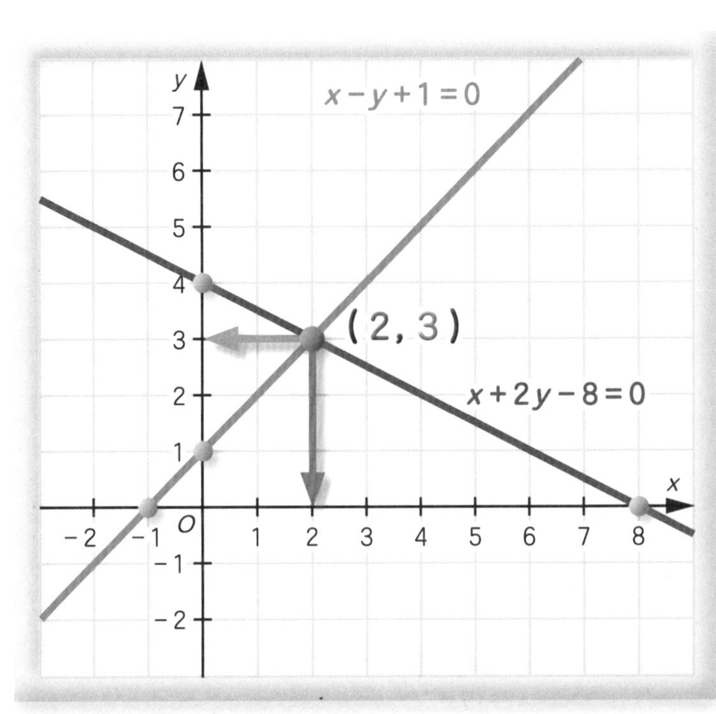

方程组的解与图像的交点

方程组的解x和y，就是各方程图像交点的横坐标和纵坐标。

如果是你会如何选择？

为了享受高速移动通信服务，
查阅T公司的收费套餐，如右表所示。
我们来看这份套餐表意味着什么。

	套餐A	套餐B
月使用费	300元	400元
初装费	300元	300元
预付费	2000元	0元

首先，如果选择套餐A，设使用x个月支付的总金额是y元，则

$y = 300x + 2300$。 …①

同样地，如果选择套餐B，设使用x个月支付的总金额是y元，则

$y = 400x + 300$。 …②

画出①和②的图像，如下所示。

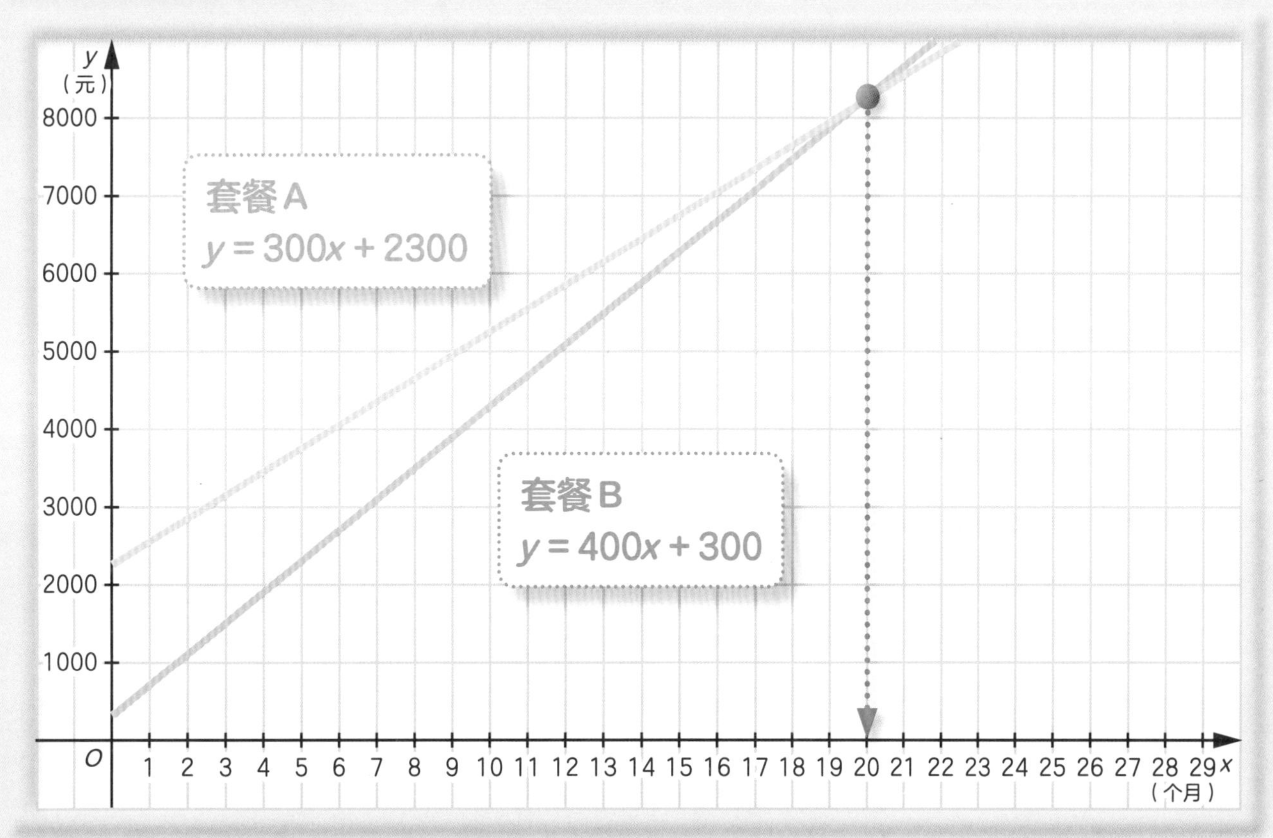

通过图像可知，如果使用20个月，两种套餐的支付总额是一样的；若使用不足20个月，则套餐B更便宜；如果使用多于20个月，则套餐A更便宜。

48 二次函数（1）

初 高

1 函数 $y=ax^2$ 的图像

二次函数通常表示为 $y=ax^2+bx+c$（a 是不等于零的常数，b 和 c 是常数）。
$y=ax^2$ 是二次函数的特殊情况。
y 是 x 的函数，当表示为 $y=ax^2$ 时，称 y 与 x 的平方成正比例。

函数 $y=ax^2$ 的图像称为**抛物线**，开口向下的抛物线形似向远处扔球时，球画出的曲线。

图像的特征

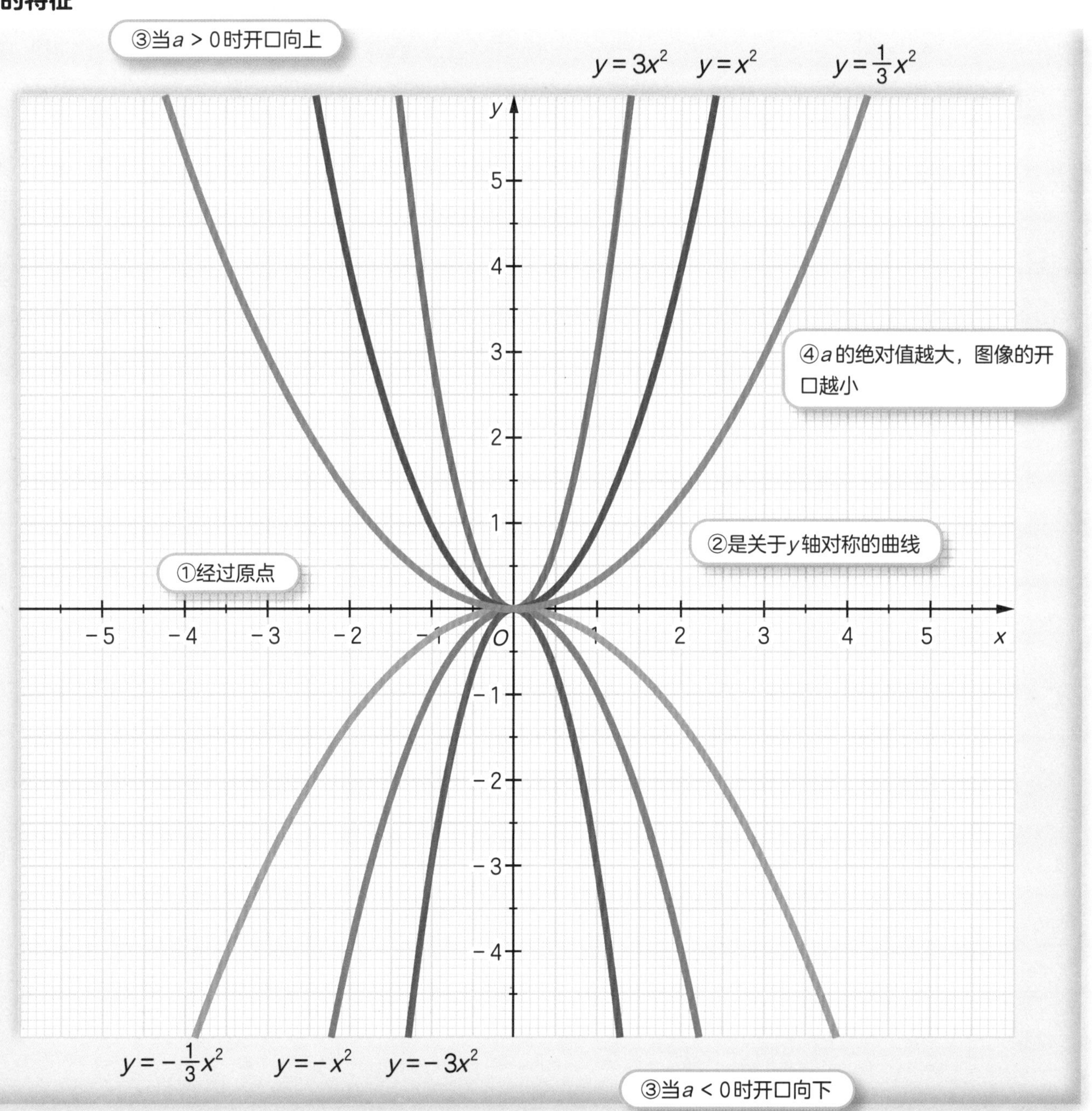

2 函数$y=ax^2$的图像的性质

关于$y=ax^2$，我们对a取各种不同的值，尝试画出图像。

我们来看$y=2x^2$，$y=x^2$，$y=\frac{1}{2}x^2$这三个图像之间的关系。

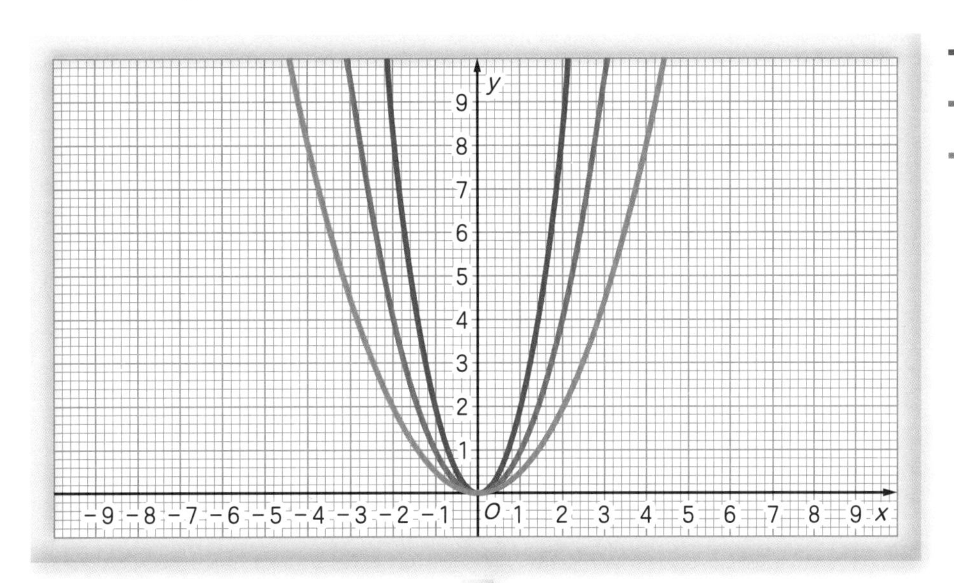

改变刻度

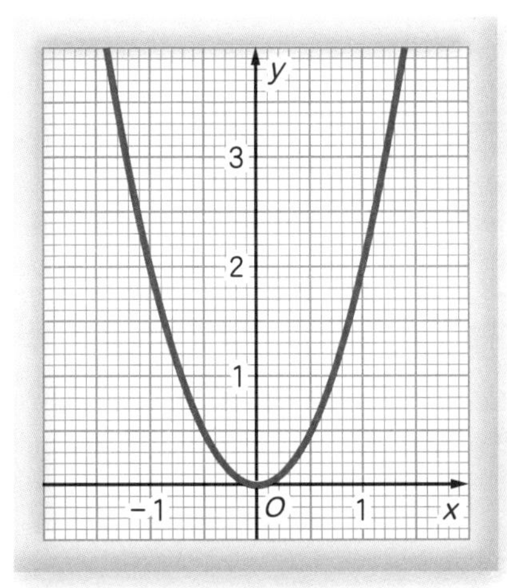

$y=2x^2$的图像
（上图的放大图）

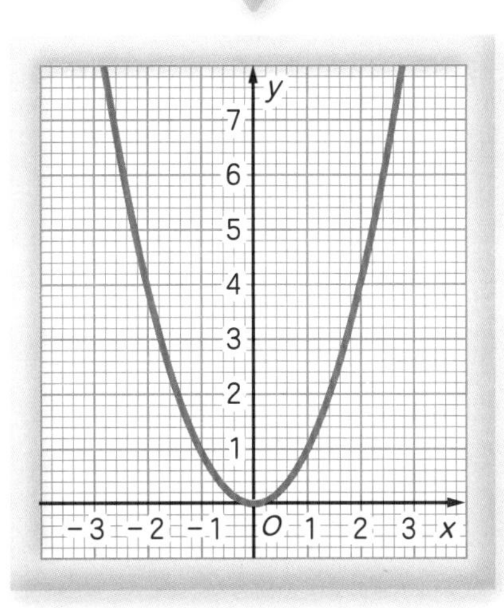

$y=x^2$的图像

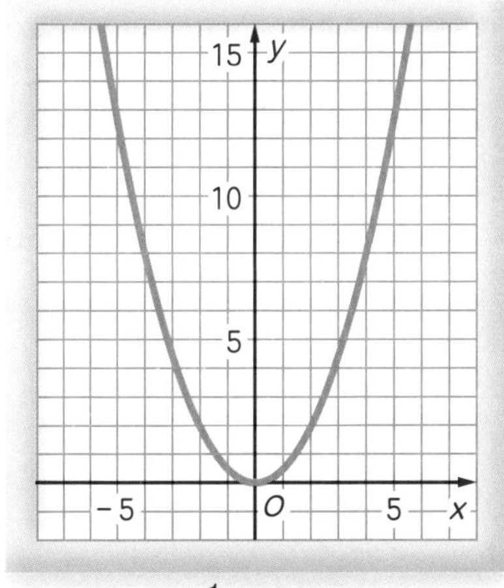

$y=\frac{1}{2}x^2$的图像
（上图的缩小图）

$y=2x^2$，$y=x^2$，$y=\frac{1}{2}x^2$这三个图像，若经放大或缩小，看上去完全是相同的图形。

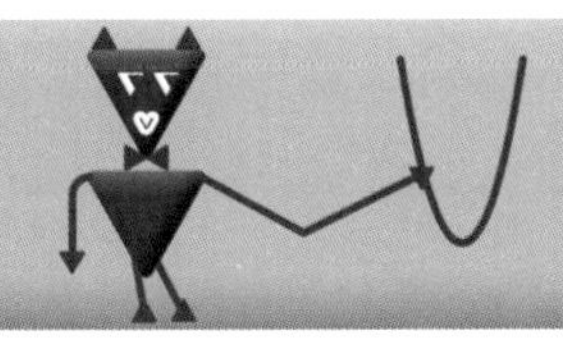

将$y=x^2$的图像放大或缩小，就能表示$y=ax^2$的任意图像。

49 二次函数（2）

1 二次函数的图像

比较 $y=2x^2$ 的图像与 $y=2x^2+3$ 的图像。

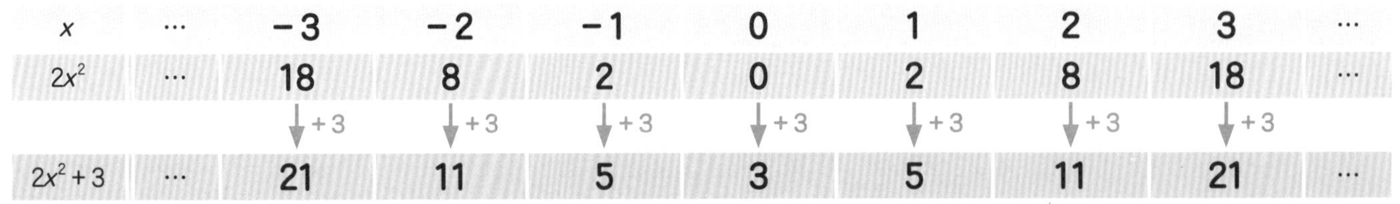

x	…	−3	−2	−1	0	1	2	3	…
$2x^2$	…	18	8	2	0	2	8	18	…
		↓+3	↓+3	↓+3	↓+3	↓+3	↓+3	↓+3	
$2x^2+3$	…	21	11	5	3	5	11	21	…

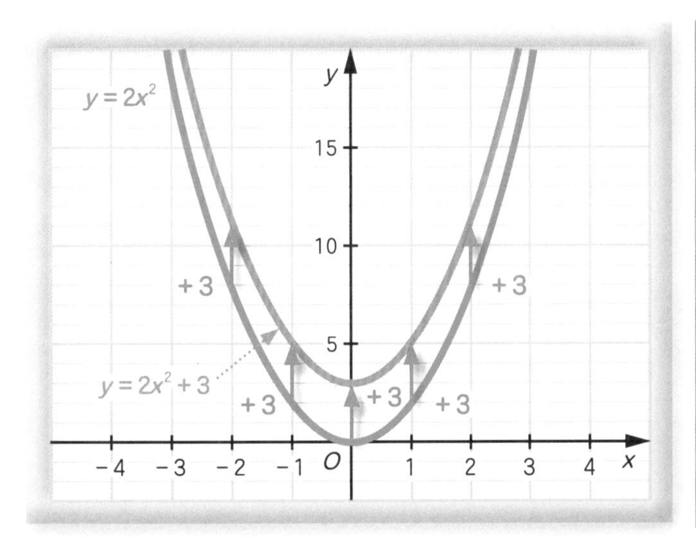

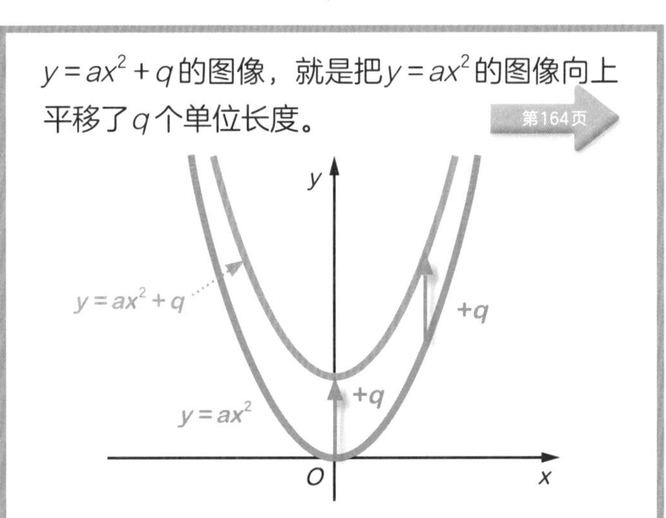

$y=ax^2+q$ 的图像，就是把 $y=ax^2$ 的图像向上平移了 q 个单位长度。

第164页

比较 $y=2x^2$ 的图像与 $y=2(x-2)^2$ 的图像。

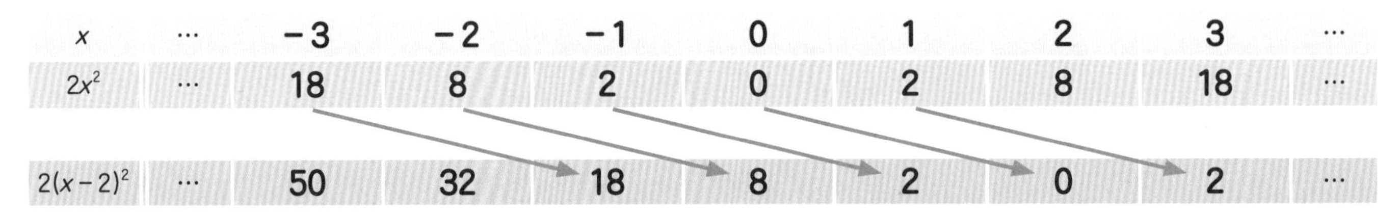

x	…	−3	−2	−1	0	1	2	3	…
$2x^2$	…	18	8	2	0	2	8	18	…
$2(x-2)^2$	…	50	32	18	8	2	0	2	…

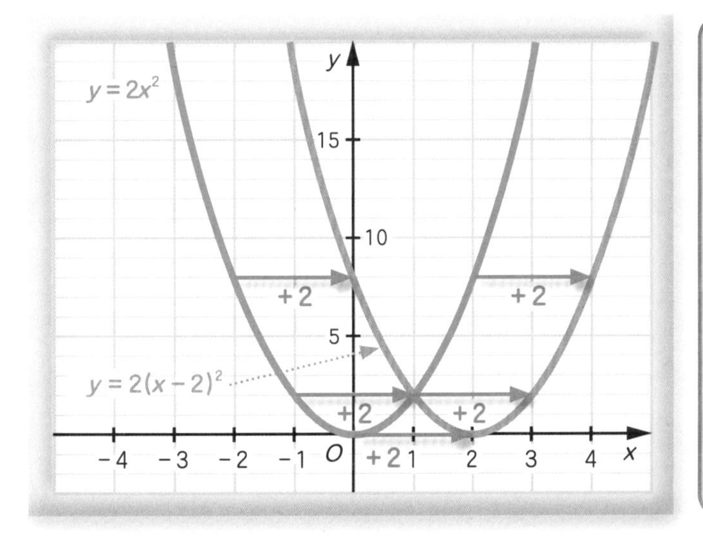

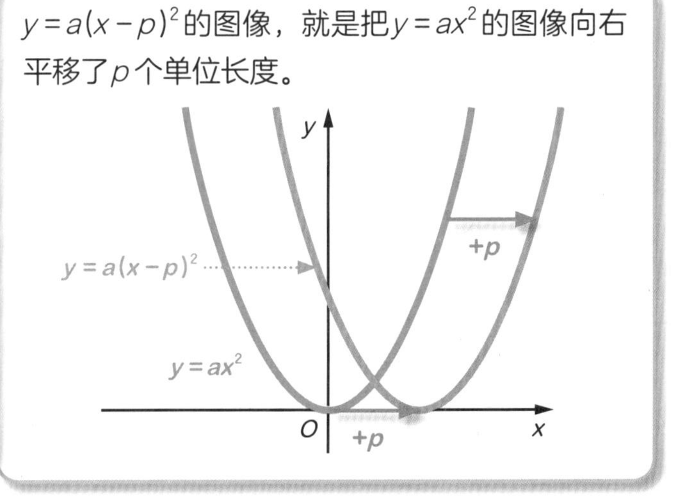

$y=a(x-p)^2$ 的图像，就是把 $y=ax^2$ 的图像向右平移了 p 个单位长度。

最后，我们来看$y=2x^2$的图像与$y=2(x-2)^2+3$的图像之间的关系。

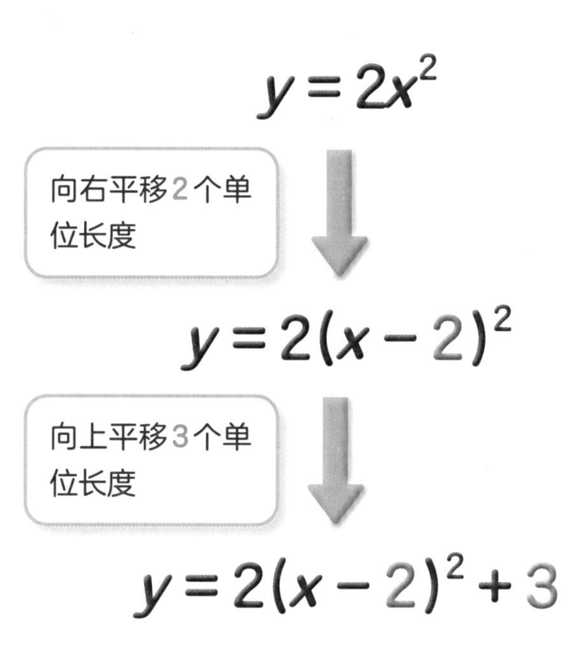

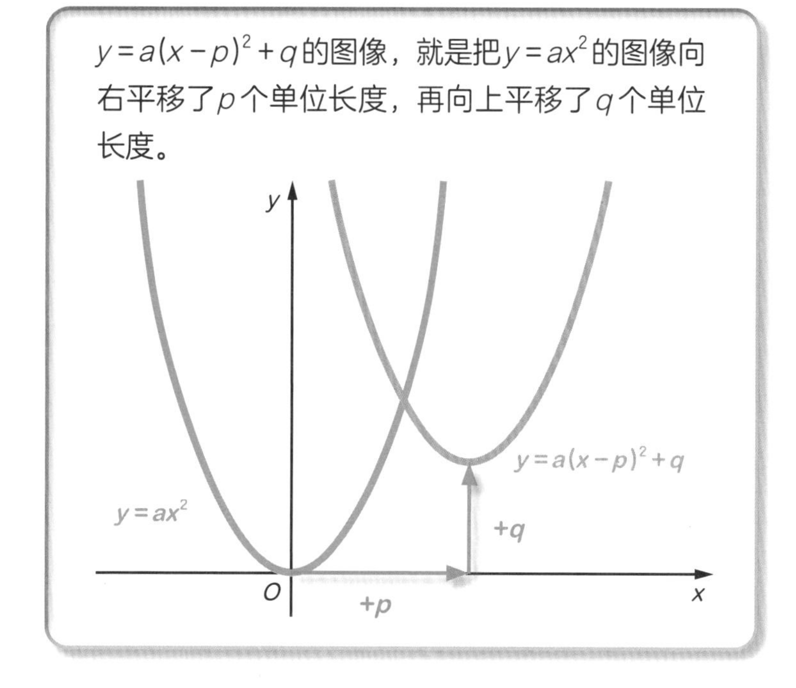

$y=a(x-p)^2+q$的图像，就是把$y=ax^2$的图像向右平移了p个单位长度，再向上平移了q个单位长度。

2 抛物线的性质与应用

右图是抛物面天线（parabola antenna），其工作原理利用的就是二次函数的图像特征——抛物线的性质。将抛物面天线纵向切开，截面就是一条抛物线。

"parabola" 的含义即抛物线。

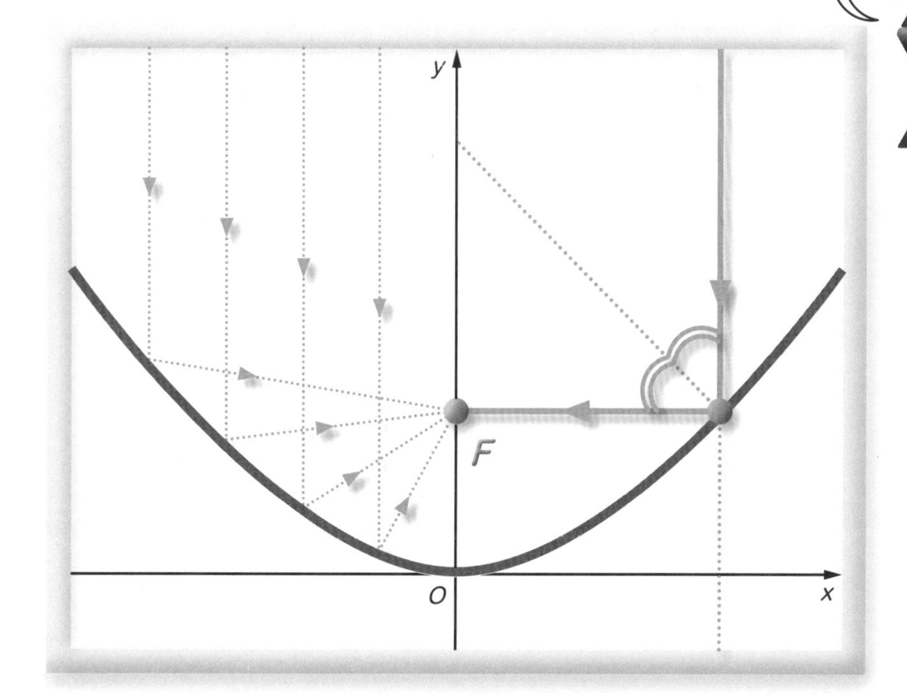

左图左半边的橙色信号，经抛物面反射后，全部经过点F。这是抛物线的特征。

如左图右半边所示，当光或电波等信号被反射时，反射角与入射角相等。经抛物面反射，入射信号必定汇聚于点F。

50 一元二次方程

1 二次函数的图像与一元二次方程

求二次函数的图像与x轴相交时交点的横坐标。

我们来看二次函数$y=x^2-2x-3$与x轴的交点的横坐标。
$y=x^2-2x-3$的图像，表示为坐标平面上满足$y=x^2-2x-3$关系的点（x，y）的集合。

x	…	-2	-1	0	1	2	3	4	…
y	…	5	0	-3	-4	-3	0	5	…

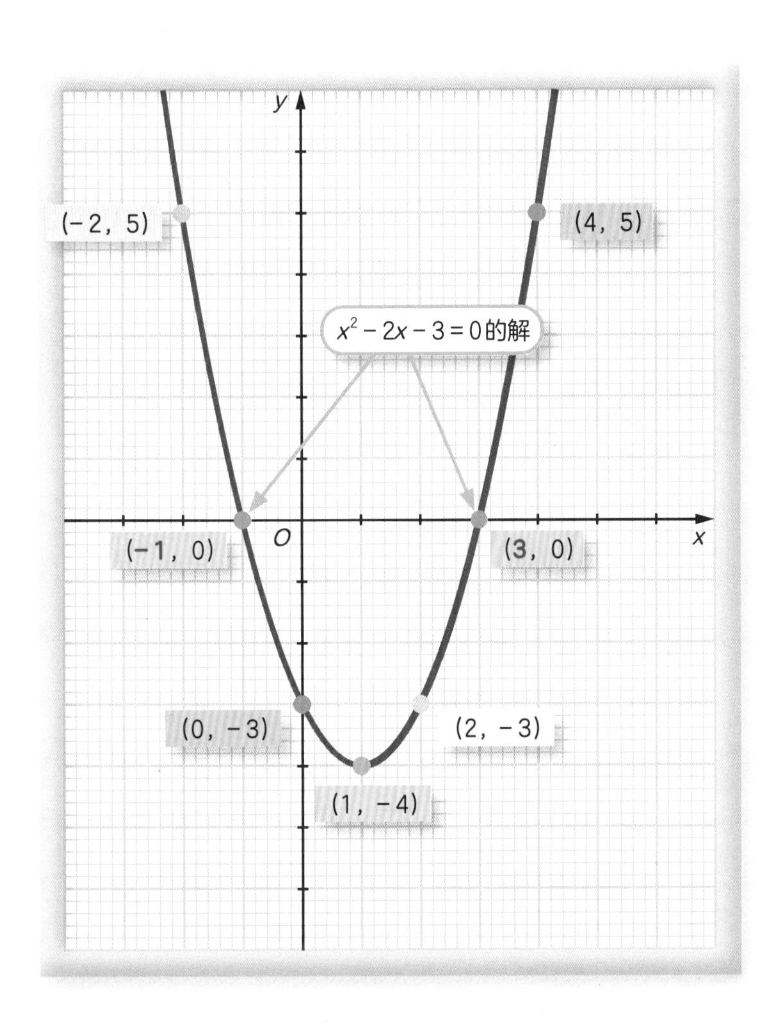

x轴对应$y=0$，
因此，当$y=x^2-2x-3$与x轴相交时，
交点的纵坐标是0。
求横坐标，就是让$y=x^2-2x-3$的y等于零，求满足$x^2-2x-3=0$的x的值。
满足$x^2-2x-3=0$的x的值是
$x=-1$，$x=3$。

通过移项 第99页 等操作加以整理，像$ax^2+bx+c=0$这样能变形为（二次式）$=0$的方程，叫作**一元二次方程。**
此外，能使一元二次方程成立的字母的值，称为一元二次方程的**解**，求一元二次方程的所有解的过程，称为**解一元二次方程。**

2 解一元二次方程 ①因式分解法

$A\times B=0$在$A=0$或$B=0$时才成立。

当一元二次方程的左边能进行因式分解 第69页 时，即可利用这一思路求解。

利用因式分解，解一元二次方程$x^2-2x-3=0$。

对左边进行因式分解，得 $(x+1)(x-3)=0$。

利用上面的思路，可知 $x+1=0$或$x-3=0$。

分别解一元一次方程，得 $x=-1$，$x=3$。

3 解一元二次方程 ②公式法

一元二次方程的求根公式

一元二次方程$ax^2+bx+c=0$的解是 $x=\dfrac{-b\pm\sqrt{b^2-4ac}}{2a}$

$y=ax^2+bx+c$的图像

当$a>0$时

$$x=\frac{-b\pm\sqrt{b^2-4ac}}{2a}$$

用公式法解一元二次方程$2x^2+5x-3=0$。

将$a=2$，$b=5$，$c=-3$代入求根公式，得

$$x=\frac{-5\pm\sqrt{5^2-4\times2\times(-3)}}{2\times2}=\frac{-5\pm\sqrt{49}}{4}=\frac{-5\pm7}{4},$$

$x=\dfrac{-5+7}{4}$，$x=\dfrac{-5-7}{4}$。所以，$x=\dfrac{1}{2}$，$x=-3$。

51 指数函数 

1 指数的扩充

像$a \times a \times a = a^3$这样，$n$个$a$相乘，即$a \times a \times a \times \cdots \times a$，可以写作$a^n$，读作“$a$的$n$次方”。

关于乘方的运算，当m，n是正整数时，下面的指数运算法则成立。

指数运算法则

1. $a^m \times a^n = a^{m+n}$，$a^m \div a^n = a^{m-n}$
2. $(a^m)^n = a^{mn}$
3. $(ab)^m = a^m b^m$

2 指数函数的图像

当$a > 0$且$a \neq 1$时，$y = a^x$是x的函数。

函数$y = a^x$叫作以a为**底**的x的**指数函数**。

尝试画出$y = 2^x$，$y = \left(\frac{1}{2}\right)^x$的图像。

x	…	-3	-2	-1	0	1	2	3	…
2^x	…	$\frac{1}{8}$	$\frac{1}{4}$	$\frac{1}{2}$	1	2	4	8	…
$\left(\frac{1}{2}\right)^x$	…	8	4	2	1	$\frac{1}{2}$	$\frac{1}{4}$	$\frac{1}{8}$	…

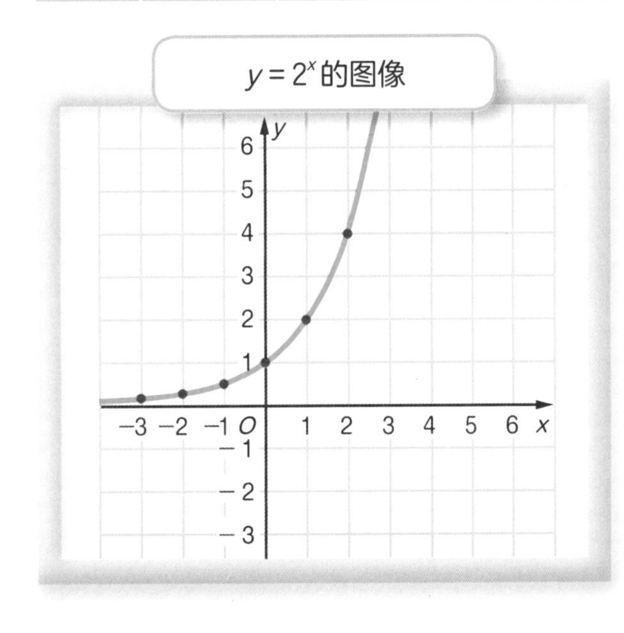

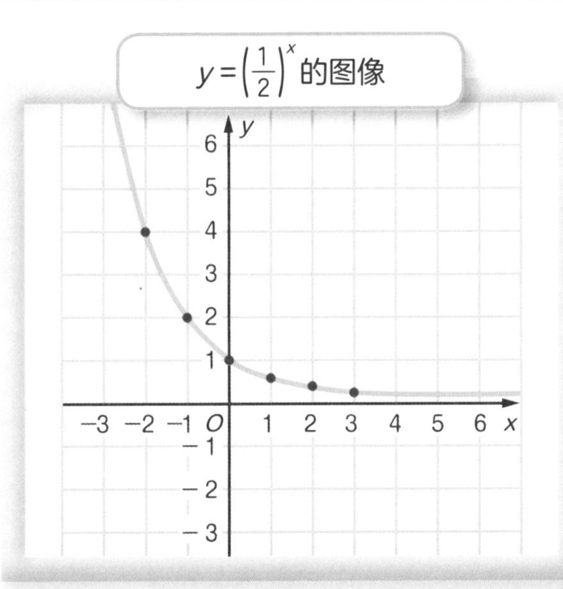

第80页 指数

因为n个a相乘是a^n，所以像a^{-2}这样，当指数是负数时，“指数个底相乘”的解释就无法理解了。

$$a^0=1,\ a^{-n}=\frac{1}{a^n}\quad (\text{但}a\neq 0)$$

例 $3^0=1,\ 3^{-2}=\frac{1}{3^2}=\frac{1}{9}$

指数函数$y=a^x$的图像

当$a>1$时

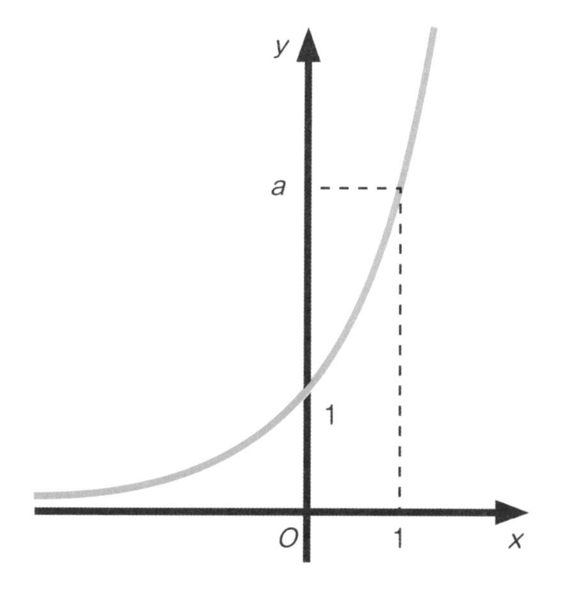

当$0<a<1$时

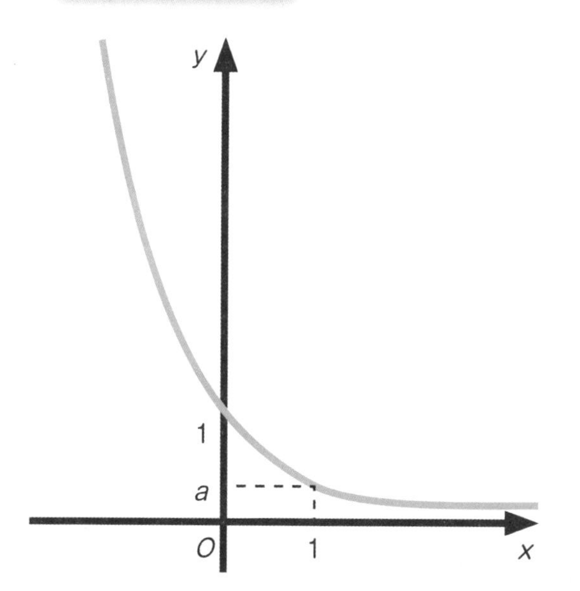

・图像总是经过（0，1）和（1，a）这两个点。

・图像位于$y>0$的范围，与x轴无限接近但永不相交。x轴称为渐近线第93页。

52 指数函数与生活

1 细菌的增殖方式

我们来研究细菌的增殖方式与指数函数的关系。

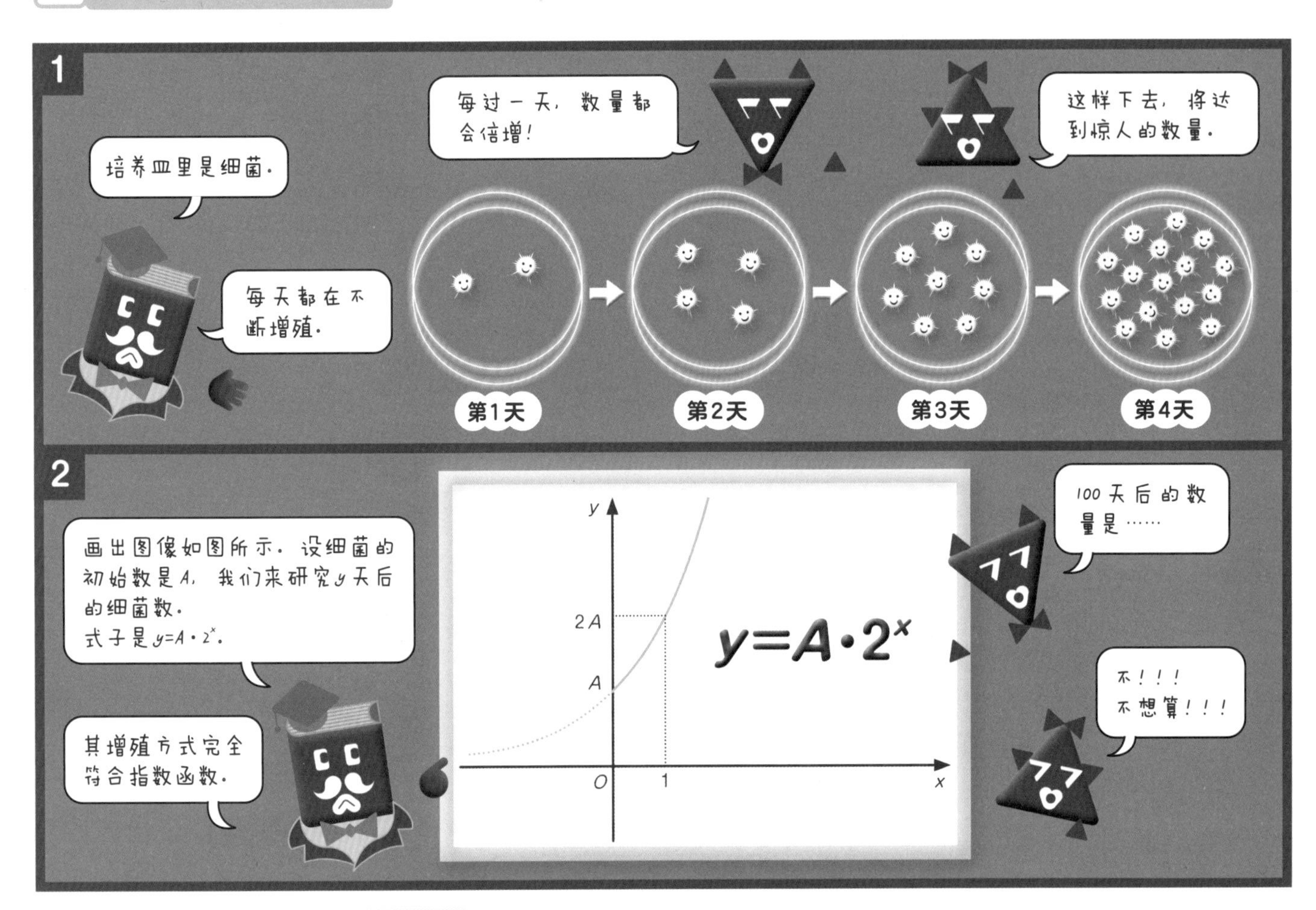

2 放射性物质的半衰期

我们来看放射性物质的半衰期。

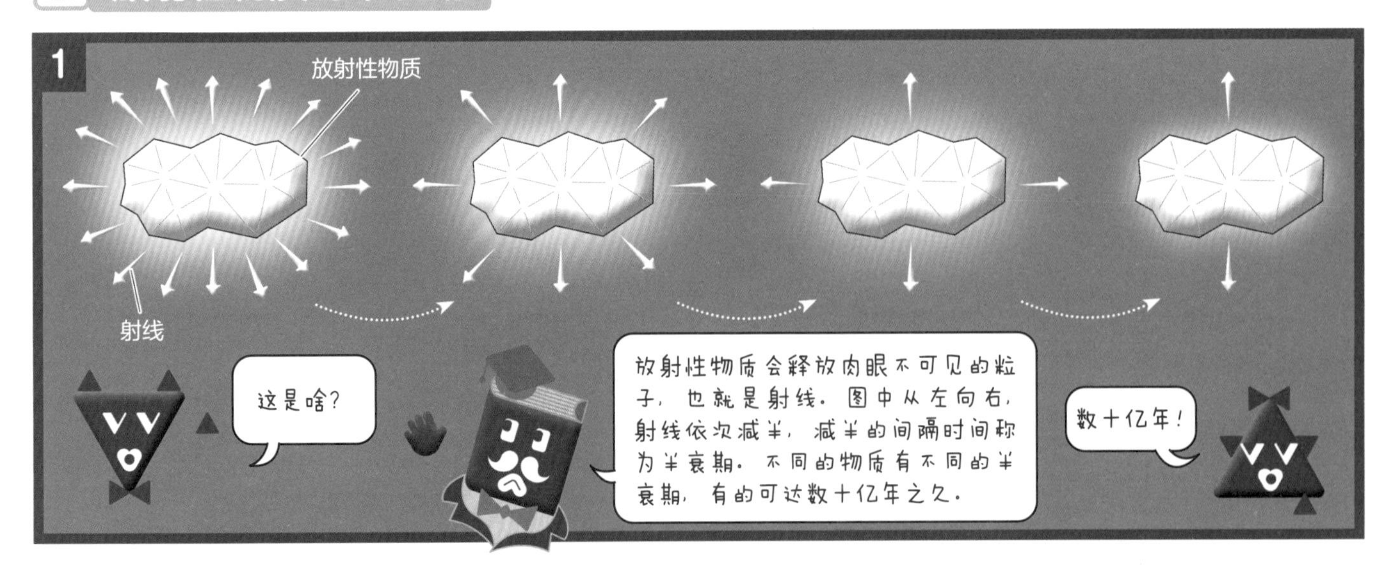

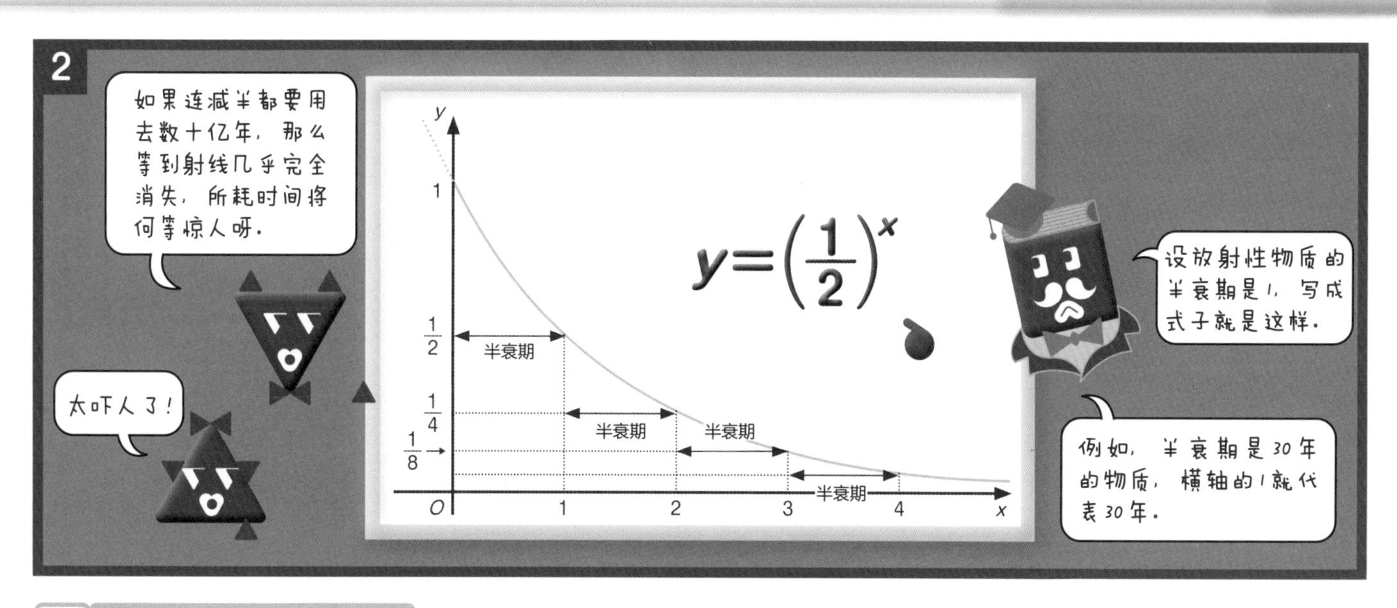

3 液体的温度变化

我们来看酱汤等沸腾液体的温度变化。

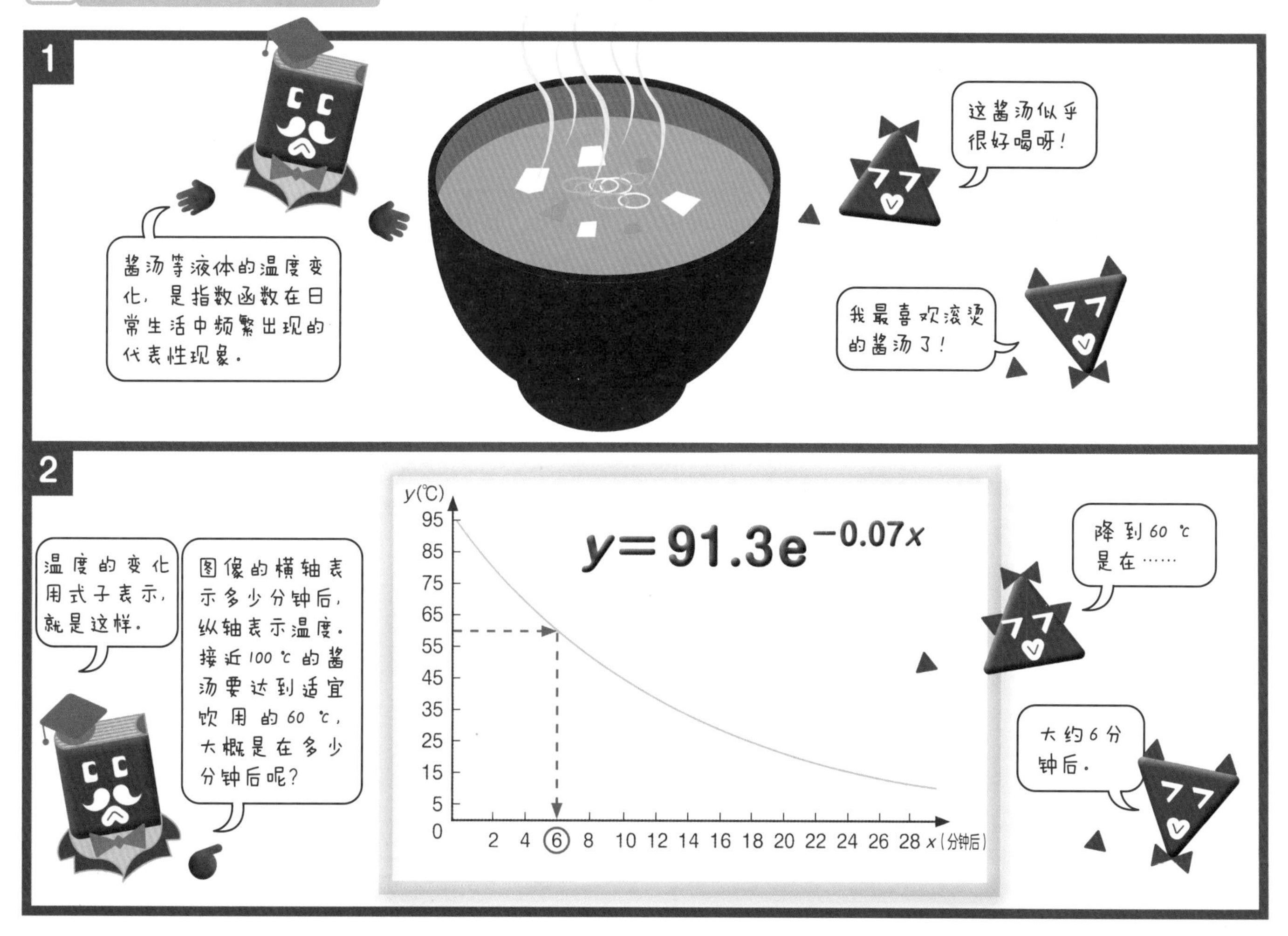

53 对数函数

1 指数与对数

“$2^3=8$”的含义是“3个2相乘，得数是8”，也可以称为“把2变成8的指数是3”。

“3是把2变成8的指数”写作$3=\log_2 8$。

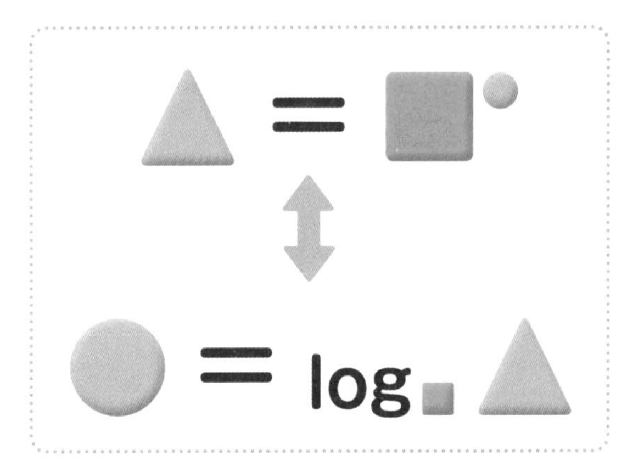

$$M=a^p \Leftrightarrow p=\log_a M$$

此时，a是不等于1的正数，p叫作以a为**底**M的**对数**。
此外，M叫作$\log_a M$的**真数**。

$\log_a M$表示“多少个a相乘会变成M”这个值。

设x是正数，a是不等于1的正数，此时，表示为$y=\log_a x$的函数叫作以a为底x的**对数函数**。
我们来研究该函数的图像。
把x与y互换，得到$x=\log_a y$，这个式子可以写成$y=a^x$。
也就是说，把$y=a^x$的图像中的x与y互换，得到的就是$y=\log_a x$的图像。
前提是$a>1$。

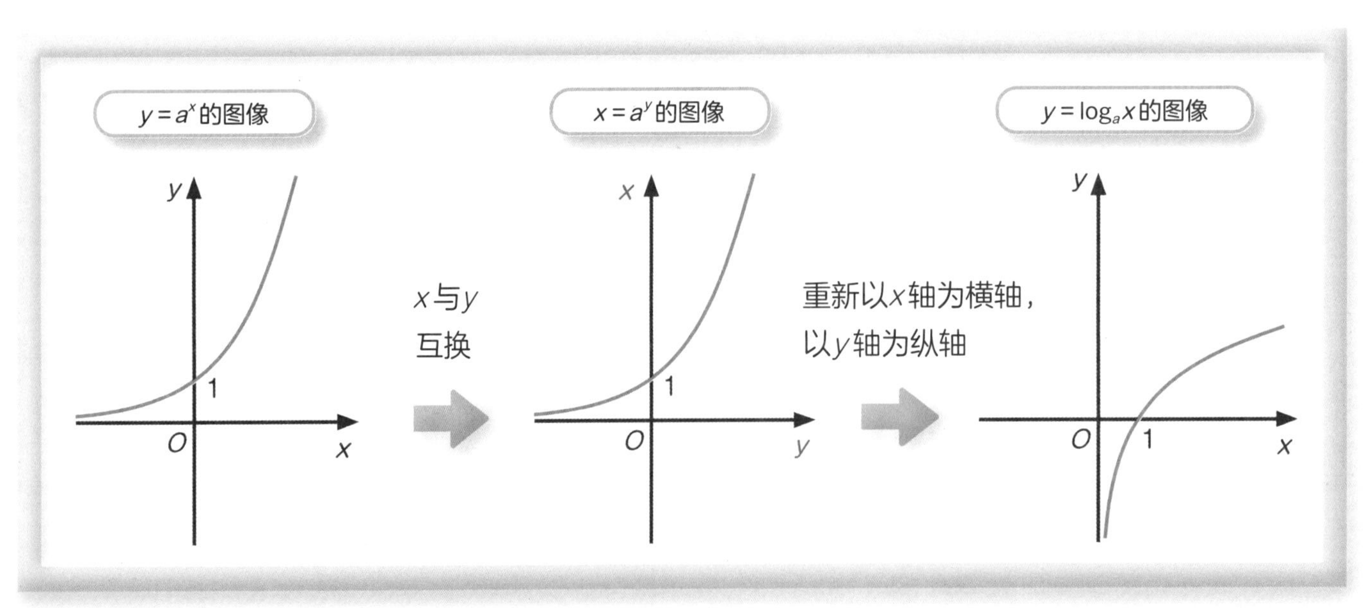

第82页 对数

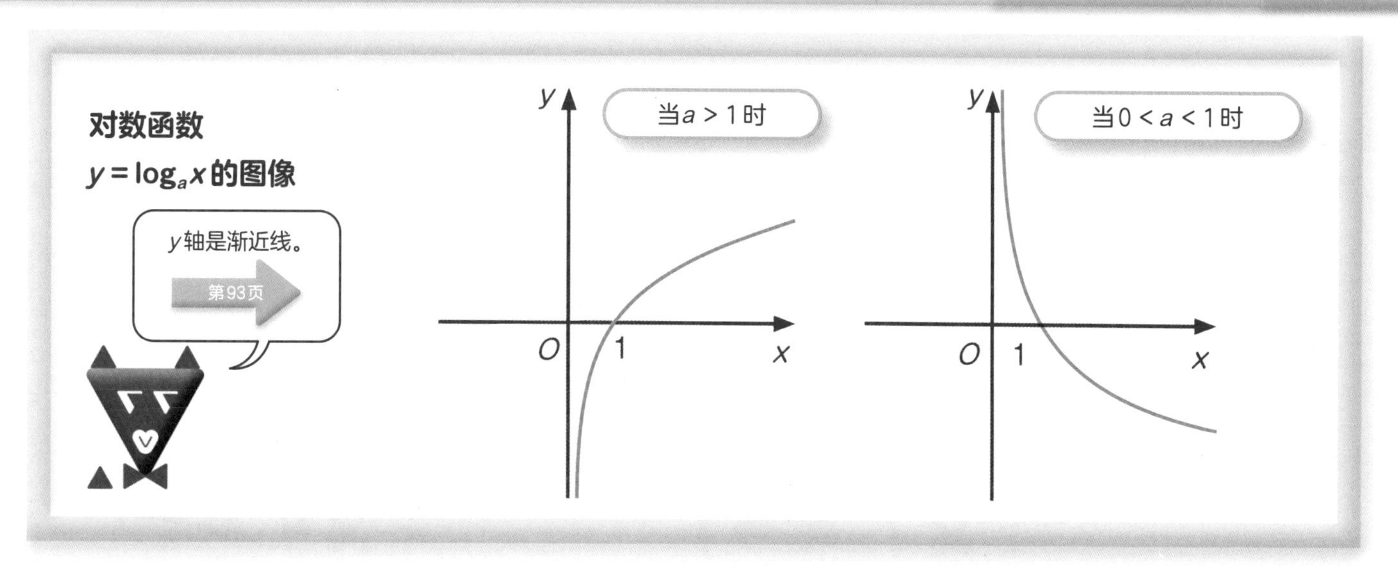

2 对数的性质

设$M = a^x$，$N = a^y$，则$x = \log_a M$，$y = \log_a N$。 …①

于是，$M \times N = a^x \times a^y = a^{x+y}$，所以$\log_a MN = x + y$。 …②

把①代入②，得$\log_a MN = \log_a M + \log_a N$。

同样地，由$\frac{M}{N} = \frac{a^x}{a^y} = a^{x-y}$，得$\log_a \frac{M}{N} = x - y$。 …③

把①代入③，得$\log_a \frac{M}{N} = \log_a M - \log_a N$。

又因为$M = a^x$，所以$M^p = (a^x)^p = a^{xp}$，得$\log_a M^p = xp$。 …④

把①代入④，得$\log_a M^p = p \log_a M$。

对数的性质

$a > 0$，$a \neq 1$，$M > 0$，$N > 0$且p是实数时，

1 $\log_a MN = \log_a M + \log_a N$  积用和表示。

2 $\log_a \frac{M}{N} = \log_a M - \log_a N$  商用差表示。

3 $\log_a M^p = p \log_a M$  乘方用积表示。

54 对数函数与生活

1 人类的感觉与对数

如果施加给一个人的力成倍增加，这个人对力的感受也会成倍增加吗？

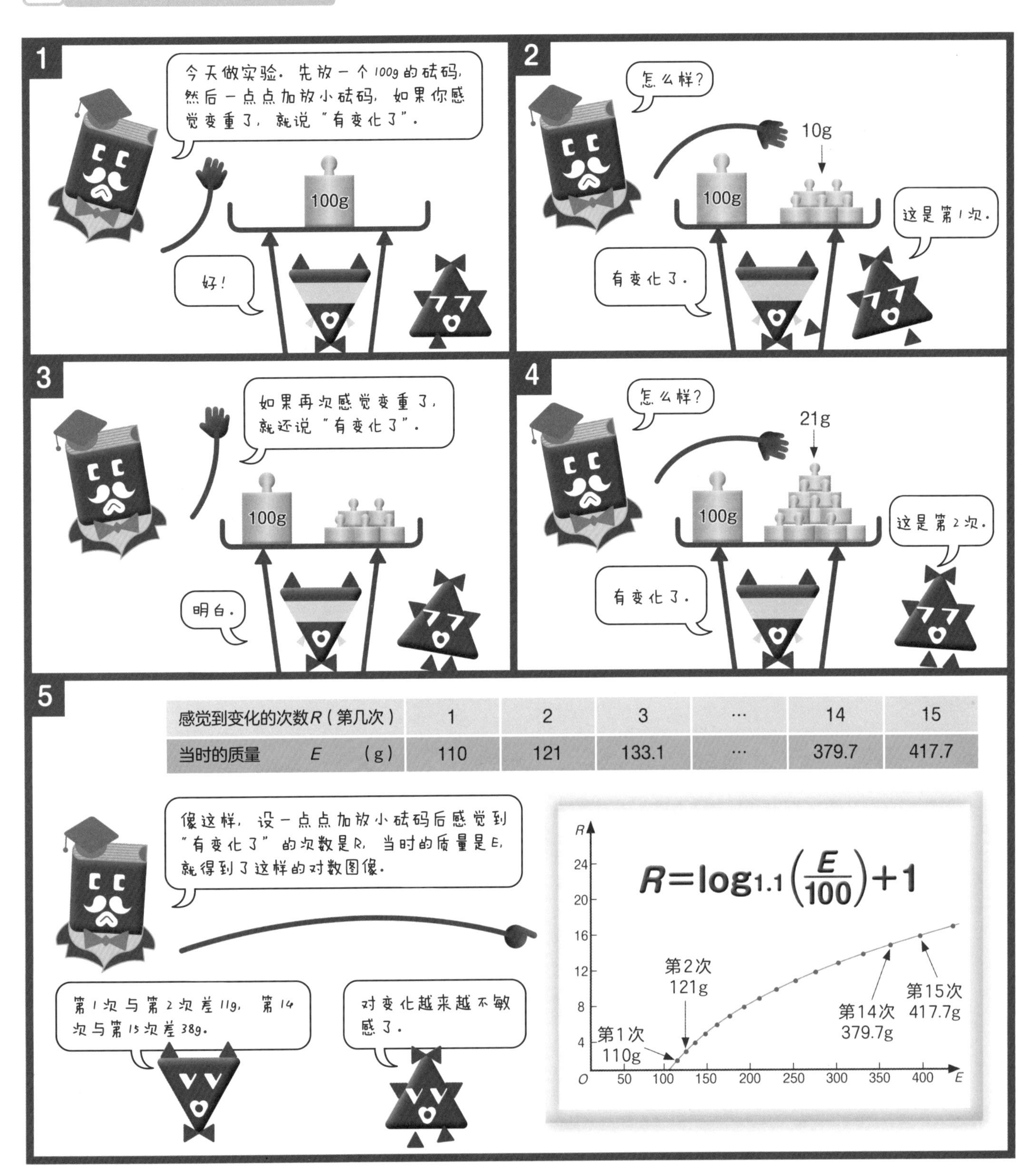

感觉到变化的次数R（第几次）	1	2	3	…	14	15
当时的质量 E （g）	110	121	133.1	…	379.7	417.7

$$R=\log_{1.1}\left(\frac{E}{100}\right)+1$$

➡第116页
对数函数

2 噪声等级——分贝

用分贝这一单位表示噪声等级，就是对数的应用。

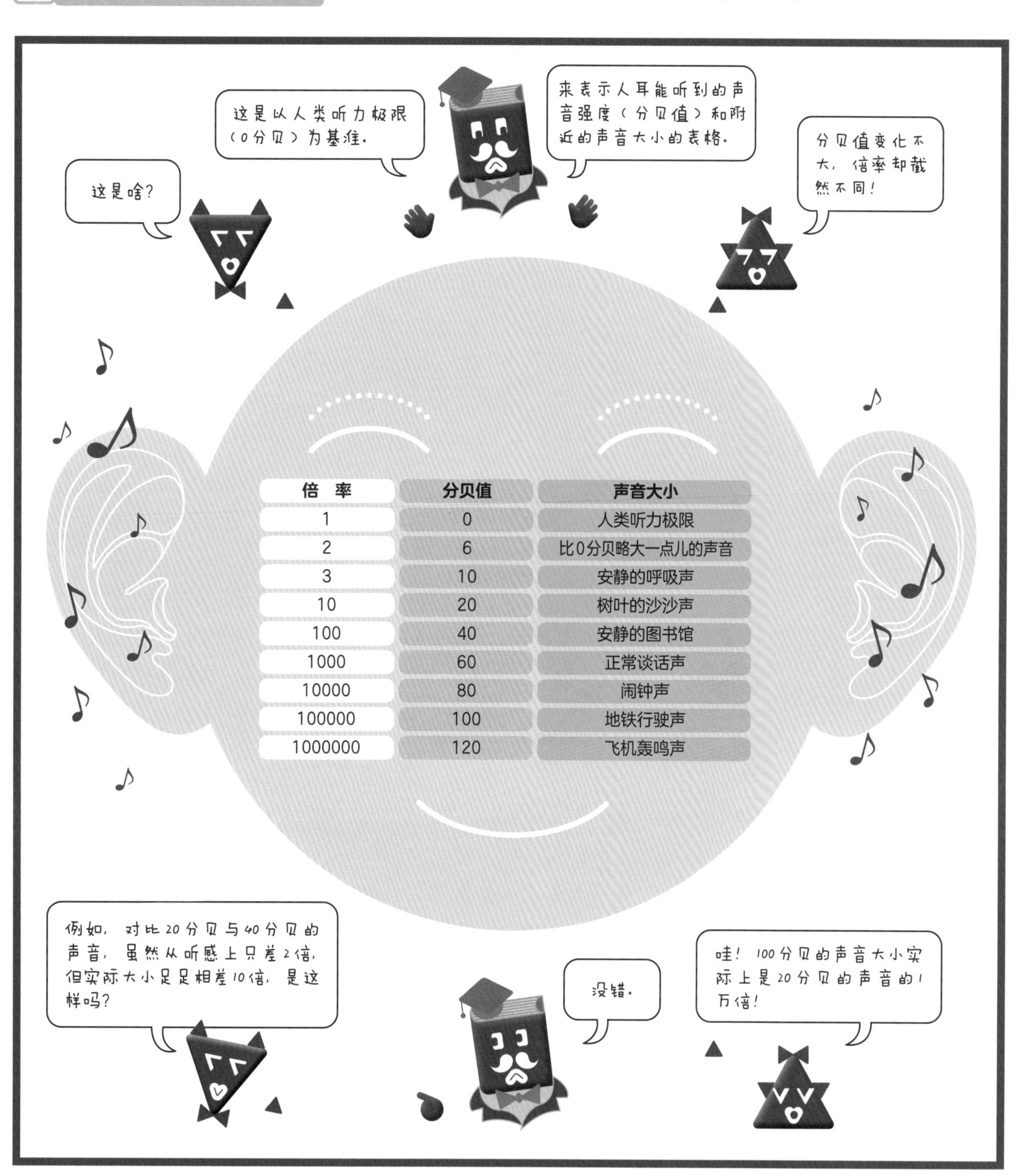

倍　率	分贝值	声音大小
1	0	人类听力极限
2	6	比0分贝略大一点儿的声音
3	10	安静的呼吸声
10	20	树叶的沙沙声
100	40	安静的图书馆
1000	60	正常谈话声
10000	80	闹钟声
100000	100	地铁行驶声
1000000	120	飞机轰鸣声

55 三角函数

1 三角比与三角函数

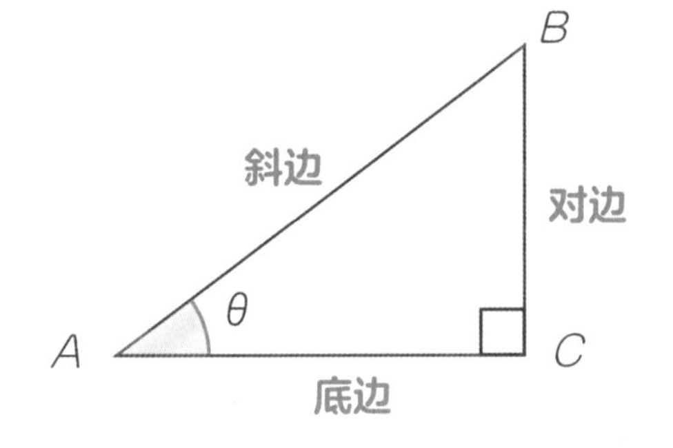

直角三角形的三边长度之比叫作三角比。

在如右图所示的$\angle C=90^\circ$的直角三角形中，与直角相对的边AB叫作**斜边**。此外，设$\angle A$为θ，则边BC叫作**对边**，边AC叫作**底边**。

此时形成的值，$\frac{BC}{AB}$称为$\sin\theta$，$\frac{AC}{AB}$称为$\cos\theta$，$\frac{BC}{AC}$称为$\tan\theta$。

如果θ的值相同，那么无论放大还是缩小直角三角形，$\sin\theta$，$\cos\theta$，$\tan\theta$的值都不变。

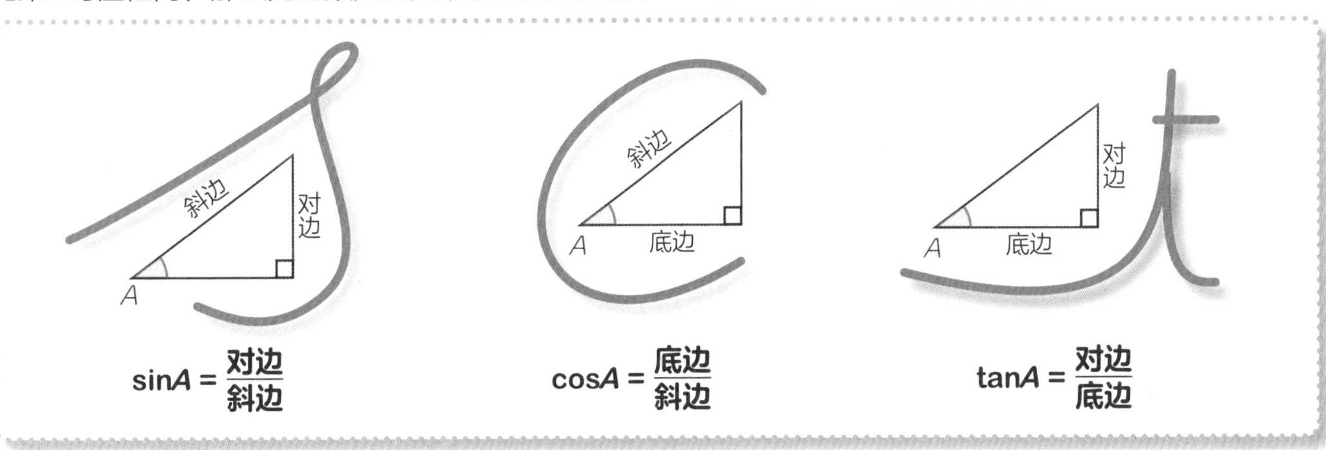

sin叫作“正弦”，cos叫作“余弦”，tan叫作“正切”。

如右图所示，以原点为中心，画一个半径为r的圆。然后，将x轴的正半轴向左旋转角度θ，从原点出发画一条射线表示该角度。设以原点为中心、半径为r的圆与这条射线的交点的坐标为(x, y)，此时，

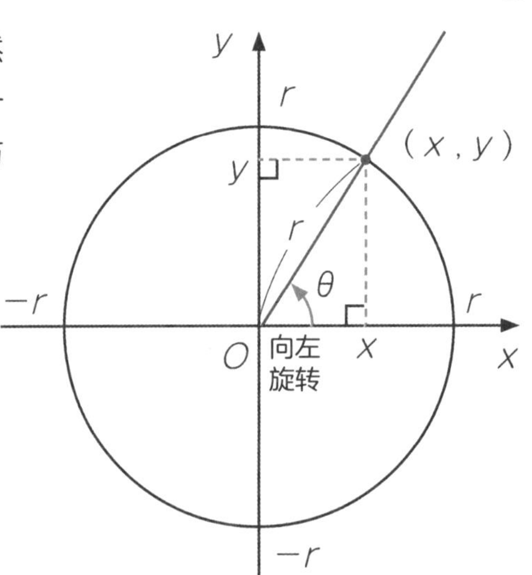

$$\sin\theta=\frac{y}{r}$$

$$\cos\theta=\frac{x}{r}$$

$$\tan\theta=\frac{y}{x}$$

这叫作θ的**三角函数**。

上面提到的三角比，可以认为是$0^\circ<\theta<90^\circ$这一范围内的三角函数。

2 三角函数的图像

三角函数的值随角 θ 的值而变。我们通过三角函数的图像来研究其特征。

根据使用坐标的三角函数的定义，设以原点为中心的圆的半径是r，得

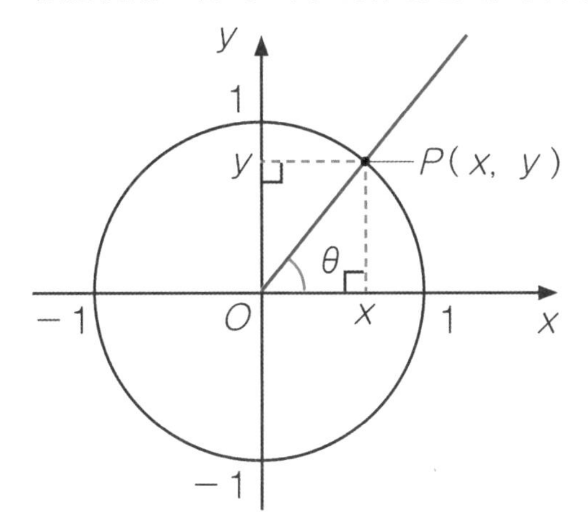

$$\sin\theta = \frac{y}{r} = \frac{y}{1} = y,$$

$$\cos\theta = \frac{x}{r} = \frac{x}{1} = x,$$

$$\tan\theta = \frac{y}{x}。$$

所以，
点P的纵坐标是$\sin\theta$，
点P的横坐标是$\cos\theta$。

在横轴上的值取θ，在纵轴上的值取三角比，形成周期性的图像。
$y=\sin\theta$和$y=\cos\theta$的图像是取值范围为$-1\leqslant y\leqslant 1$的波形图像。

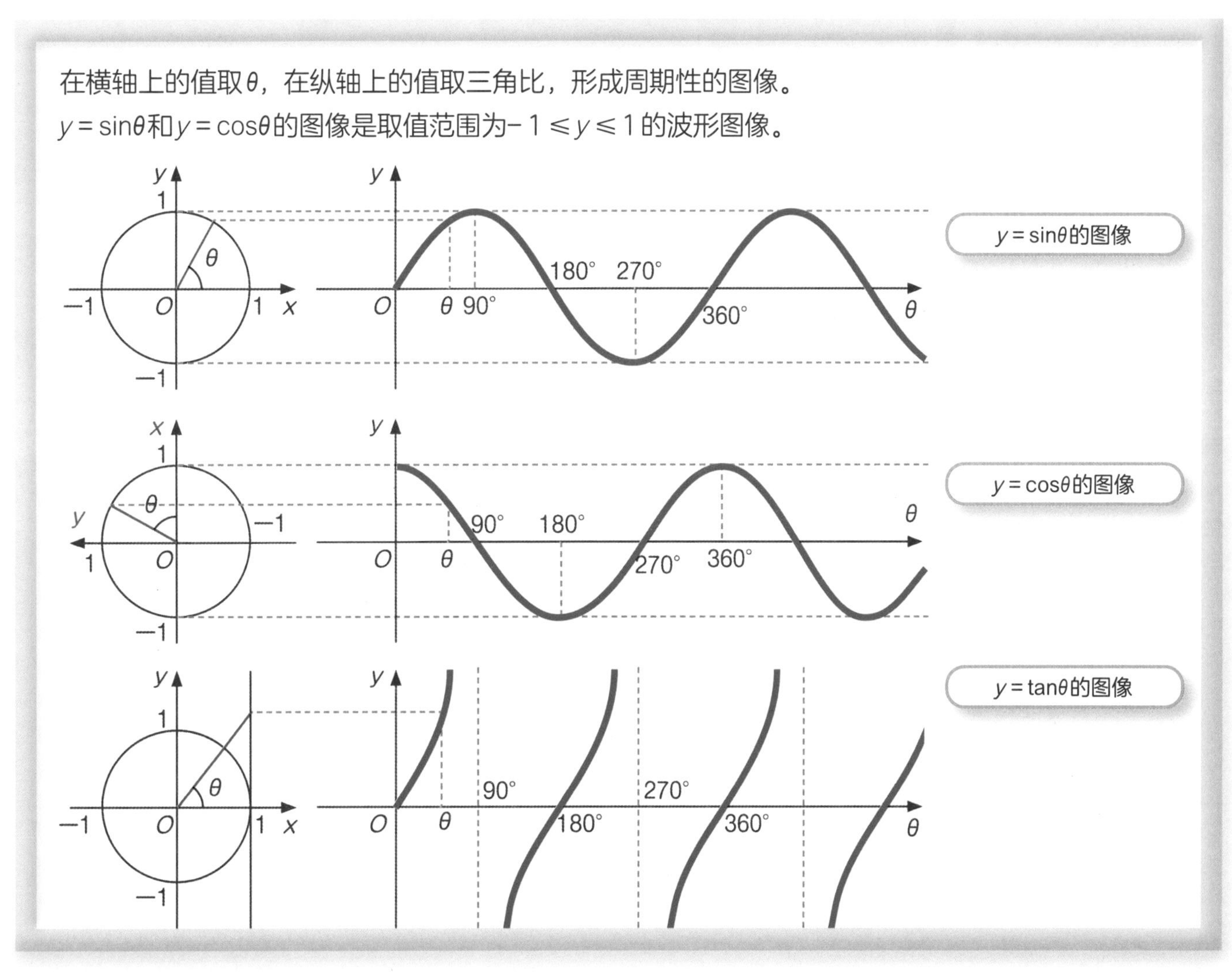

Chapter Ⅲ

第三章

量与图形

Measurement / Geometry

56 米制与单位（1）小 初 高

1 长度单位

长度用包含多少个1cm来表示。
cm（**厘米**）是长度单位。

1cm　2cm　3cm　4cm

※ 这是字母书写顺序的一个示例，但字母的书写顺序并非只有固定的一种模式，所以无须特别在意。

量一量明信片的宽和长。
测量时使用如下的尺子。

明信片的宽是10cm。然后，测量明信片的长，需要用到比1cm更小的单位。

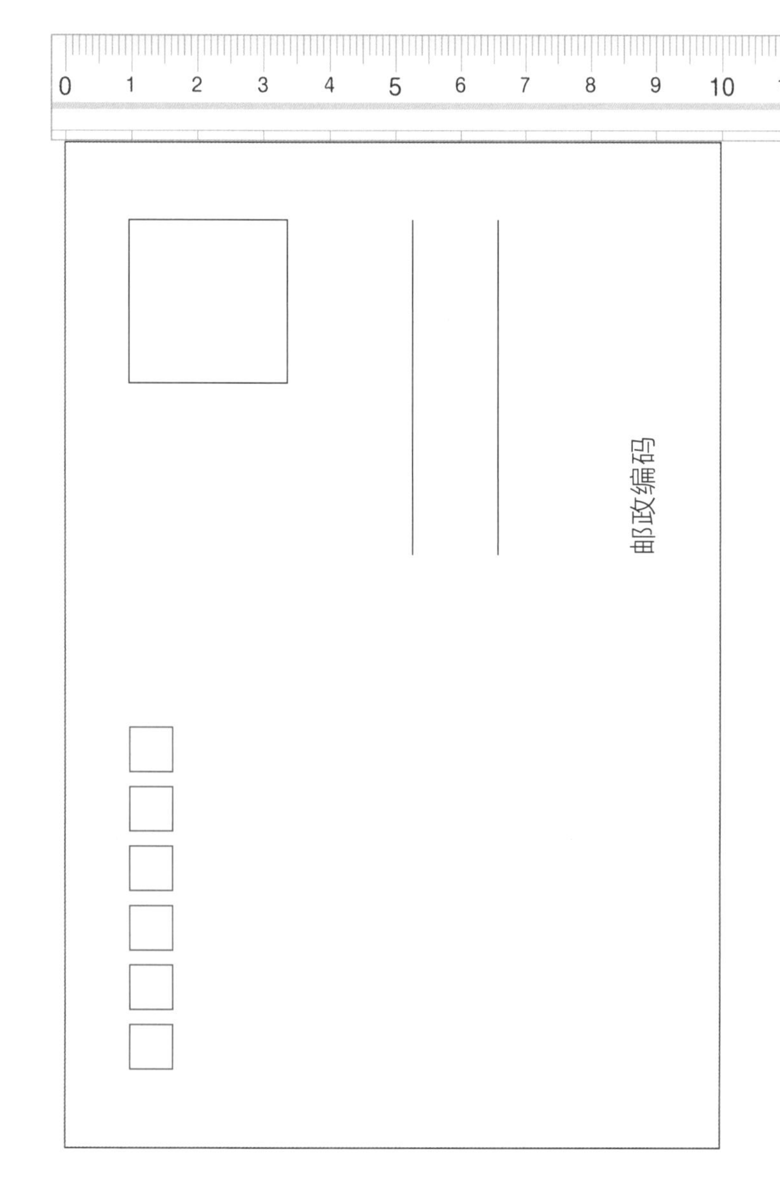

把1cm平均分成10份，1份的长度叫作1mm（**毫米**）。

1 cm = 10mm

明信片的长是14cm 7mm。

100cm是1m（**米**）。

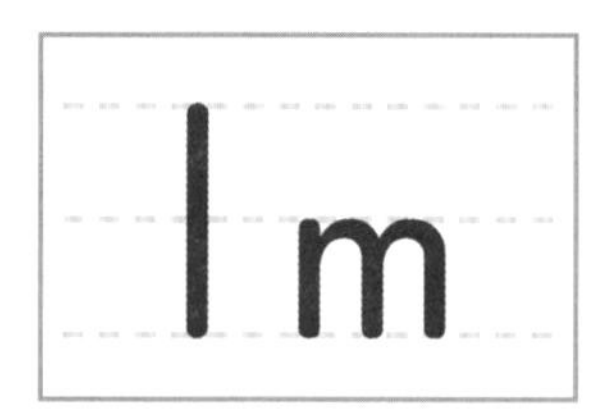

1 m= 100cm

更大的长度，如1000m是1km（**千米**）。

1 km = 1000m

2 容积单位

一个塑料瓶里装有
1**L（升）**水。

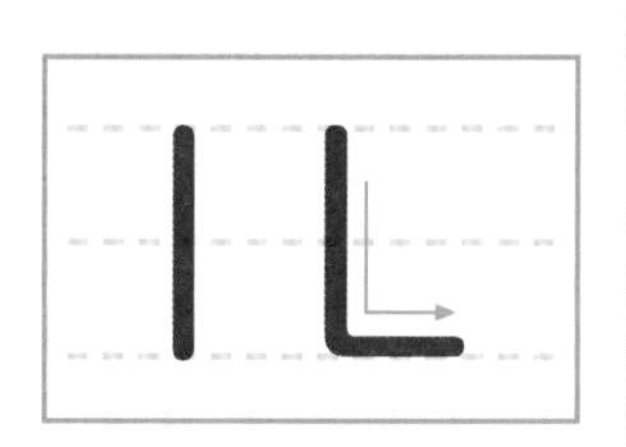

把1L平均分成10份，1份
的容积叫作1**dL（分升）**。

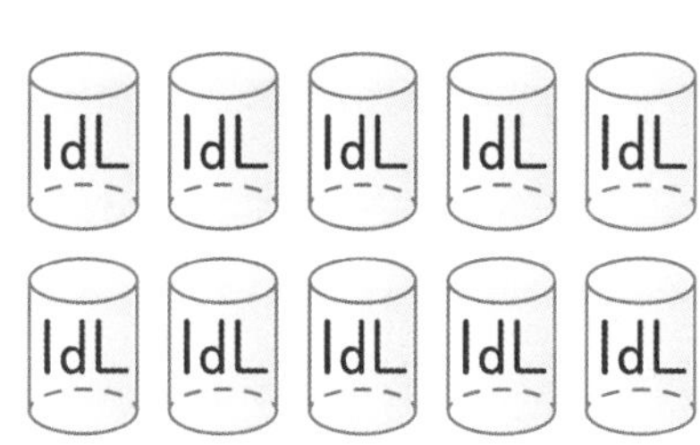

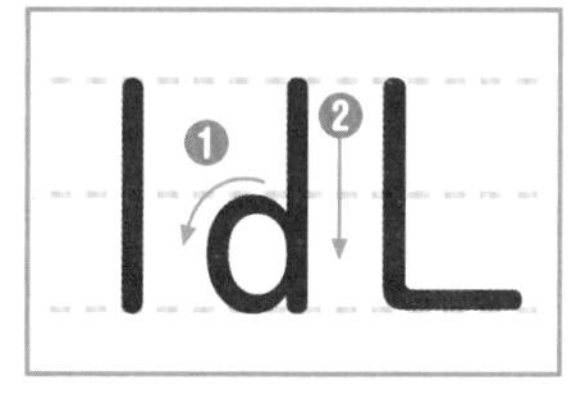

1 L = 10dL

把1L平均分成1000份，1份
的容积叫作1**mL（毫升）**。

一个果汁盒里装有300mL
果汁。

1 L = 1000mL

表示容积的单位还有"cc"。
1cc=1mL。

3 质量单位

质量单位使用g（克）。

一枚2分硬币的质量约是1g。

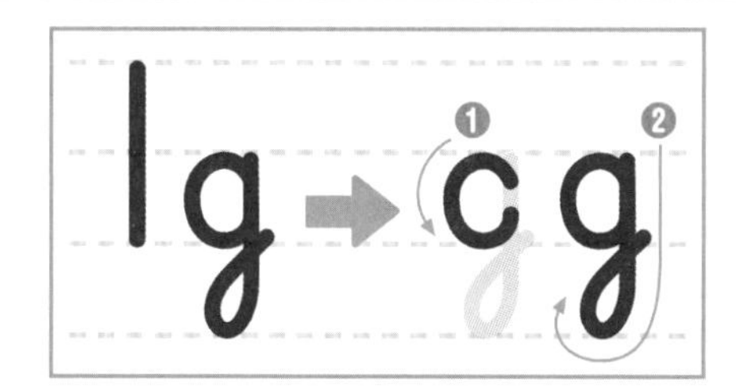

1000个1g是
1**kg（千克）**。
1kg＝1000g

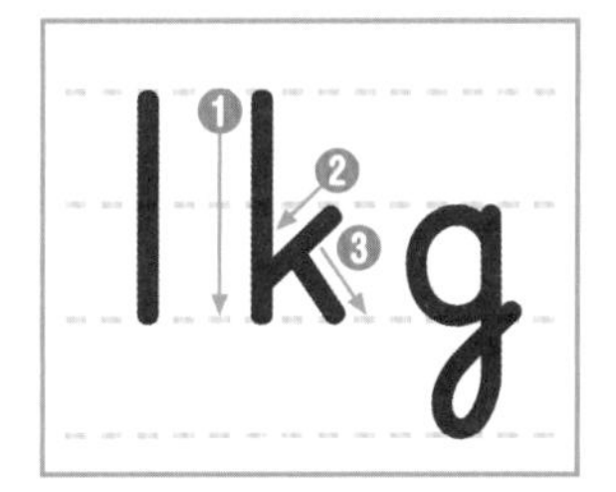

1000个1kg是
1**t（吨）**。
1t＝1000kg

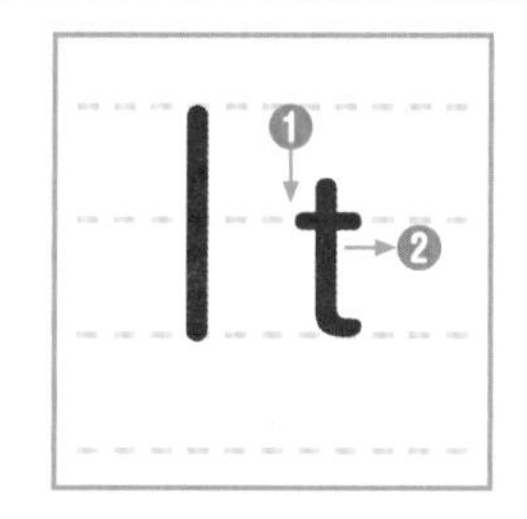

57 米制与单位（2） 小 初 高

1 面积单位

物体所占平面空间的大小叫作面积。

面积用包含多少个边长为1cm的正方形来表示。

边长为1cm的正方形的面积叫作1**cm²**（**平方厘米**）。

第134页

（原大）

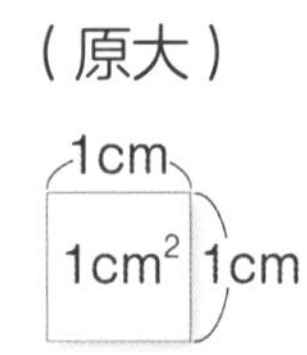

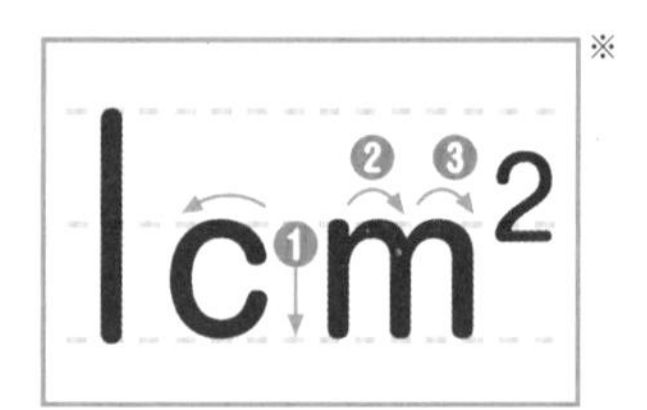

※ 这是字母书写顺序的一个示例，但字母的书写顺序并非只有固定的一种模式，所以无须特别在意。

求长6cm、宽4cm的长方形的面积。我们把它分割成边长为1cm的正方形来研究。

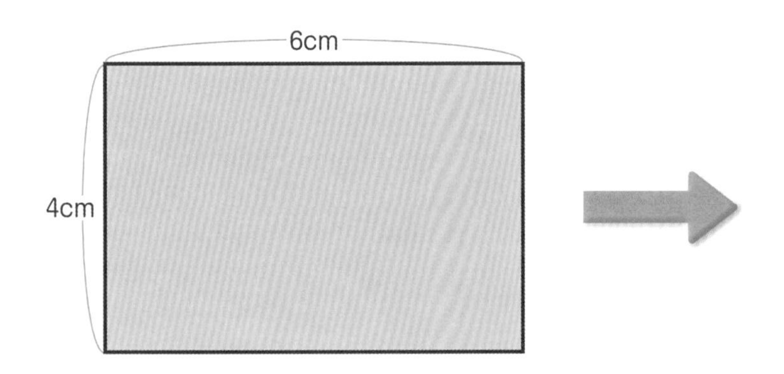

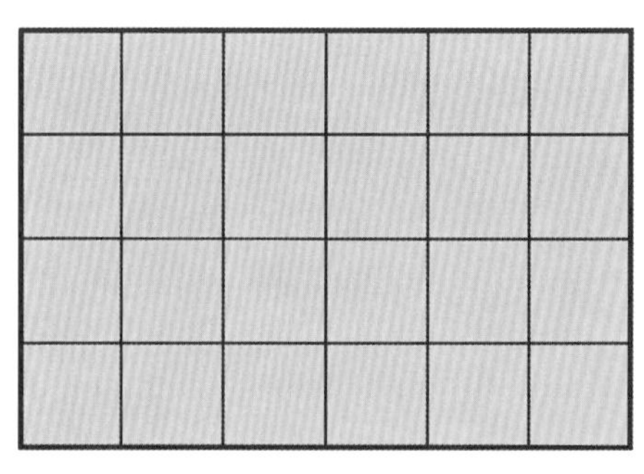

长方形的面积＝长×宽

该长方形的面积是6×4＝24，即24cm²。

边长为1m的正方形的面积叫作1**m²**（**平方米**）。

1m²＝10000cm²

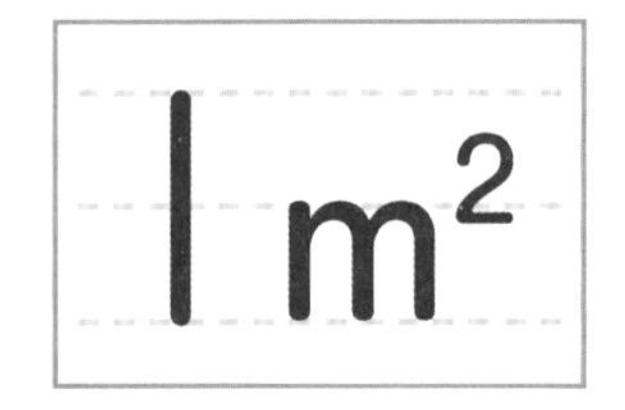

100m²的面积叫作1**a**（**公亩**）。

边长为10m的正方形的面积是1a。

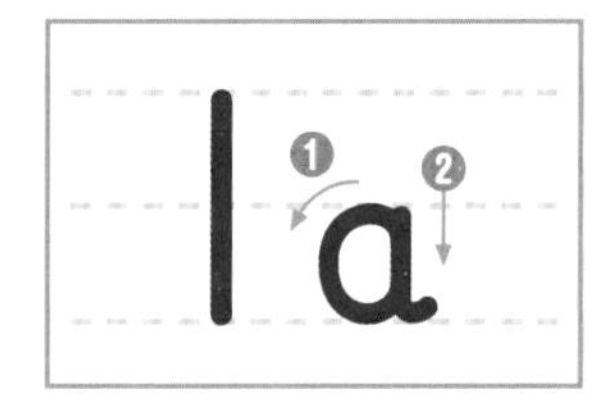

10000m²的面积叫作1**ha**（**公顷**）。

边长为100 m的正方形的面积是1ha。

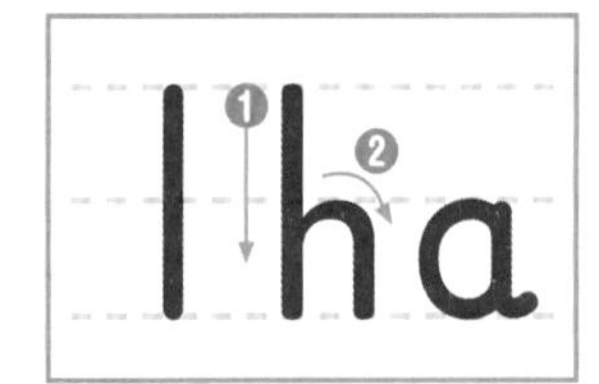

边长为1km的正方形的面积叫作1**km²**（**平方千米**）。

1km²＝1000000m²

"km²"用于表示省市县等广大地域的面积。

2 体积单位

物体所占立体空间的大小叫作体积。

体积用包含多少个边长为1cm的正方体来表示。

边长为1cm的正方体的体积叫作1**cm³（立方厘米）**。第194页

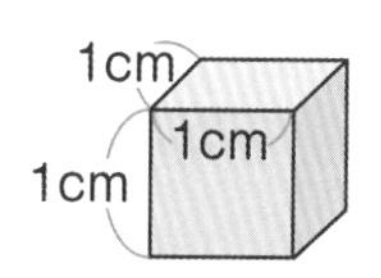

体积单位cm³中的"3"，表示3个长度"cm"相乘。

求长6cm、宽4cm、高5cm的长方体的体积。
在最底层摆放边长为1cm的正方体，能摆放的层数和高一样。

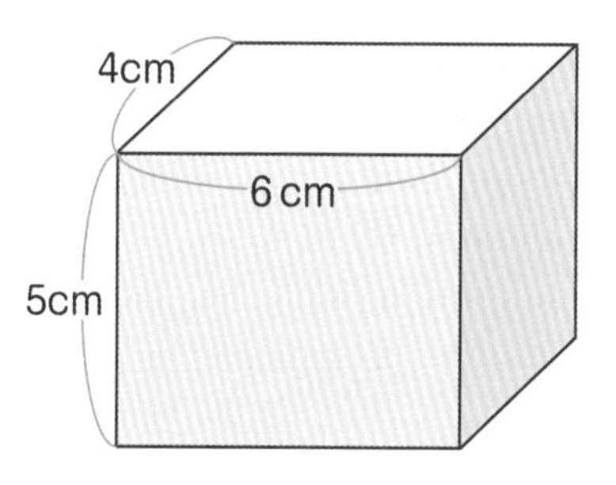

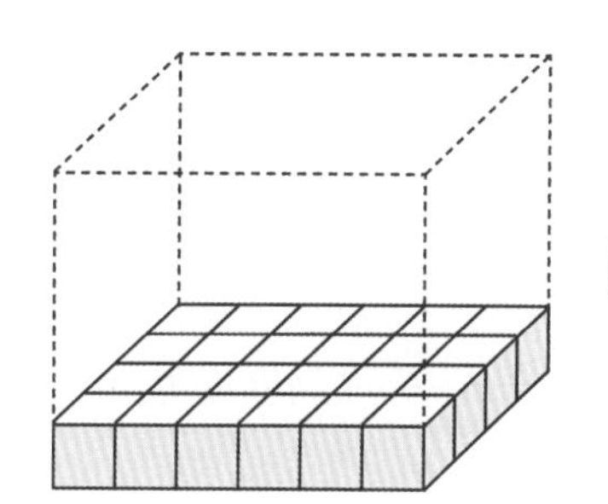

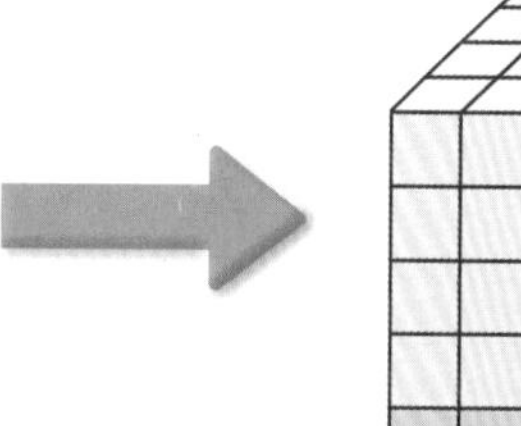

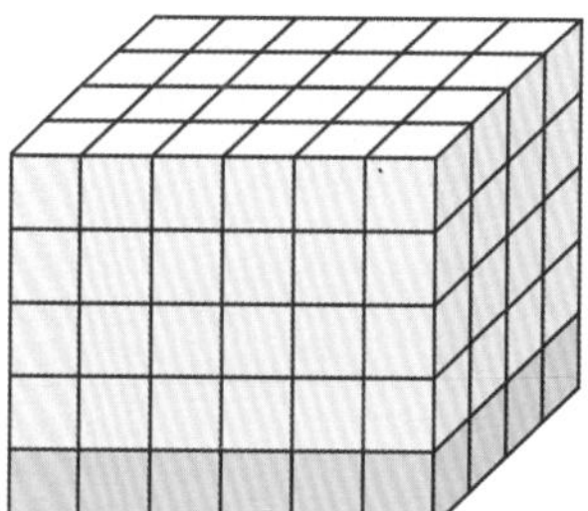

长方体的体积＝长 × 宽 × 高

该长方体的体积是6×4×5＝120，即120cm³。

边长为1m的正方体的体积叫作1**m³（立方米）**。

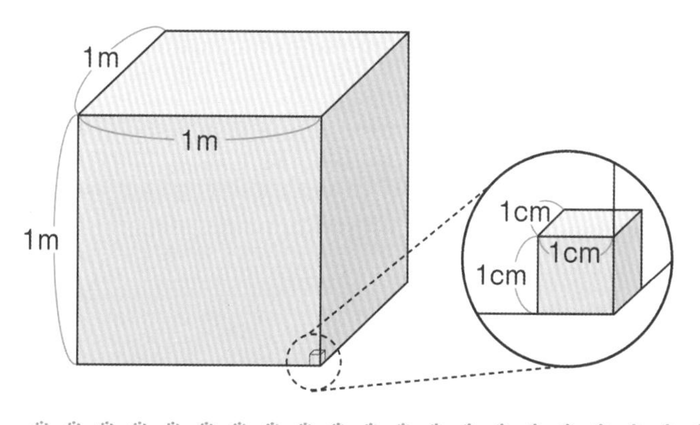

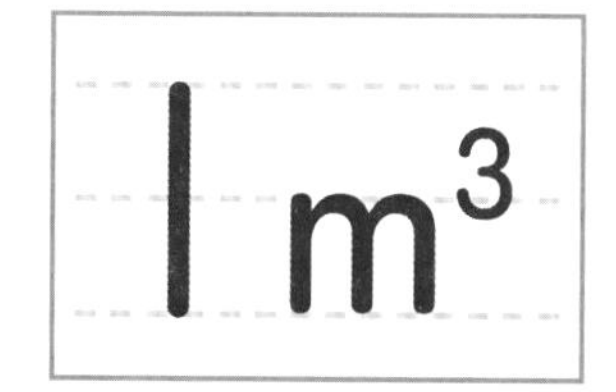

因为1m=100cm，所以一层有100×100=10000个1cm³的立方体，又因为有100层，所以1m³=1000000cm³。

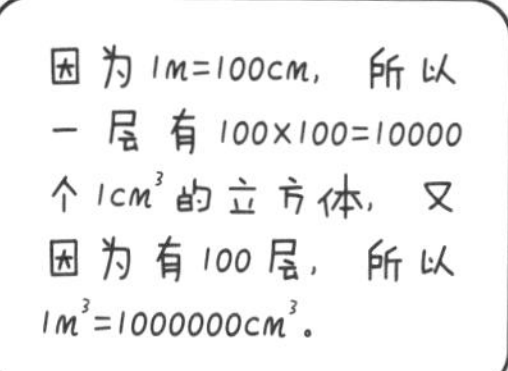

容积与体积

装满容器的液体的体积，叫作该容器的容积。我们常用mL和L表示容积，用cm³和m³表示体积，二者的单位可以互相转换，如下：

1L＝1000cm³　　　1mL＝1cm³

58 直线与角 小 初 高

1 直线

直线是向两端无限延伸的笔直的线。

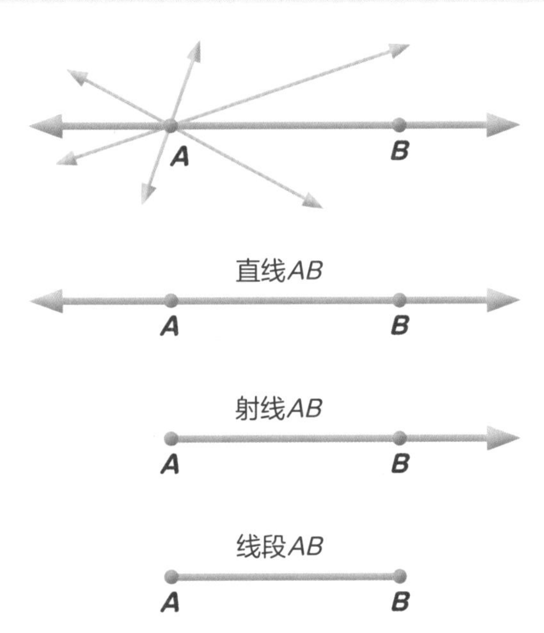

经过一点A的直线有无数条，但经过A，B两点的直线只有一条。
在右图中，经过A，B两点的直线叫作**直线AB**。

只有一个端点并向另一端无限延伸的线叫作**射线**，有两个端点的叫作**线段**。射线和线段都是直线的一部分。以A，B两点为两个端点的线段叫作线段AB，线段AB的长度叫作A，B两点间的**距离**。

2 角与角度

从一个点O出发的两条射线会组成角。

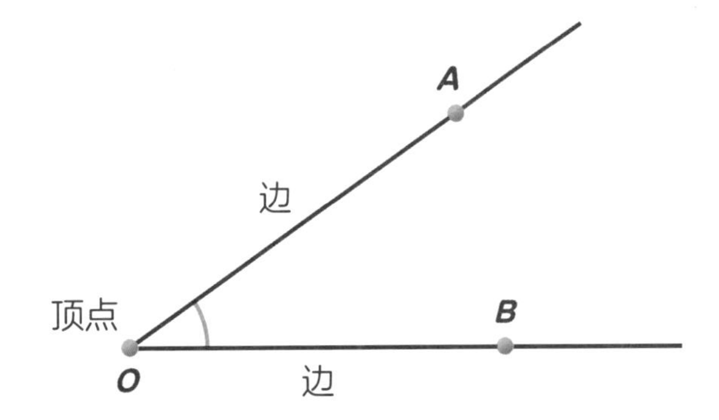

表示角的符号是∠，上图这个角写作∠AOB，读作“**角AOB**”。

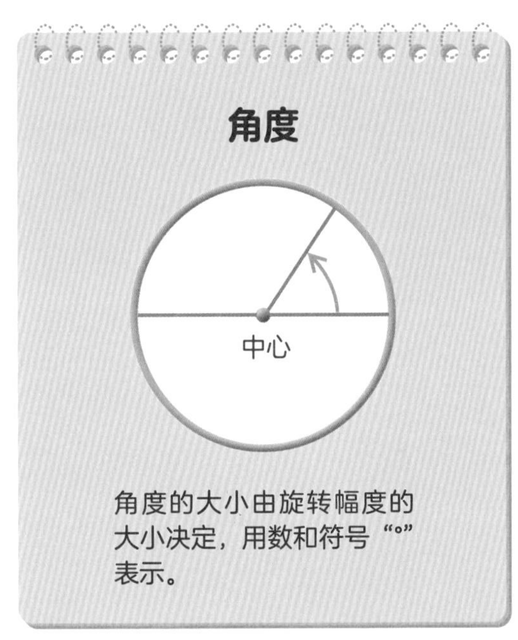

旋转四分之一周

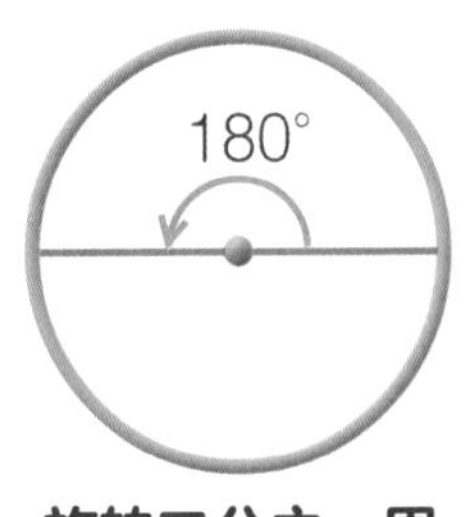

旋转二分之一周

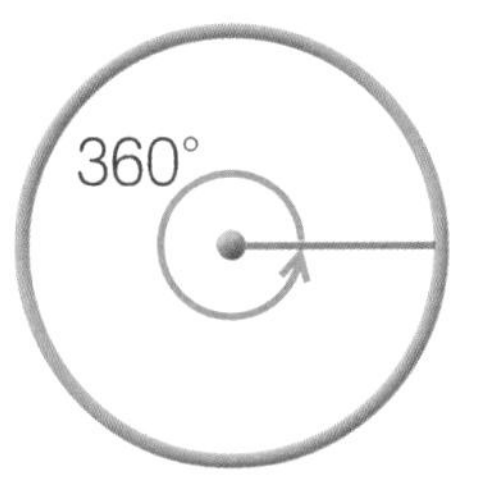

旋转一周

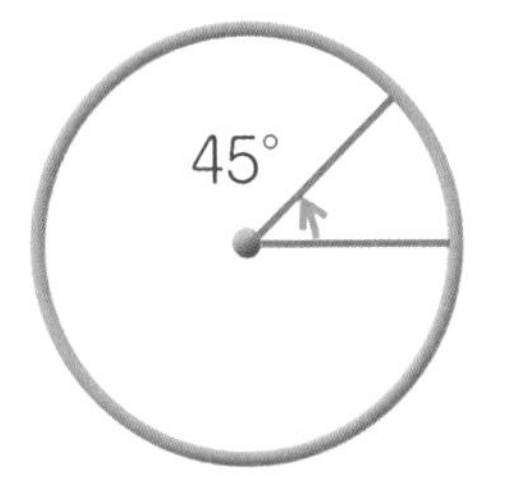

旋转八分之一周

小于90°的角叫作**锐角**，90°的角叫作**直角**，大于90°的角叫作**钝角**，180°的角叫作**平角**(2个直角)。

量角器的用法

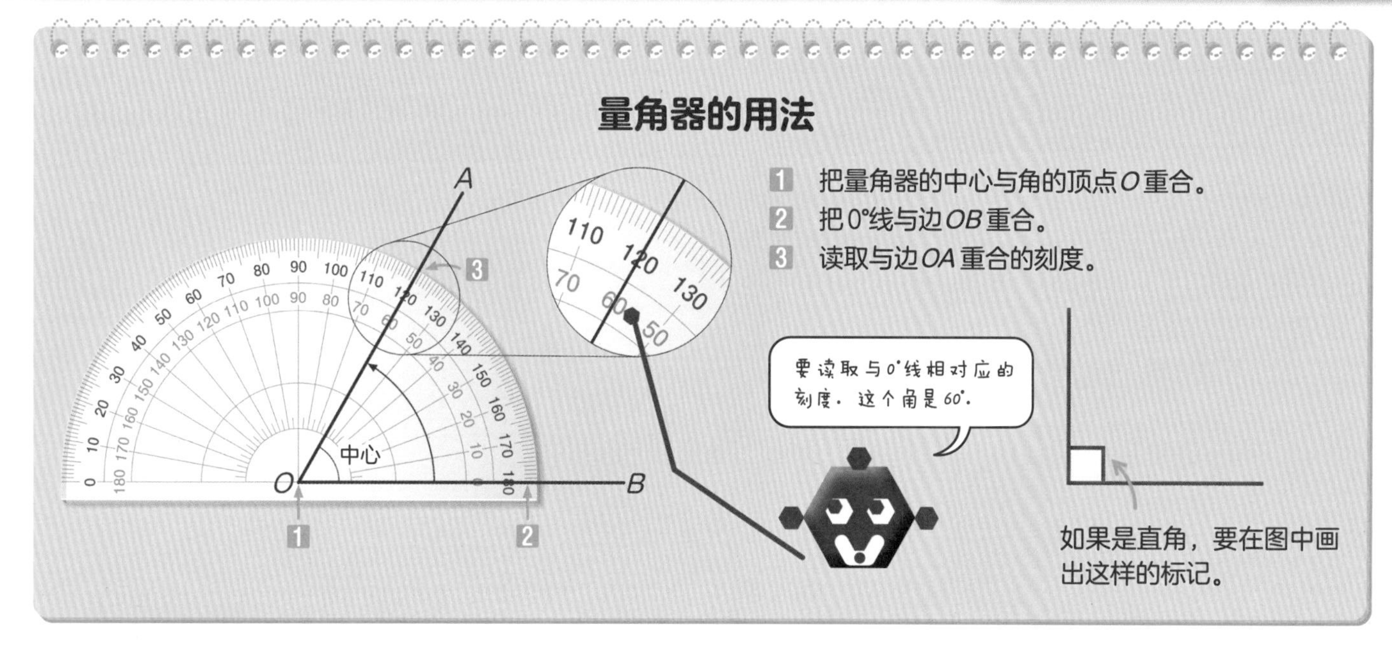

1. 把量角器的中心与角的顶点O重合。
2. 把0°线与边OB重合。
3. 读取与边OA重合的刻度。

3 平行线

与一条直线相垂直第168页**的两条直线叫作平行线。**

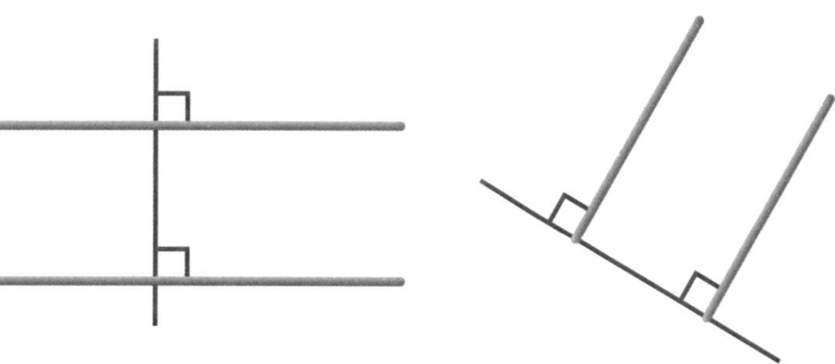

如下图所示，当直线l与直线m平行时，两条直线间的距离是定值，不随位置的改变而改变。此时，直线m叫作直线l的平行线，写作$l /\!/ m$。

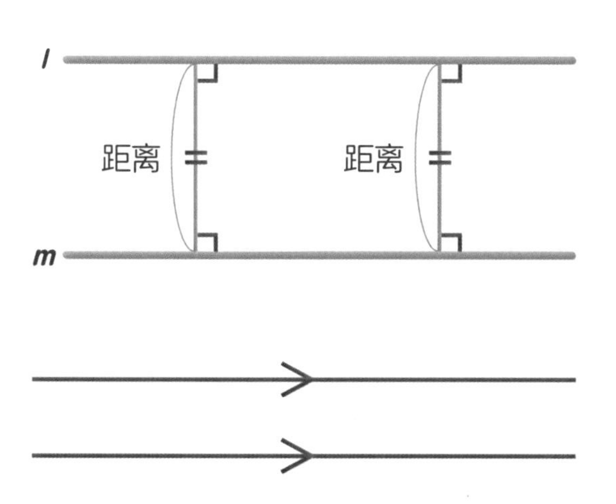

在图中，用这样的标记表示平行。

平行线的画法

按照下面的顺序，就能画出直线l的平行线m。

① 把等腰直角三角尺的斜边与直线l重合。

② 把普通直角三角尺的斜边与等腰直角三角尺的直角边靠紧放置。

③ 普通直角三角尺保持不动，把等腰直角三角尺沿普通直角三角尺移动，画出直线m。

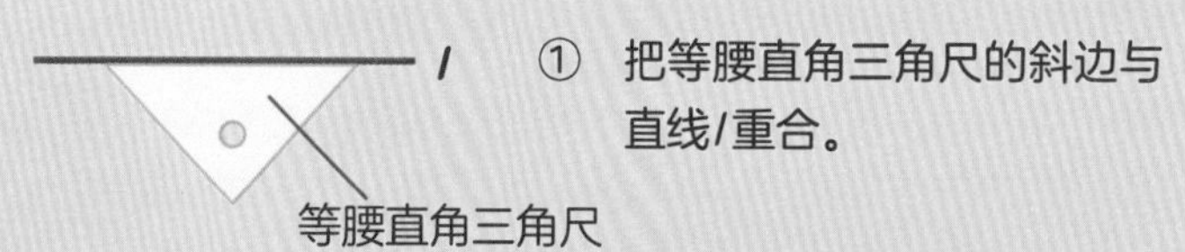

59 三角形 小 初 高

1 三角形

由三条直线围成的图形，叫作三角形。

三角形有三条边和三个角。两条边的相交处是顶点，顶点也有三个。

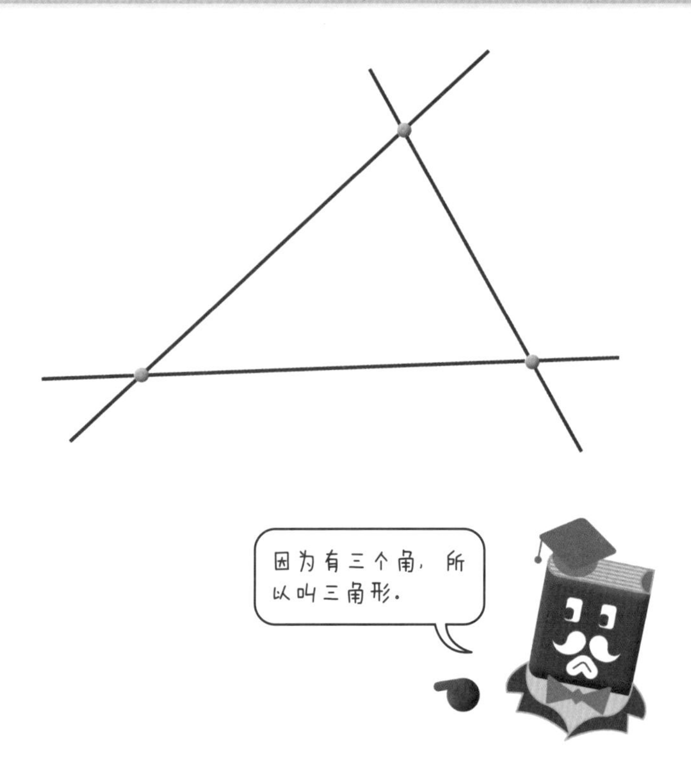

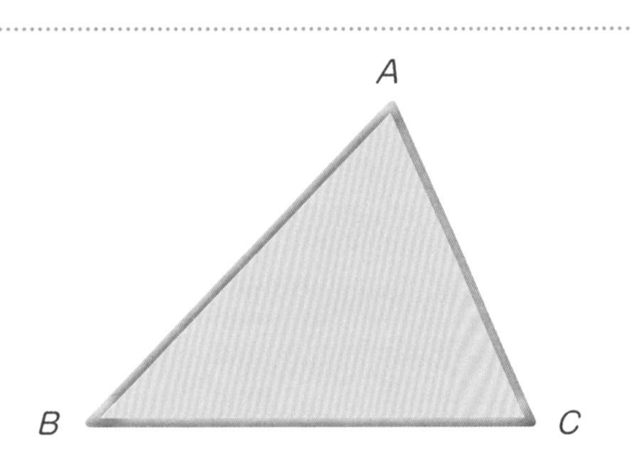

上图所示的以A，B，C为顶点的三角形写作$\triangle ABC$，读作“**三角形*ABC***”。

三角形的三个角之和是180°

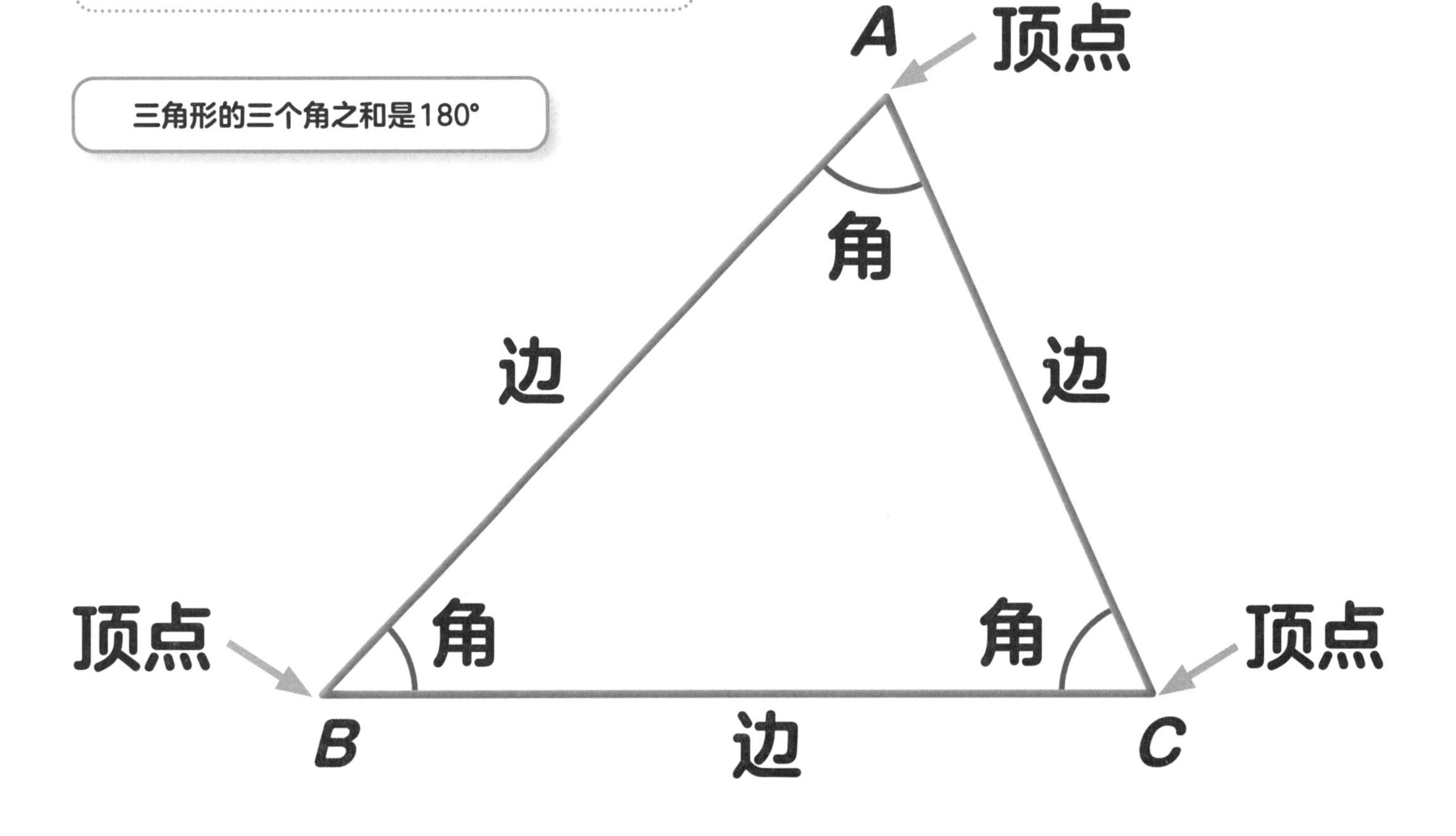

2 特殊的三角形

三角形可根据边的长度和角的大小分成若干种。

三条边相等的三角形，叫作**等边三角形**。等边三角形的三个角也都等于60°。

$AB = BC = CA$

$\angle A = \angle B = \angle C = 60^\circ$

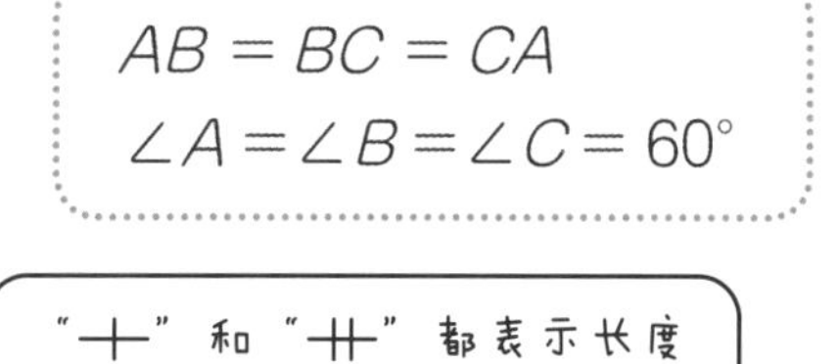

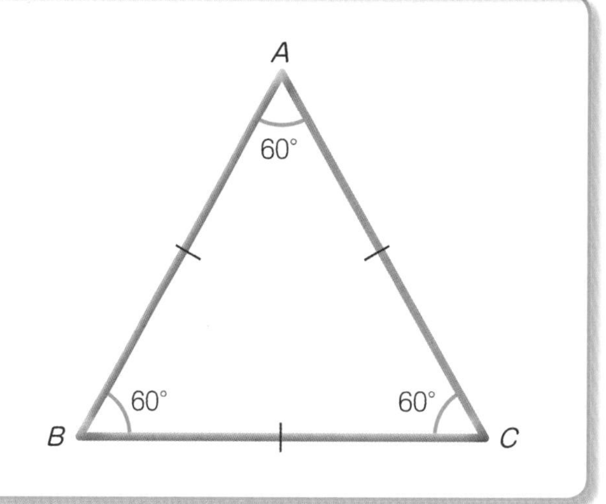

两条边相等的三角形，叫作**等腰三角形**。在等腰三角形中，与两条等边相对的两个角的大小是相等的，长度相等的两条边之间的角叫作**顶角**，与顶角相对的边叫作**底边**，底边两端的角叫作**底角**。

$AB = AC$

$\angle B = \angle C$

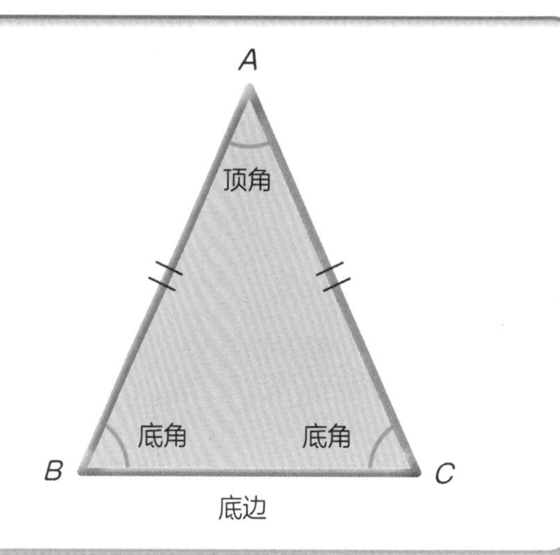

一个角为直角的三角形，叫作**直角三角形**。在直角三角形中，与直角相对的边叫作**斜边**。

$\angle C = 90^\circ$

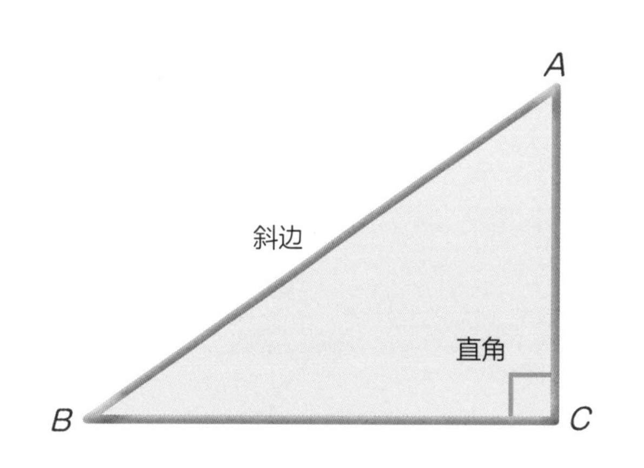

60 四边形 小 初 高

1 四边形 由四条直线围成的图形，叫作四边形。

四边形有四条边、四个角、四个顶点。下图所示的以A，B，C，D为顶点的四边形叫作“四边形$ABCD$”。

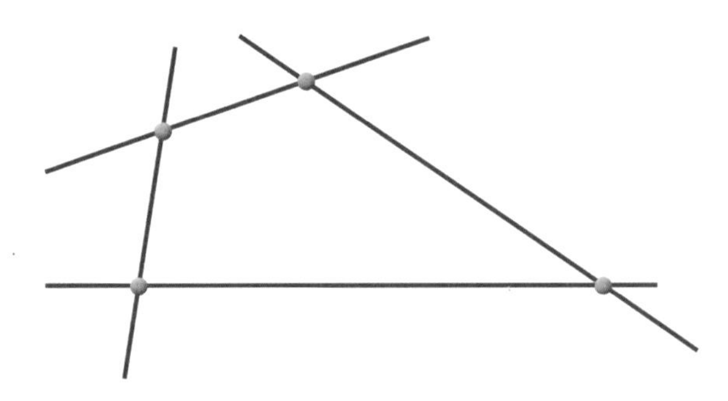

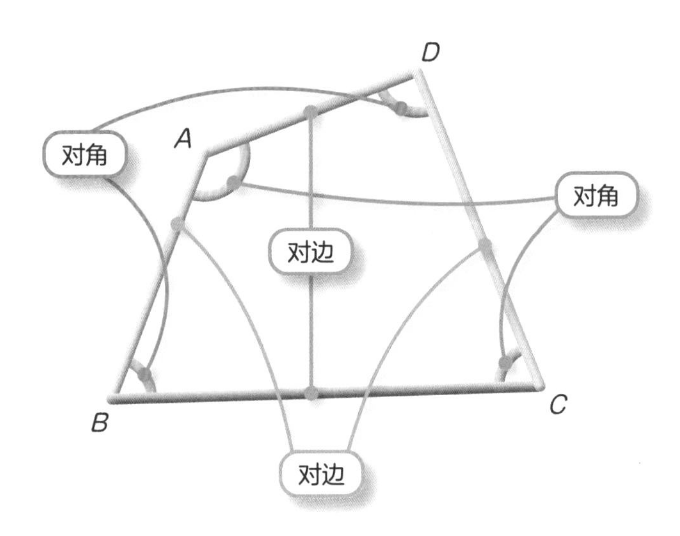

四边形中相对的边叫作对边，相对的角叫作对角。
四边形的四个角之和是360°。

对角线

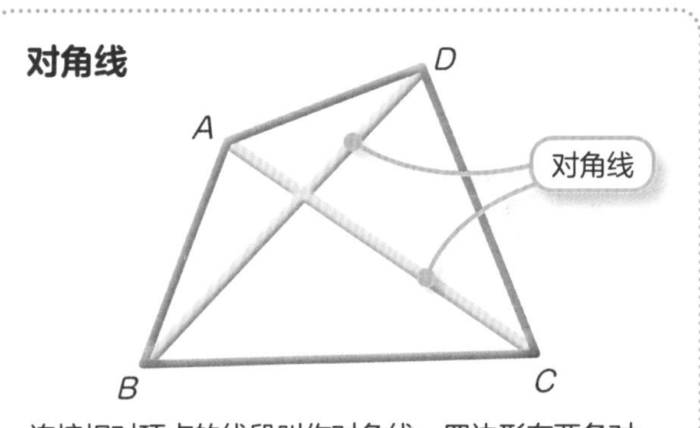

连接相对顶点的线段叫作对角线。四边形有两条对角线。

2 各种四边形 有些四边形具有特殊的性质。

一组对边平行的四边形叫作**梯形**。

两组邻边的长度分别相等的四边形叫作**筝形**。

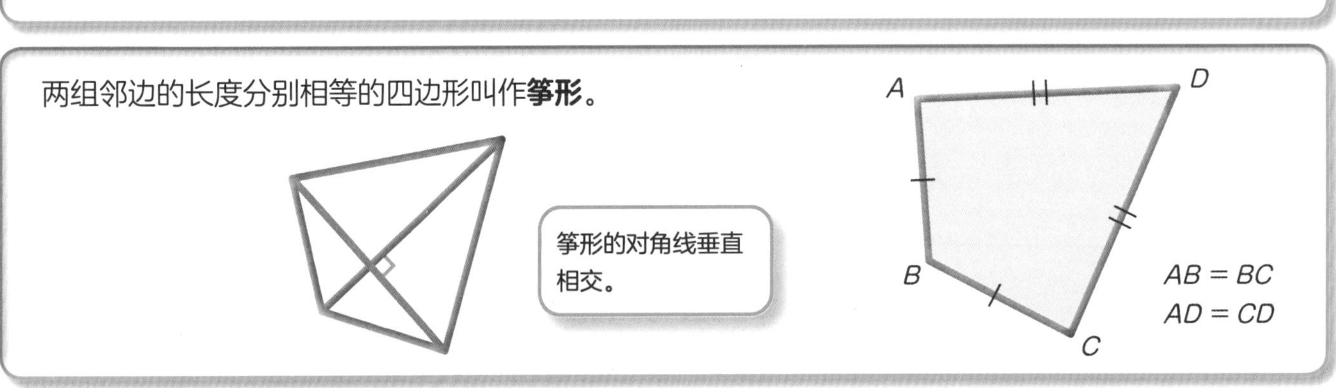

两组对边分别平行的四边形，叫作**平行四边形。**
平行四边形的对边长度和对角大小分别相等。

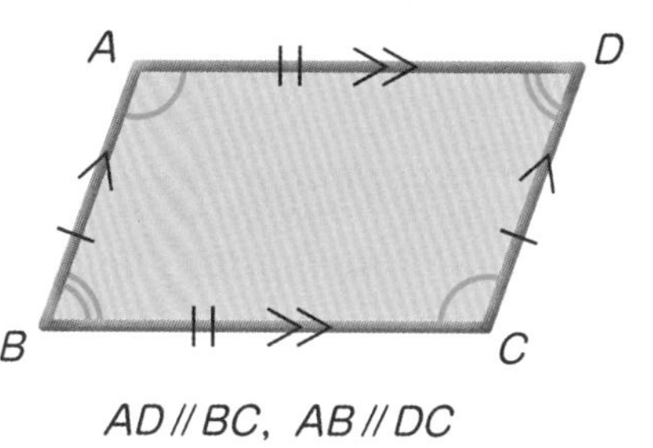

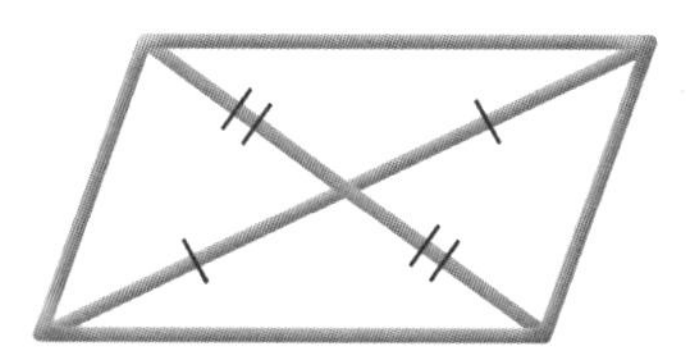

平行四边形对角线的交点是它们各自的中点。

$AD /\!/ BC$，$AB /\!/ DC$
$AD = BC$，$AB = DC$
$\angle A = \angle C$，$\angle B = \angle D$

四条边都相等的四边形，叫作**菱形。**
菱形的对边互相平行，对角大小相等。

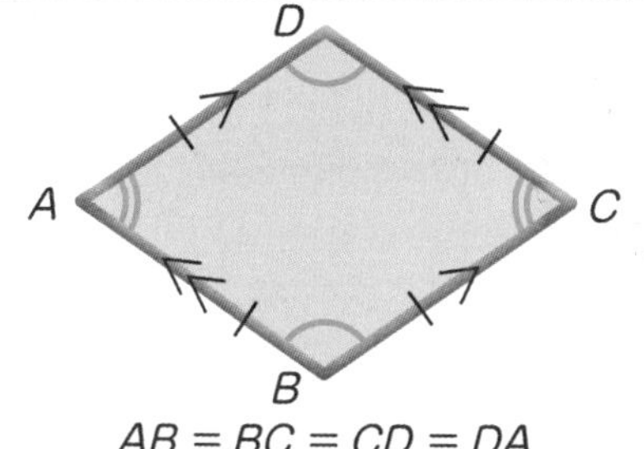

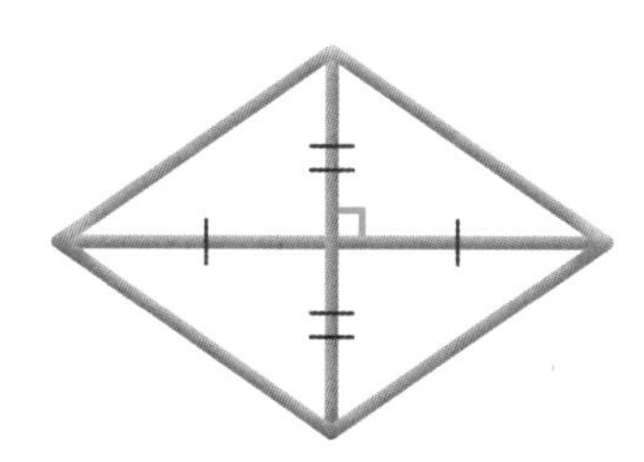

菱形的对角线互相垂直，交点是它们各自的中点。

$AB = BC = CD = DA$
$AD /\!/ BC$，$AB /\!/ DC$
$\angle A = \angle C$，$\angle B = \angle D$

四个角都是直角的四边形，叫作**长方形。**
长方形的对边互相平行，且长度相等。

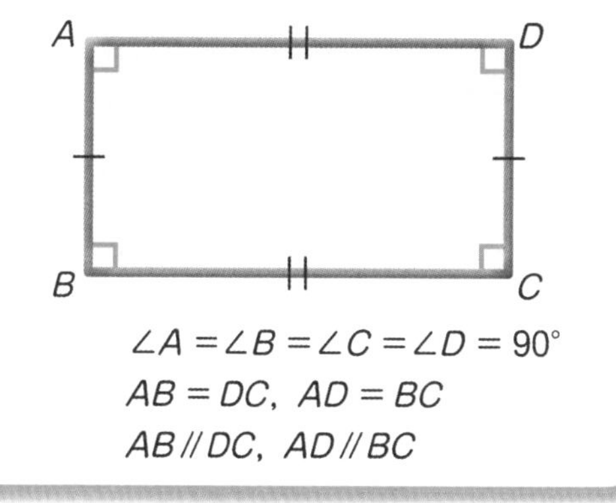

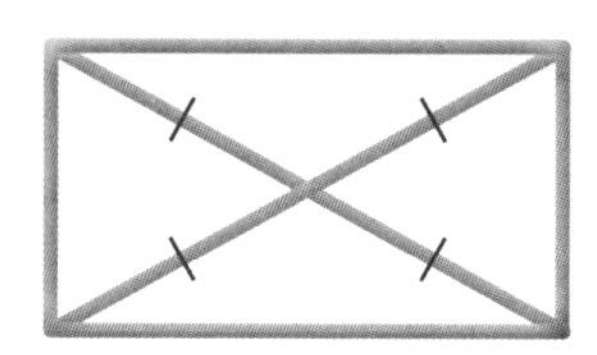

长方形的对角线长度相等，交点是它们各自的中点。

$\angle A = \angle B = \angle C = \angle D = 90°$
$AB = DC$，$AD = BC$
$AB /\!/ DC$，$AD /\!/ BC$

四条边长都相等且四个角都是直角的四边形，叫作**正方形。**

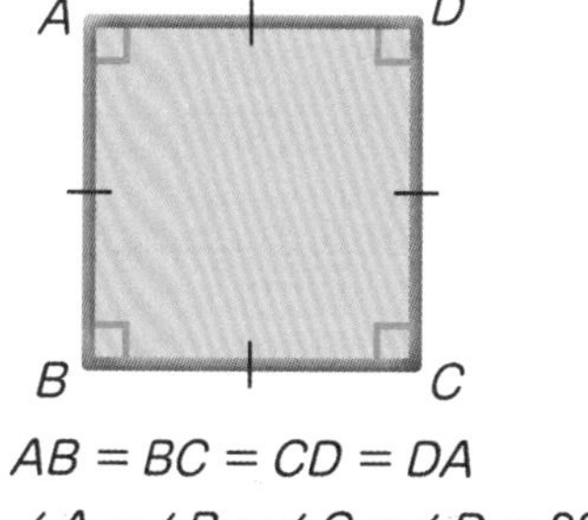

正方形的对角线长度相等、互相垂直，交点是它们各自的中点。

$AB = BC = CD = DA$
$\angle A = \angle B = \angle C = \angle D = 90°$
$AB /\!/ DC$，$AD /\!/ BC$

菱形、长方形、正方形是特殊的平行四边形。

61 图形的面积（1）小 初 高

长方形和正方形的面积

想一想，如何求下图中图形  的面积。

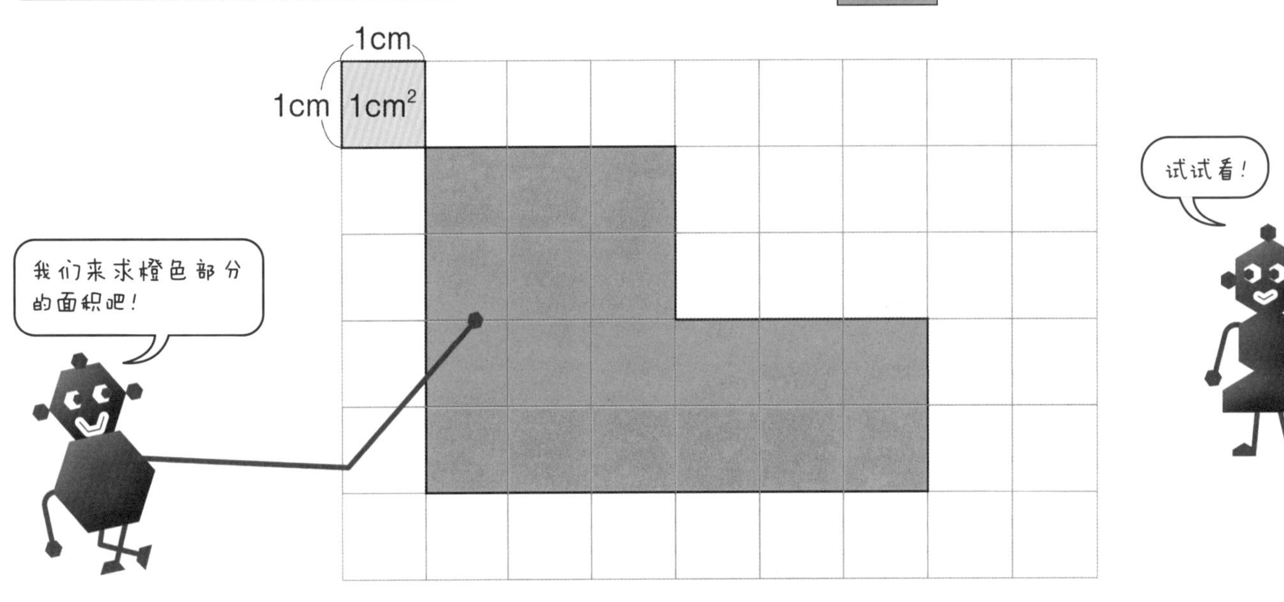

边长为1cm的正方形的面积写作“$1cm^2$”，读作“**1平方厘米**”。
长方形和正方形的面积，用包含多少个$1cm^2$等单位面积的正方形来表示。

第126页

4cm
3cm

$4 \times 3 = 12$

长　宽　长方形的面积

左侧的长方形包含$1cm^2$的正方形共$4 \times 3 = 12$（个），所以其面积是$12cm^2$。

3cm
3cm

$3 \times 3 = 9$

边长　边长　正方形的面积

左侧的正方形包含$1cm^2$的正方形共$3 \times 3 = 9$（个），所以其面积是$9cm^2$。

长方形和正方形的面积

长方形的面积＝长 × 宽　　正方形的面积＝边长 × 边长

➡第132页
四边形

使用长方形和正方形的面积公式求 ┗━ 的面积。

分成上、下考虑。

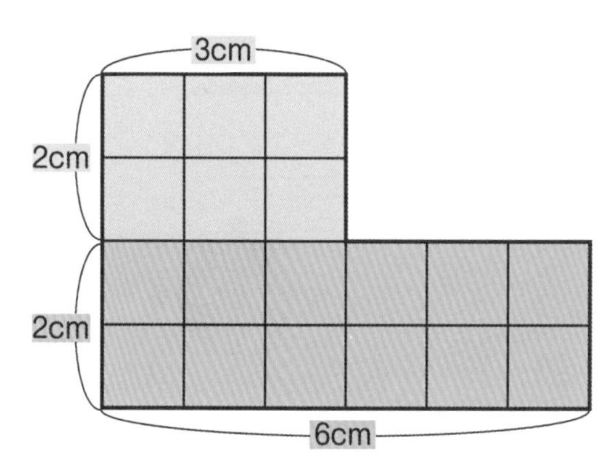

$3\times2+6\times2=18(cm^2)$

上方的长方形　下方的长方形

从大长方形中减去右上方的长方形。

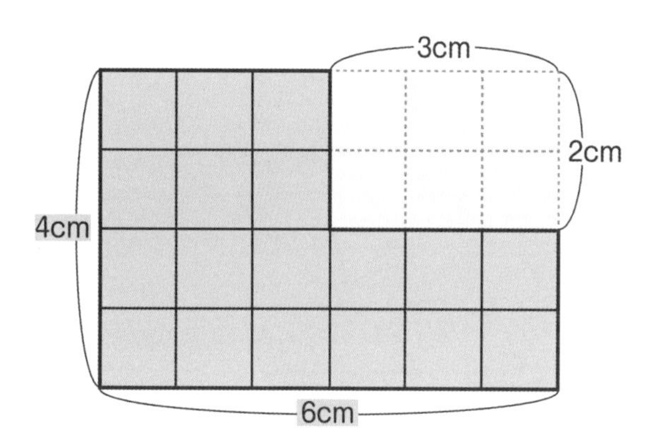

$6\times4-3\times2=18(cm^2)$

大长方形　右上方的长方形

切下右侧的长方形并移动到图示位置，
形成一个纵长横短的长方形。

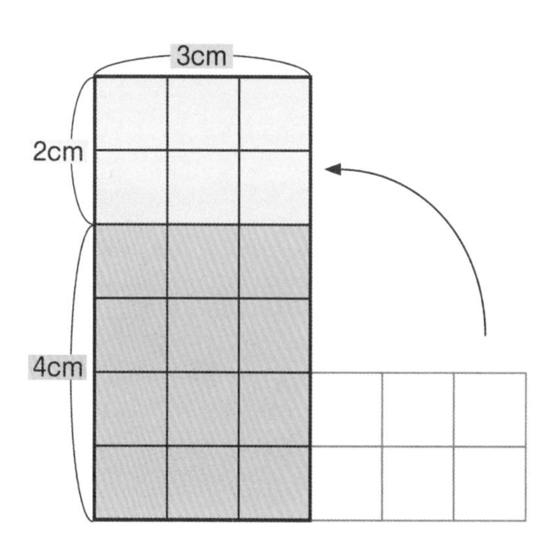

$3\times(2+4)=18(cm^2)$

把相同的两个图形拼合在一起，形成一个大长方形。

3cm　6cm
4cm
6cm　3cm

$[(3+6)\times4]\div2=18(cm^2)$

两个图形拼合后形成的长方形

1 平行四边形的面积

想一想，如何求下图所示的平行四边形的面积。

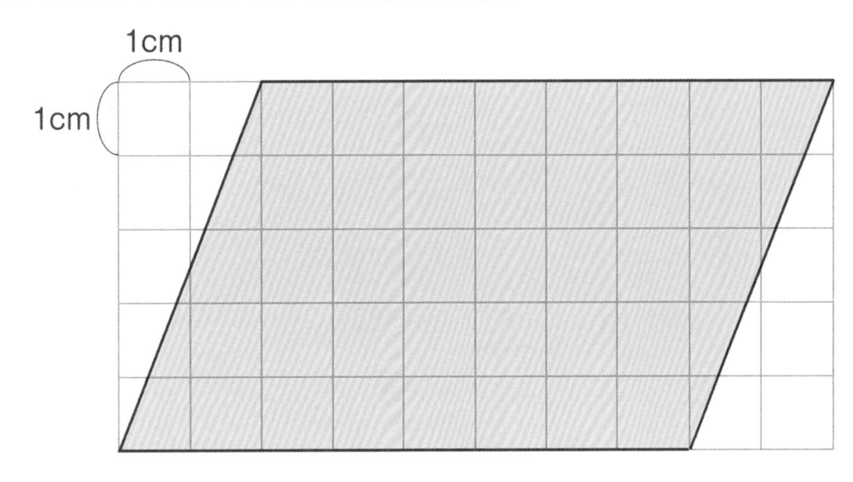

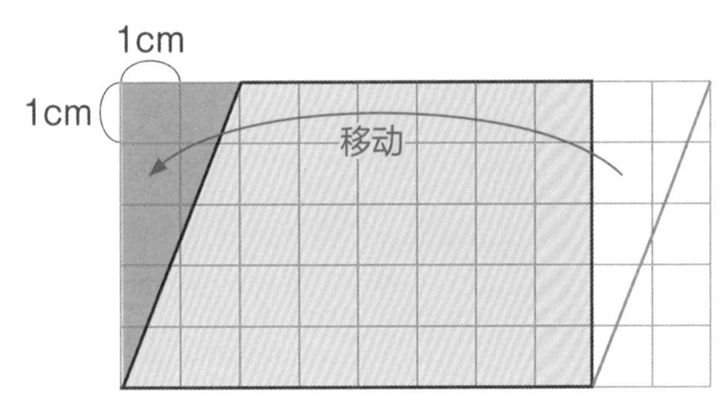

移动直角三角形，变成长方形。
形成一个长8cm、宽5cm的长方形。

$8\times5=40$ (cm^2)

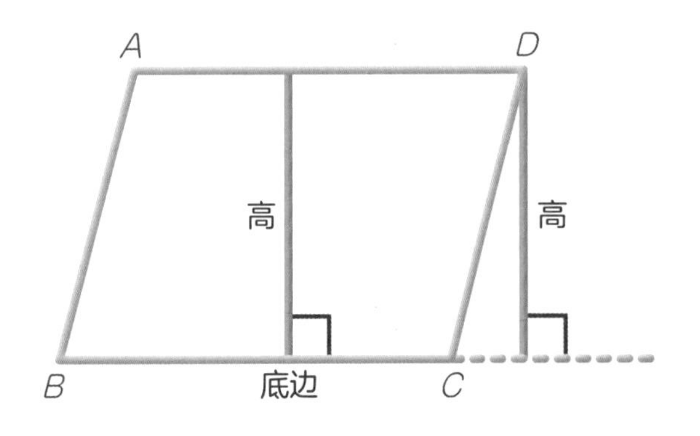

左侧的平行四边形*ABCD*，当以边*BC*为底边时，与底边垂直 第168页 的线段的长度叫作高。

高有时也可以画在图形的外侧。

平行四边形的面积

平行四边形的面积＝底×高

上面的平行四边形的面积是 **$8\times5=40$**(cm^2)

➡第132页 四边形

2 三角形的面积

想一想，如何求图1中的三角形的面积。

如图2所示，三角形的面积是长方形的面积的一半。

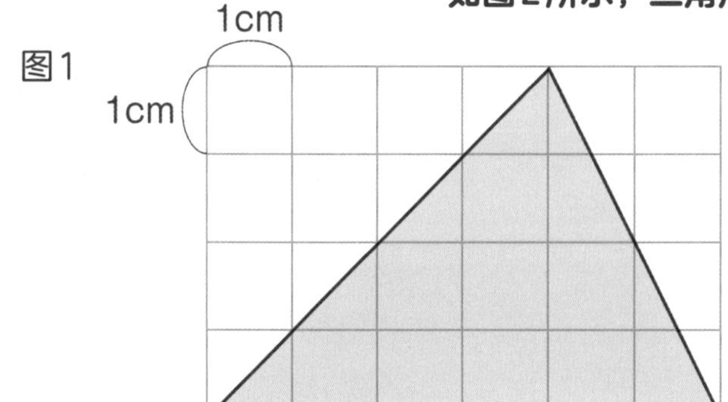

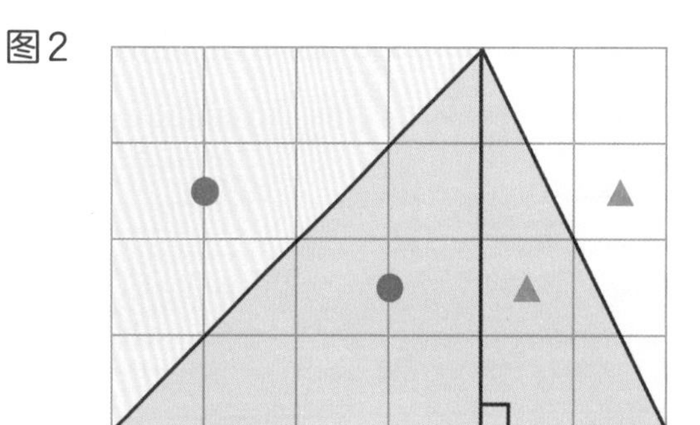

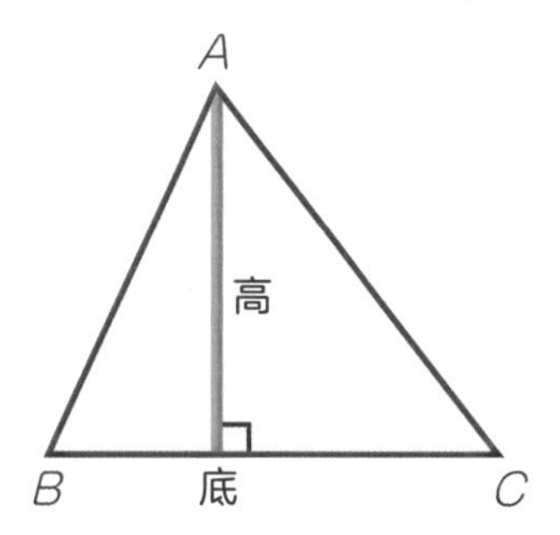

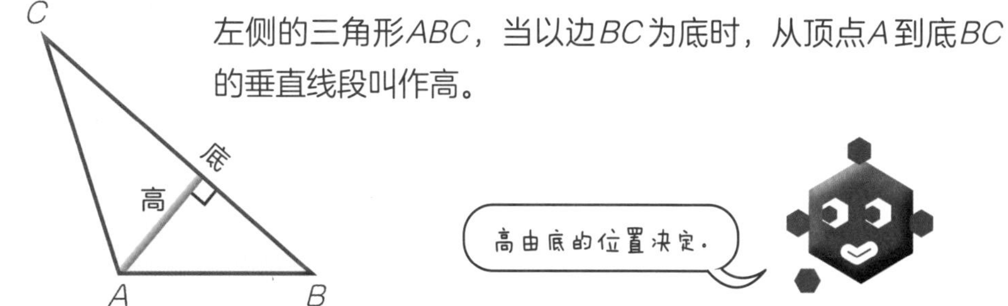

左侧的三角形*ABC*，当以边*BC*为底时，从顶点*A*到底*BC*的垂直线段叫作高。

三角形的面积

三角形的面积＝底×高÷2

上面的三角形的面积是 $6\times4\div2=12(\text{cm}^2)$

各种四边形的面积

梯形的面积

梯形中平行的两条边叫作上底、下底，其间的距离叫作高。

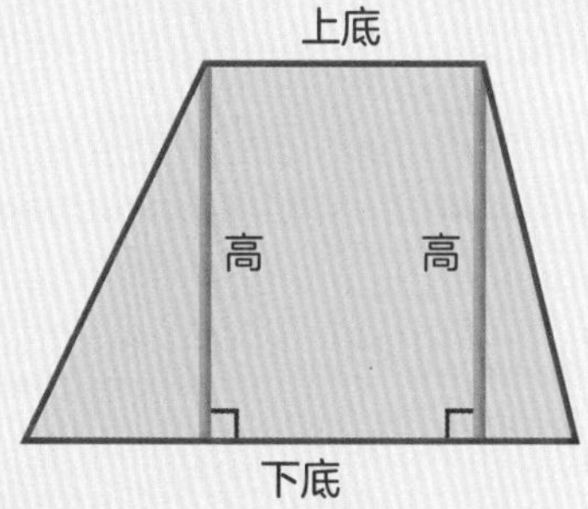

梯形的面积＝（上底＋下底）×高÷2

菱形的面积

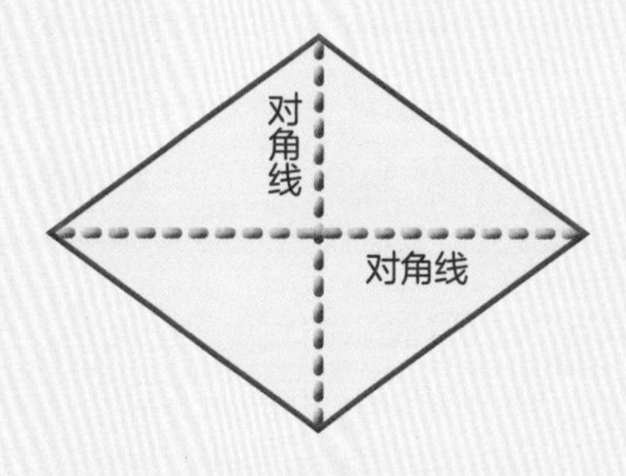

菱形的面积＝对角线×对角线÷2

63 平均数

1 平均数

把五个大小不同的橙子分别榨汁，再倒入五个容器，使每个容器内的橙汁一样多。

分别量出榨出的果汁量，如下方图表所示。

榨出的果汁量					
橙子	①	②	③	④	⑤
果汁量（mL）	80	70	90	75	85

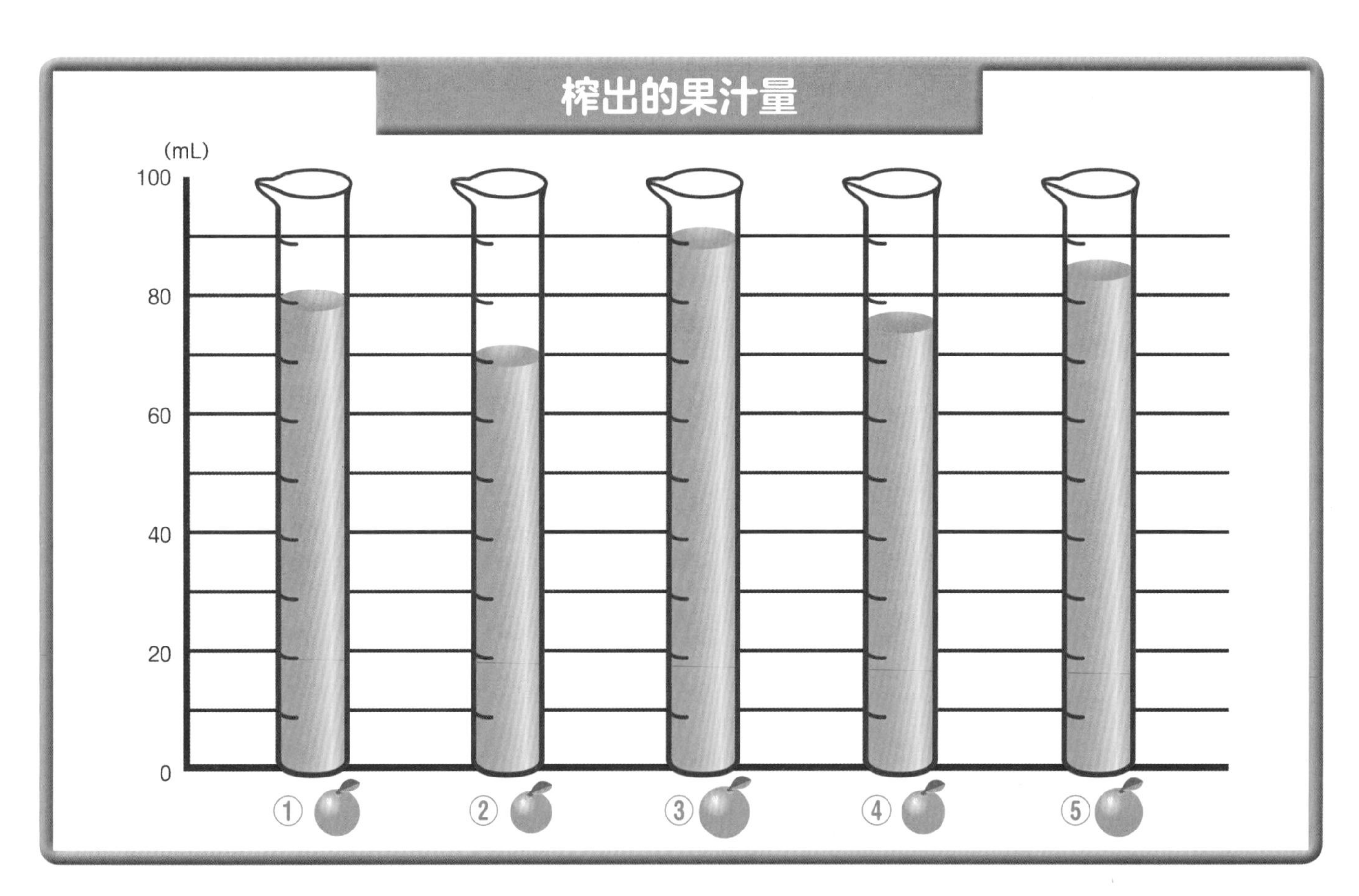

可见，不同的橙子榨出的果汁量是参差不齐的。
想一想，要让每个容器内的橙汁一样多，每个容器应该倒入多少mL呢？

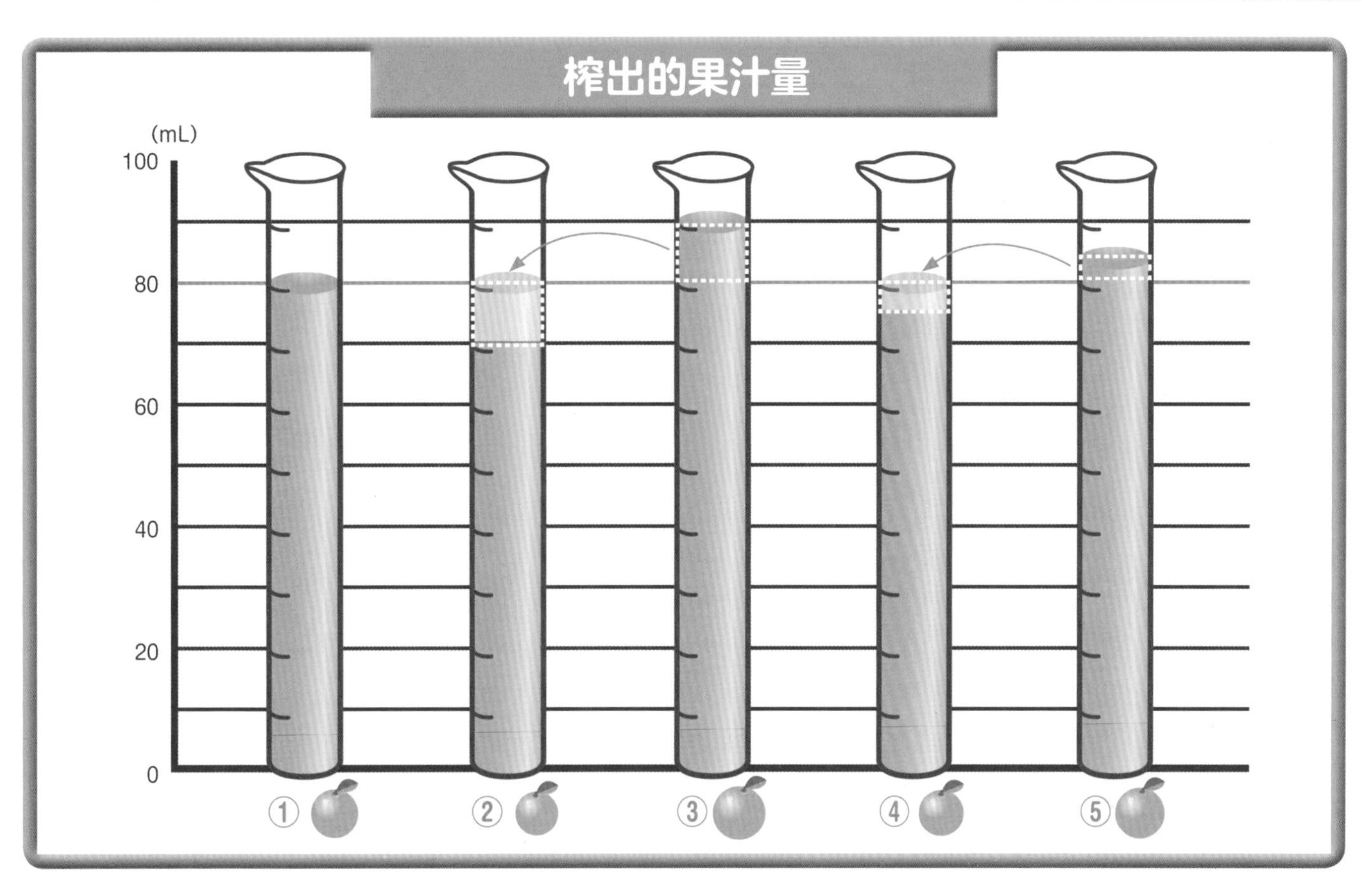

可见，每个容器倒入80mL，就能平均图中的参差。

把若干数量分成相等的大小，平均后的数量就叫作**平均数**。

2 如何求平均数 **通过运算求一个橙子榨出的果汁量的平均数。**

只要用果汁总量除以个数，就能求出平均数。

$$(80+70+90+75+85)\div 5=80\ (\text{mL})$$

如何求平均数

平均数＝总量 ÷ 个数

平均的意思就是“使之平整、均等”。

64 速度 小 初 高

1 速度的求法

速度用一定时间内的路程表示。

跑100m，A同学用了20秒（s），B同学用了22秒，谁的速度更快？
因为跑的距离相同，所以用时更短的A同学的速度更快。

跑10秒钟，C同学前进了50m，D同学前进了60m。
因为跑的时间相同，所以前进距离更长的D同学的速度更快。

那么，在不同时间内跑了不同距离的两个人，又该如何比较速度的快慢呢？

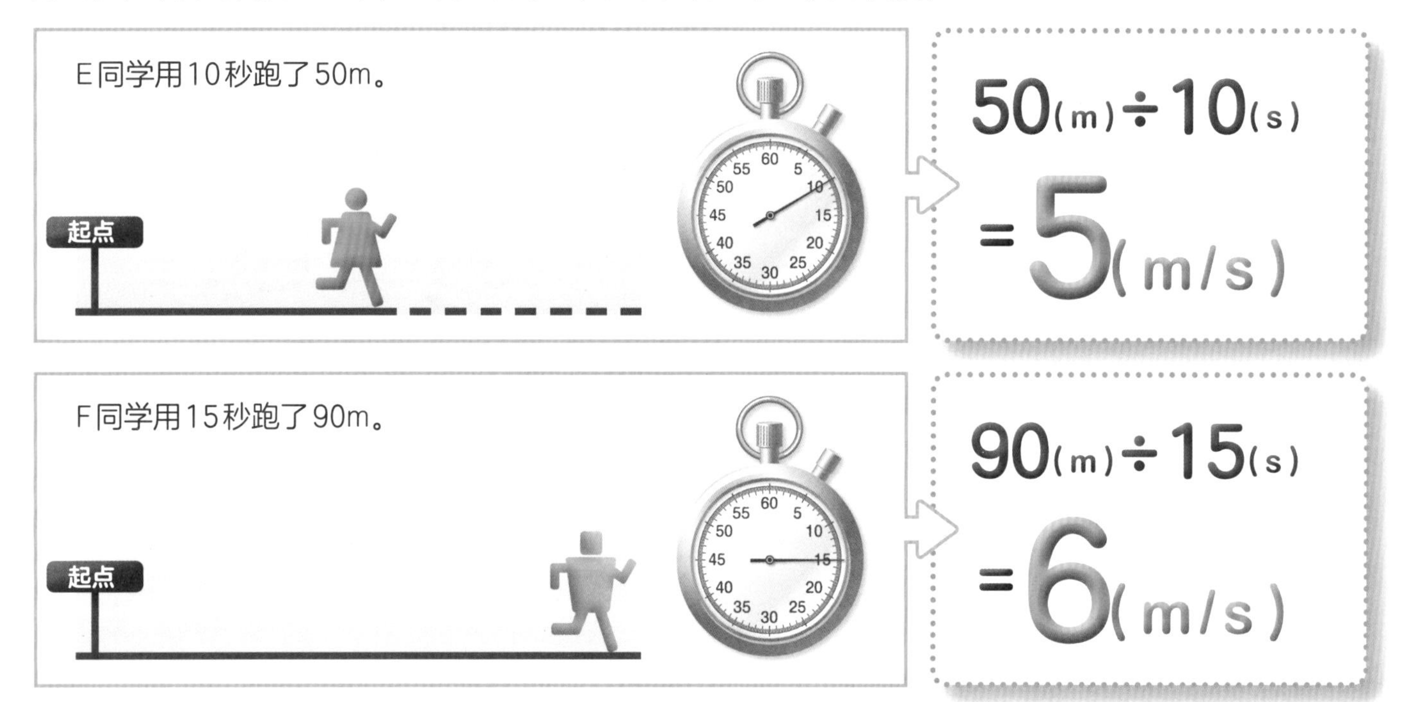

E同学用10秒跑了50m，即每秒跑了5m。
F同学用15秒跑了90m，即每秒跑了6m。
由此可见，F同学的速度更快。

速度用单位时间内的路程表示。

速度＝路程 ÷ 时间

以1小时（h）为单位时间表示的速度叫作**时速**，以1分钟（min）为单位时间表示的速度叫作**分速**，以1秒钟为单位时间表示的速度叫作**秒速**。

2 速度的应用

我们来研究利用速度求路程或时间的式子。

在一定条件下，声音在空气中的传播速度约为340m/s。
观察者站立不动，他先看见了远处的闪电，10秒后听到了雷声。
设声音的秒速约为340m，10秒的传播距离为340×10＝3400（m）。
由此可知，观察者与闪电发生处的距离约为3400m。

路程＝速度×时间

某滑雪场的吊椅缆车的运行速度是120m/min，想一想，乘坐该吊椅缆车移动到1320m以外的地点，需要多长时间。

因为每分钟行进120m，所以行进1320m需要
1320÷120＝11（min）。
由此可知，乘坐吊椅缆车的时间是11分钟。

时间＝路程÷速度

时速、分速、秒速的关系

因为时速、分速、秒速表示的是单位时间内的路程，所以，若路程的单位一致，则存在右图所示的关系。
例：时速36km ＝ 分速0.6km ＝ 秒速0.01km
（36000m）　（600m）　（10m）

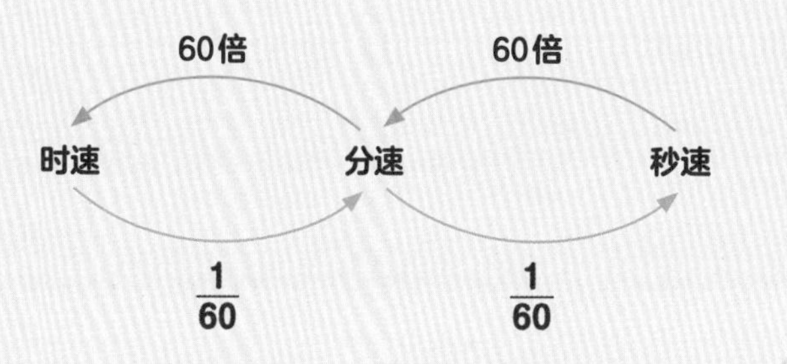

1 何时可见富士山

我们来预测一下，乘坐新干线在多少分钟之后能从正面看见富士山。

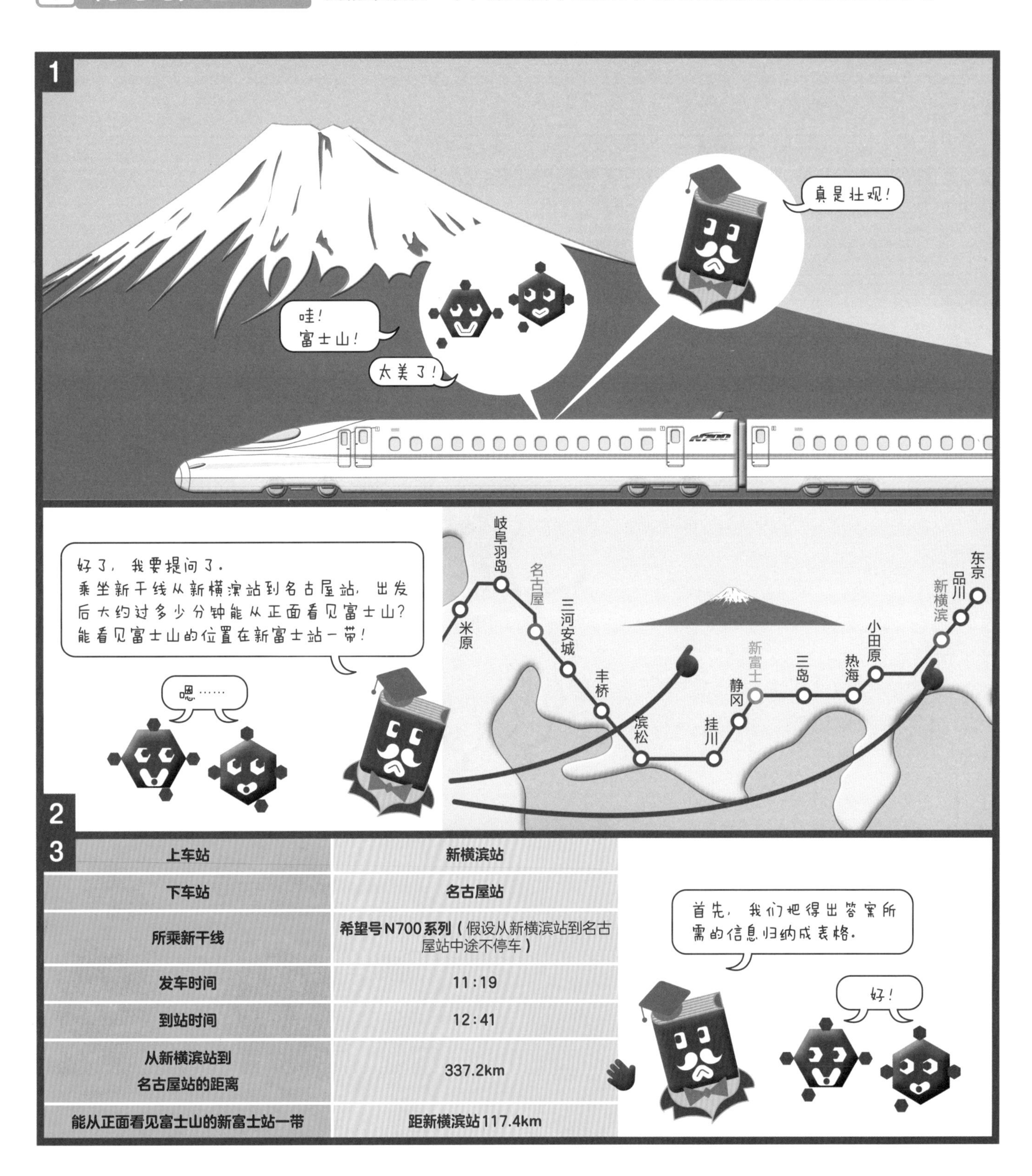

上车站	新横滨站
下车站	名古屋站
所乘新干线	希望号N700系列（假设从新横滨站到名古屋站中途不停车）
发车时间	11:19
到站时间	12:41
从新横滨站到名古屋站的距离	337.2km
能从正面看见富士山的新富士站一带	距新横滨站117.4km

➡第140页 速度

4

从11时19分到12时41分的82分钟内前进337.2km，
所以新干线的平均速度是

$$337.2(\text{km}) \div 82(\text{min}) = 4.11\cdots(\text{km/min}),$$

分速约为4.11km（时速约为246.6km）。

因为能从正面看见富士山的位置距新横滨站117.4km，所以通过下面的计算，
即可求出抵达该地点所用的时间

$$117.4(\text{km}) \div 4.11(\text{km/min}) = 28.56\cdots(\text{min})。$$

答案是29分钟！

天气好的话，从新横滨站出发，大约29分钟后就能从正面看见富士山！

2 步行速度

设步行速度为分速80m，我们来求走到“距车站徒步15分钟”的公寓所经路程。

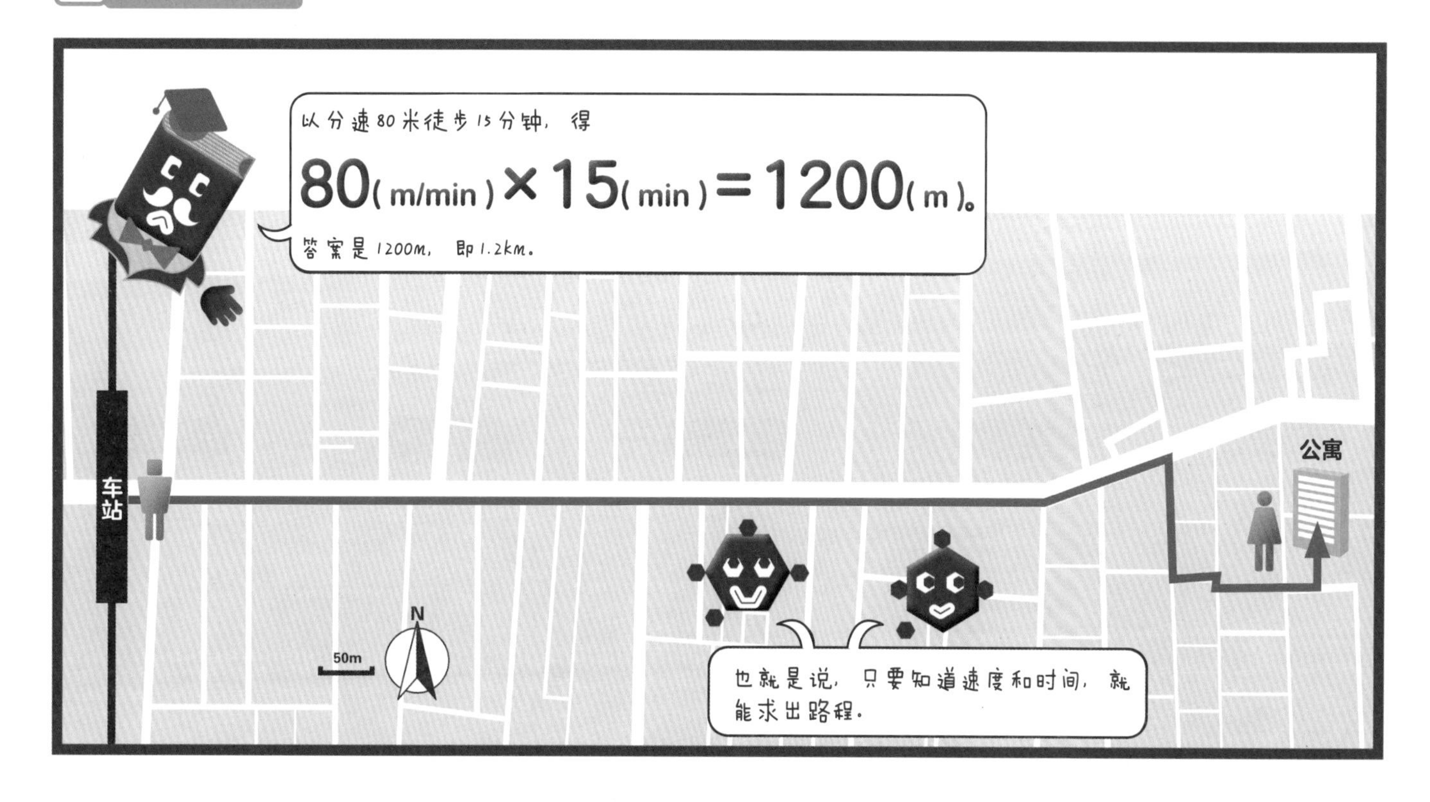

66 正多边形与圆 小 初 高

1 多边形

像三角形、四边形 第130~133页 **这样由三条或三条以上的直线围成的平面图形，叫作多边形。**

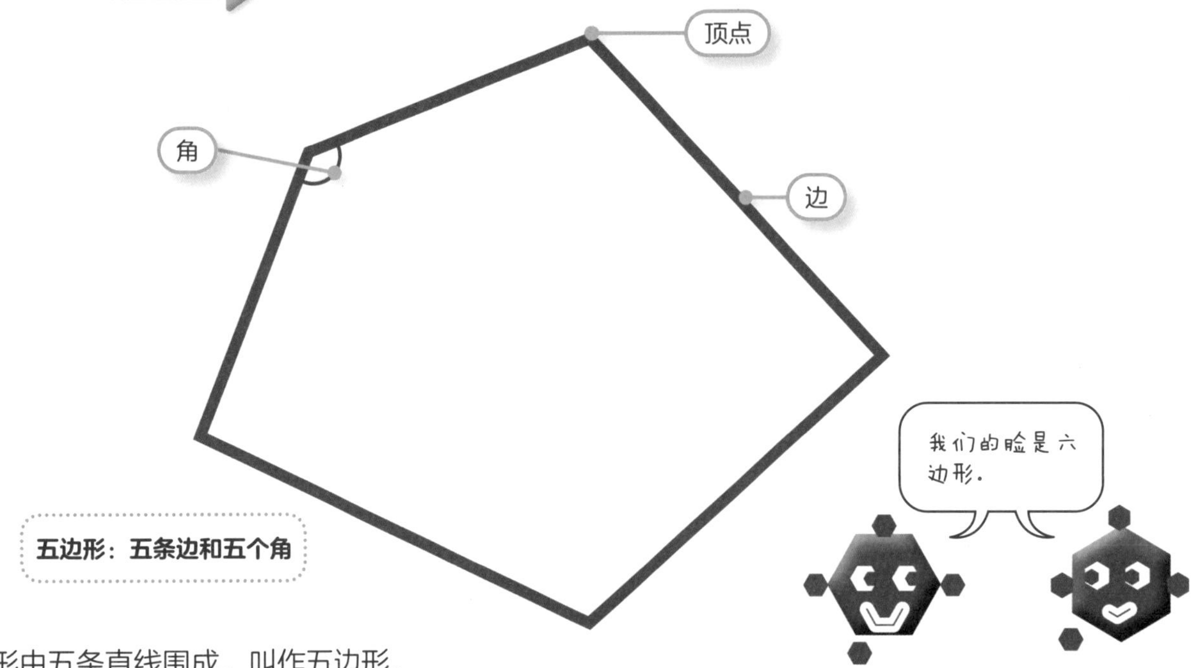

上面的图形由五条直线围成，叫作五边形。
无论什么形状的多边形，边、顶点、角等各部分的叫法都一样。
多边形的边数和角数总是一致的。

2 正多边形

所有边的长度和所有角的大小都相等的多边形，叫作正多边形。

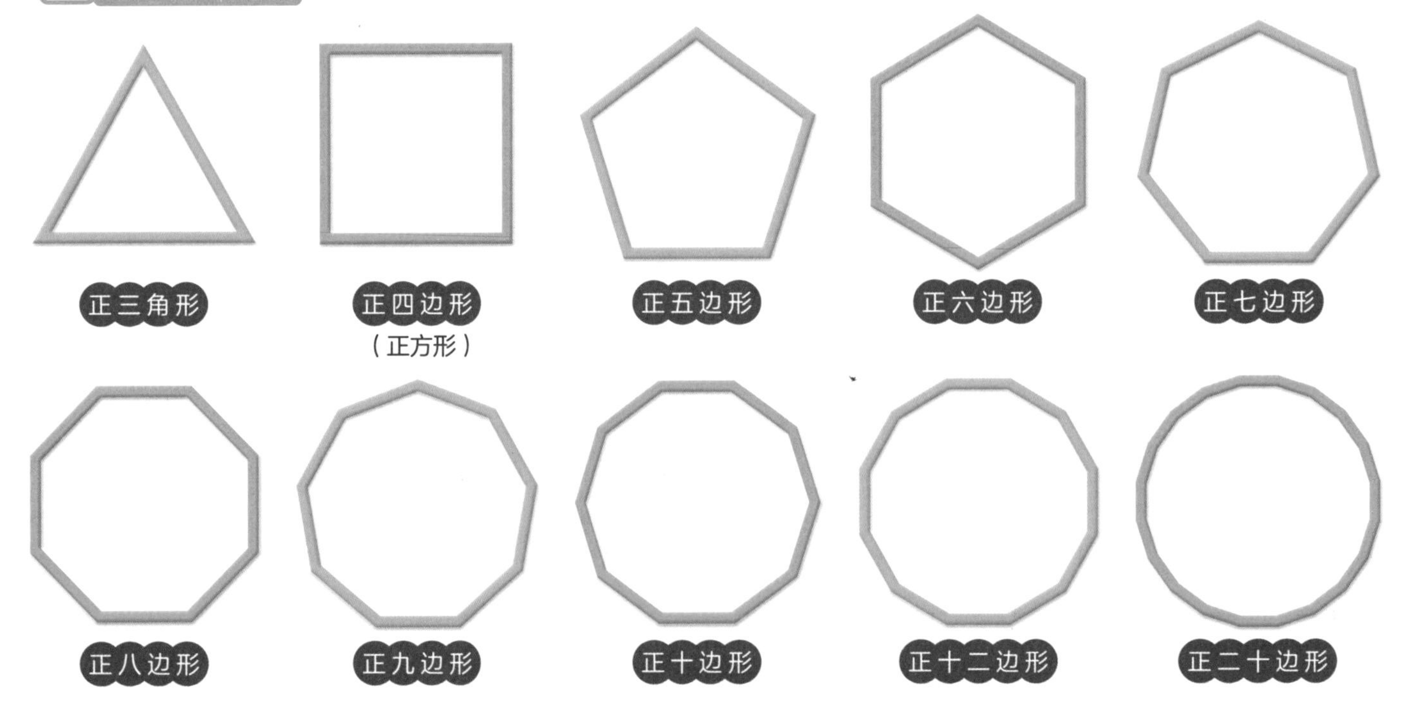

3 圆　在平面上，与某一点距离相等的点的集合组成的图形，叫作圆。

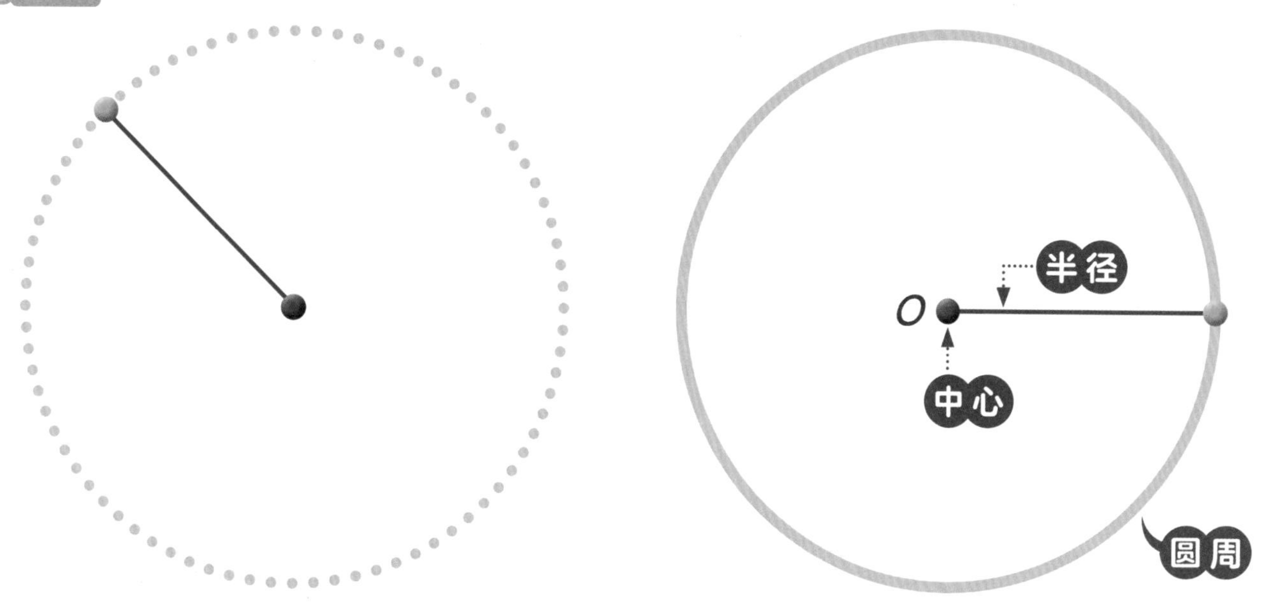

形成圆形平面的边界线叫作**圆周**。
与圆周等距的点叫作**圆心**，圆心为O的圆称为圆O。
表示从圆心O到圆周的距离的线段 第128页，叫作圆的**半径**。

连接圆周上两点的线段，叫作**弦**。
弦将圆周分成两段，两点间的这部分圆周叫作**弧**。
一条弦对应两条弧。

最长的弦经过圆心O。
这条弦叫作圆的**直径**。
直径的长度是半径的2倍。

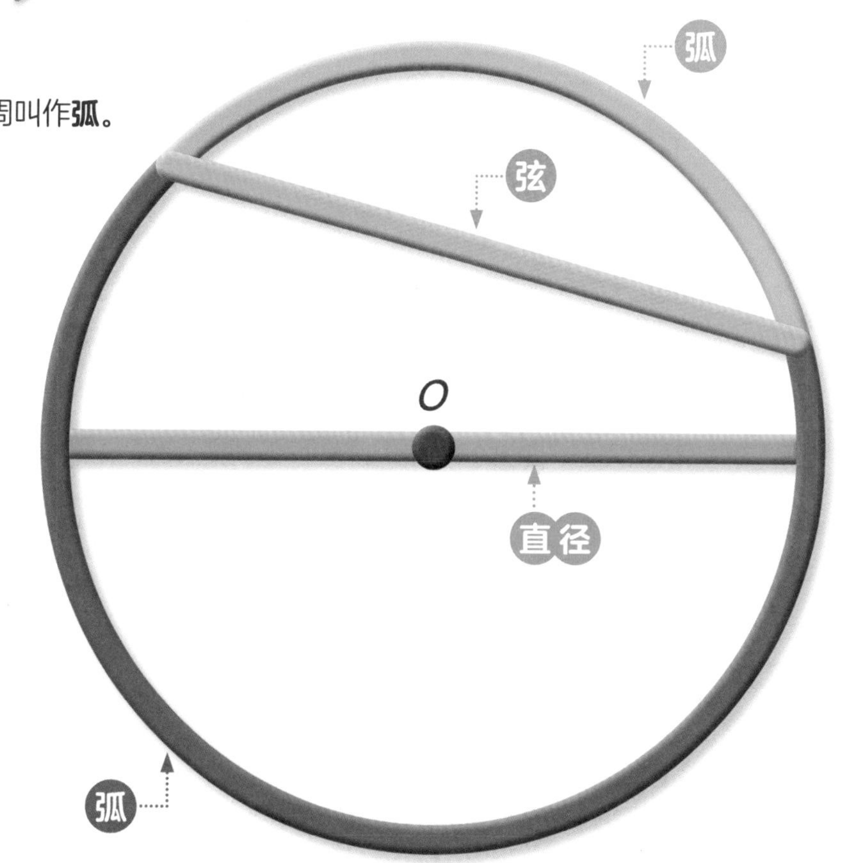

球

球是将半圆以直径为轴旋转形成的立体圆形，从任何方向看都呈圆形。

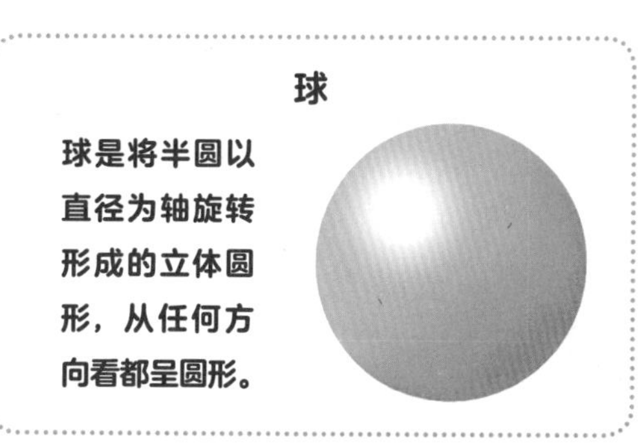

67 圆周率 小 初 高

1 圆的周长与圆周率

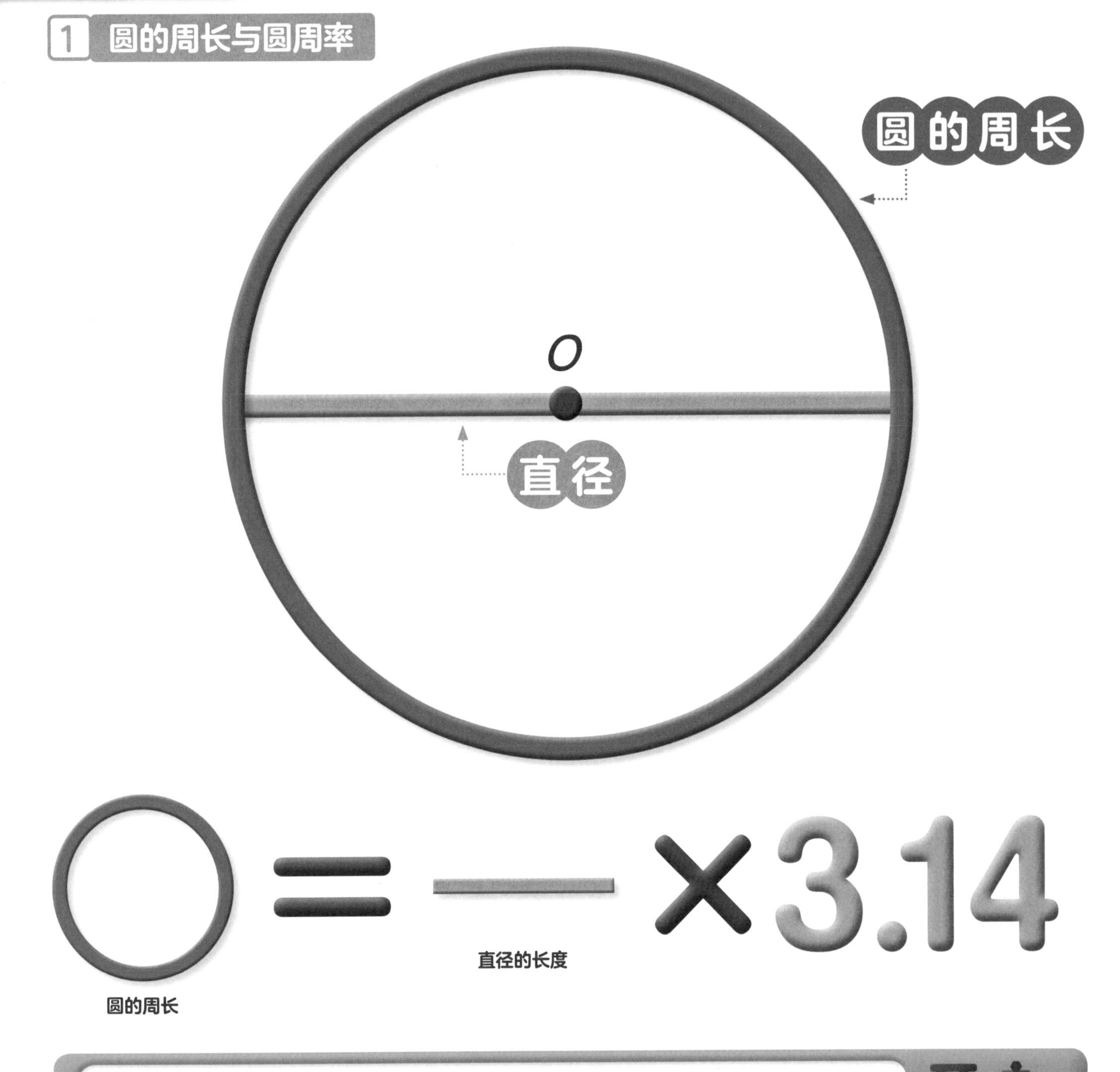

形成圆的轨迹叫作**圆周**。圆的周长与其直径的比值，叫作**圆周率**。
圆周率可通过圆的周长除以直径求得，约为3.14。
不论多大的圆，其圆周率都是定值，用希腊字母π（读作“派”）表示。

圆的周长可用下式表示。

圆的周长＝直径×π

2 圆周率的值

计算时，通常使用3.14代表圆周率π。但实际上，圆周率是一个无限的数。

π＝3.14 15926535 8979323846 2643383279
5028841971 6939937510 5820974944 5923078164 0628620899
8628034825 3421170679 8214808651 3282306647 0938446095
5058223172 5359408128 4811174502 8410270193 8521105559
6446229489 5493038196 4428810975 6659334461 2847564823
3786783165 2712019091 4564856692 3460348610 4543266482
1339360726 0249141273···

2021年，科学家使用超级计算机，将圆周率计算到小数点后62.8万亿位。

圆周率的值是无理数。

第72页

求圆周率的值

在公元前3世纪前后的古希腊，阿基米德通过下面的思路计算出了圆周率：

“圆的周长比其内接的正多边形的周长长，比其外接的正多边形的周长短。”

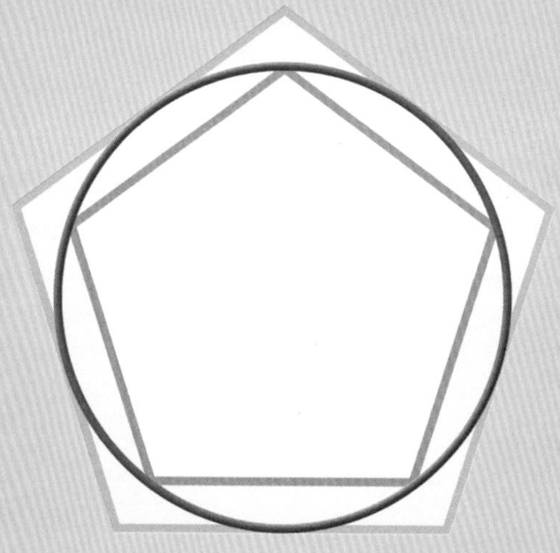

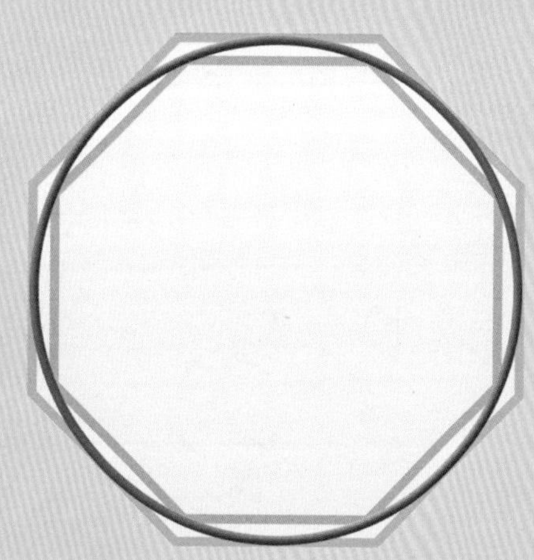

阿基米德作出正九十六边形，计算出圆周率为$3\frac{10}{71}<\pi<3\frac{1}{7}$。

$3\frac{10}{71}=3.14084\cdots$，$3\frac{1}{7}=3.14285\cdots$，这样看来，阿基米德把圆周率计算到了3.14。※

※ 约1500年前，中国著名的数学家和天文学家祖冲之计算出圆周率应在3.1415926和3.1415927之间，成为世界上第一个把圆周率的值精确到小数点后7位的人。这一成就比国外大约早1000年。

1 圆的面积的求法

我们来研究圆的面积的求法。

如下图所示，把圆等分并且越分越多，再排列起来。

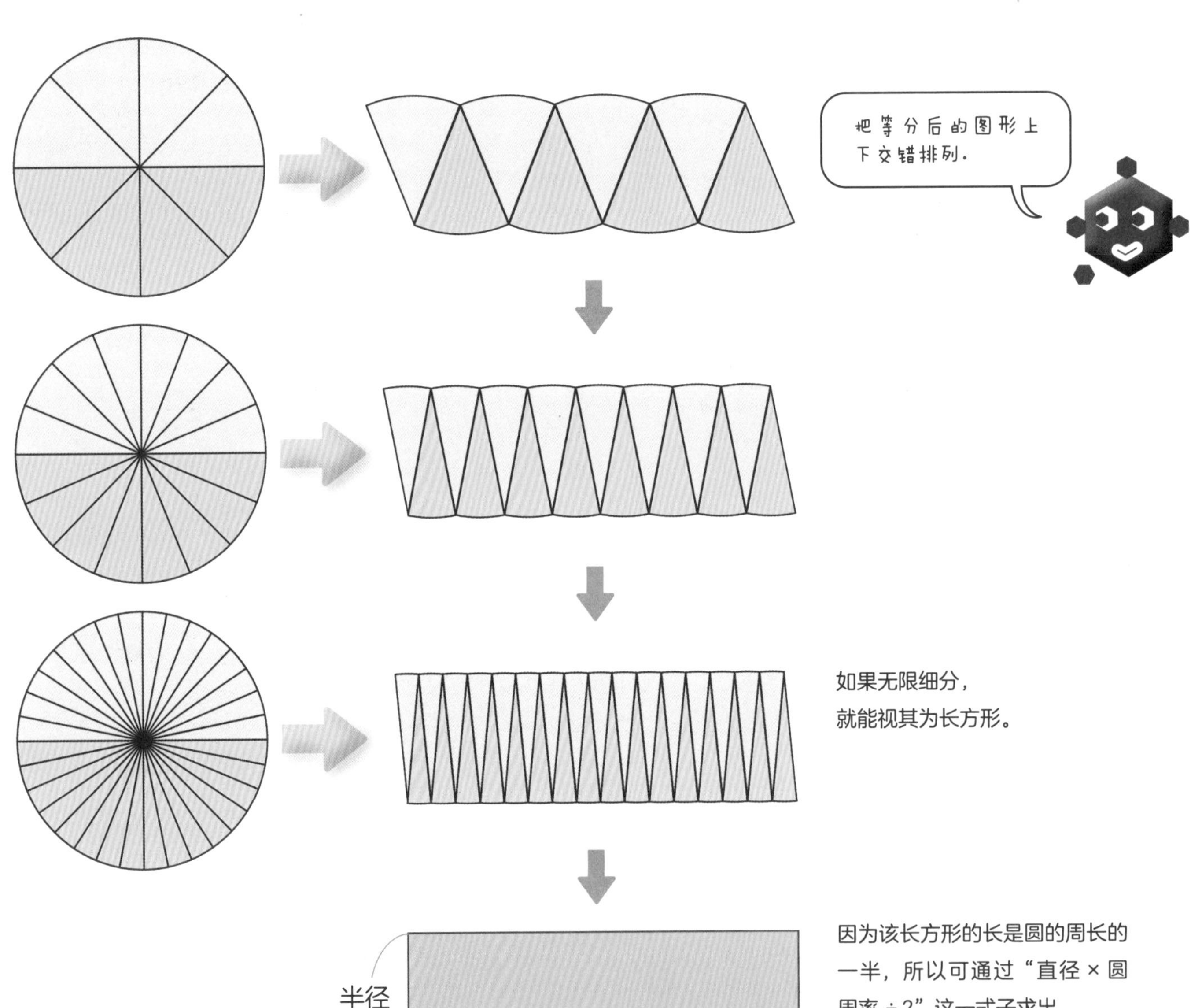

圆的面积＝半径×（直径×圆周率÷2） ←直径÷2＝半径

＝半径×半径×圆周率

＝半径×半径×π

圆的面积也可以通过下面的思路来求。
和左图一样，把圆尽可能多地等分。
把等分后的三角形的顶点重合，面积不变，形成一个三角形。

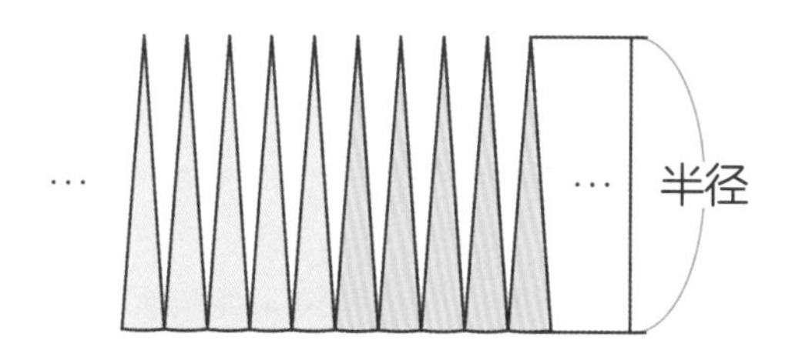

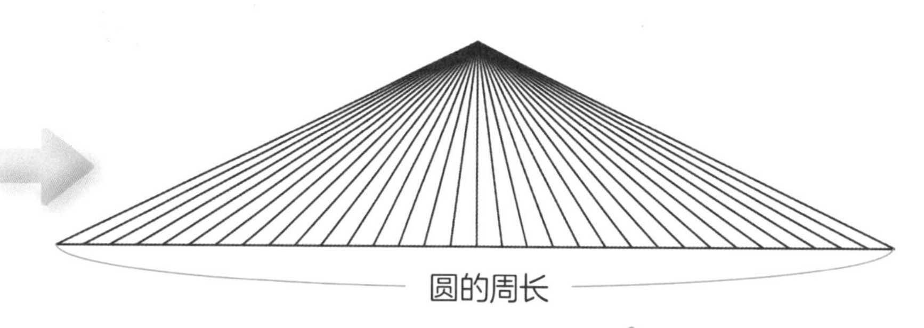

可以认为，该三角形的底是圆的周长，高为半径，所以可使用三角形的面积公式第137页。

圆的面积 = 圆的周长 × 半径 ÷ 2
　　　= 直径 × 圆周率 × 半径 ÷ 2　←直径 ÷ 2 = 半径
　　　= 半径 × 半径 × π

2 圆的周长与圆的面积公式

圆的周长	**圆的周长 = 直径 × π**
圆的面积	**圆的面积 = 半径 × 半径 × π**

设圆的周长为l，圆的面积为S，半径为r，那么也可用代数式第66页来表示。

圆的周长　$l = 2\pi r$
圆的面积　$S = \pi r^2$

设圆周率是3.14，求直径为10cm的圆的周长和面积。

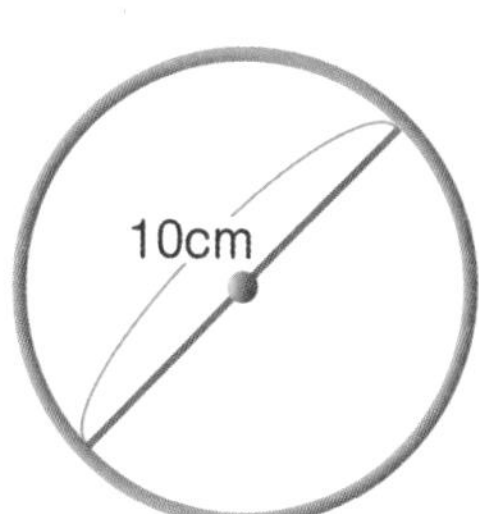

圆的周长　10（直径）× 3.14（圆周率）= 31.4　　31.4cm

圆的面积　5（半径）× 5（半径）× 3.14（圆周率）= 78.5　　$78.5cm^2$

1 扇形

第145页

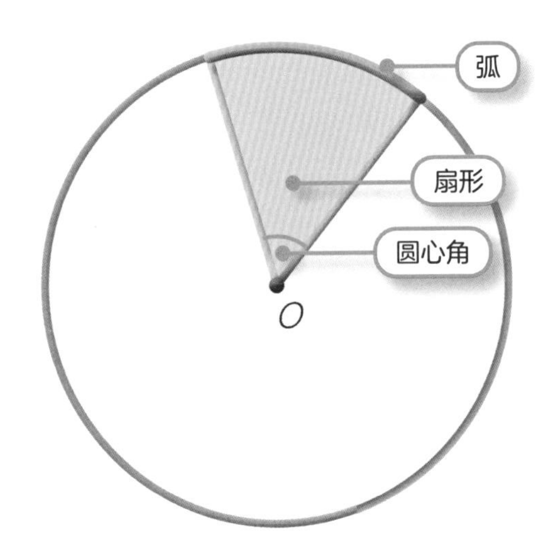

圆的两条半径与弧围成的图形，叫作**扇形**。
扇形的两条半径组成的角，叫作**圆心角**。

通常把橙色的部分称为扇形，但实际上，浅蓝色的部分也是扇形。

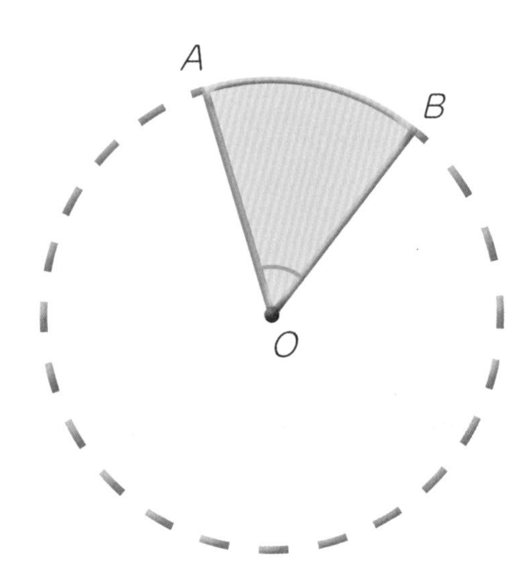

扇形是圆的一部分，是由一条弧和经过其两端的两条半径围成的图形。

扇形的弧长和面积，由圆心角和半径决定。

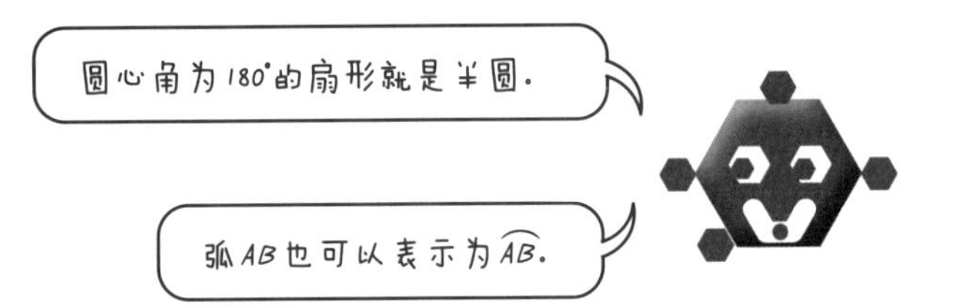

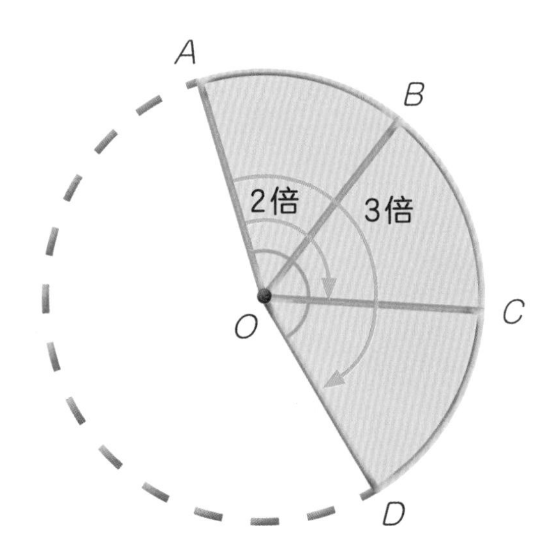

扇形的弧长和面积，与其圆心角的大小成正比例。也就是说，在一个圆中，如果圆心角的大小变为2倍、3倍……扇形的弧长会随之变为2倍、3倍……扇形的面积也会随之变为2倍、3倍……

2 扇形的弧长和面积

我们利用扇形的性质来研究其弧长和面积的求法。

扇形的弧长

扇形的弧长：圆的周长 = 圆心角：360°

$$\frac{\text{扇形的弧长}}{\text{圆的周长}} = \frac{\text{圆心角}}{360^\circ}$$

利用这一关系，即可导出求扇形弧长的式子。

$$\text{扇形的弧长} = \text{圆的周长} \times \frac{\text{圆心角}}{360^\circ}$$

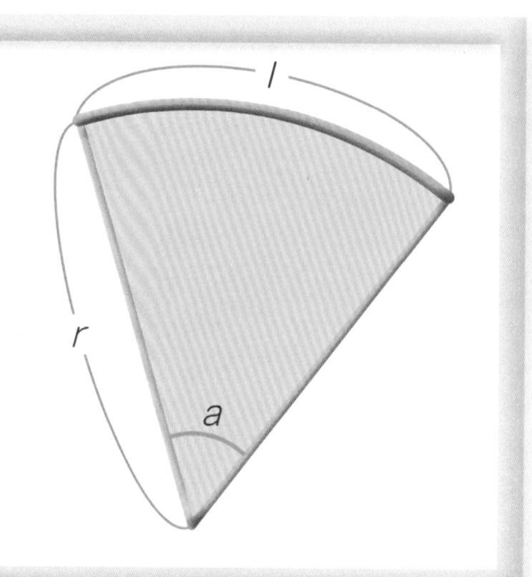

设扇形的弧长为l，半径为r，圆心角为a°，则

$$l = 2\pi r \times \frac{a^\circ}{360^\circ}。$$

扇形的面积

扇形的面积的求法类似弧长，具体如下。
扇形的面积：圆的面积 = 圆心角：360°

$$\frac{\text{扇形的面积}}{\text{圆的面积}} = \frac{\text{圆心角}}{360^\circ}$$

利用这一关系，即可导出求扇形面积的式子。

$$\text{扇形的面积} = \text{圆的面积} \times \frac{\text{圆心角}}{360^\circ}$$

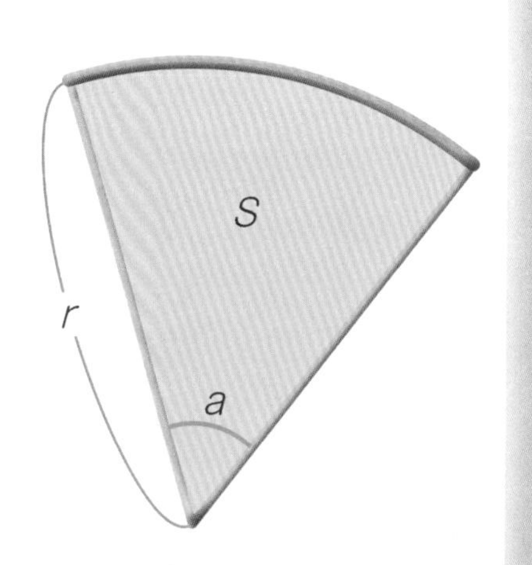

设扇形的面积为S，半径为r，圆心角为a°，则

$$S = \pi r^2 \times \frac{a^\circ}{360^\circ}。$$

70 圆周角定理（1）

1 圆周角 第145页

把一个圆的弧 AB 与这条弧以外的圆周上的点 P 连接，如此形成的 $\angle APB$ 叫作弧 AB 所对的圆周角。

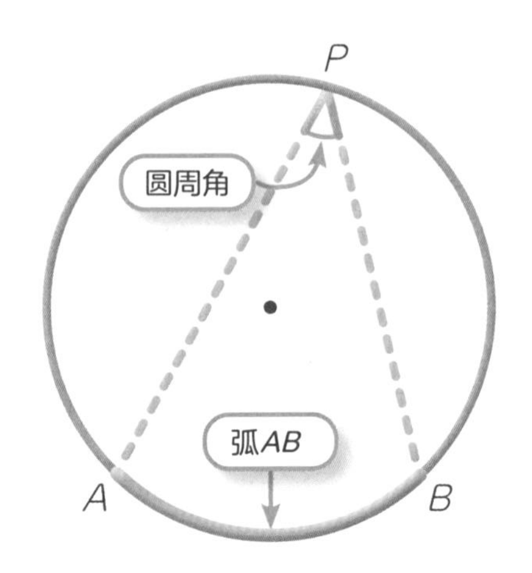

在一个圆中，弧 AB 所对的圆周角有无数个。

画一个圆，确定一条弧，在这条弧以外的圆周上取若干个点，画出圆周角，我们来看同一条弧所对的圆周角的大小。

同一条弧所对的圆周角

如右图所示，在弧 AB 所对的圆周上取点 P，Q，R，S，T，测量圆周角的大小，可知 $\angle APB=\angle AQB=\angle ARB=\angle ASB=\angle ATB$。

同一条弧所对的圆周角的大小都相等。

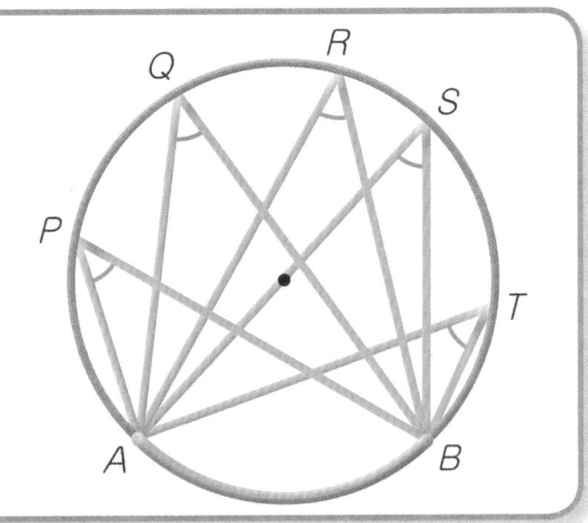

同一条弧所对的圆心角  与圆周角

第150页

如右图所示，测量弧 AB 所对的圆周角 $\angle APB$ 与圆心角 $\angle AOB$ 的大小，可知 $\angle APB=\frac{1}{2}\angle AOB$。

一条弧所对的圆周角的大小等于这条弧所对的圆心角的一半。

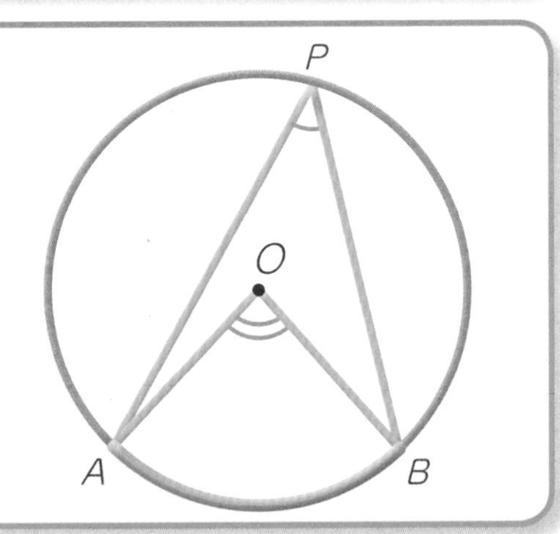

圆周角定理

在一个圆中，同弧所对的圆周角大小相等，是它所对的圆心角的 $\frac{1}{2}$。

圆周角是圆心角的 $\frac{1}{2}$ 的证明

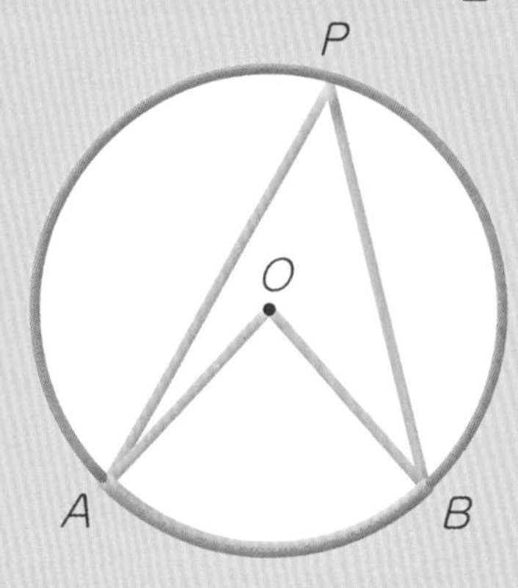

从点P出发画一条经过圆心O的射线，与圆周的交点设为C。

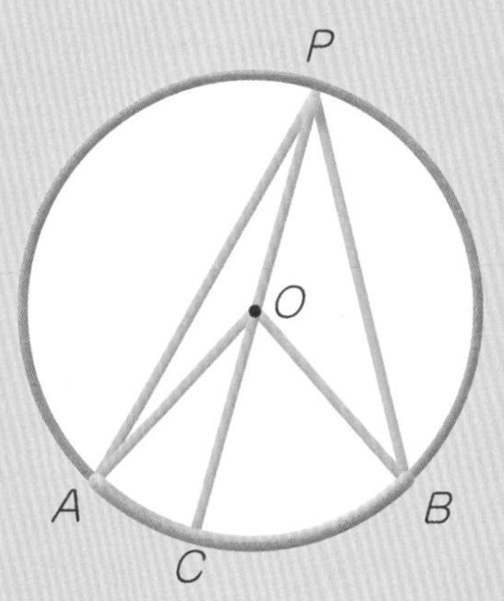

$\triangle APO$和$\triangle BPO$都是等腰三角形。

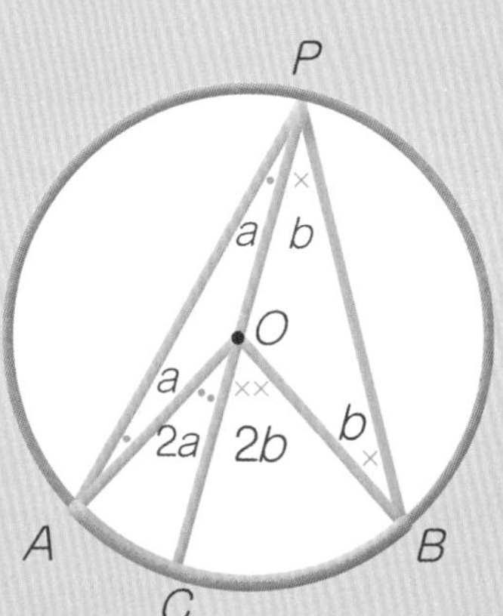

因为三角形的一个外角等于与它不相邻的两个内角之和 第158页，所以

$\angle AOC = 2\angle a$，
$\angle BOC = 2\angle b$，
$\angle AOB = 2\angle a + 2\angle b$。

由此可知，$\angle APB = \angle a + \angle b = \frac{1}{2}\angle AOB$。

2 直径与圆周角

在下图中，线段AB是圆O的直径。

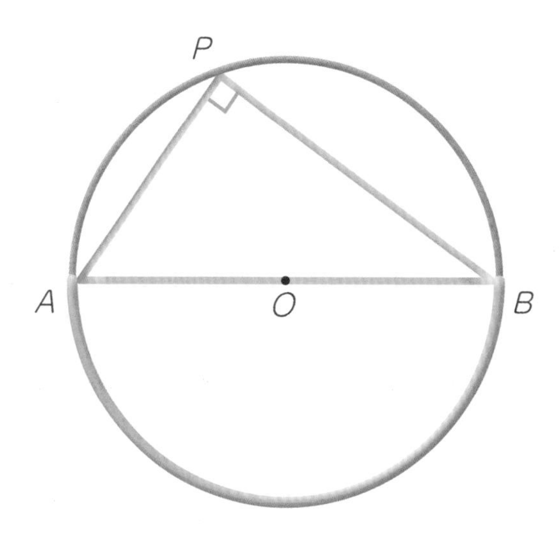

因为半圆的弧所对的圆心角的大小是180°，所以其所对的圆周角是90°。
$\angle APB = 90°$

又由于半圆的弧所对的弦是圆的直径，因此可以说：

在以线段AB为直径的圆的圆周上取不同于A，B的点P，则$\angle APB$的大小是90°。

71 圆周角定理（2）

1 弧与圆周角

如右图所示，当弧AB与弧CD的长度相等时，
$\angle APB=\angle CQD$。

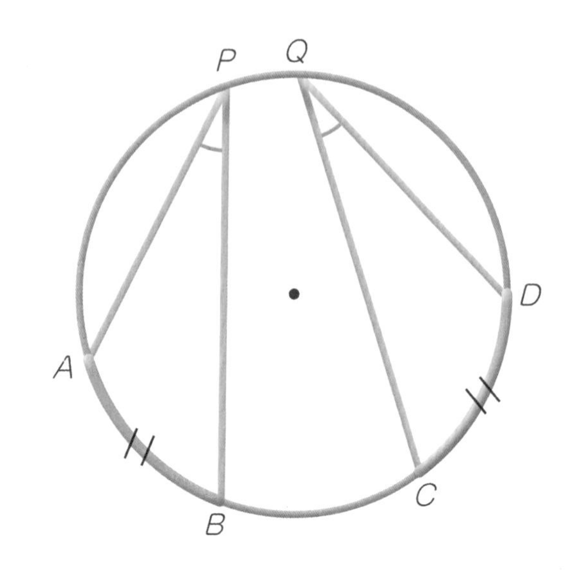

圆周角定理的推论

在一个圆中，等弧所对的圆周角大小相等，大小相等的圆周角所对的弧长相等。

这一定理在半径相等的两个圆中也成立。

2 圆内接四边形

第145页

如右图所示，弦AB所对的弧有两条。
分别画出这两条弧所对的圆周角，可知
$\angle APB+\angle AQB=180°$。

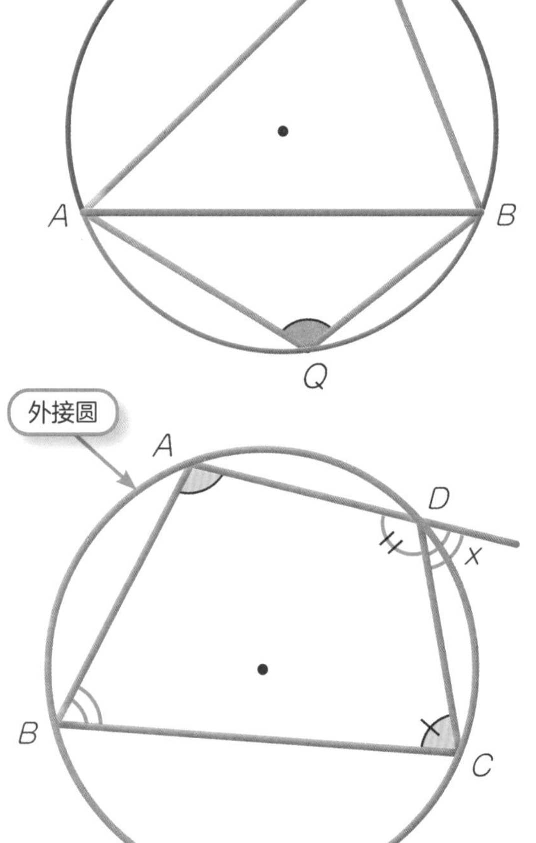

如右图所示，四个顶点都在一个圆周上的四边形，
叫作**圆内接四边形**。
此时的圆叫作这个四边形的**外接圆**。

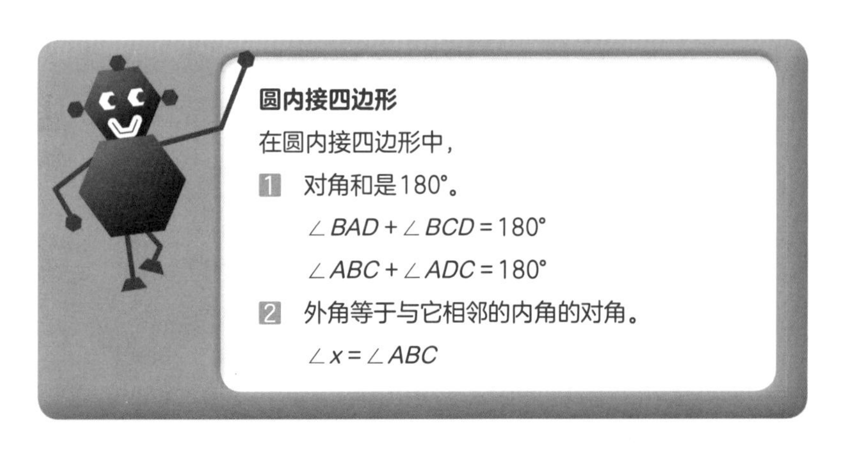

圆内接四边形

在圆内接四边形中，

1. 对角和是180°。
   $\angle BAD+\angle BCD=180°$
   $\angle ABC+\angle ADC=180°$
2. 外角等于与它相邻的内角的对角。
   $\angle x=\angle ABC$

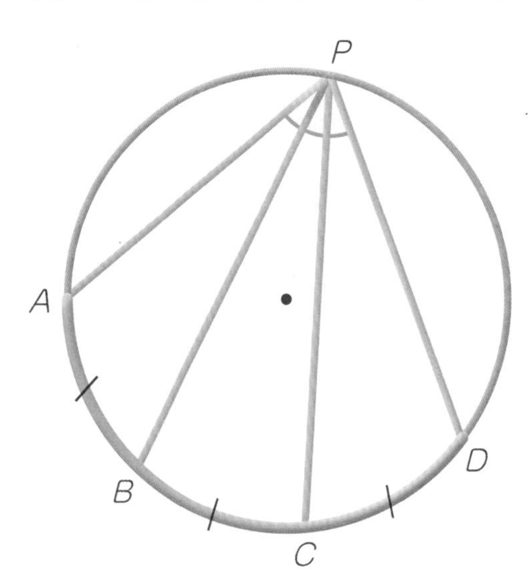

如果一条弧的长度变为原来的2倍、3倍……这条弧所对的圆周角的大小也会变为原来的2倍、3倍……一条弧的长度与这条弧所对的圆周角的大小成正比例。

3 切线与弦组成的角

当一条直线与圆只有一个交点时，称为直线与圆相切，这条直线叫作圆的切线，直线与圆相切的点叫作切点。

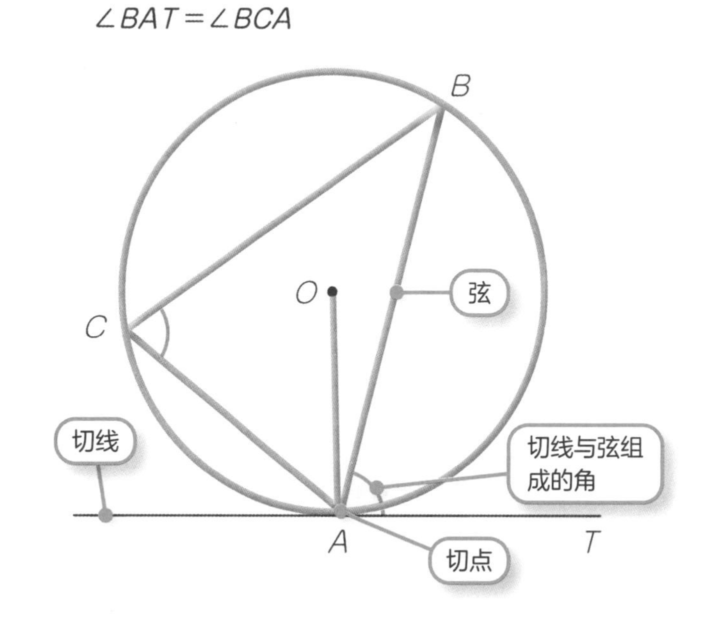

圆的切线与弦组成的角，和圆周角之间存在下面这样的关系。

切线与弦组成的角

圆的切线与经过切点的弦组成的角，等于这个角内部的弧所对的圆周角。

$\angle BAT=\angle BCA$

72 平行线与角

1 对顶角

我们来看两条直线相交时组成的角。

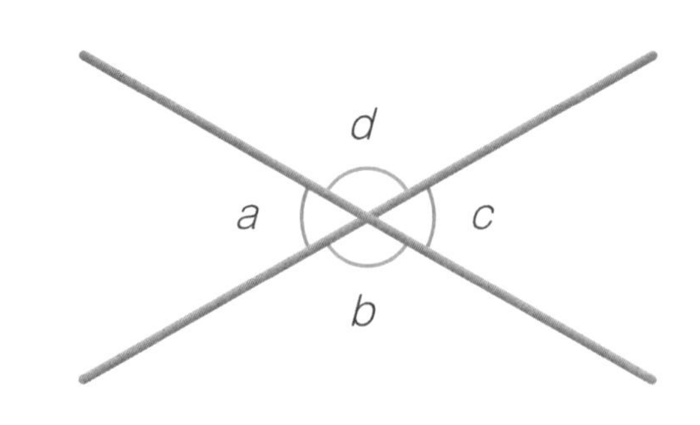

如右图所示，当两条直线相交时，围绕交点会形成四个角。

在这四个角中，像∠a和∠c一样相对的角，叫作**对顶角。**

∠b和∠d也是对顶角。

对顶角的性质

对顶角大小相等。

2 同位角与内错角

我们来看一条直线与另两条直线相交组成的角。

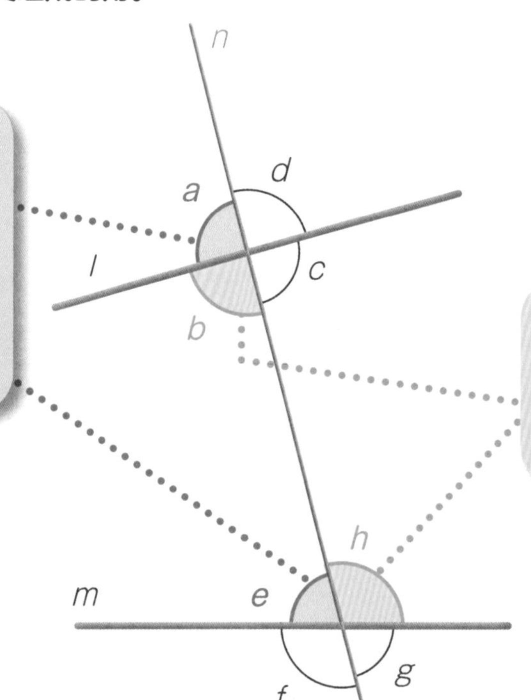

在一条直线n与另两条直线l，m相交组成的角中，位置像∠a和∠e一样的两个角叫作**同位角。**

位置像∠b和∠h一样斜向相对的两个角，叫作**内错角。**

∠b和∠f，∠c和∠g，∠d和∠h也是同位角。

∠c和∠e也是内错角。

3 平行线的性质

我们来研究当两条直线平行第129页**时，另一条直线与这两条直线相交所形成的同位角与内错角。**

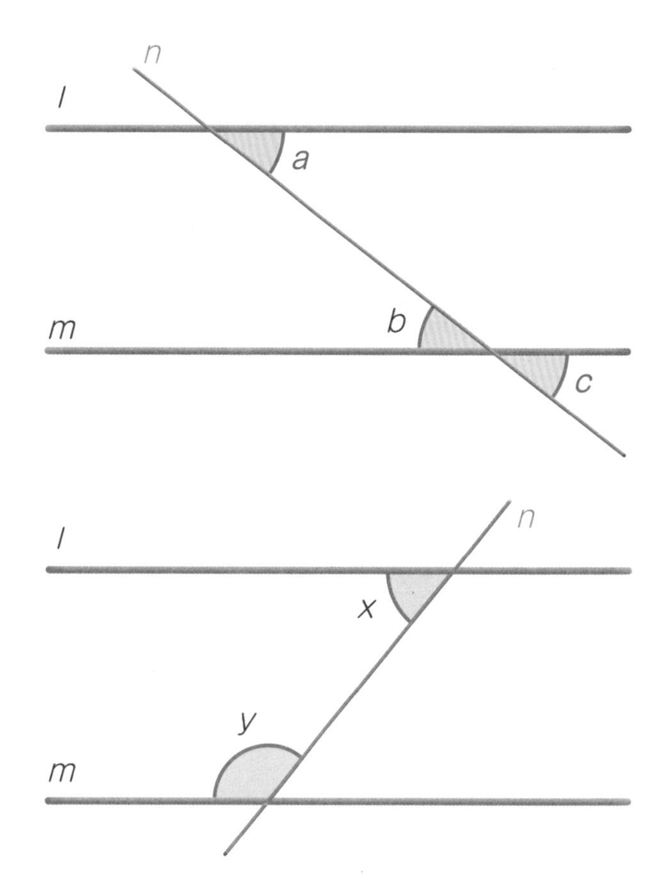

如右图所示，当直线l与m平行时，写作$l // m$。
此时，同位角$\angle a$和$\angle c$相等，内错角$\angle a$和$\angle b$也相等。

反之，若直线l和m的同位角$\angle a$和$\angle c$相等，则$l // m$。
同样地，若直线l和m的内错角$\angle a$和$\angle b$相等，则$l // m$。

在右图中，如果直线l与m平行，则

$\angle x + \angle y = 180°$。

反之，若$\angle x$与$\angle y$的和是180°，则直线l与m平行。
$\angle x$和$\angle y$叫作**同旁内角**。

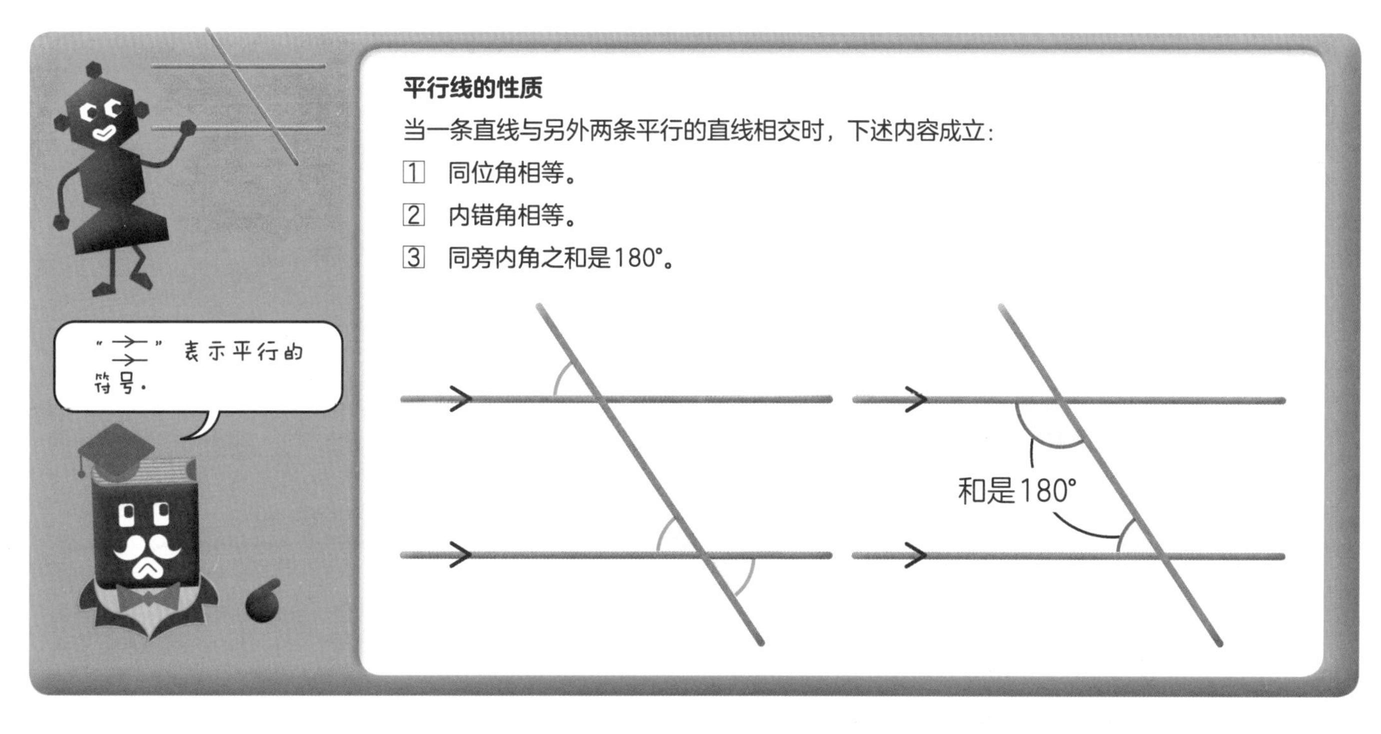

平行线的性质

当一条直线与另外两条平行的直线相交时，下述内容成立：

1 同位角相等。
2 内错角相等。
3 同旁内角之和是180°。

73 多边形的角 小 初 高

1 内角与外角

像右图∠*BAP*这样，由一条边与其邻边的反向延长线组成的角，叫作顶点A的**外角**。

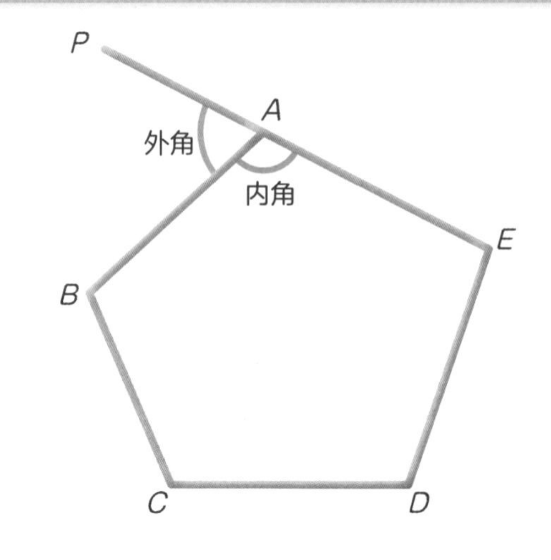

相对于外角，多边形内部的角∠*BAE*，∠*ABC*等叫作**内角**。

若将边BA延长，再在顶点A形成一个外角，则这个角与∠BAP相等。

三角形外角的性质

三角形的外角等于和它不相邻的两个内角之和。

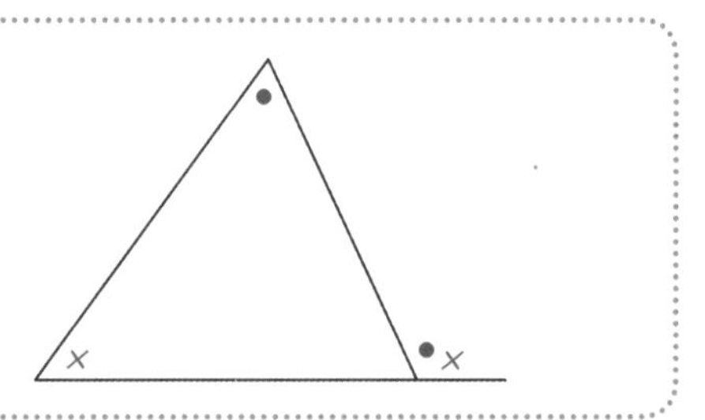

2 多边形的内角和

我们来看六边形的内角和是多少度。

因为三角形的内角和是180° 第130页，所以六边形的内角和可通过180° ×4＝720°求得。

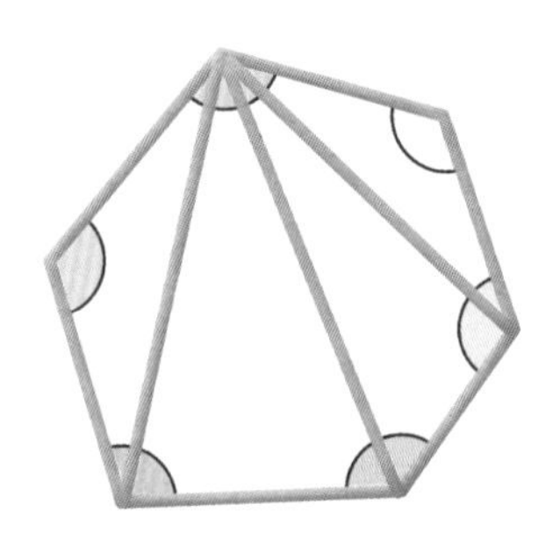

从一个顶点引对角线，六边形会被分成4个三角形。

从一个顶点引向不相邻顶点的线段，叫作多边形的对角线。

在多边形内引对角线，把多边形分成若干个三角形，则三角形的个数比多边形的顶点数少2。
也就是说，n边形的内角和是三角形内角和的（$n-2$）倍。

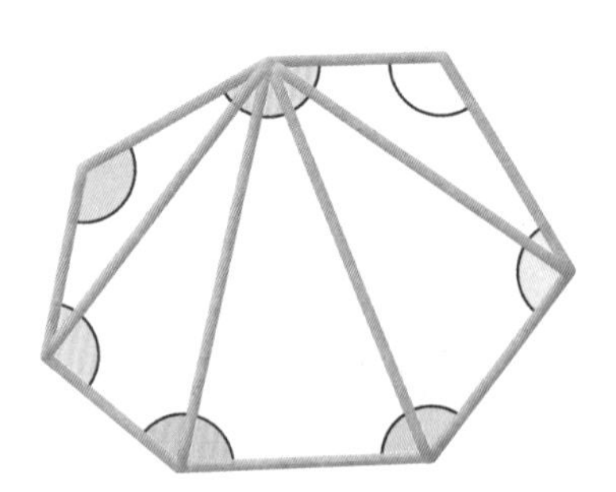

七边形被分成5个三角形。

***n*边形的内角和**

n边形的内角和＝180° ×（$n-2$）

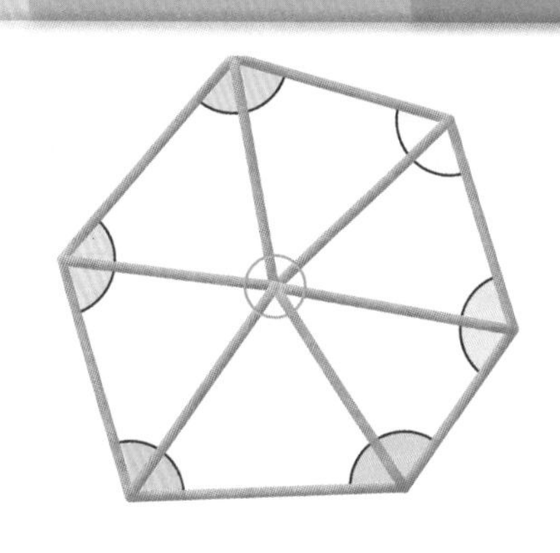

求多边形的内角和，还可如右图所示，在多边形内部取点，把多边形分成三角形。
这个六边形的内角和，是从6个三角形的内角和（180°）中减去六边形内部所取点周围的角之和（360°），即180°×6－360°= 720°。

我们可以通过这样的思路来求各种多边形的内角和。

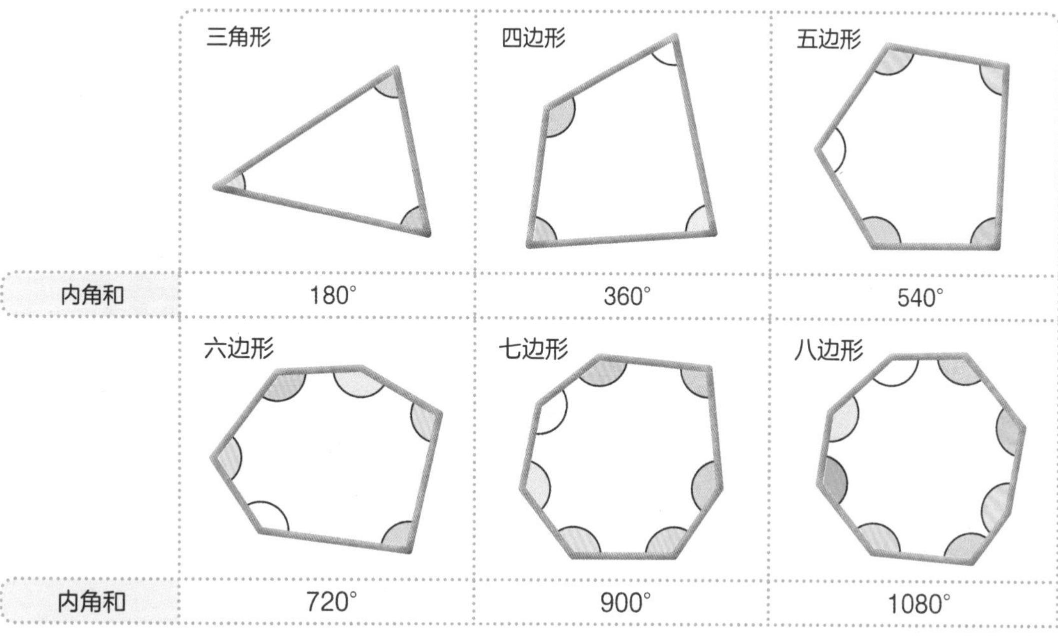

3 多边形的外角和

我们来看多边形的外角和是多少度。

以六边形为例，因为平角（180°）有6个，而内角和（右图中粉色的角之和）是720°，所以180°×6－720°= 360°。
根据同样的方法，可求出其他多边形的外角和也是360°。

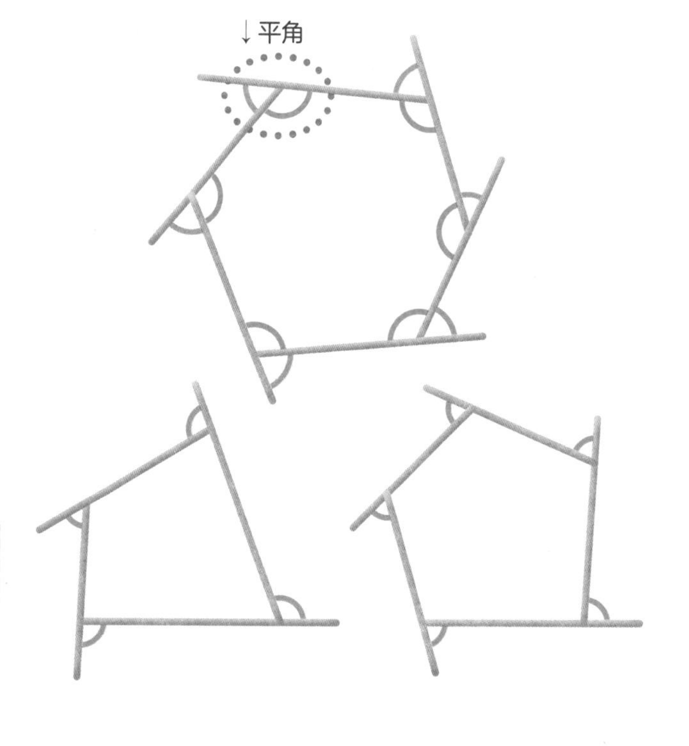

多边形的外角和

多边形的外角和恒等于360°。

74 全等图形

1 全等图形

当两个图形中一个经过挪动、旋转或翻转后，能与另一个完全重合，我们称这两个图形全等。

在全等图形中，互相重合的顶点、边、角分别叫作**对应顶点、对应边、对应角。**

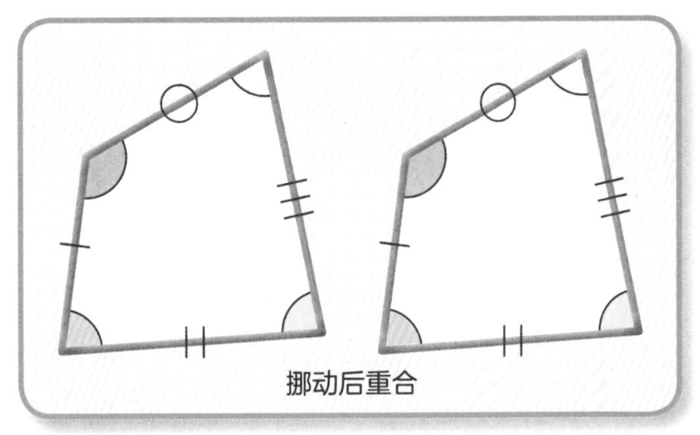

挪动后重合

全等图形的对应边长度相等，对应角大小相等。

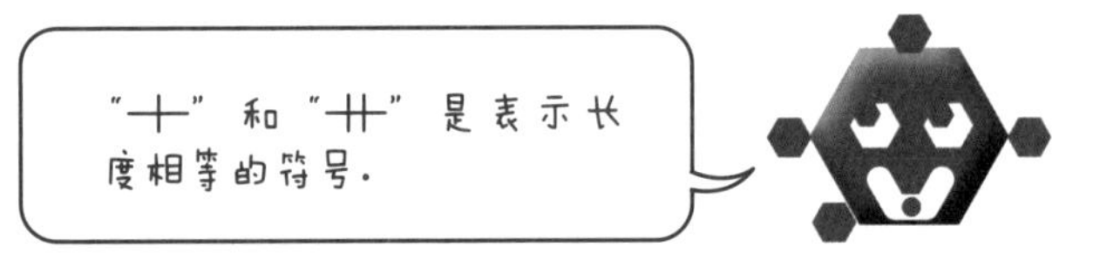

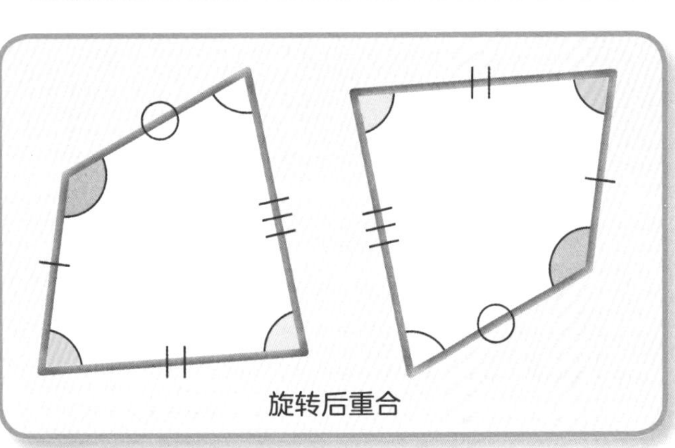

旋转后重合

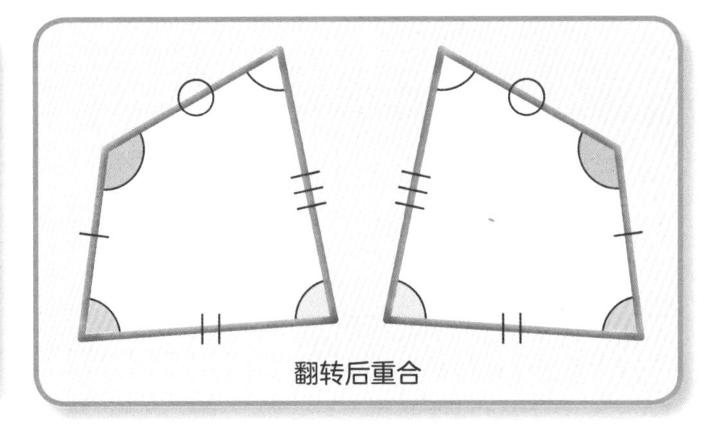

翻转后重合

2 三角形全等的条件

我们来看三角形的全等。

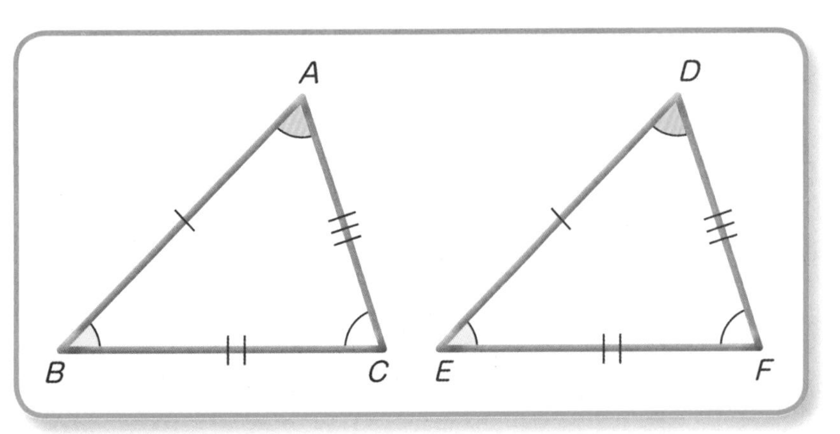

如左图所示，当两个三角形全等时，它们的三条边和三个角分别相等。
此时，写作$\triangle ABC \cong \triangle DEF$。

三角形全等的条件

满足以下任一条件的两个三角形，是全等三角形。

1 三组边分别相等。

若 $AB = DE$

$BC = EF$

$CA = FD$　则　$\triangle ABC \cong \triangle DEF$

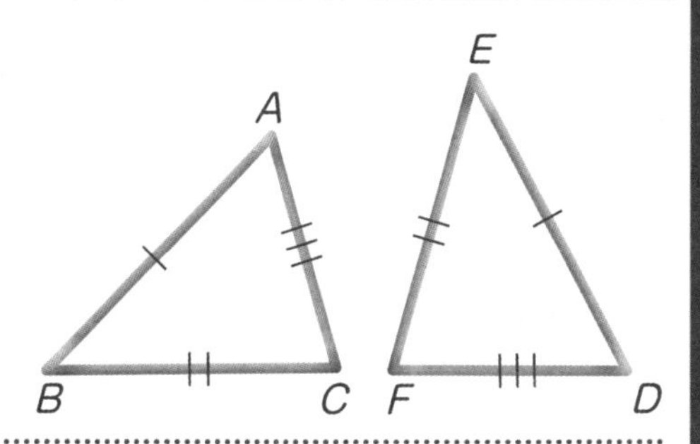

2 两组边及其夹角分别相等。

若 $AB = DE$

$BC = EF$

$\angle B = \angle E$　则　$\triangle ABC \cong \triangle DEF$

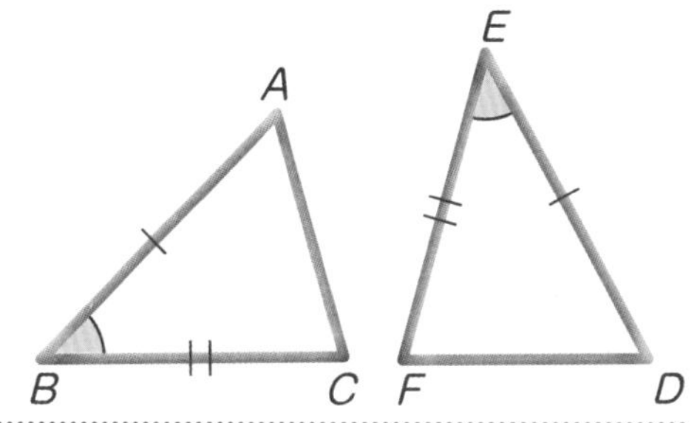

3 一组边及其两端的角分别相等。

若 $BC = EF$

$\angle B = \angle E$

$\angle C = \angle F$　则　$\triangle ABC \cong \triangle DEF$

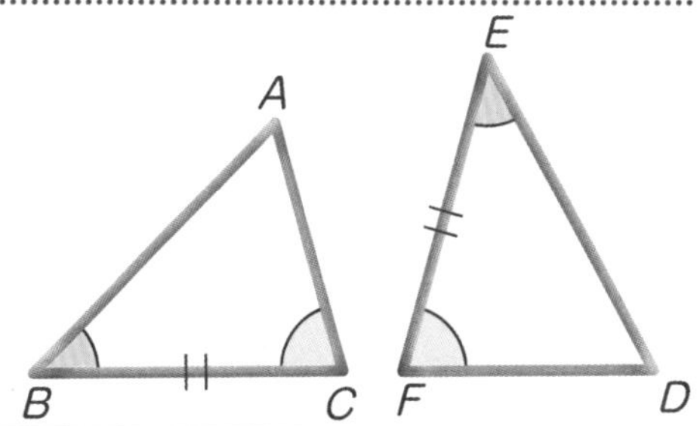

3 直角三角形全等的条件

满足以下任一条件的两个直角三角形，是全等直角三角形。

1 斜边和一个锐角 第128页 分别相等。

若 $\angle C = \angle F = 90°$

$AB = DE$

$\angle B = \angle E$　则　$\triangle ABC \cong \triangle DEF$

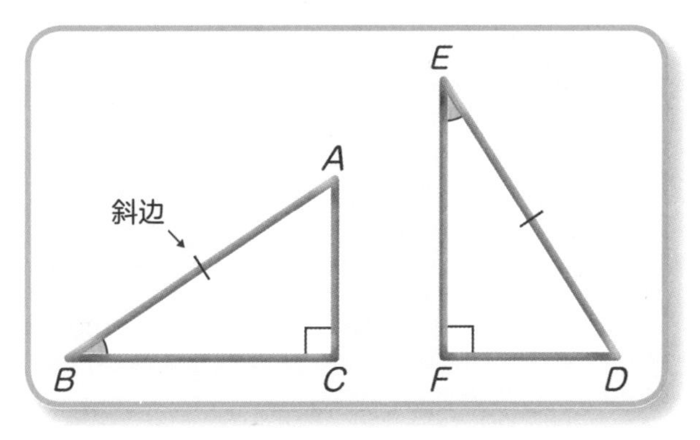

2 斜边和另一条边分别相等。

若 $\angle C = \angle F = 90°$

$AB = DE$

$BC = EF$　则　$\triangle ABC \cong \triangle DEF$

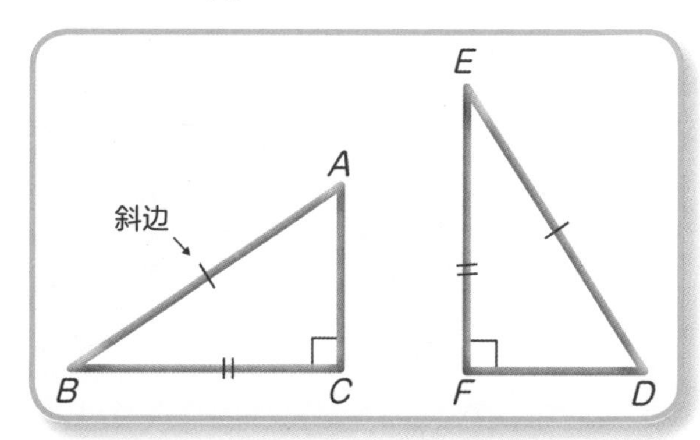

75 对称图形 小 初 高

1 轴对称图形

沿一条直线对折后两部分完全重合的图形，叫作轴对称图形。

等腰三角形沿顶角的平分线对折，两部分完全重合。
等腰三角形是轴对称图形。

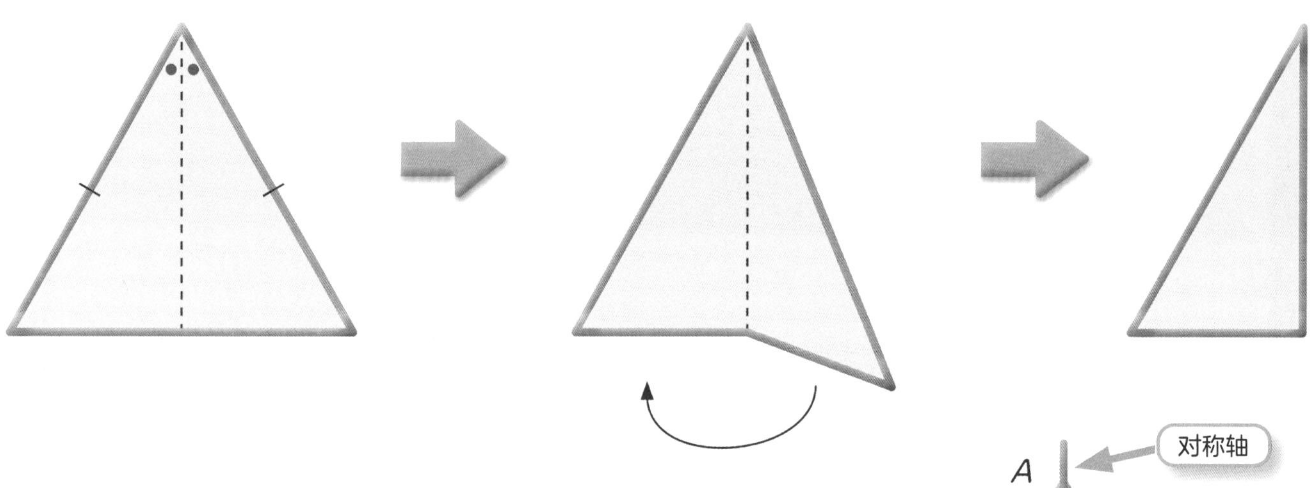

如右图所示，轴对称图形中作为折线的直线叫作**对称轴**。
沿对称轴对折，点B与点C就会重合。点B和点C叫作**对应点**，边AB和边AC叫作**对应边**。

在轴对称图形中，对称轴是对应点连线的垂直平分线 第169页。

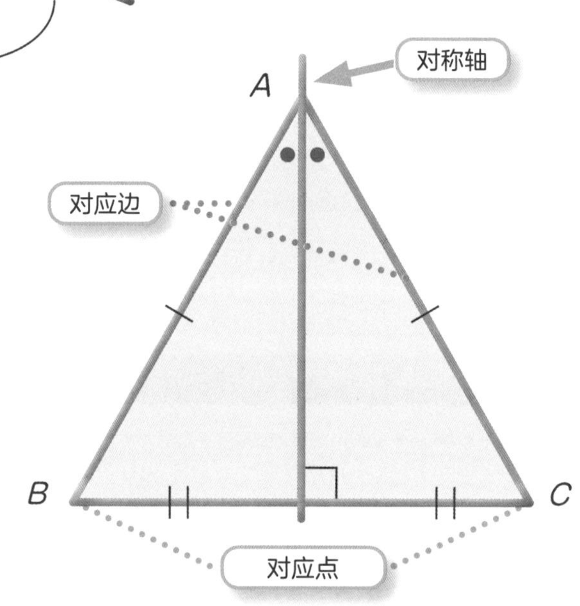

从轴对称和点对称的角度理解基本图形

等边三角形

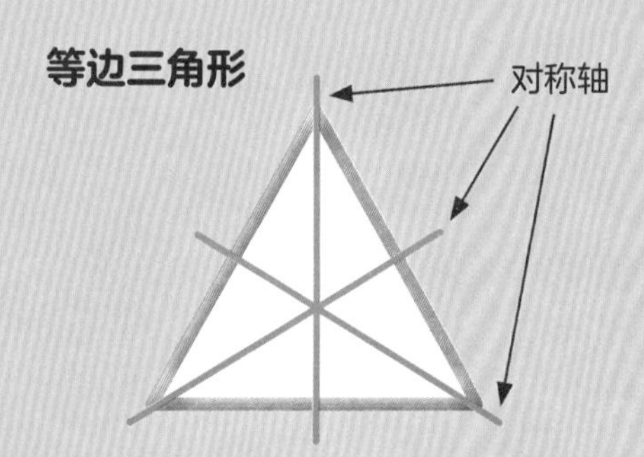

菱形

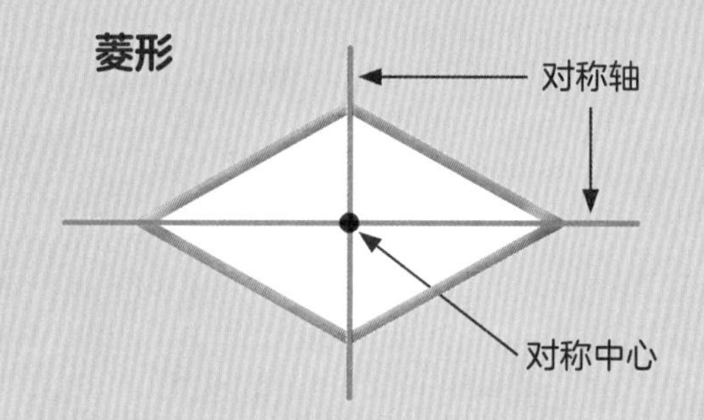

2 点对称图形

以一个点为中心旋转180°后与原图形完全重合的图形，叫作点对称图形。

平行四边形以对角线的交点为中心旋转180°后完全重合。
平行四边形是点对称图形。

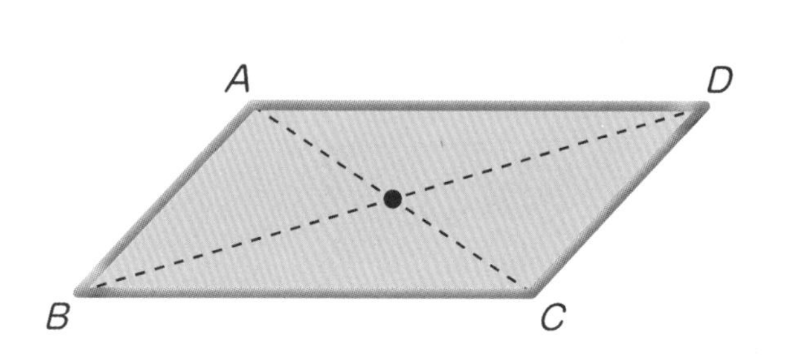

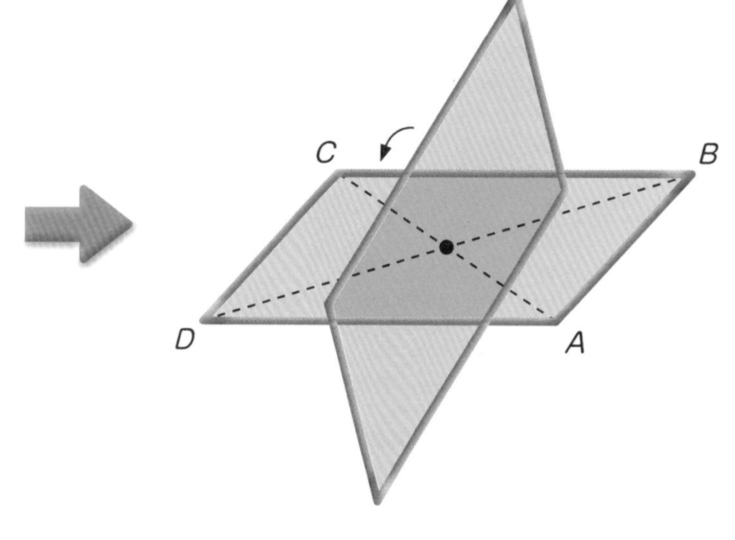

如右图所示，点对称图形的旋转中心点叫作**对称中心**。
以对称中心O为中心旋转180°，点A与点C重合，点B与点D重合。这些点叫作**对应点**。

在点对称图形中，对应点的连线一定经过对称中心。

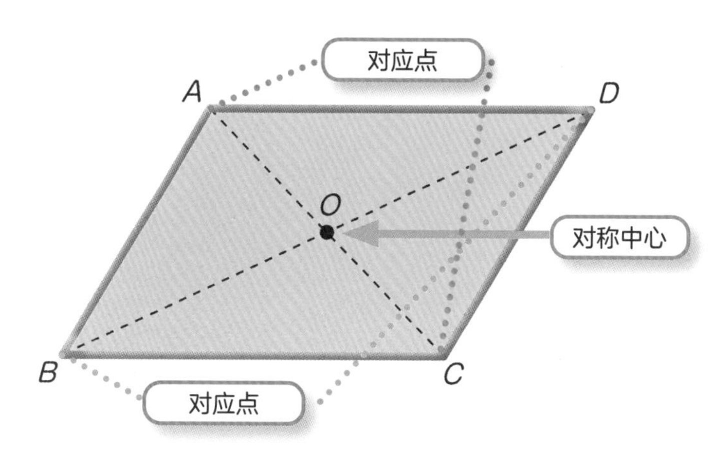

长方形

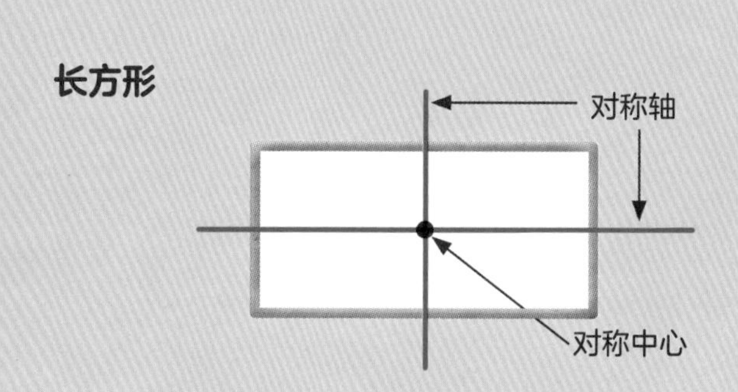

正方形

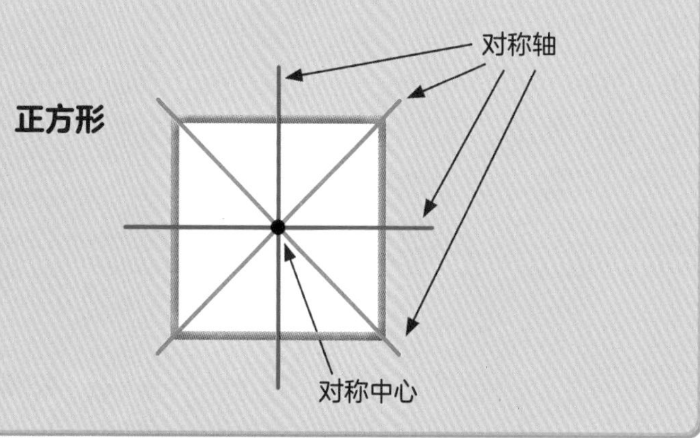

76 图形的移动

1 平移

把一个图形沿一定的方向移动一定的距离，这样的移动叫作平移。

移动前的点和移动后的点叫作对应点。
在右图所示的平移中，点A和点A'，点B和点B'，点C和点C'是对应点。

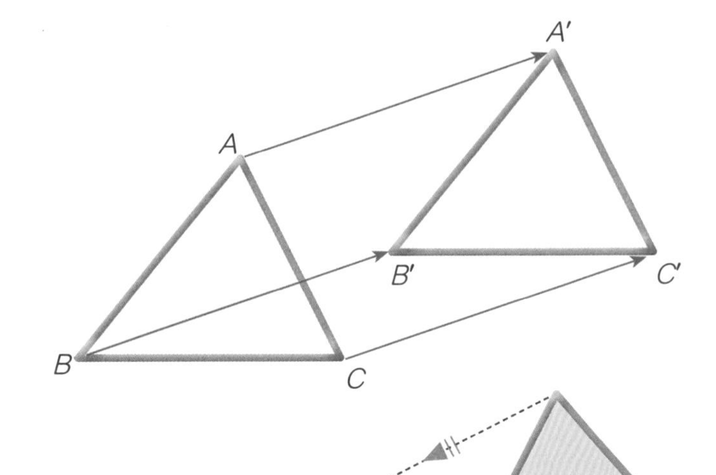

在平移中，对应点的连线分别平行，长度相等。

2 旋转

把一个图形以一个点为中心转动一定的角度，这样的移动叫作旋转。

此时，作为中心的点叫作**旋转中心**。在右图所示的旋转中，点A和点A'，点B和点B'，点C和点C'是对应点。

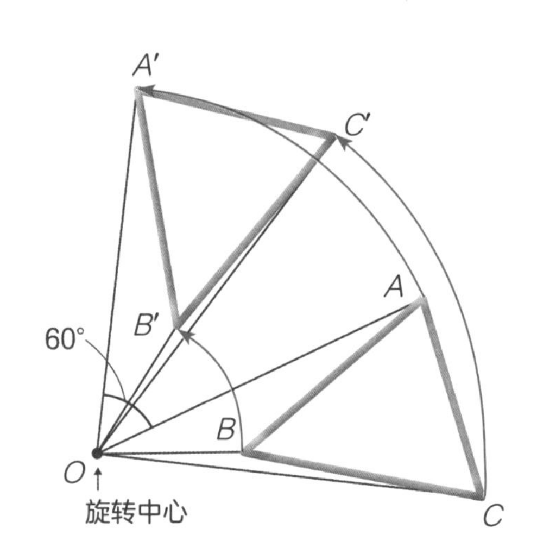

△A'B'C'是把△ABC以点O为中心旋转60°后得到的。

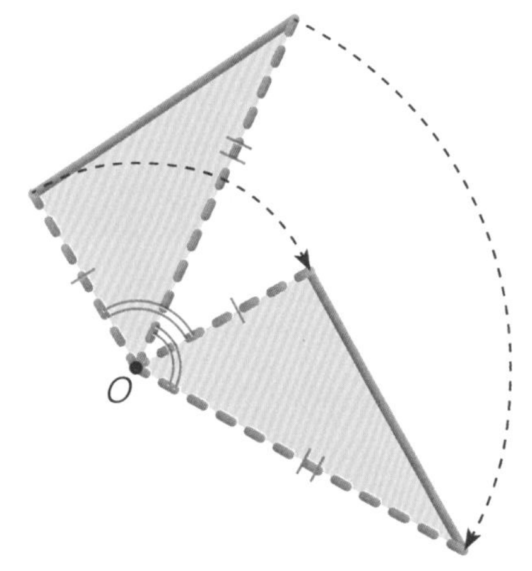

在旋转中，对应点与旋转中心的距离相等，对应点与旋转中心的连线组成的角都相等。

在旋转中，180°的旋转叫作点对称移动。

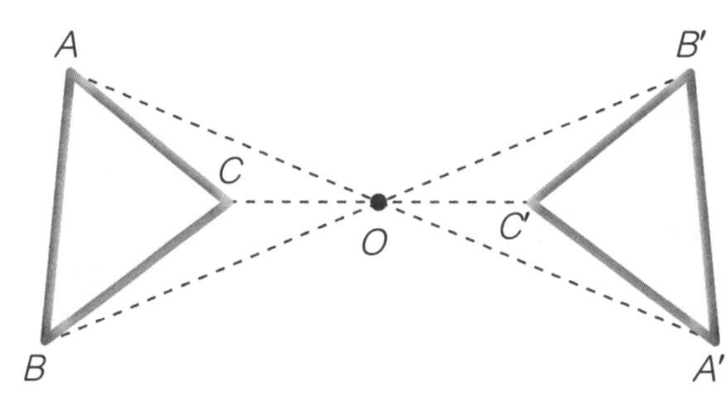

点对称移动是旋转的一种。

点对称图形以点O为中心旋转180°后，能与原图形重合。
右图所示的平行四边形，以对角线的交点O为中心旋转180°后，即与原图形重合。

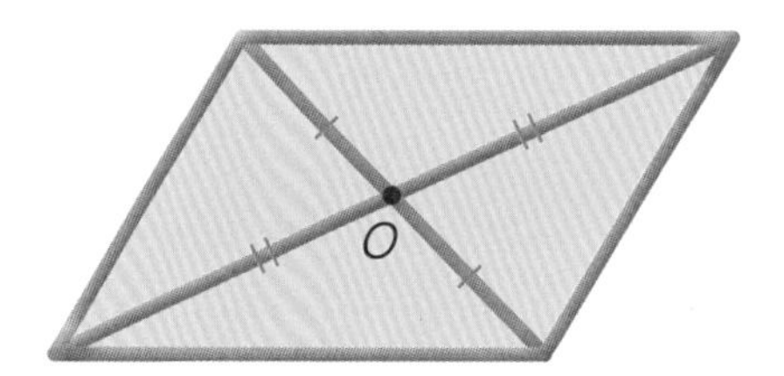

3 对称移动

把一个图形沿一条直线翻折，这样的移动叫作对称移动。

此时，这条直线叫作**对称轴**。
在右图所示的对称移动中，点A和点A'，点B和点B'，点C和点C'是对应点。

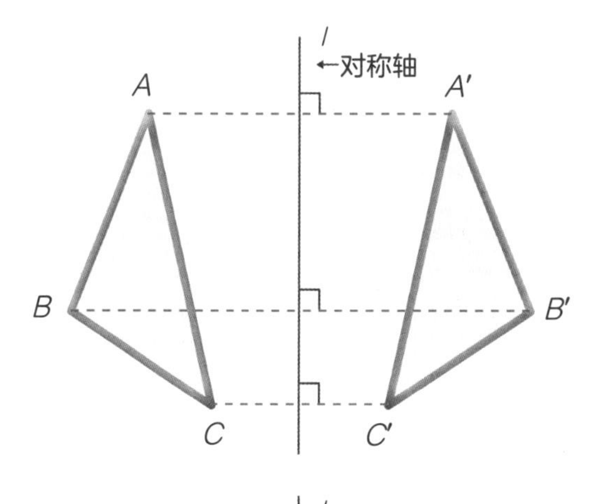

$\triangle A'B'C'$是把$\triangle ABC$以直线l为对称轴进行对称移动后得到的。

在对称移动中，对应点的连线被对称轴垂直平分。

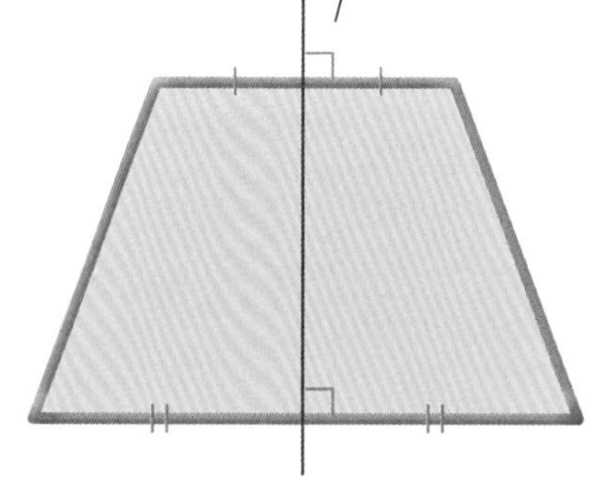

轴对称图形以直线l为对称轴翻折后，能与原图形重合。
右图所示的梯形和等腰三角形都是轴对称图形。

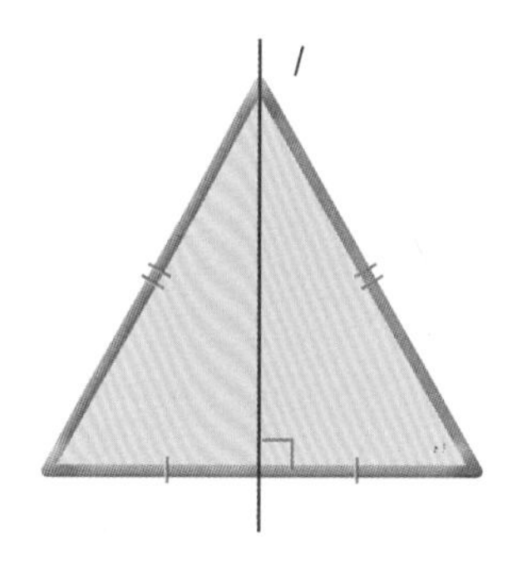

77 图形的密铺 小 初 高

1 美丽的花纹

日式传统花纹均可视为图形的密铺。

例如，下面这些日式传统花纹。

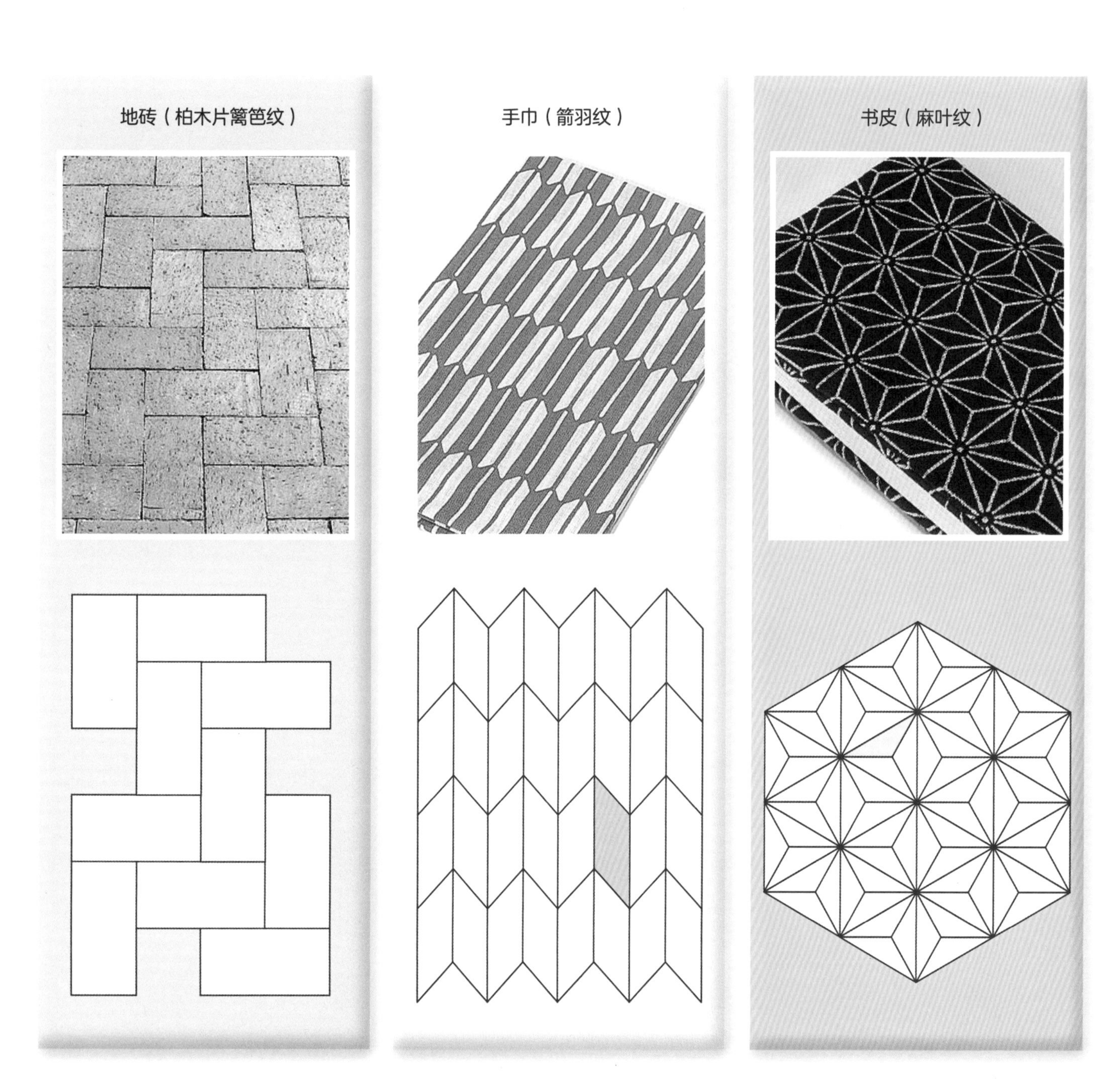

照片中的花纹是由某一图形经过移动、密铺后形成的。

2 三角形的密铺

因为三角形的内角和是180°，所以把三个内角拼在一起，就能组成平角（180°的角）。

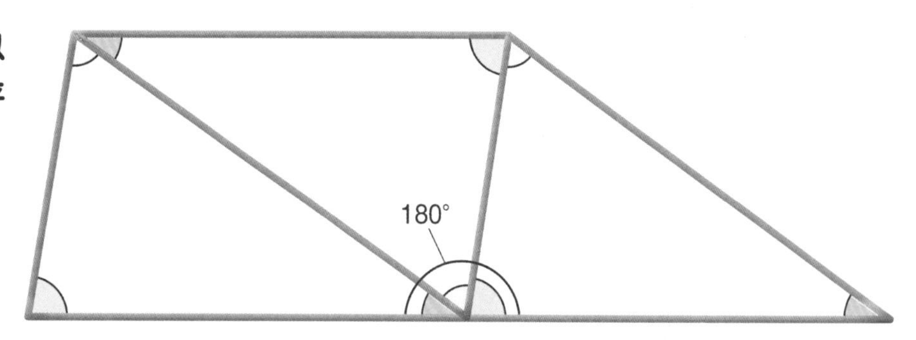

如下图所示，用一种全等三角形就能铺满平面。

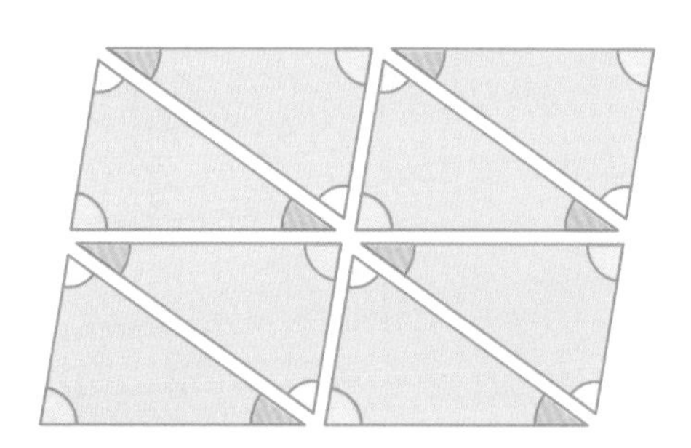

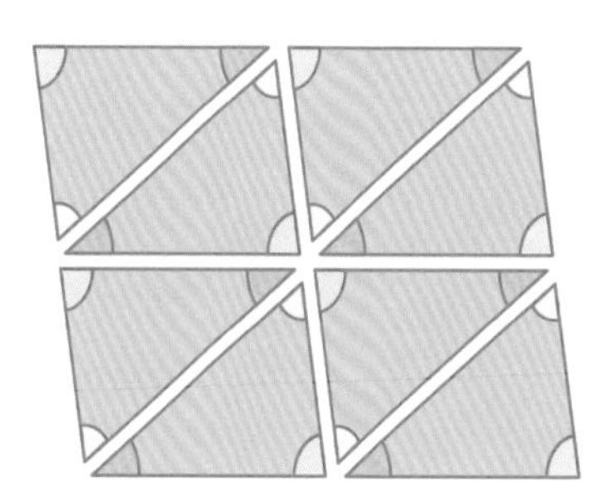

3 四边形的密铺

用全等的正方形、长方形、平行四边形也能铺满平面。

因为四边形的四个内角和是360°，所以，用右图所示的普通四边形也能实现密铺。

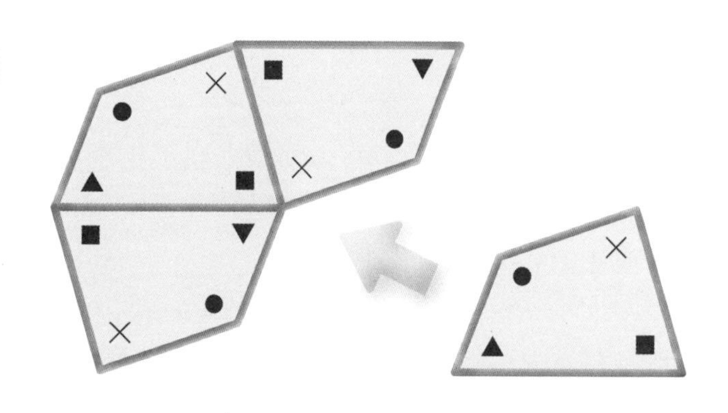

78 作图（1）小 初 高

1 垂线

当两条直线相交组成的角是直角时，这两条直线**垂直**。
当两条直线垂直时，一条直线叫作另一条直线的**垂线**。
在右图中，直线l与直线m垂直，写作$l \perp m$。

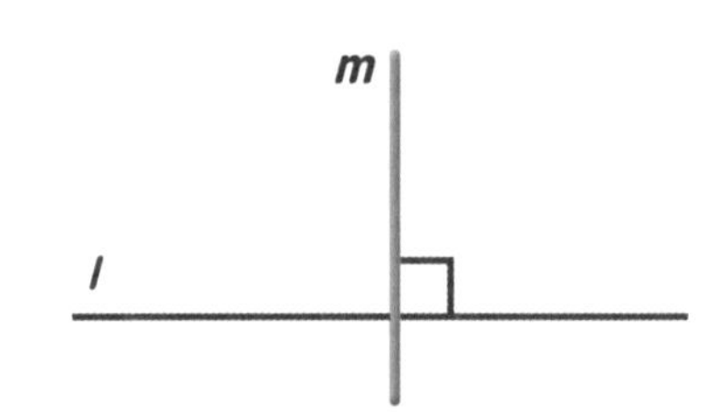

作图：经过直线上的一点画垂线

经过直线l上的点P画其垂线PQ，可按照以下顺序作图：

1 以点P为中心，画一个与直线l相交、半径大小适当的圆，设圆与直线l的交点为A，B。
2 分别以点A，B为中心，画两个半径相等且相交的圆，设它们的交点之一为Q。
3 画出直线PQ。

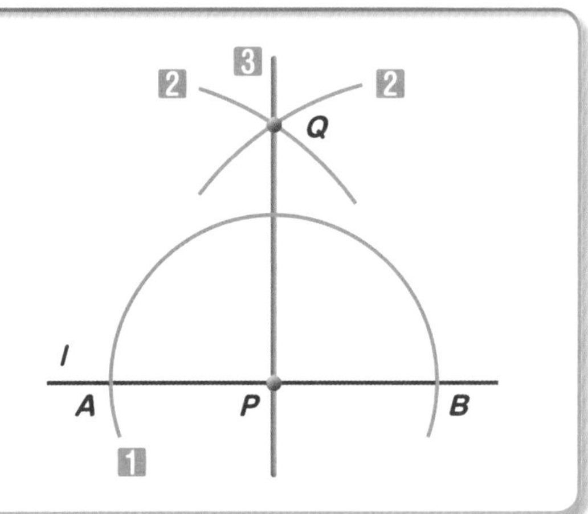

作图：经过直线外的一点画垂线

经过直线l外的点P画其垂线PQ，可按照以下顺序作图：

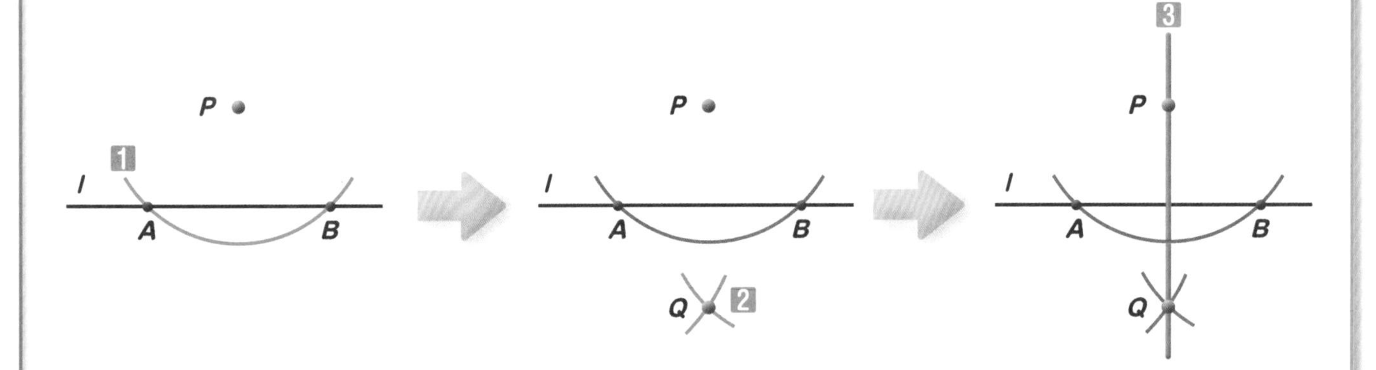

1 以点P为中心画一个圆，设圆与直线l的交点为A，B。
2 分别以点A，B为中心，画两个半径相等且相交的圆，设它们的交点之一为Q。
3 画出直线PQ。

保留作图时画的线，就能轻松看懂作图顺序。

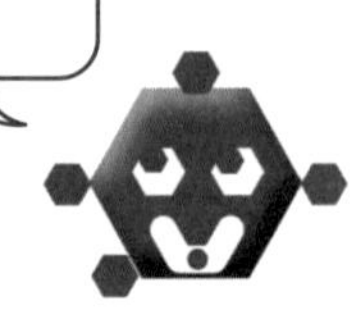

2 垂直平分线

把一条线段平分成两段的点，叫作这条线段的**中点**。
右图中与点A，B距离相等的点的集合，是一条经过线段AB的中点M且与线段AB垂直的直线。

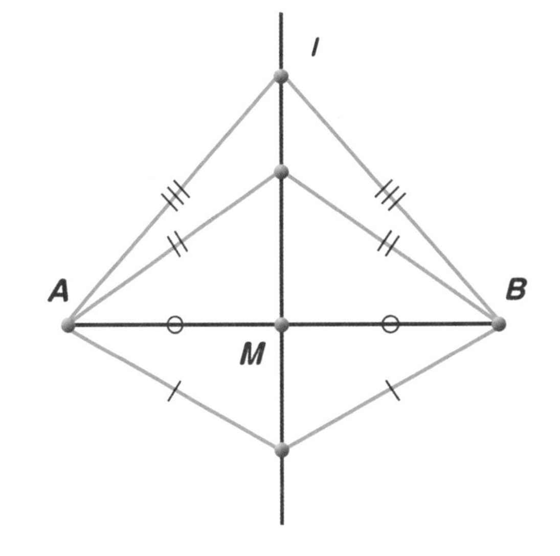

经过一条线段的中点且与该线段垂直的直线，叫作这条线段的**垂直平分线**。
一条线段的垂直平分线是这条线段的对称轴第162页。

作图：画垂直平分线

线段AB的垂直平分线，可按照以下顺序作图：

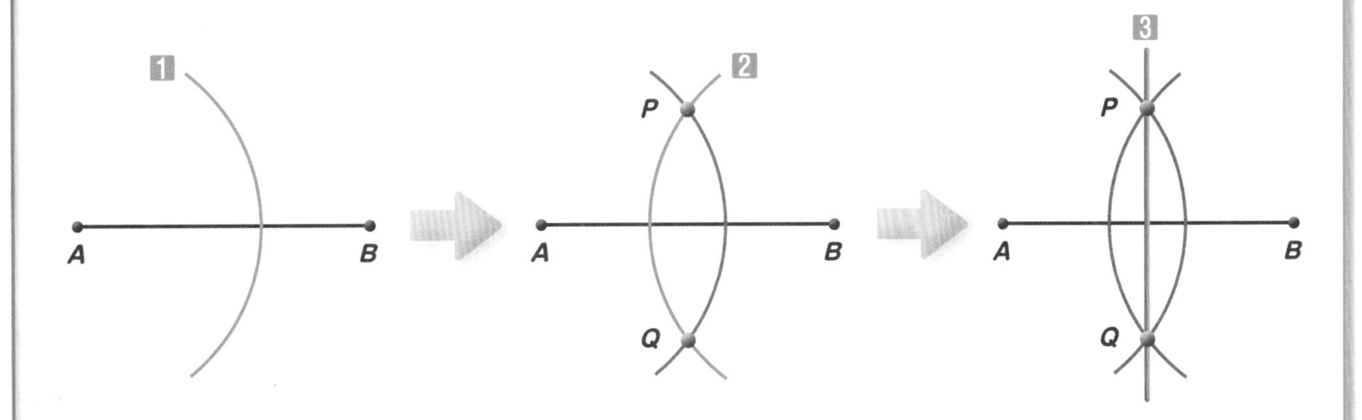

1. 以点A为中心，画一个半径大小适当的圆。
2. 以点B为中心，画一个半径与1相等的圆，设它们的交点是P和Q。
3. 画出直线PQ。

角的平分线

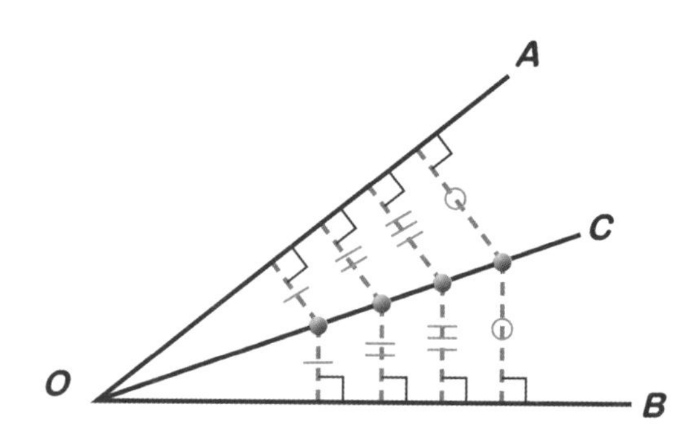

如右图所示，位于$\angle AOB$的内部且与该角两边距离相等的点的集合，组成射线OC。

射线OC将$\angle AOB$平分。

将一个角平分的射线，叫作这个角的**平分线**。

一个角的平分线是这个角的对称轴

。

作图：画角的平分线

$\angle AOB$的平分线可按照以下顺序作图。

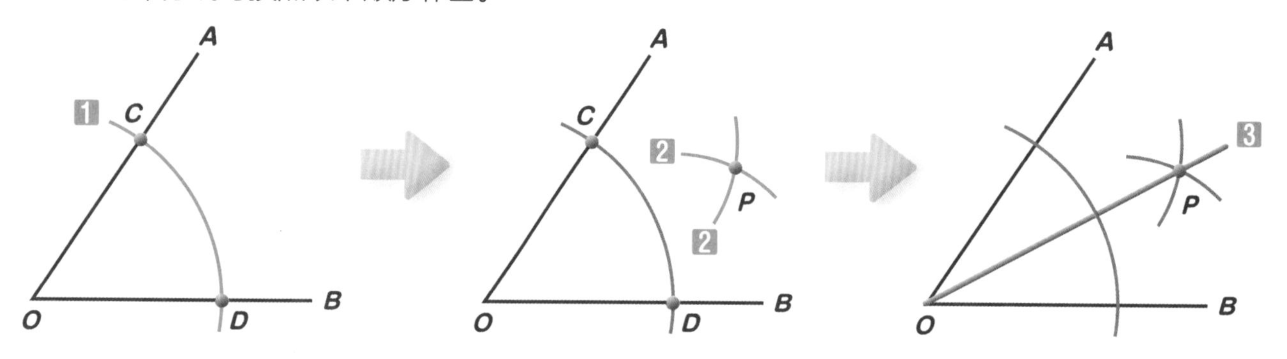

1 以点O为中心画一个圆，设圆与边OA、OB的交点分别为点C和点D。

2 分别以点C和点D为中心，画两个半径相等且相交的圆，设它们在$\angle AOB$内部的交点为P。

3 画出射线OP。

若$\angle AOB=180^\circ$，就是第168页的“经过直线上的一点画垂线”。
画180°角的平分线，就是画垂线。

作图工具

画图所用的工具有直尺、圆规、曲线板、量角器等。

所谓作图，就是只用直尺和圆规画图。

直尺用来画直线。

圆规用来画圆或截取线段的长度。

不用直尺测量长度，不用量角器测量角度。

此外，保留作图所画的线，以展示作图的过程。

画各种图形

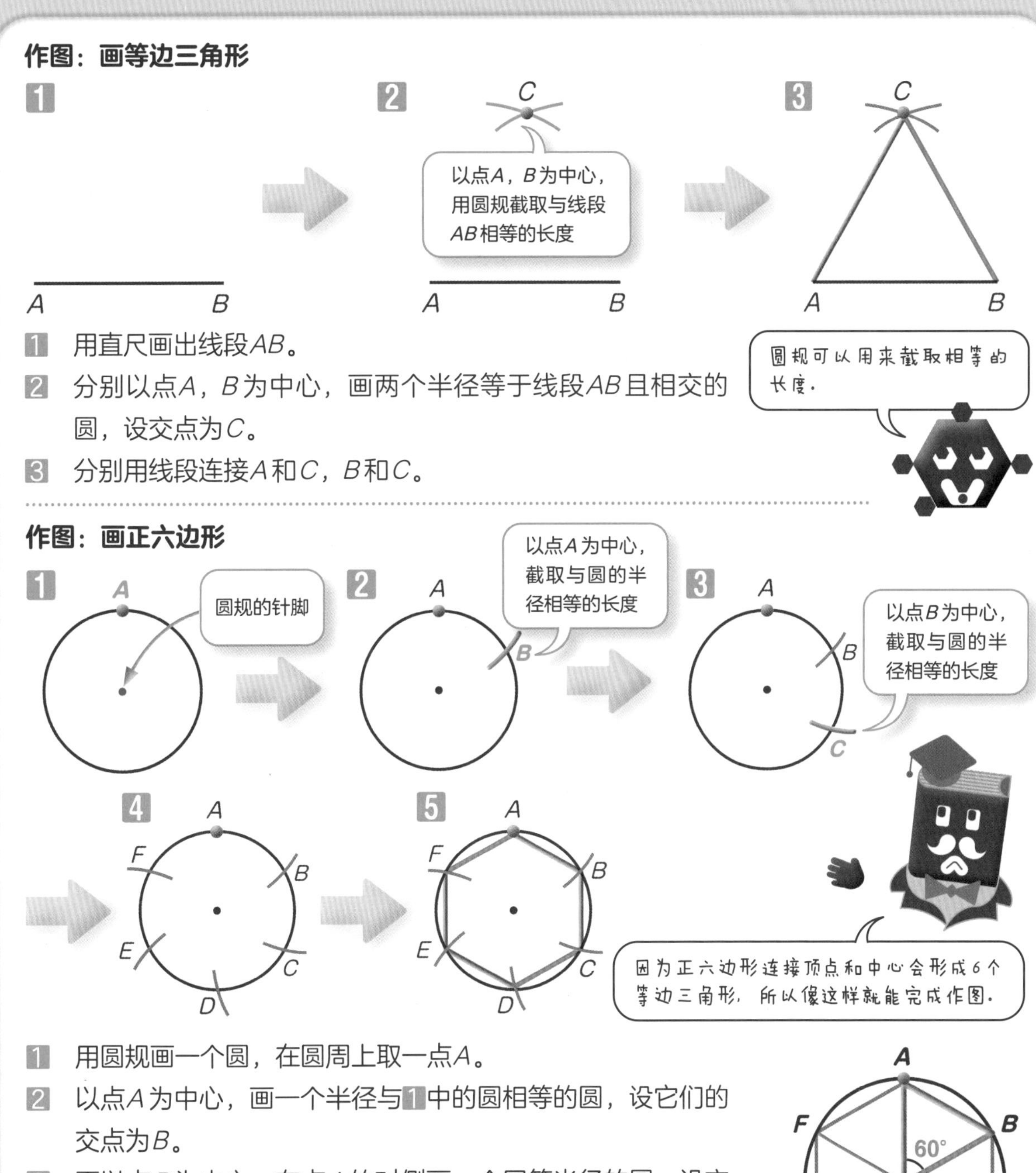

1. 用直尺画出线段AB。
2. 分别以点A，B为中心，画两个半径等于线段AB且相交的圆，设交点为C。
3. 分别用线段连接A和C，B和C。

1. 用圆规画一个圆，在圆周上取一点A。
2. 以点A为中心，画一个半径与1中的圆相等的圆，设它们的交点为B。
3. 再以点B为中心，在点A的对侧画一个同等半径的圆，设交点为C。
4. 用同样方法，在圆周上依次取点D，E，F。
5. 用线段连接点A，B，C，D，E，F。

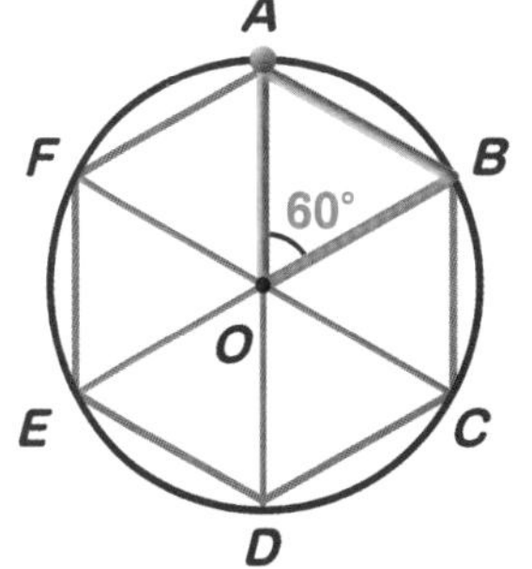

80 相似图形 小 初 高

1 相似图形

不改变一个图形的形状，只按照一定的比率放大或缩小这个图形，我们称如此得到的图形与原图形相似。

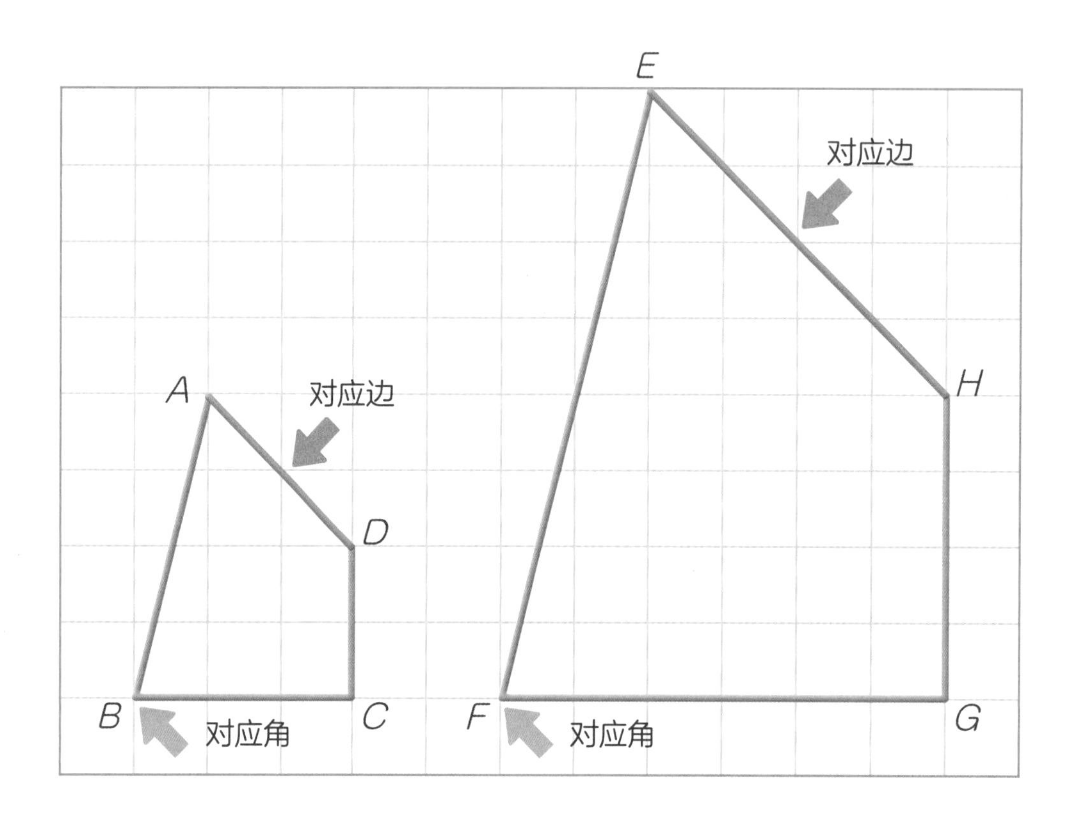

上面的四边形$ABCD$与四边形$EFGH$相似，写作四边形$ABCD \backsim$四边形$EFGH$。

四边形$EFGH$是把四边形$ABCD$的对应边放大1倍得到的。
将原图形放大后得到的图形叫作**放大图**，缩小后得到的图形叫作**缩小图**。
在四边形$ABCD$与四边形$EFGH$之间，关于对应边的长度与对应角的大小，以下关系成立：

$EF=2AB$，$FG=2BC$，$GH=2CD$，$HE=2DA$；

$\angle E=\angle A$，$\angle F=\angle B$，$\angle G=\angle C$，$\angle H=\angle D$。

相似图形的性质

在相似图形中，对应部分的长度之比都相等，对应角的大小分别相等。

2 位似

如下图所示，像四边形*ABCD*和四边形*EFGH*这样，当经过两个图形的对应点的直线都集中于一点*O*，且从点*O*到对应点的距离之比都相等时，我们称这两个图形关于点*O* **位似**，点*O*叫作**位似中心**。

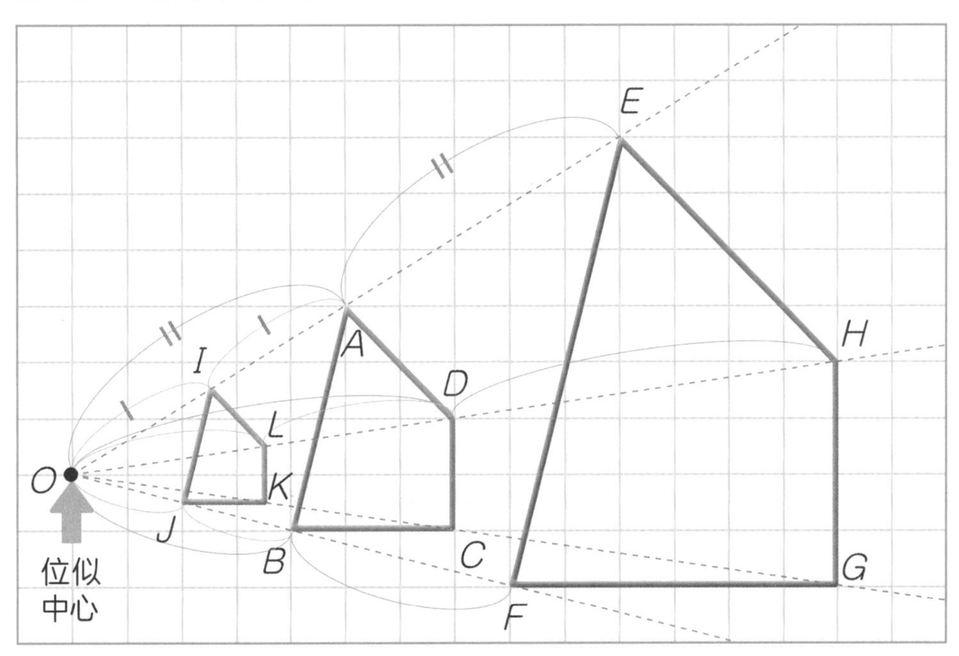

在相似图形中，对应部分的长度之比叫作**相似比**。
在上图中，四边形*ABCD*与四边形*EFGH*的相似比是1：2。

3 三角形相似的条件

满足以下任一条件的两个三角形相似。

1 **三组边之比都相等。**

a　a′　b　b′　c　c′

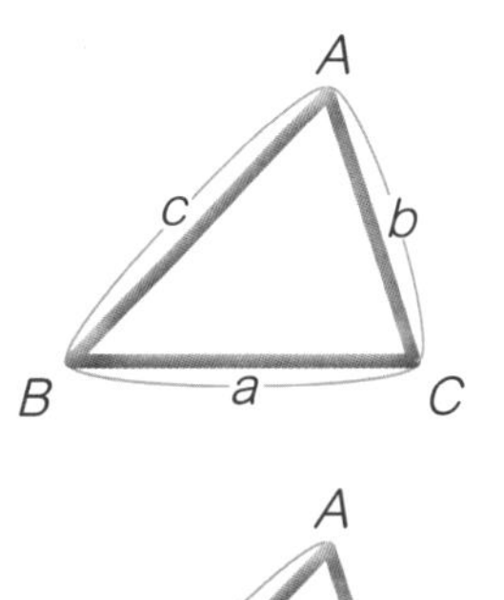

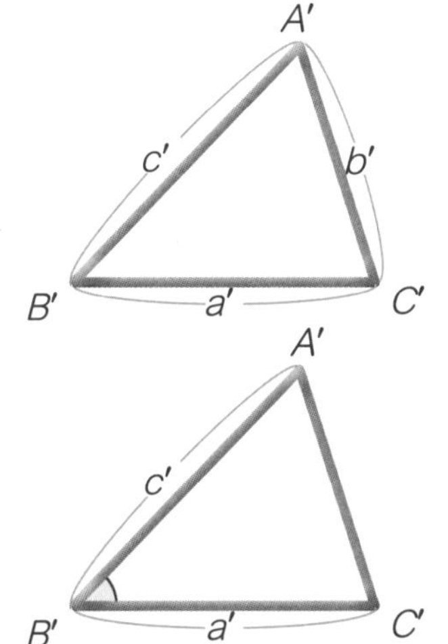

2 **两组边之比及其夹角分别相等。**

a　a′　c　c′
B　B′

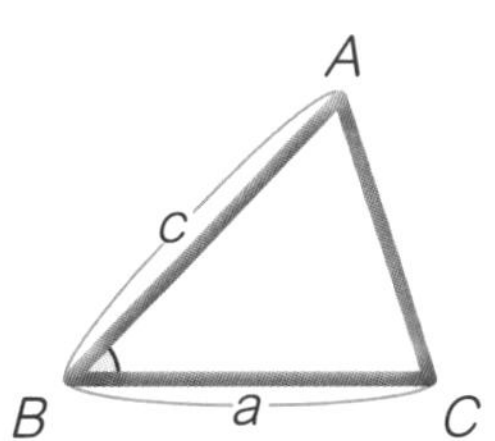

3 **两组角分别相等。**

B　B′
C　C′

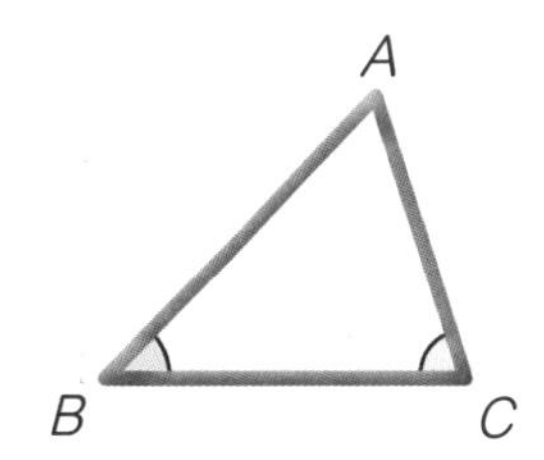

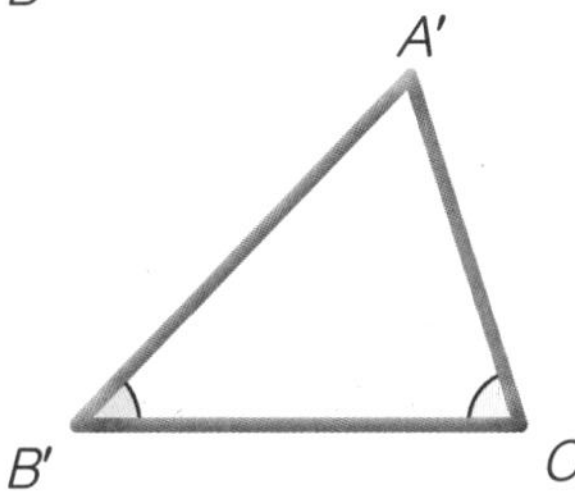

81 三角形中位线定理

1 三角形与比

设△ABC的两边AB和AC上的两点分别为D，E，用线段连接D和E。
此时，下述关系成立。

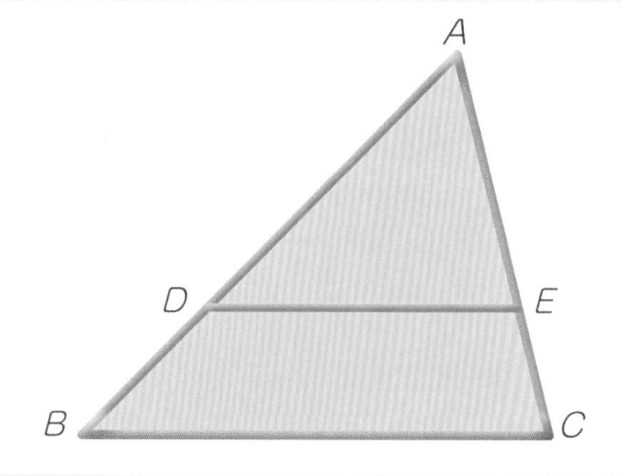

三角形与比（1）

设△ABC的两边AB和AC上的两点分别为D，E。

1. 若$DE \parallel BC$，则$AD : AB = AE : AC = DE : BC$。
2. 若$AD : AB = AE : AC$，则$DE \parallel BC$。

三角形与比（2）

设△ABC的两边AB和AC上的两点分别为D，E。

1. 若$DE \parallel BC$，则$AD : DB = AE : EC$。
2. 若$AD : DB = AE : EC$，则$DE \parallel BC$。

2 平行线与比

当直线与平行线相交时，以下关系成立。

平行线与比

三条平行直线a，b，c，设直线l与它们的交点分别为A，B，C，直线l'与它们的交点分别为A'，B'，C'，则

$$AB : BC = A'B' : B'C'$$。

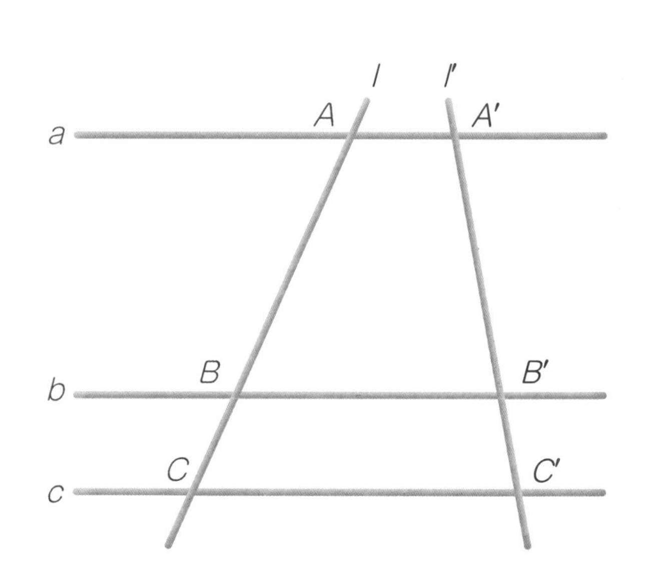

3 三角形中位线定理

设△ABC的两边AB和AC的中点分别为M，N，用线段连接M和N。
此时，MN与BC满足以下关系。

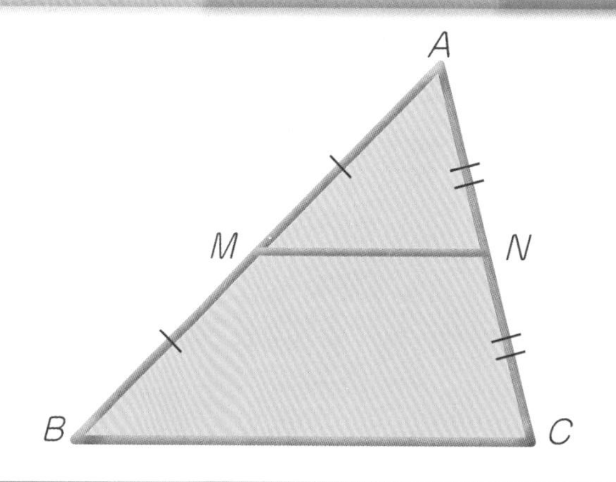

三角形中位线定理

设△ABC的两边AB和AC的中点分别为M，N，以下关系成立。

$$MN /\!/ BC，MN=\frac{1}{2}BC$$

在下图中，所有的三角形都以边BC为底，根据三角形中位线定理，RS，TU，MN的长度都相等，且互相平行。

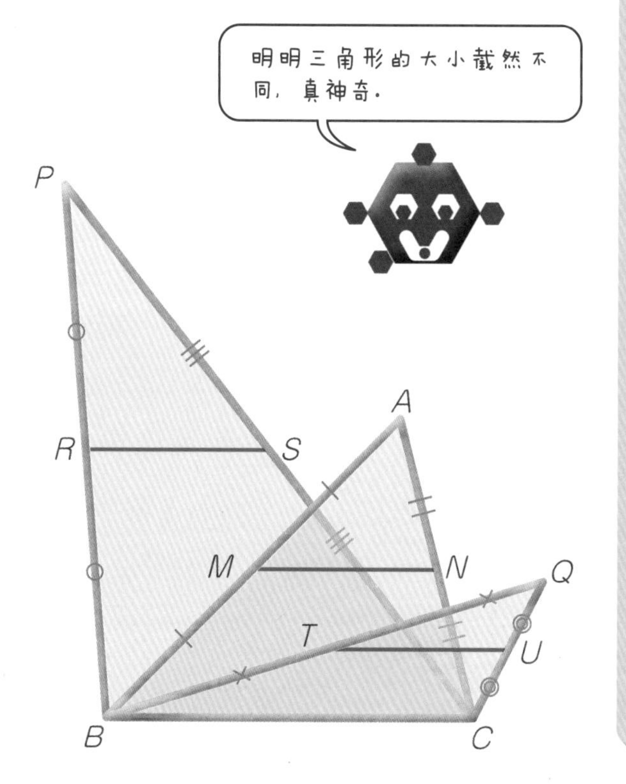

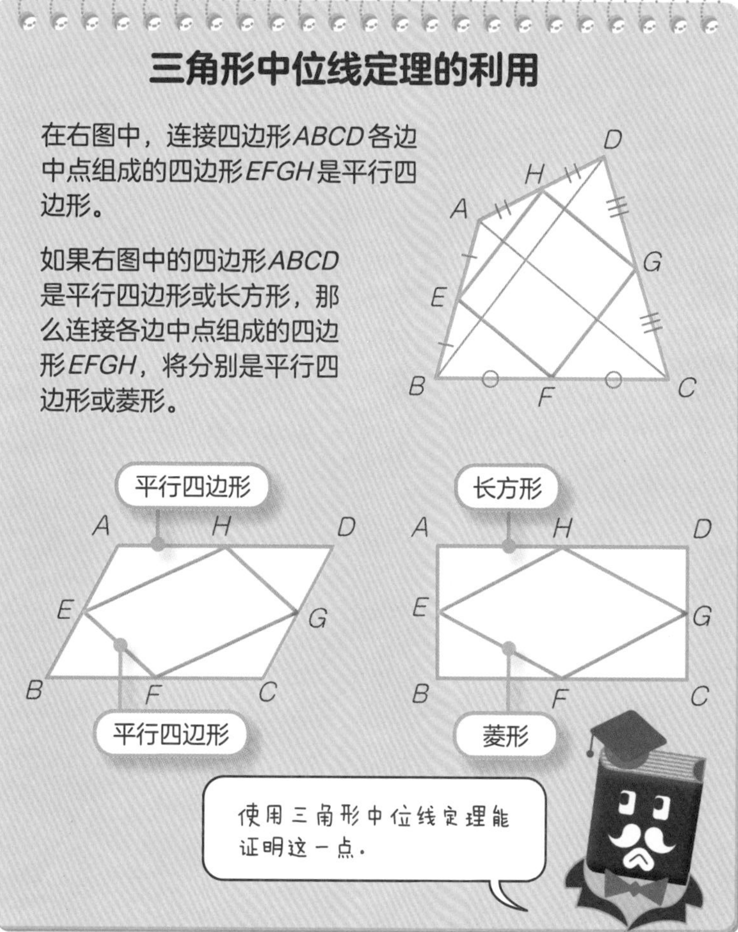

82 勾股定理 小 初 高

1 勾股定理

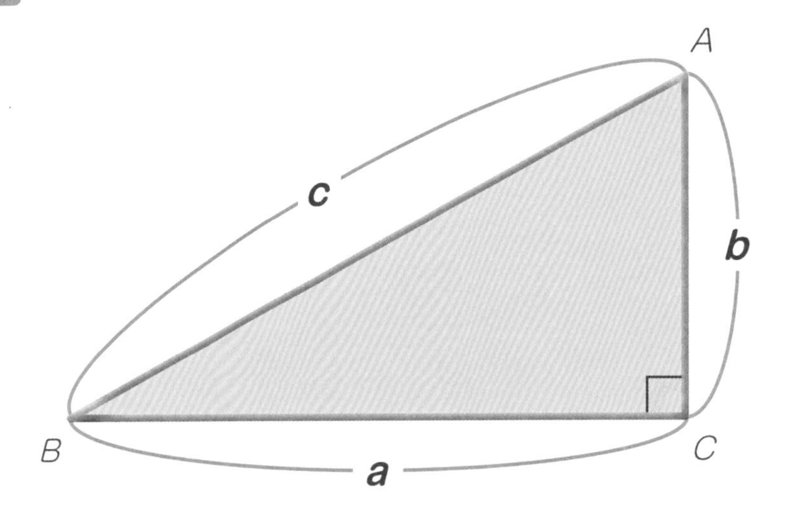

直角三角形的两条直角边的长度与斜边**的长度之间，满足以下关系。**

勾股定理

设直角三角形的两条直角边的长度分别为a和b，斜边长度为c，则

$$a^2+b^2=c^2。$$

勾股定理又称**毕达哥拉斯定理**，这一命名源自古希腊数学家毕达哥拉斯。※

在勾股定理中，将两条直角边的长度a，b和斜边的长度c分别平方（二次方）。将一条边长平方，即相当于同等边长的正方形的面积。

因此，如右图所示，设$a^2=P$，$b^2=Q$，$c^2=R$，则$P+Q=R$，即可以视为面积的关系式。

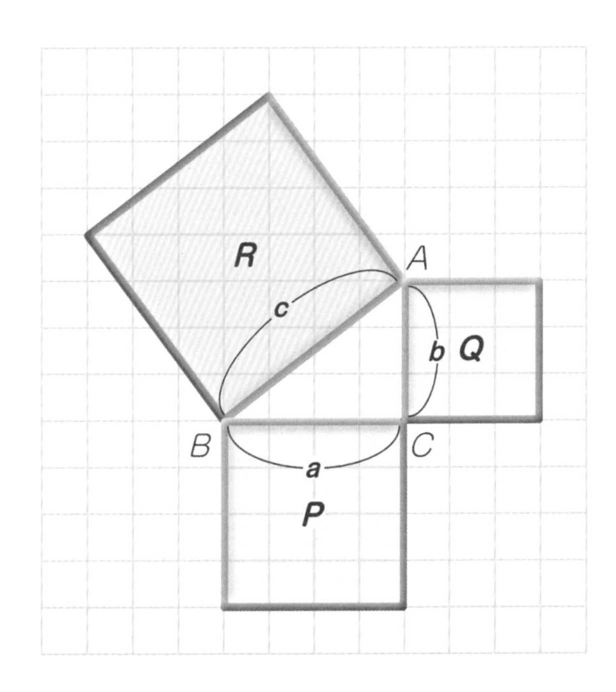

※ 在中国，西周数学家商高在公元前1000年发明了勾股定理，比毕达哥拉斯早了五六百年。

2 勾股定理的证明

如下图所示，不改变正方形Q的面积，只改变其形状，然后移动到正方形R的一部分上。

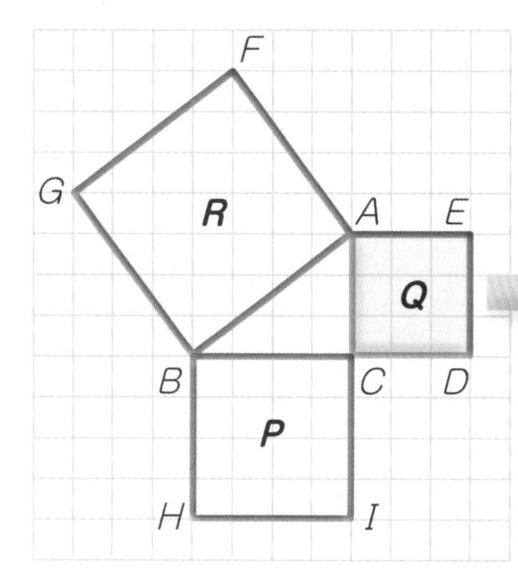

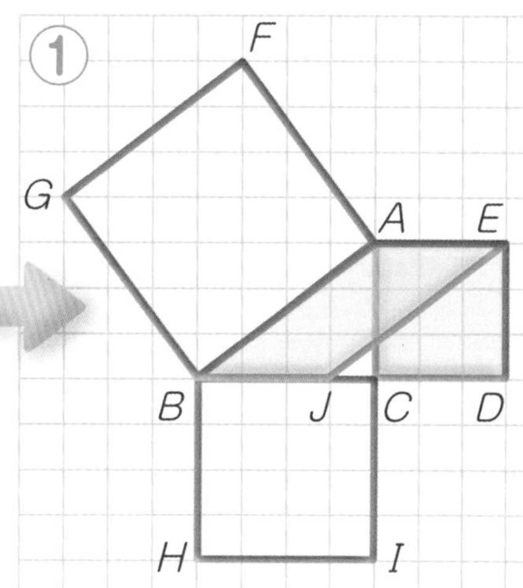

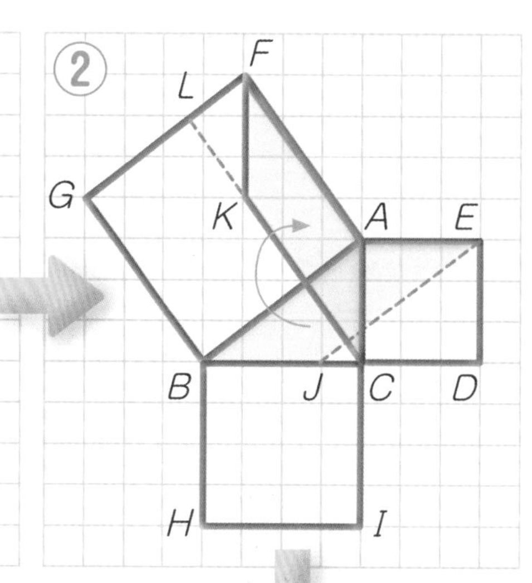

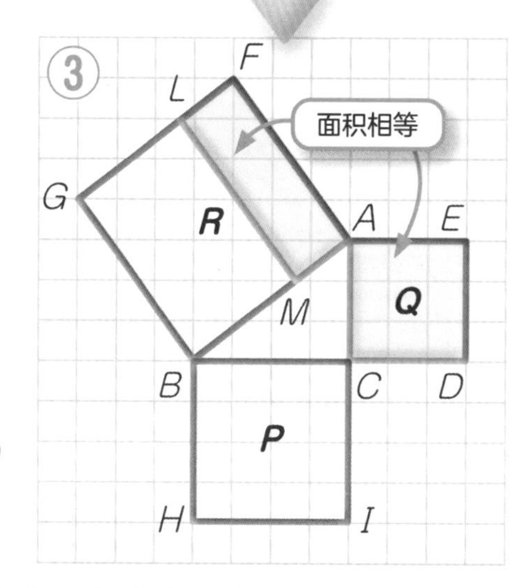

①把边AE视为正方形$ACDE$的底，使之变形为等高的平行四边形$ABJE$。

②将平行四边形$ABJE$旋转90°，使边AE与边AC重合，边AB与边AF重合，变形为平行四边形$AFKC$。

③把边AF视为平行四边形$AFKC$的底，使之变形为等高的长方形$AFLM$。

同样地，正方形P的面积也能移动到正方形R余下的部分上。

3：4：5的直角三角形

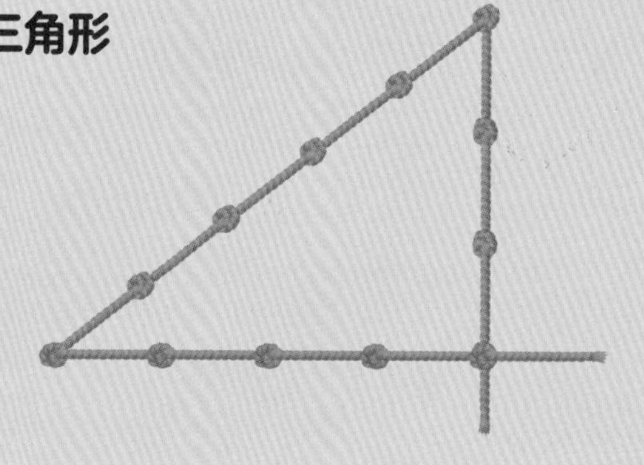

三边长度之比为3：4：5的三角形是直角三角形。早在很久以前，勾股定理远未被发现时，古埃及人就已知道这一点。据说，参与建造金字塔等建筑的古埃及人，会把绳子按照3、4、5的比率弯折再抻直，就形成了直角。

$3^2+4^2=5^2$

83 三角形的五心

1 重心

如右图所示，连接三角形的一个顶点与其对边中点 第169页 **的线段，叫作中线。**

中线

三角形的三条中线相交于一点，该交点将三条中线分别分成2：1。

三角形三条中线的交点G叫作三角形的**重心**。

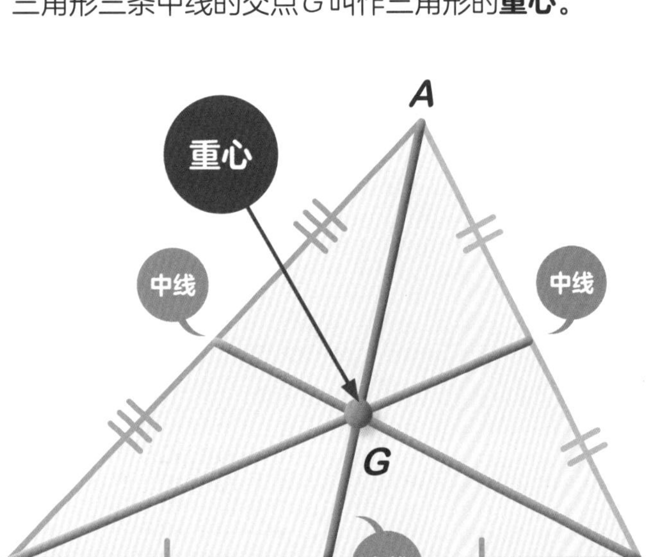

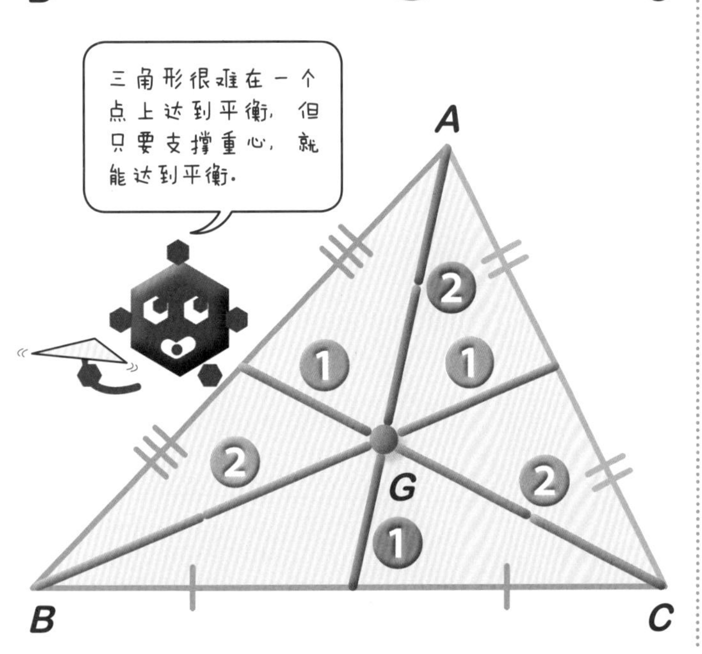

2 内心

在三角形中，满足一定条件的三条直线相交于一点，像这样的交点，除重心以外还有若干个。

三角形三个内角的平分线 第170页 相交于一点，该交点I叫作**内心**。

内心与各边的距离相等。

以该长度为半径、以点I为圆心的圆，叫作**内切圆**。

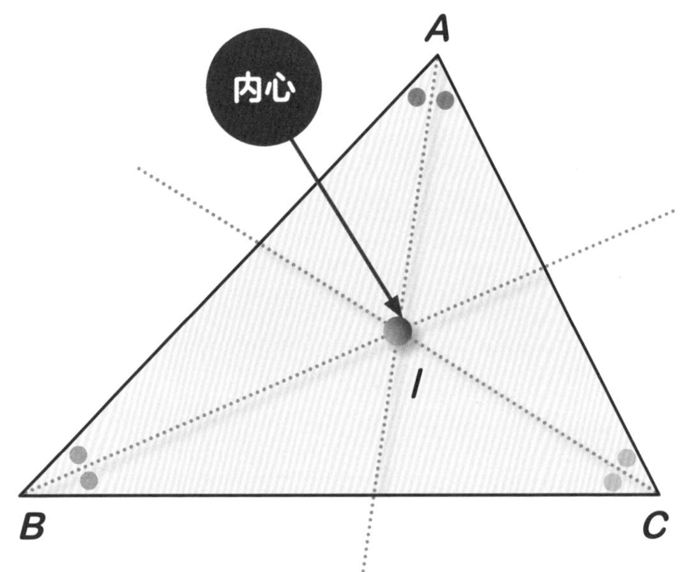

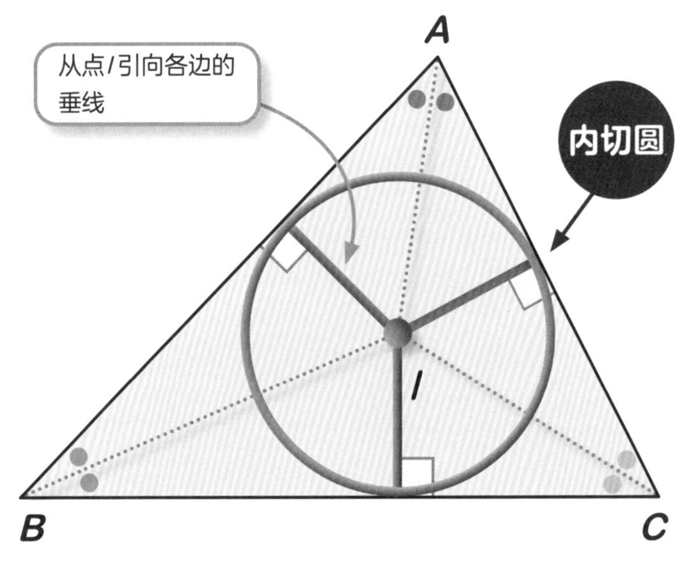

3 外心、垂心、旁心

三角形三条边的垂直平分线 第169页 相交于一点。该交点O叫作**外心**。

外心与各顶点的距离相等。

以该长度为半径、以点O为圆心画的圆，叫作**外接圆**。

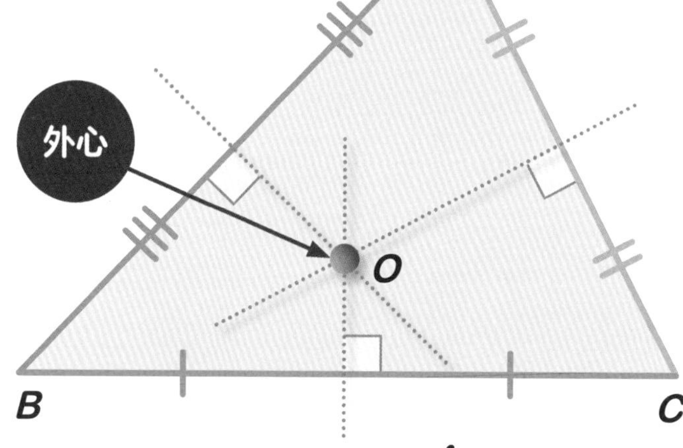

A
外接圆
O
B
C

外接圆经过△ABC的三个顶点。

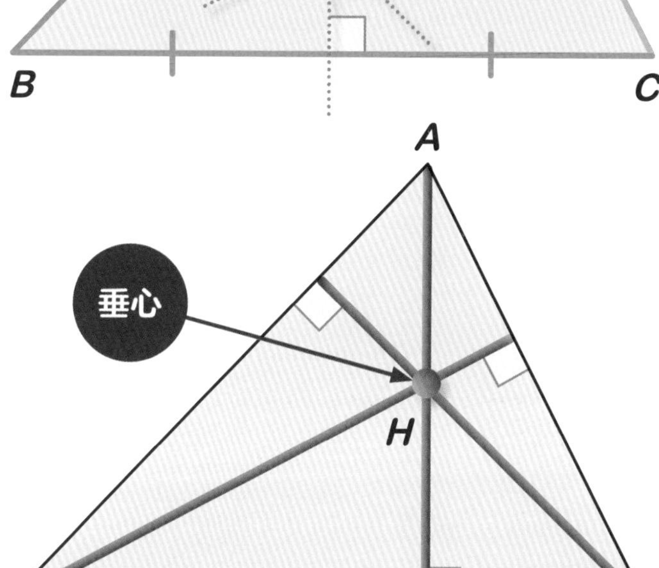

从三角形三个顶点引向对边（或其延长线）的三条垂线相交于一点。该交点H叫作**垂心**。

一个内角的平分线与另两个角的外角的平分线相交于一点。该交点J叫作**旁心**。

旁心有三个，是与三角形的一边和另两边的延长线相切的圆的圆心。

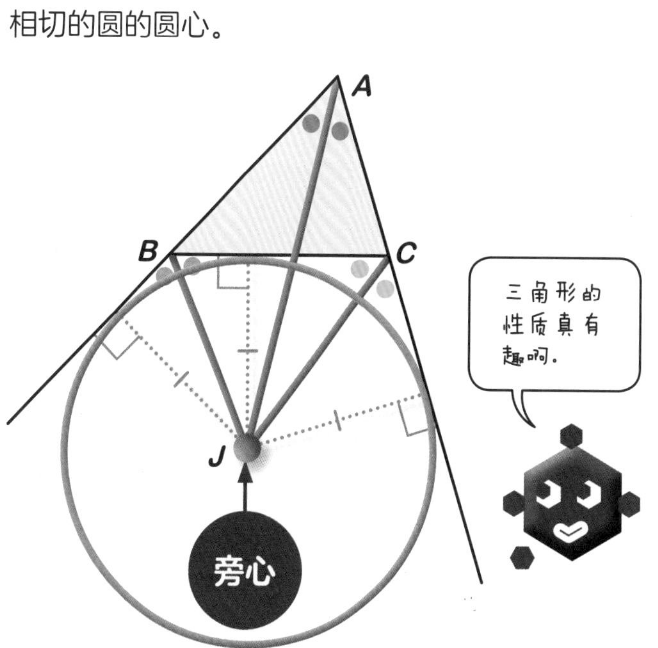

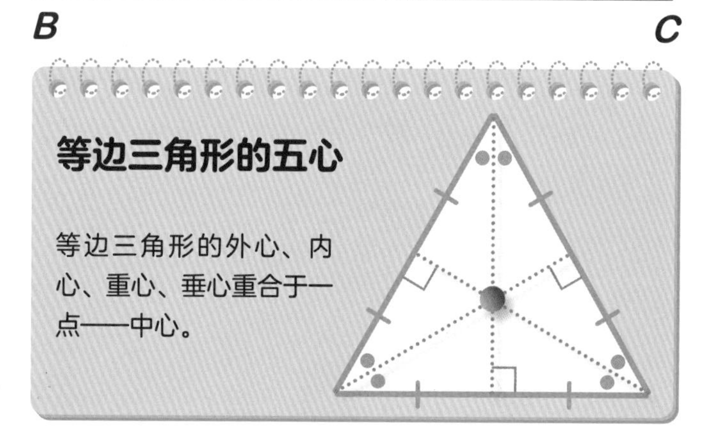

等边三角形的五心

等边三角形的外心、内心、重心、垂心重合于一点——中心。

84 九点圆定理 小 初 高

1 九点圆定理

在△*ABC*中，按照下述方法取十个点，就会出现一条定理。

首先，设△*ABC*的边*BC*，*CA*，*AB*的中点分别为点*L*，*M*，*N*。

其次，从各顶点向对边引垂线，交点分别设为点*D*，*E*，*F*。这三条垂线相交于一点*H*。点*H*是三角形五心中的垂心。

最后，对从垂心*H*到各顶点*A*，*B*，*C*的线段的中点分别设为点*P*，*Q*，*R*。

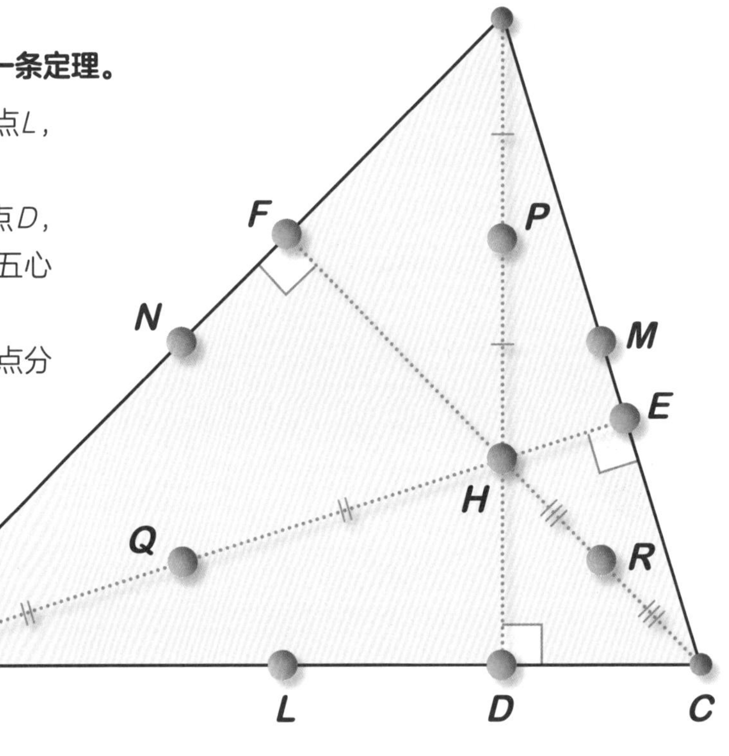

像这样取的九个点*L*，*M*，*N*，*D*，*E*，*F*，*P*，*Q*，*R*都在一个圆周上。

这个圆的半径是△*ABC*的外接圆半径的一半。

这个圆叫作**九点圆**。

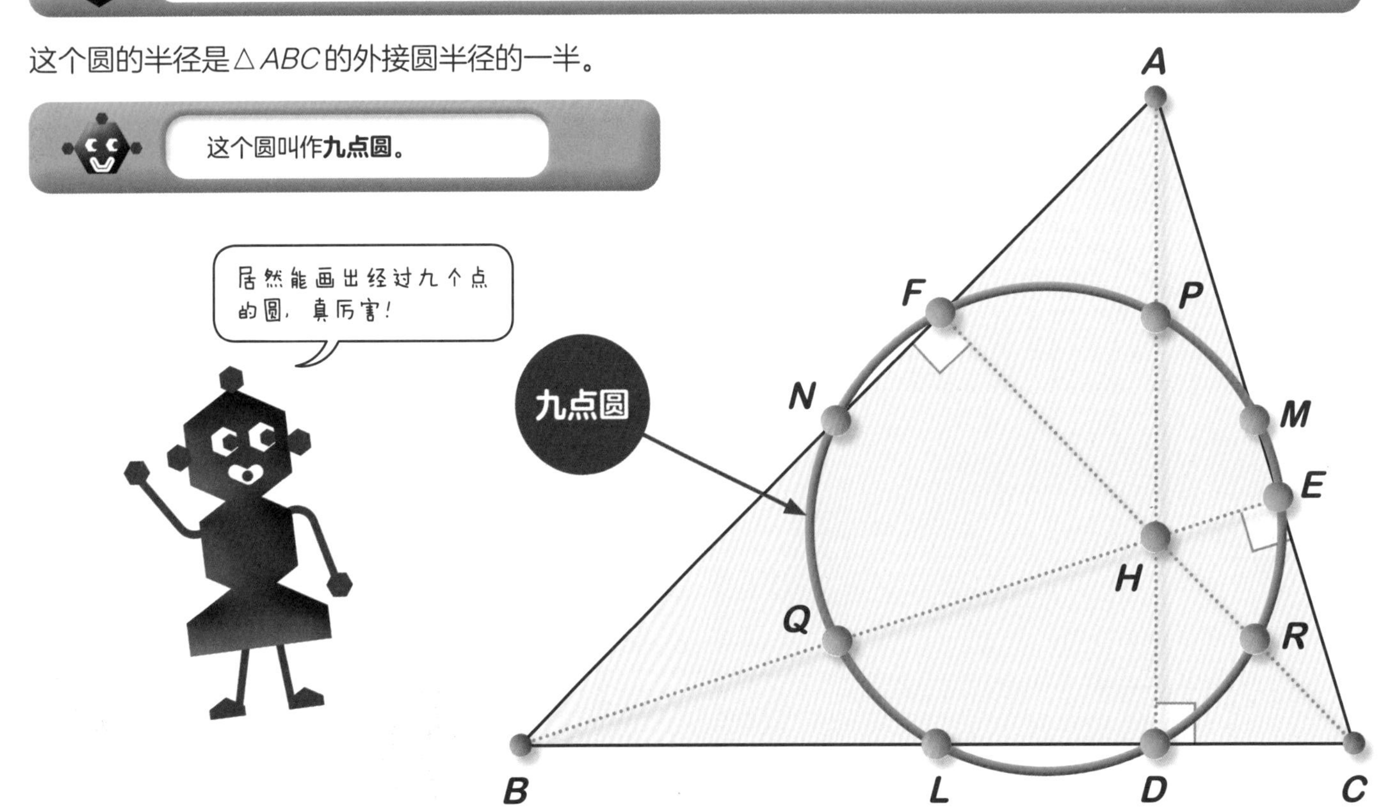

➡第178页 三角形的五心

2 九点圆的性质

九点圆有若干性质，下面介绍其中3个。

①连接九点中的三点D，E，F，组成$\triangle DEF$。
这个三角形叫作**垂足三角形。**
$\triangle ABC$的垂心H是垂足三角形DEF的内心。

②连接九点中的三点L，M，N，组成$\triangle LMN$。
我们把这个三角形称为中点三角形。
$\triangle ABC$的外心O是中点三角形LMN的垂心。
根据三角形中位线定理，
$\triangle LMN \backsim \triangle ABC$ 第172页，相似比为1：2。
因为$\triangle LMN$的外接圆和九点圆一样，由此可知，$\triangle ABC$的外接圆半径的一半就是九点圆的半径。

③连接九点中的四点N，L，R，P，组成四边形$NLRP$。
再连接四点N，Q，R，M，组成四边形$NQRM$。
这样一来，四边形$NLRP$和$NQRM$都是长方形。
长方形的对角线的交点就是九点圆的圆心。

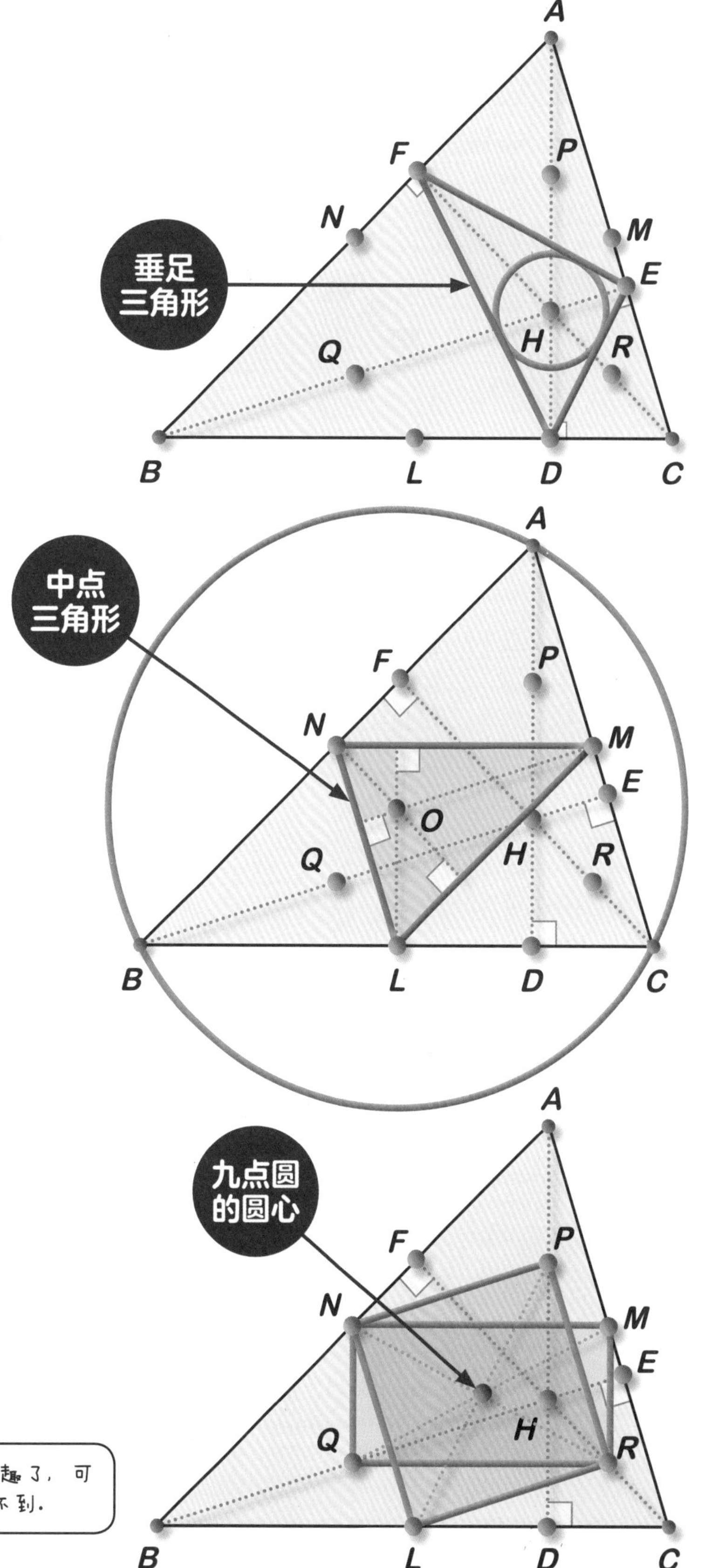

85 立体图形

1 各种立体图形

我们来认识一下生活中见到的立体图形，以及它们的名称。

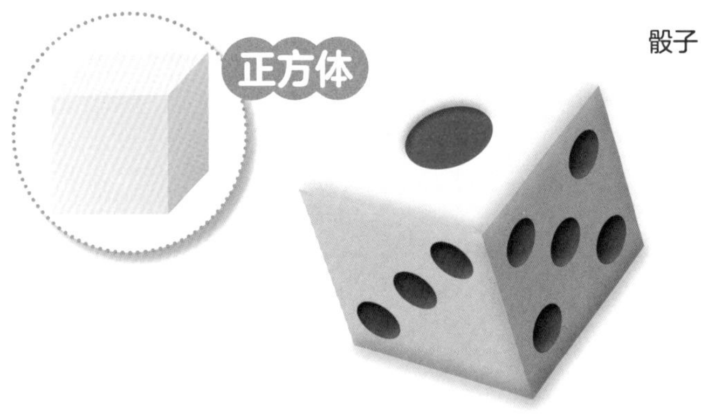

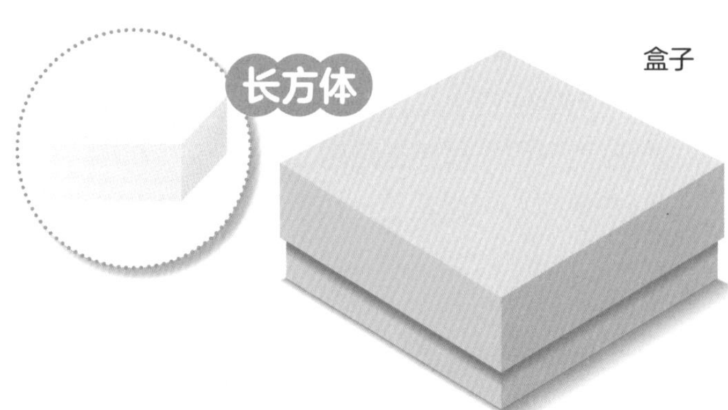

这些立体图形可分为以下两类。

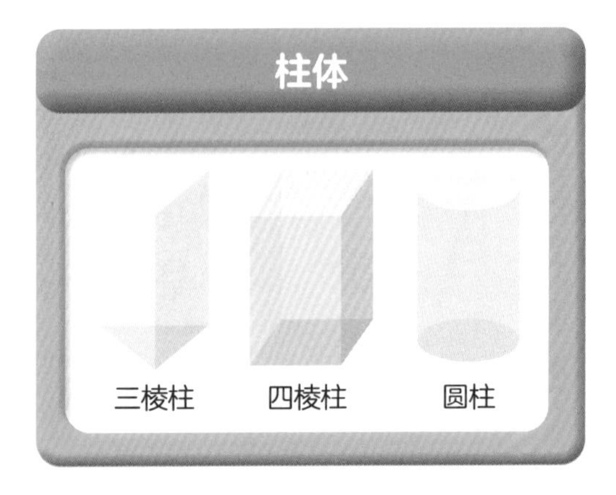

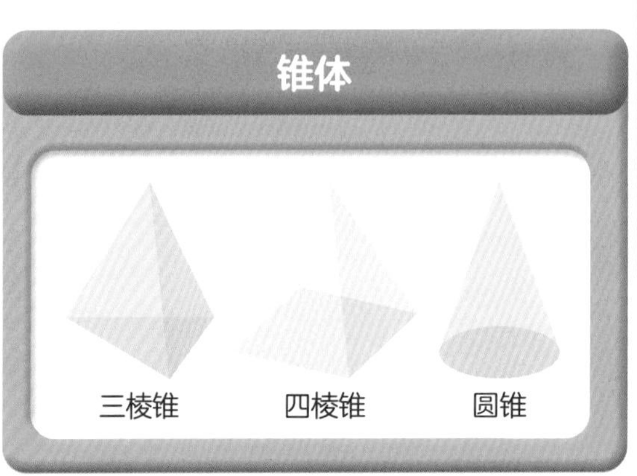

当底面为等边三角形或正方形时，如果是柱体，就叫作“正三棱柱”“正四棱柱”；如果是锥体，就叫作“正三棱锥”“正四棱锥”。

2 空间内的位置关系

通常认为，空间内的直线和平面都是无限扩展的。

两点确定一条直线，三点确定一个平面。
在空间内，平面与直线存在如下的关系。

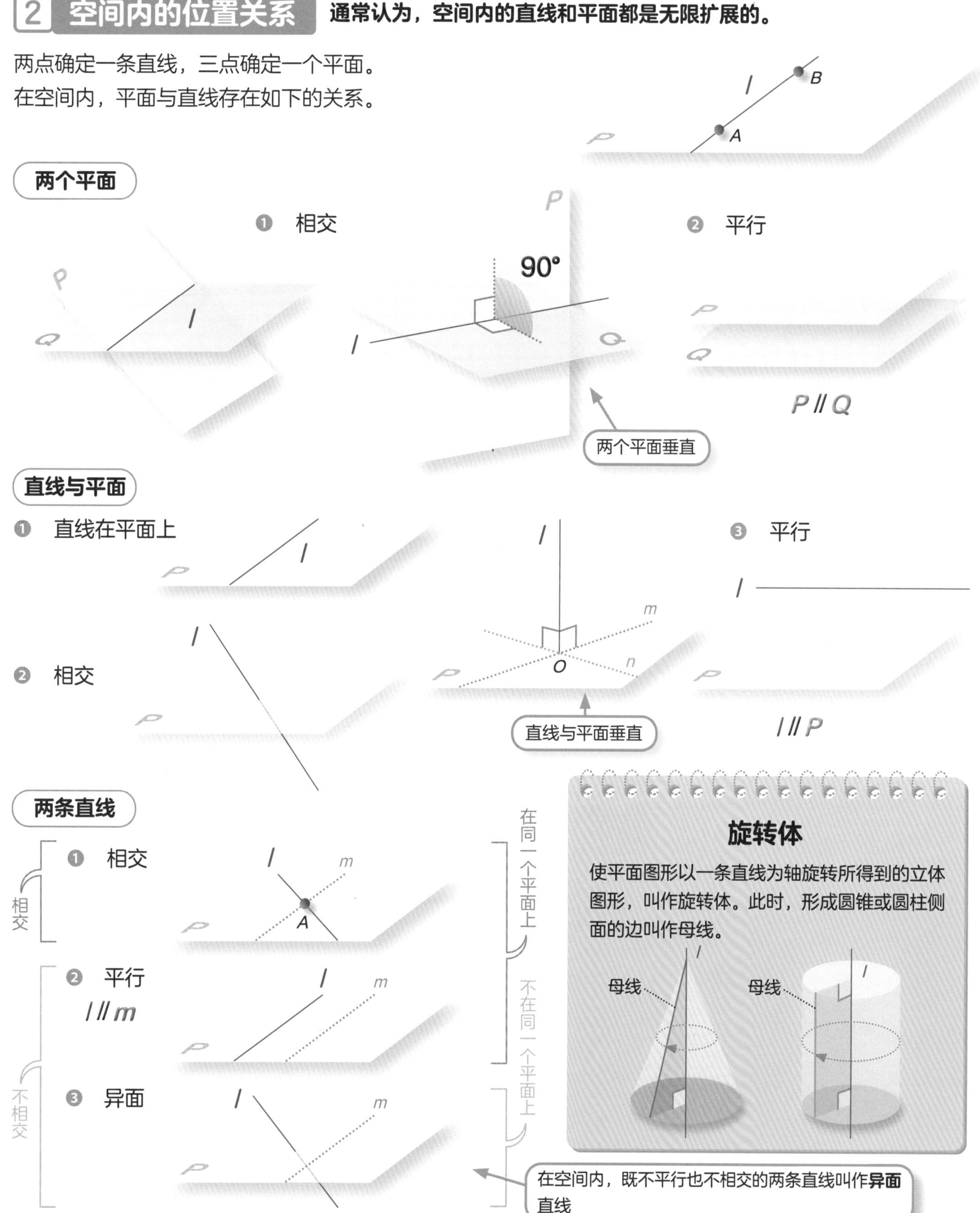

旋转体

使平面图形以一条直线为轴旋转所得到的立体图形，叫作旋转体。此时，形成圆锥或圆柱侧面的边叫作母线。

86 展开图 小 初 高

1 长方体的展开图

在平面上表示立体图形时，需要表现出整体形状，如下图所示。

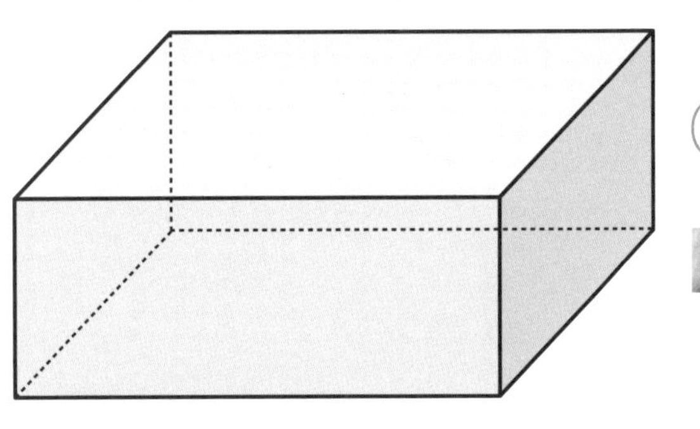

长方体的直观图

像左图这样表示立体图形的图，叫作**直观图**。

在直观图中，对侧看不见的棱用虚线画出。

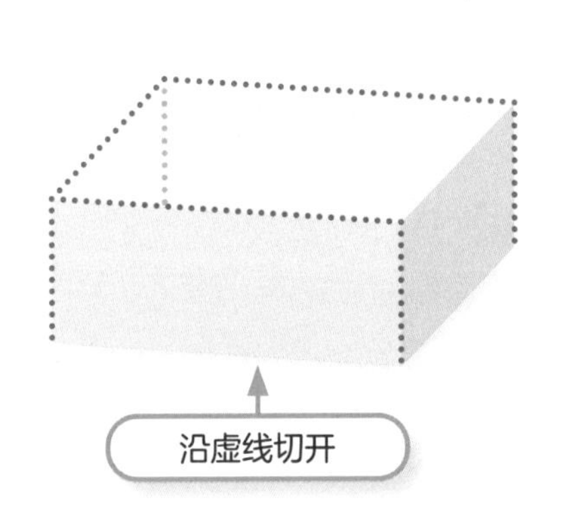

沿虚线切开

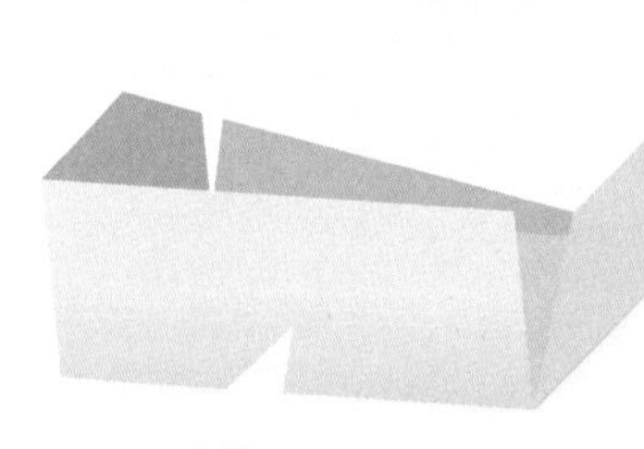

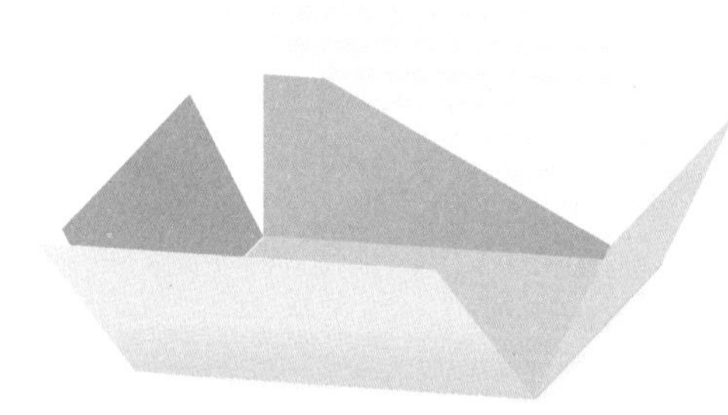

将长方体沿着棱切开，铺展在一个平面上的图，叫作**展开图**。

长方体的展开图

底面与侧面

棱柱和圆柱的上下面叫作底面，横面叫作侧面。

此外，相对于平坦的平面，像圆柱的侧面那样弯曲的面叫作曲面。

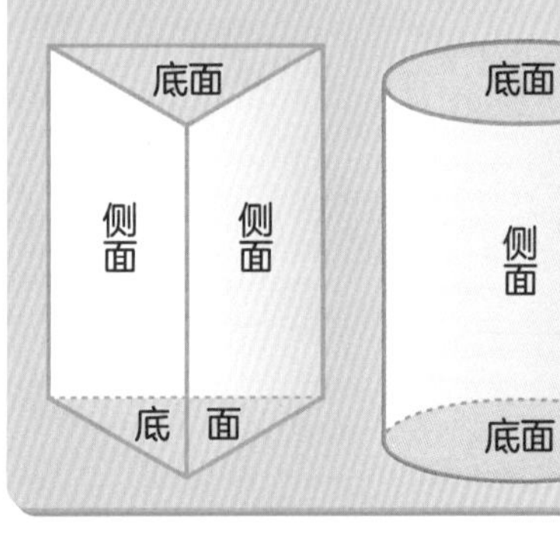

➡第182页 立体图形

2 各种立体图形的展开图

立体图形的直观图和展开图如下图所示。

正方体的展开图共计有11种。

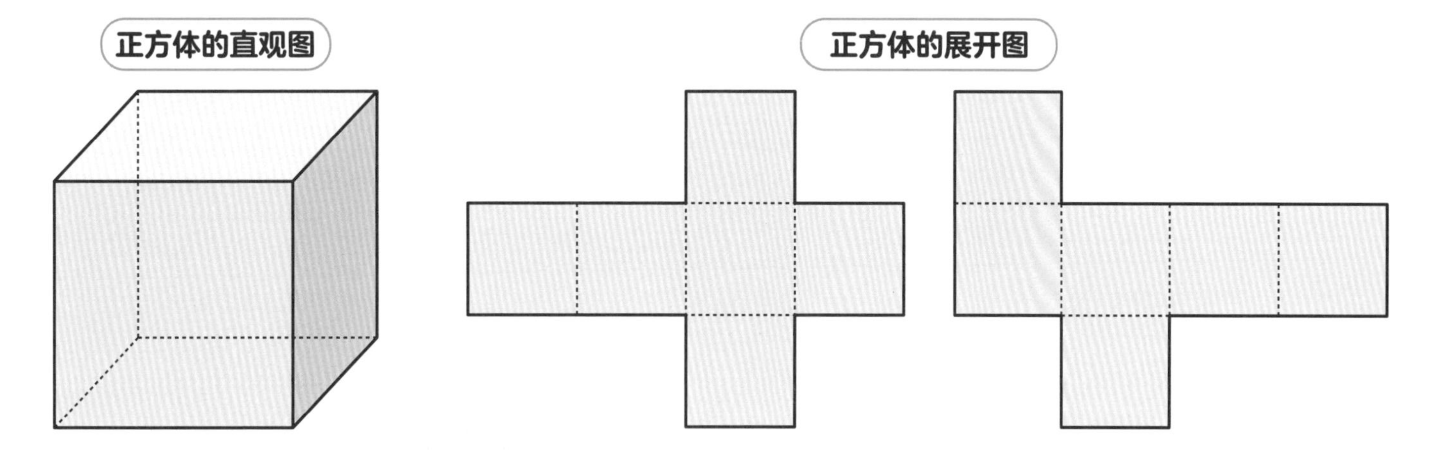

我们来看柱体和锥体的直观图与展开图。

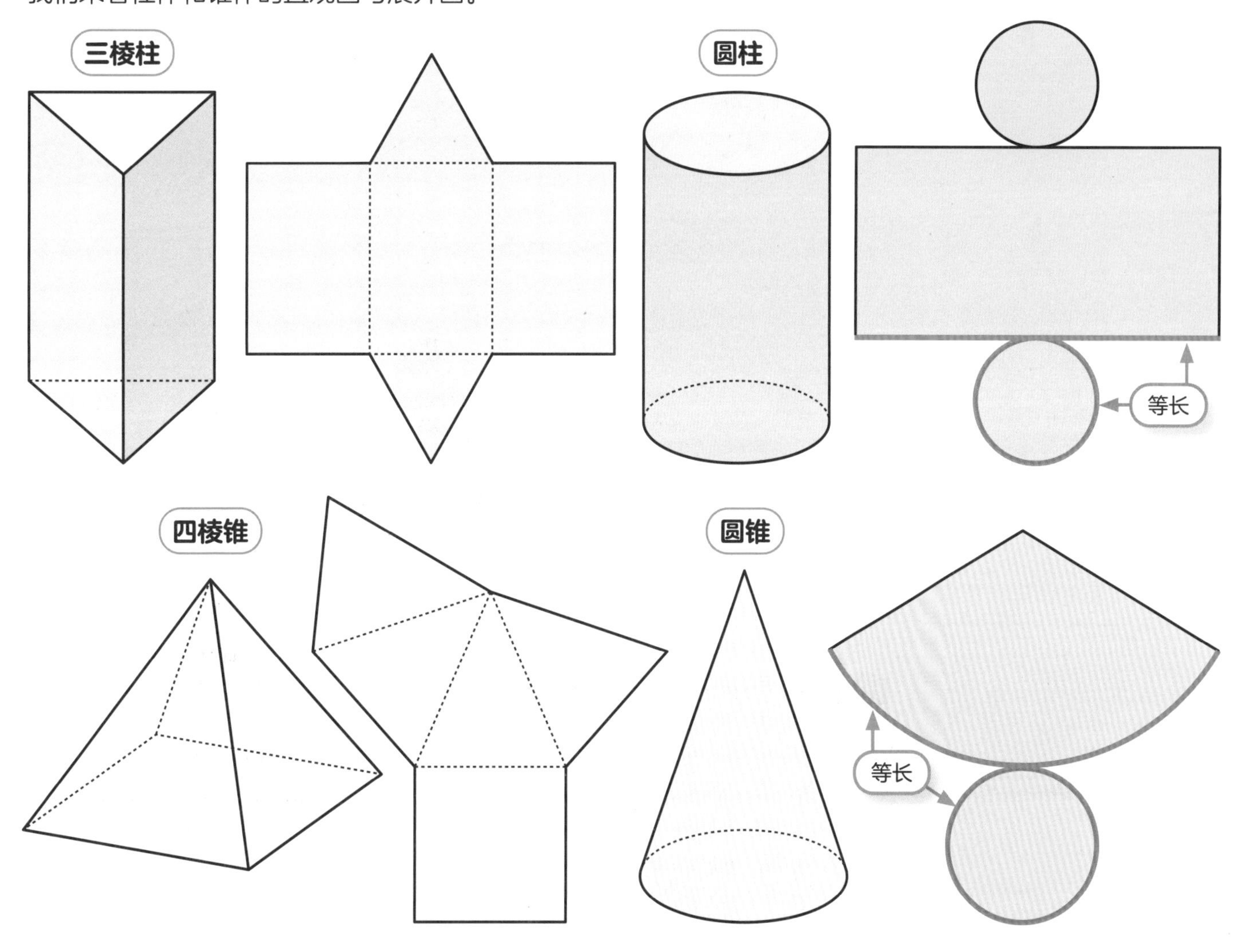

87 投影图 小 初 高

1 三棱柱的投影图

从一个方向观察立体图形并投影在平面上的图，叫作投影图。

从正上方观察所见的图叫作俯视图，从正面观察所见的图叫作正视图。

用投影图表示立体图形时，一般都选用俯视图和正视图。

用投影图表示三棱柱。

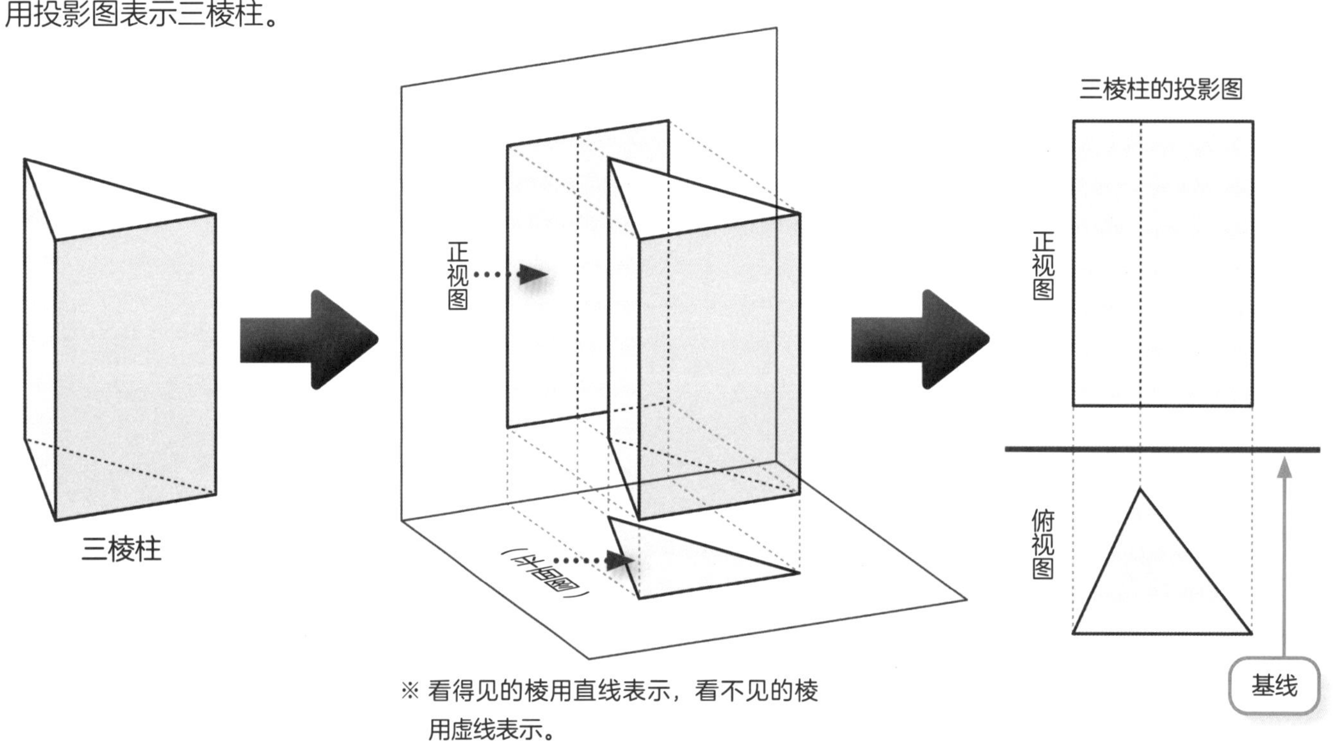

※ 看得见的棱用直线表示，看不见的棱用虚线表示。

2 各种立体图形的投影图

我们来看各种立体图形的投影图。

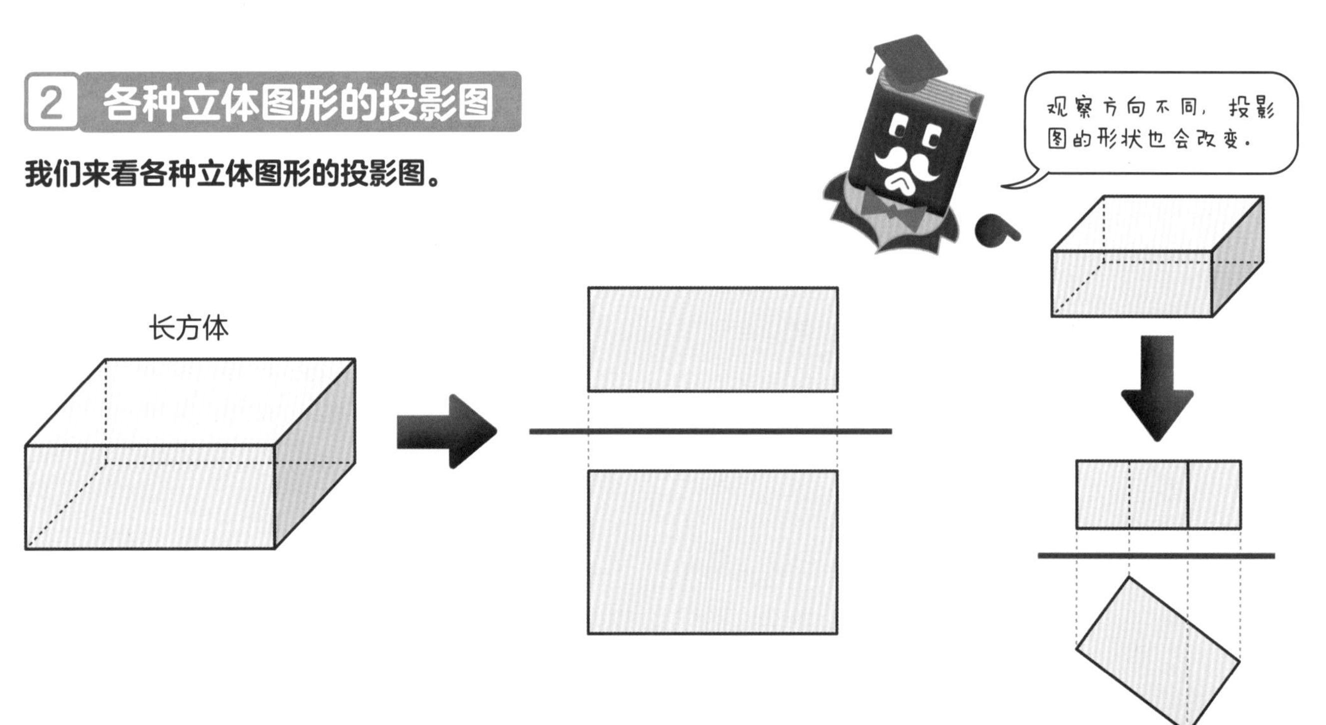

➡第182页
立体图形

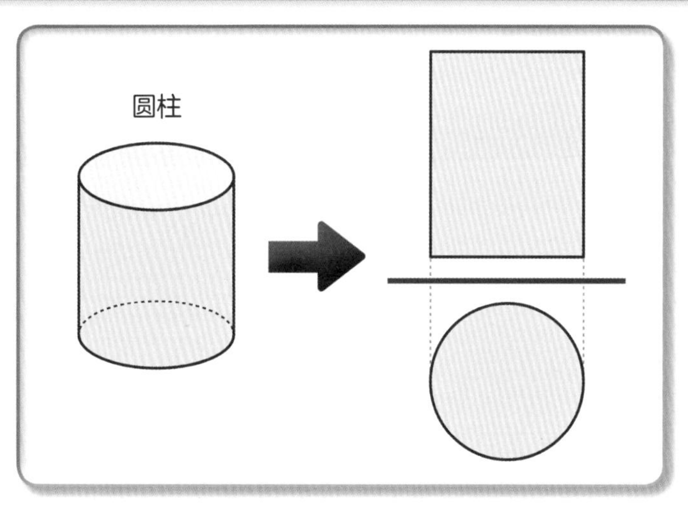

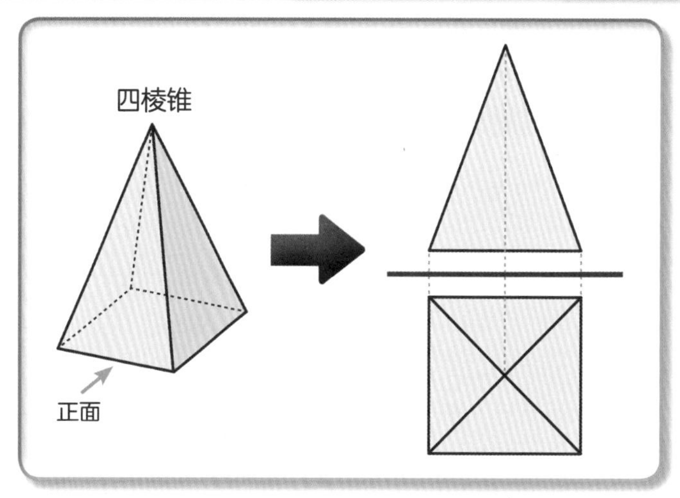

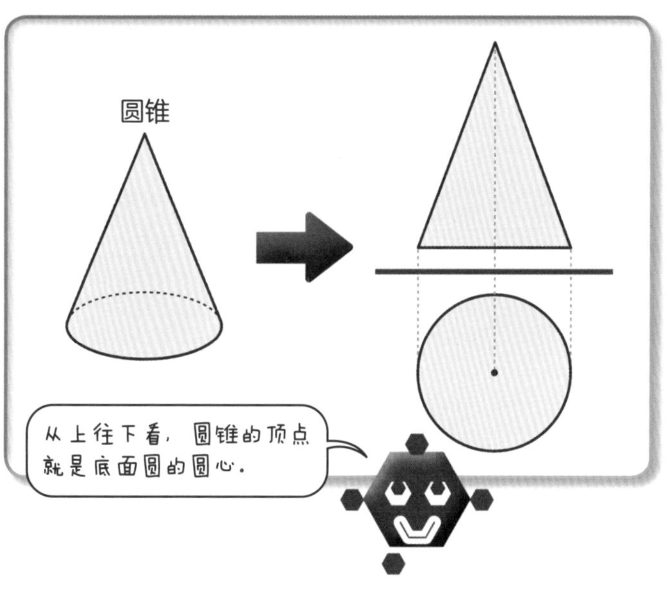

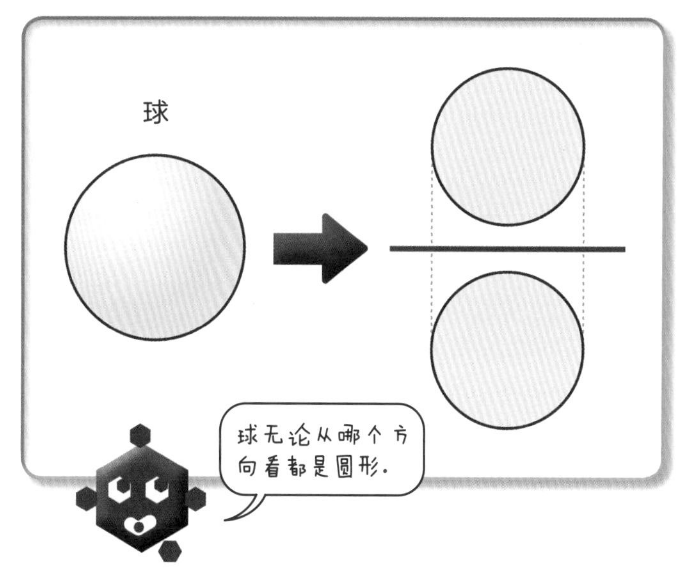

3 投影图的利用

如图1所示，画出底面为正方形的正四棱锥的投影图。

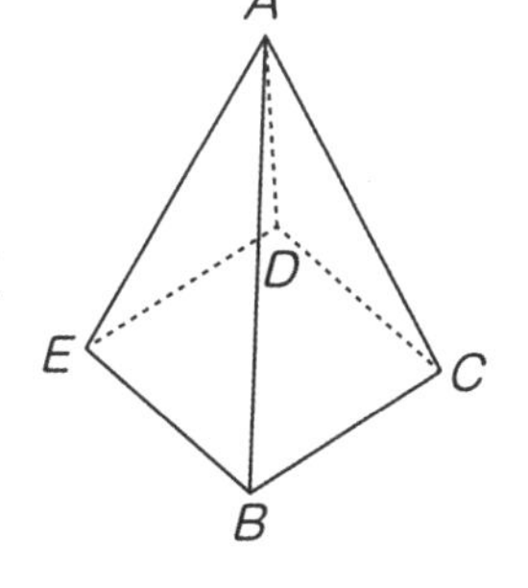

在图1的投影图中，并未体现出棱AB的实际长度。如图2所示，将俯视图中的BD旋转45°，使它与基线平行，此时，正视图中的AB'就是正四棱锥的边AB的实际长度。

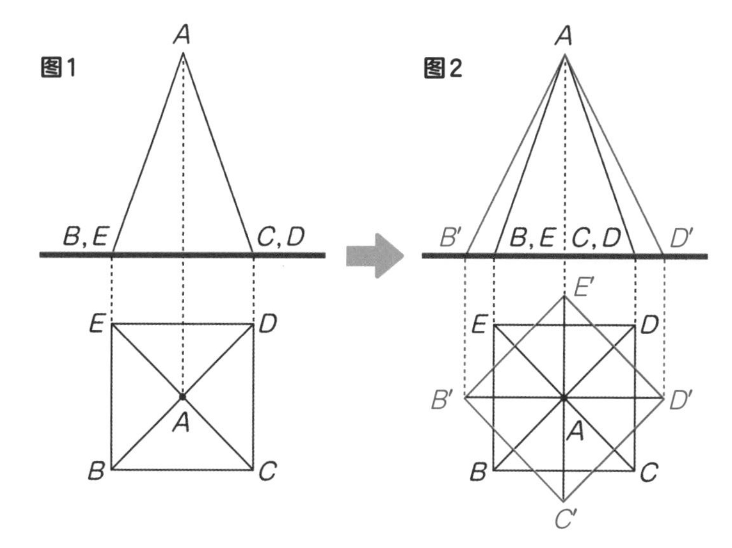

88 多面体 小 初 高

1 多面体

三棱柱和三棱锥，四棱柱和四棱锥 

，都是仅由平面围成的立体图形。

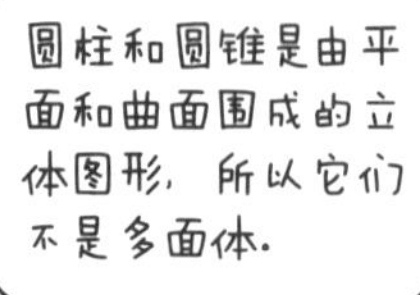

像这样，仅由平面围成的立体图形叫作**多面体**。

多面体可根据面数命名，例如，四面体、五面体等。
三棱柱有5个面，所以是五面体。

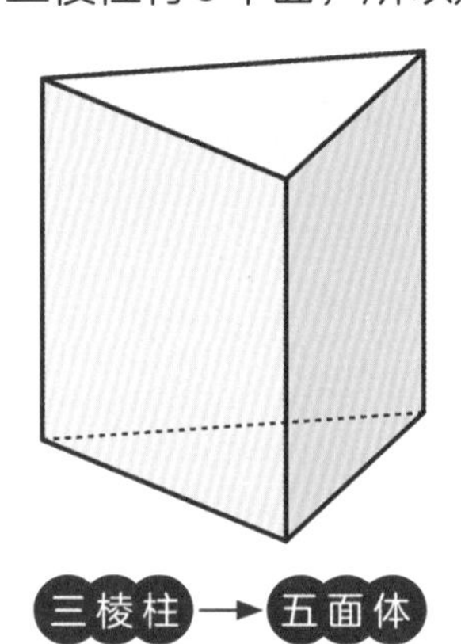

三棱柱 → 五面体

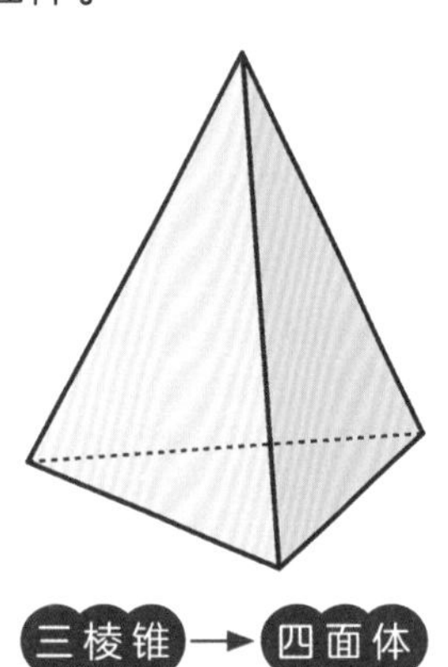

三棱锥 → 四面体

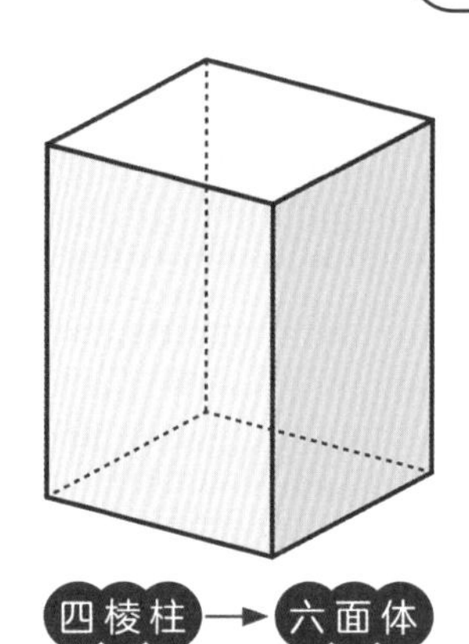

四棱柱 → 六面体

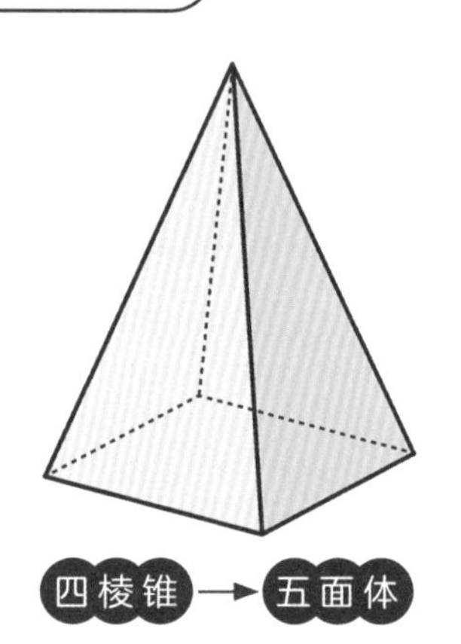

四棱锥 → 五面体

2 正多面体

我们来研究具有特殊性质的多面体。

所有的面均为全等正多边形、集中于任一顶点的面数都相等且没有凹陷的多面体，叫作**正多面体**。

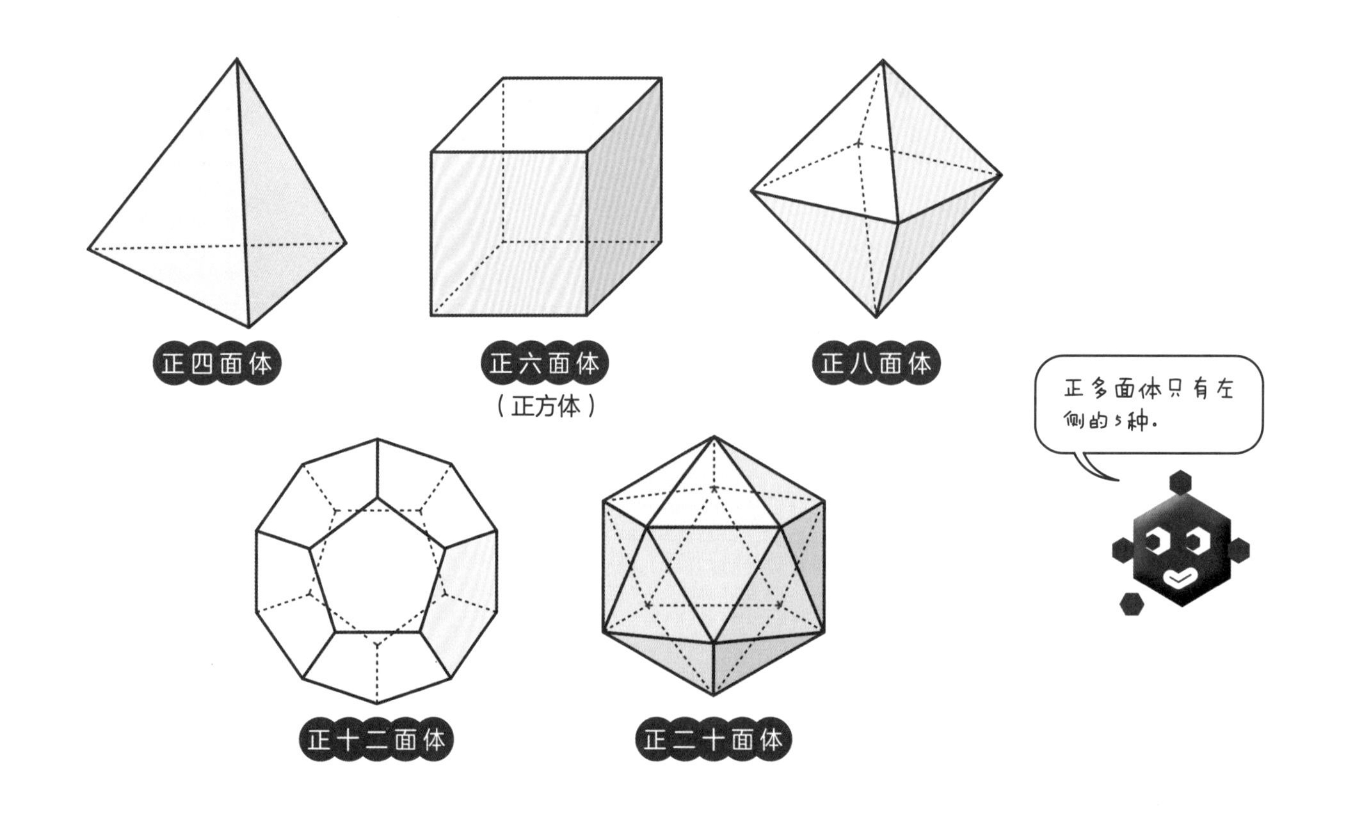

正多面体的展开图 第184页 可表示如下。

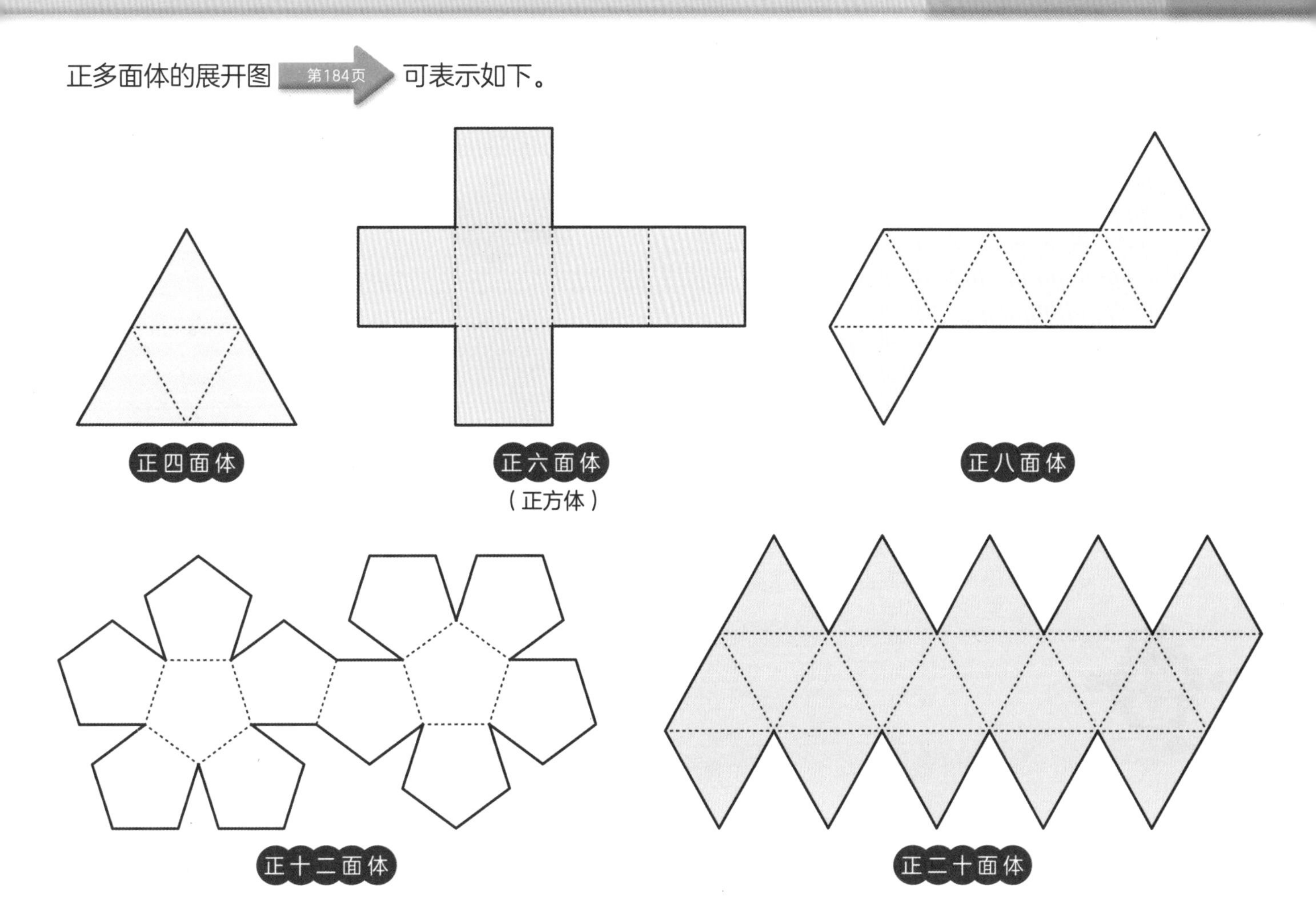

3 多面体的性质

我们分别来看正多面体面的形状，以及面、棱、顶点的个数。

	面的形状	面数	棱数	顶点数
正四面体	等边三角形	4	6	4
正六面体	正方形	6	12	8
正八面体	等边三角形	8	12	6
正十二面体	正五边形	12	30	20
正二十面体	等边三角形	20	30	12

通过上表可知，

面数＋顶点数－棱数＝2。

此关系不仅限于正多面体，对任何多面体也都成立。

这叫作**多面体欧拉定理。**

89 立体图形的截面 小 初 高

1 各种立体图形的截面

如左图所示，把西瓜一刀切开，切口会呈现圆形。这叫作**截面**。

以图形的思路思考，相当于用平面去截球。

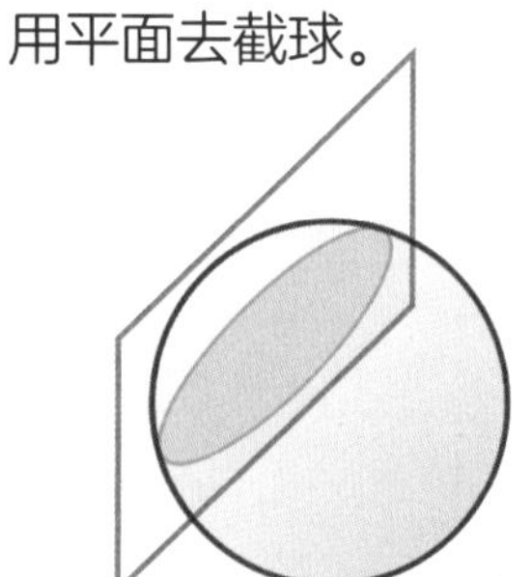

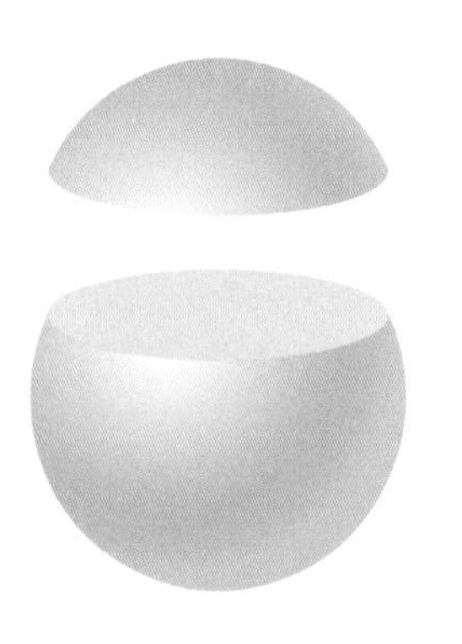

用平面截圆柱

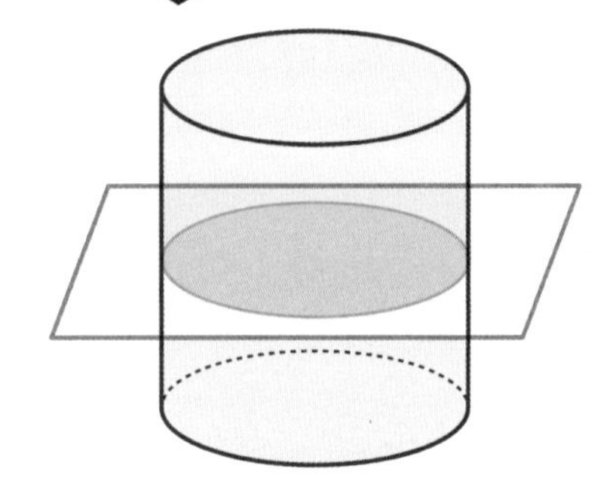

用平行于底面的平面去截圆柱，截面是**圆形**。

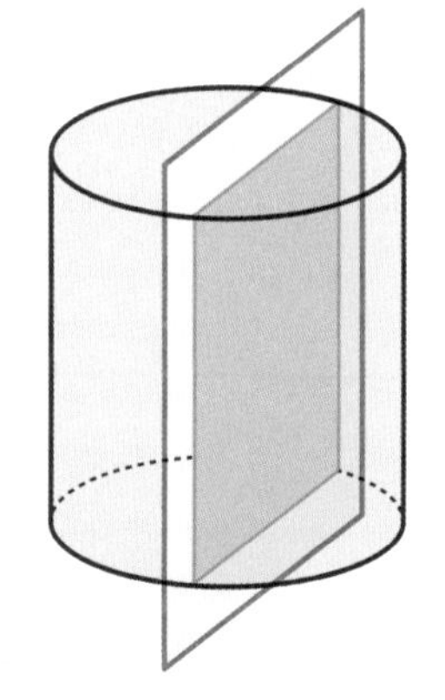

用垂直于底面的平面去截圆柱，截面是**长方形**。

用平面截圆锥

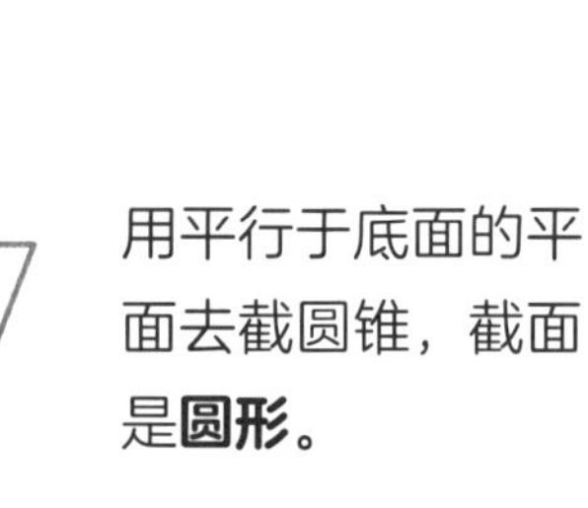

用平行于底面的平面去截圆锥，截面是**圆形**。

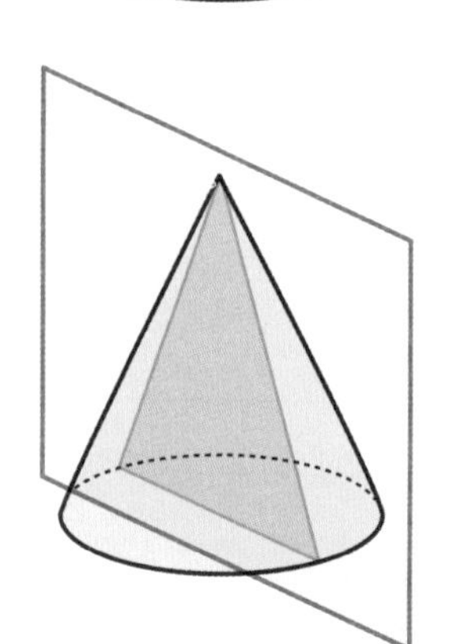

用垂直于底面的平面去截圆锥，截面是**三角形**。

2 截正方体

用经过正方体一个面的对角线的平面去截该正方体，截面会是什么样的图形？

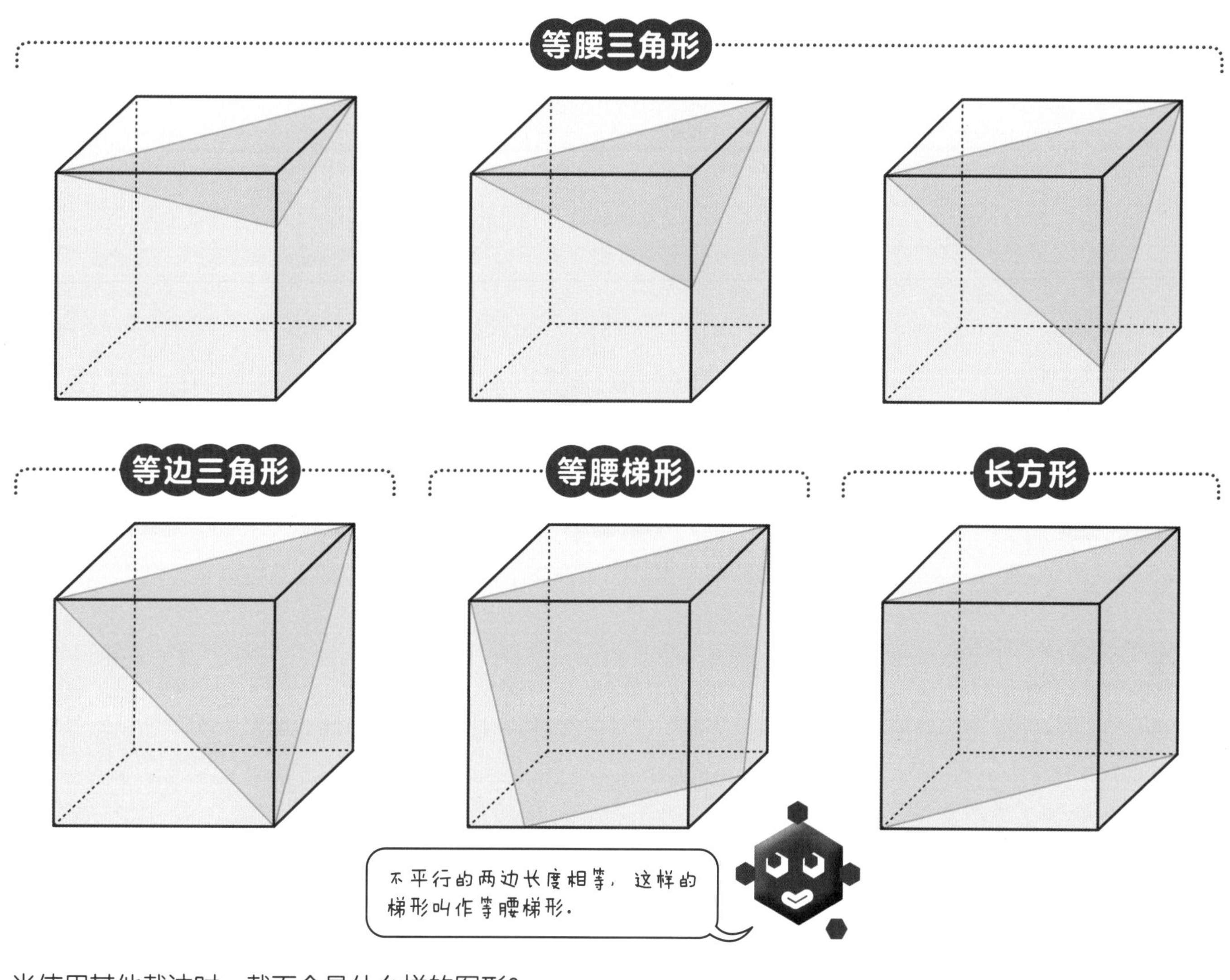

当使用其他截法时，截面会是什么样的图形？

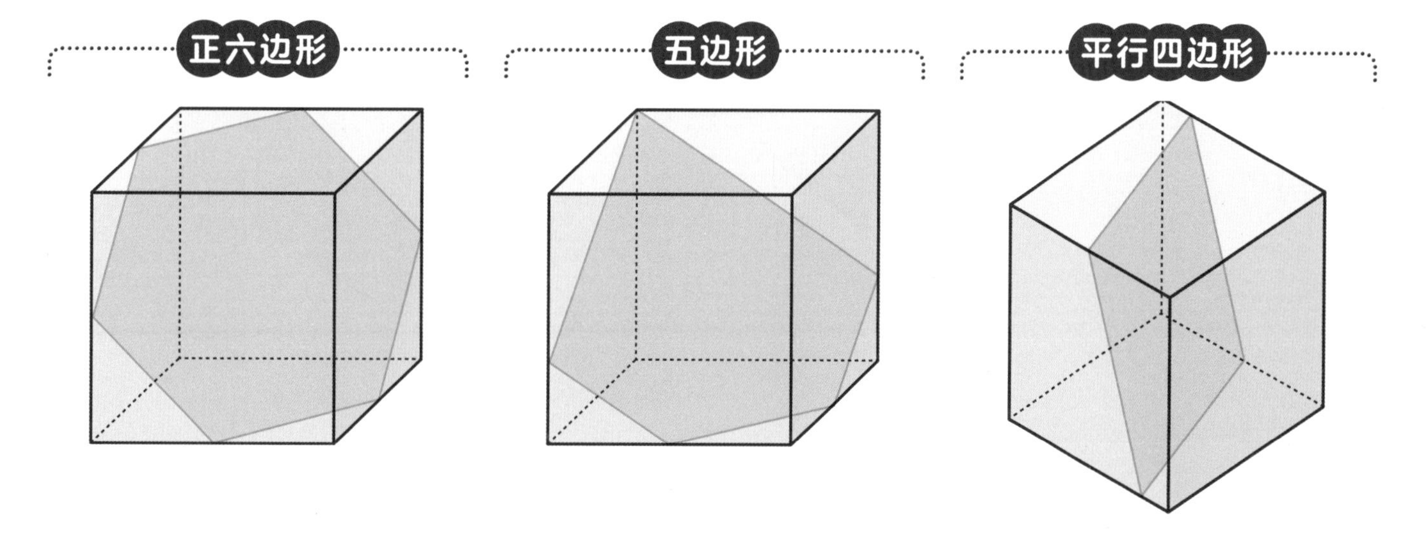

90 截正多面体

1 正多面体

正多面体是所有的面均为全等正多边形  第144页 **、集中于任一顶点的面数都相等且没有凹陷的多面体。**

正多面体只有“正四面体”“正六面体”“正八面体”“正十二面体”“正二十面体”这五种。正方体是正六面体。

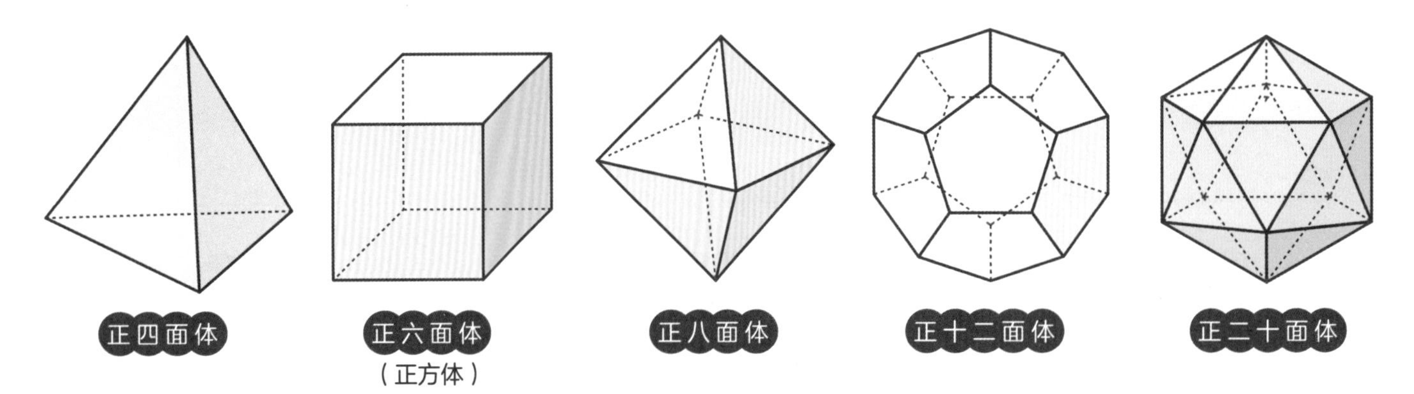

2 截正多面体

正多面体之间存在很有趣的关系。我们通过“截”这一视角来研究5种正多面体的关系。

正十二面体的每个面都是正五边形。
在该正五边形中画出若干条对角线，沿对角线截去多余部分，
就会形成正六面体（正方体）。

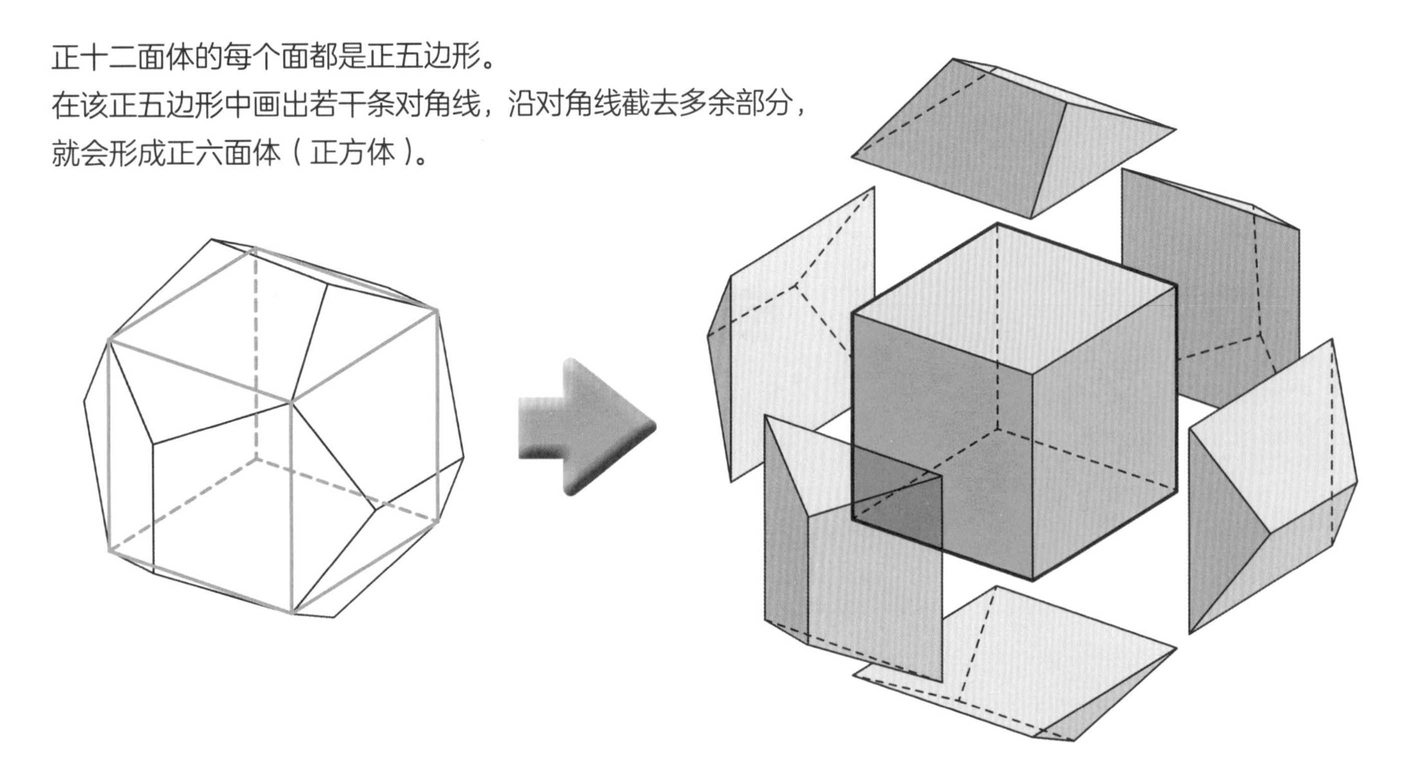

这样形成的正六面体（正方体），每个面都是正方形。
画出正方形的对角线，沿对角线截去多余部分，就会形成正四面体。

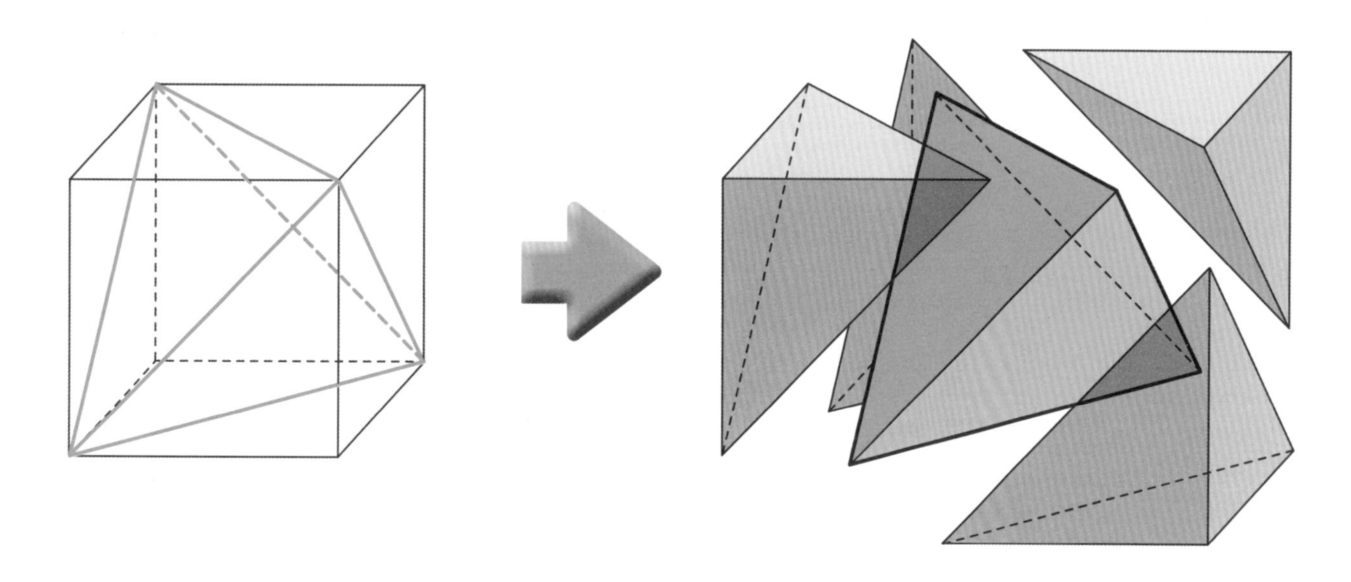

正四面体的每个面都是等边三角形。
这次，连接等边三角形的中点 第169页，沿连线截去多余部分，就会形成正八面体。

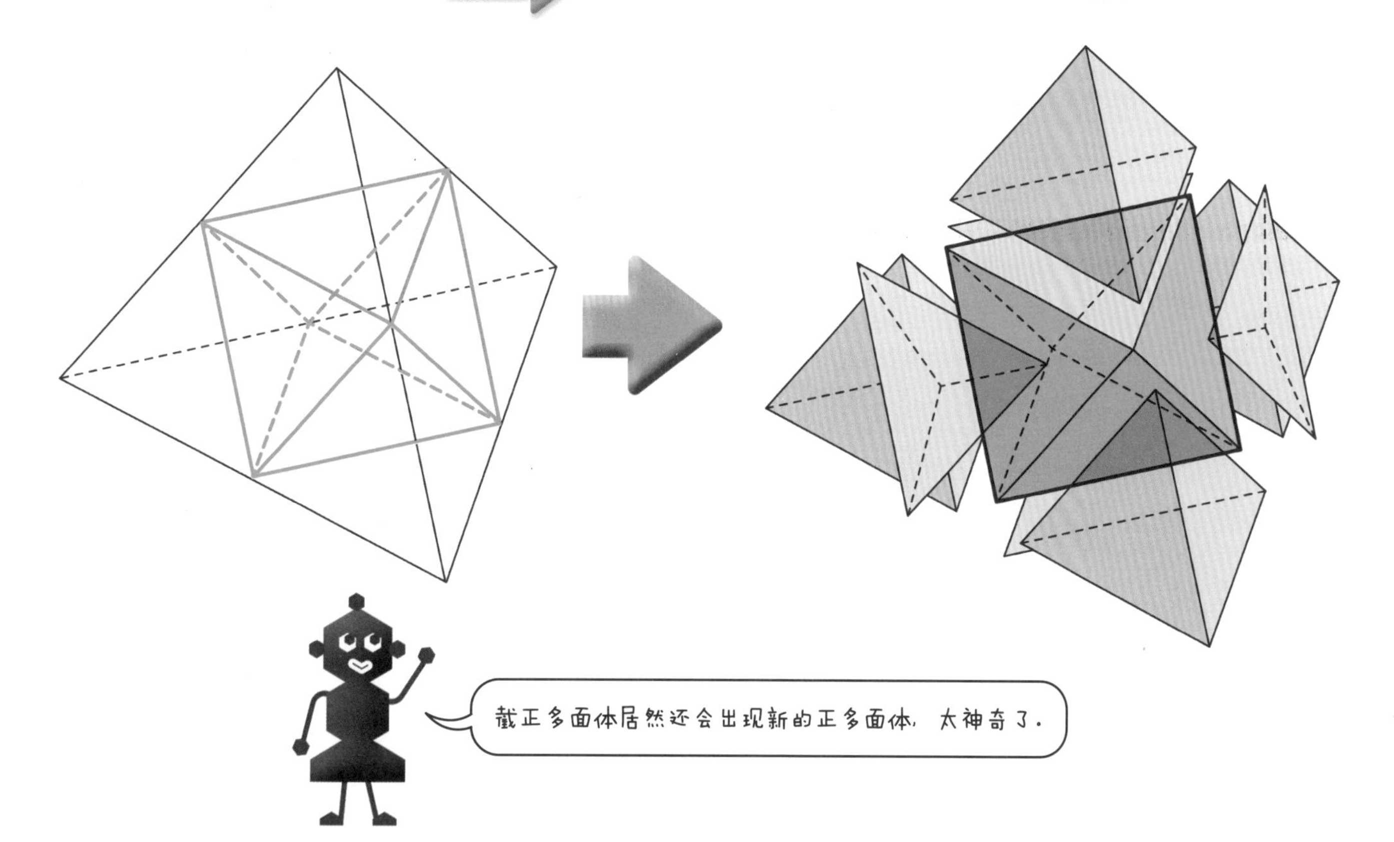

91 立体图形的体积 小 初 高

1 长方体与正方体的体积

物体所占空间的大小叫作体积。

边长为1cm的正方体的体积是1cm³（1立方厘米）。

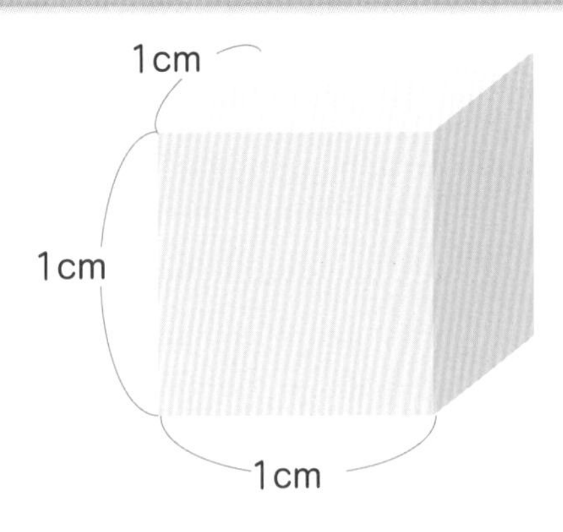

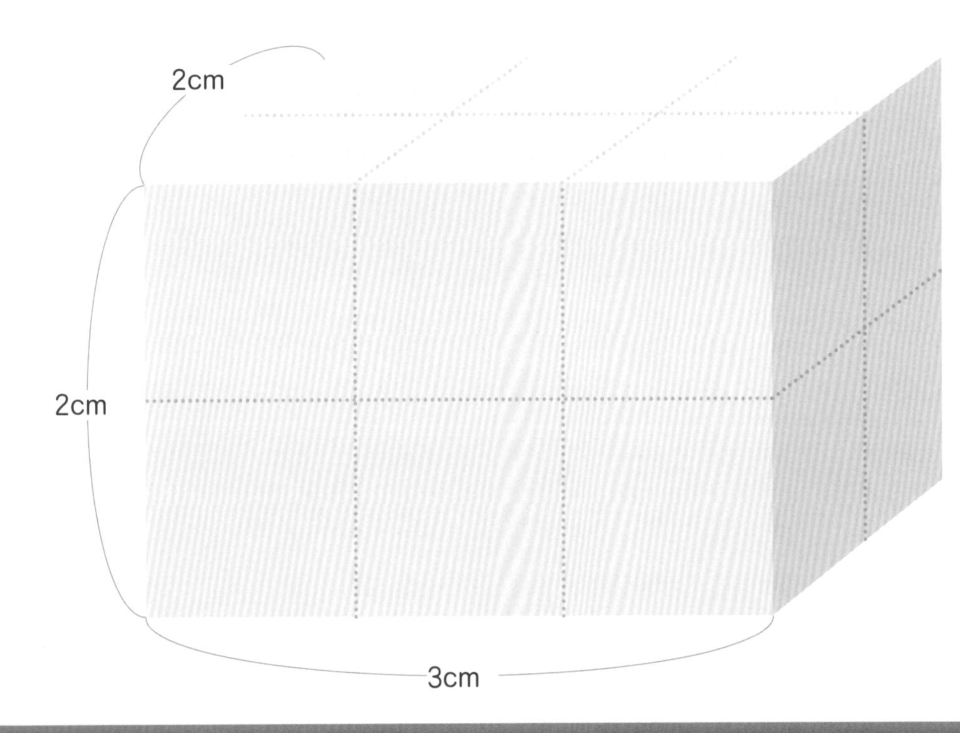

左图中的长方体的体积，可视为一共包含多少个1cm³的正方体。横向放3个，纵向放2个，共有2层，所以该长方体的体积是

$3\times2\times2=12$（cm³）。

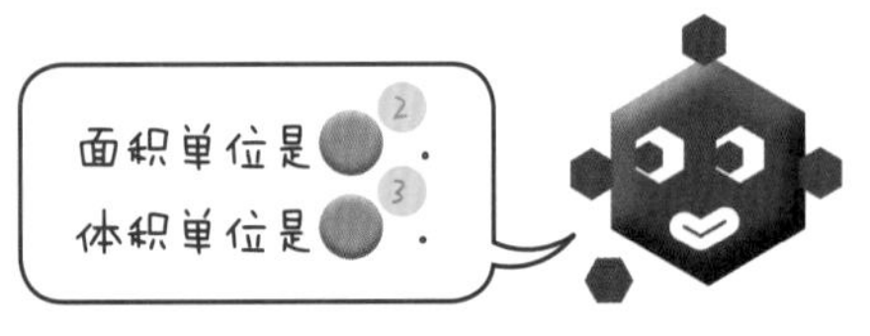

长方体与正方体的体积

长方体的体积＝长×宽×高

正方体的体积＝棱长×棱长×棱长

球的体积

一个球的体积是刚好可以容纳它的圆柱体积的$\frac{2}{3}$。

半径为r的球的体积V，可用下式表示。

$$V=\frac{4}{3}\pi r^3$$

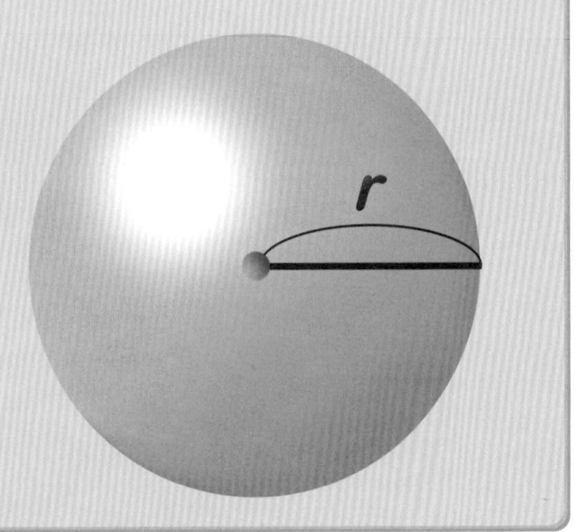

2 各种立体图形的体积

一个底面的面积叫作底面积。

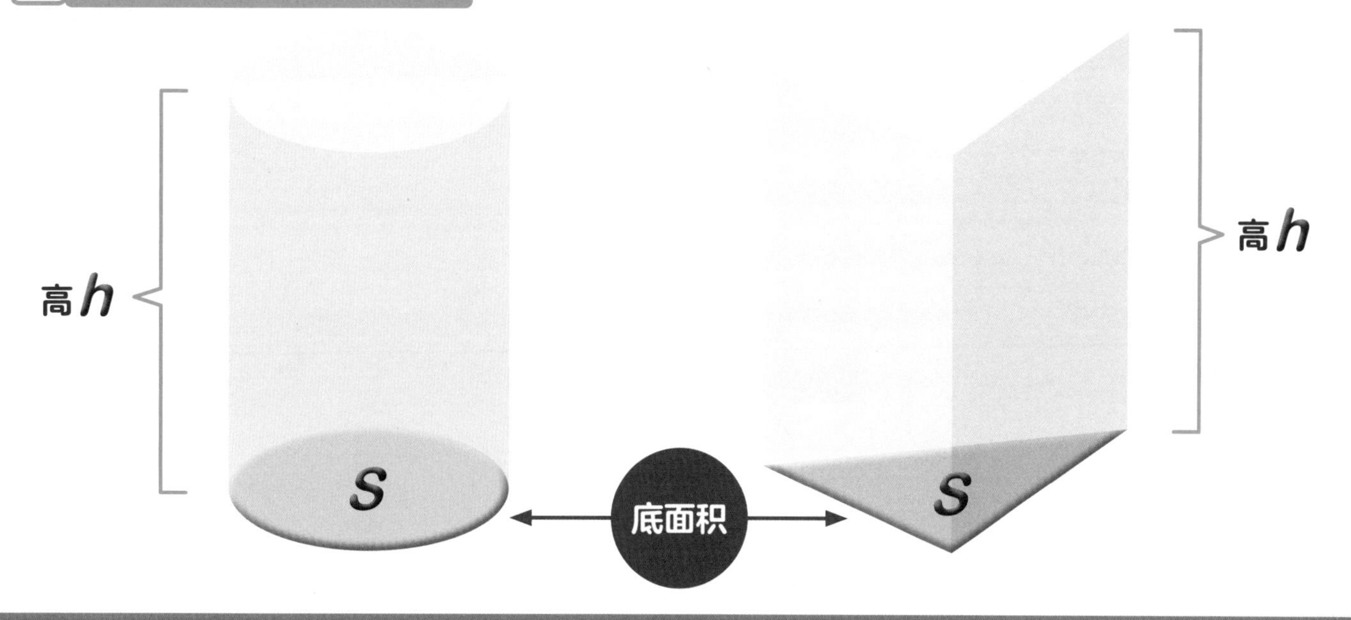

棱柱和圆柱的体积＝底面积×高

设棱柱或圆柱的底面积为S，高为h，体积为V，则$V=Sh$。

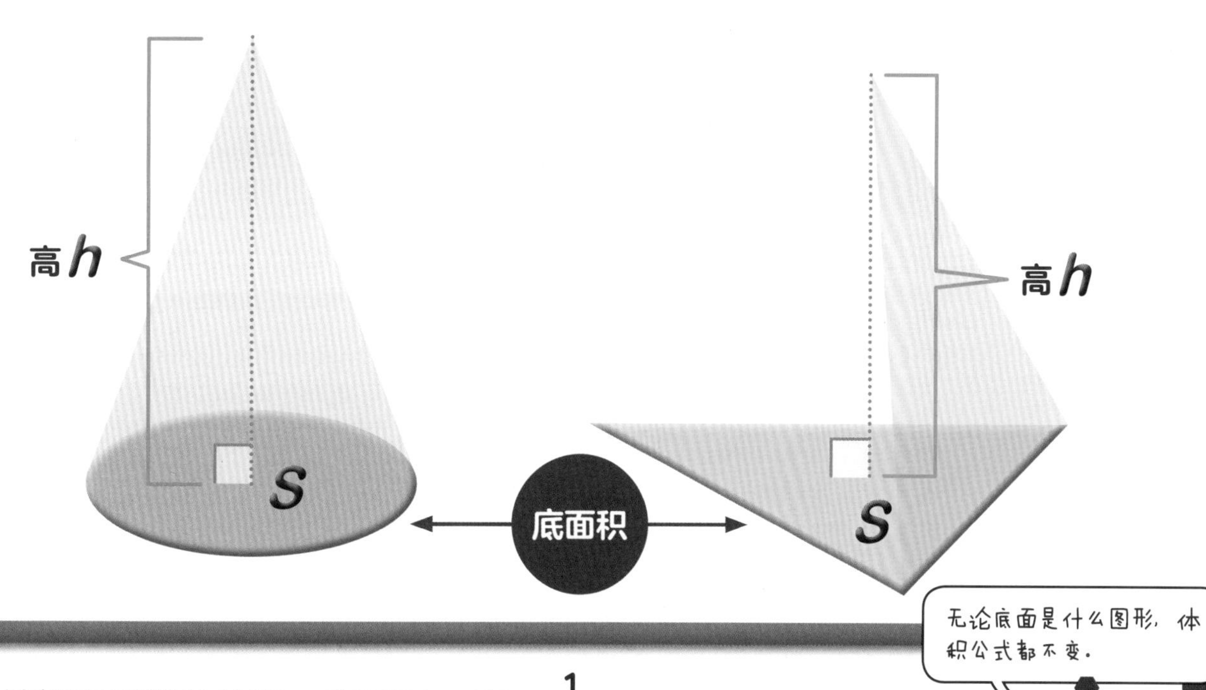

棱锥和圆锥的体积＝底面积×高×$\frac{1}{3}$

设棱锥或圆锥的底面积为S，高为h，体积为V，则$V=\frac{1}{3}Sh$。

92 立体图形的表面积

1 棱柱和圆柱的表面积

所有侧面的面积之和叫作侧面积，所有表面的面积之和叫作表面积。

表面积可通过底面积 第195页 与侧面积之和求出。
求表面积需要先研究立体图形的展开图 第184页。

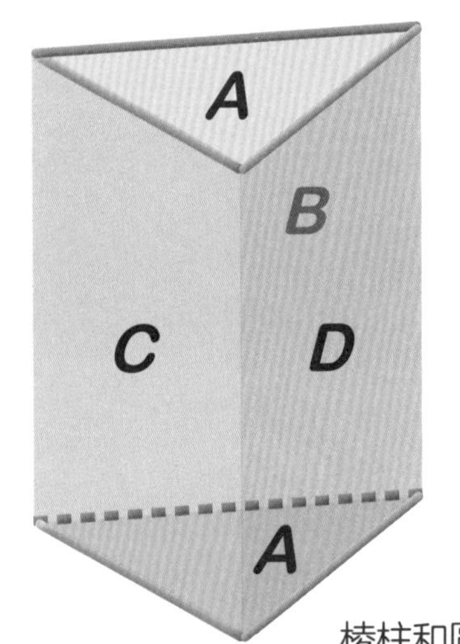

A
B
C
D
A

棱柱和圆柱有侧面和两个全等的底面。
设上图中A~D分别为不同面的面积，则该三棱柱的表面积是$A\times2+B+C+D$。

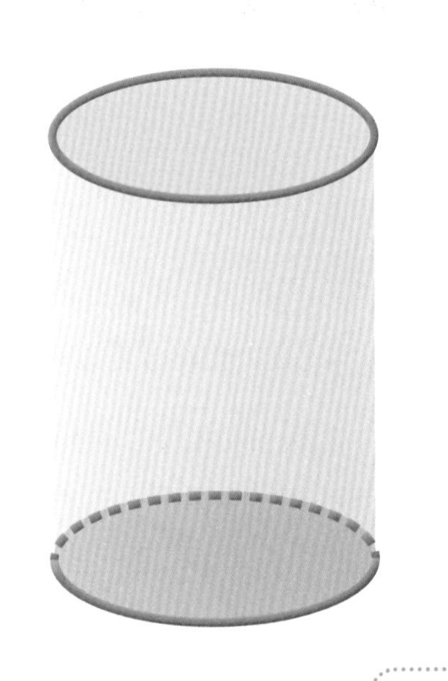

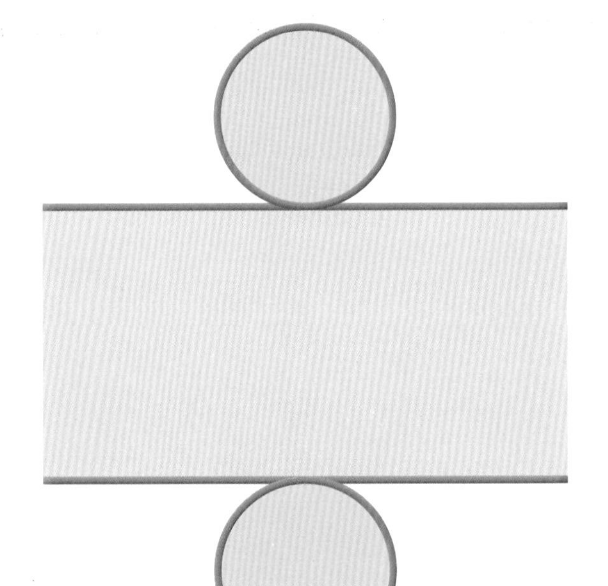

棱柱和圆柱的侧面长方形的长，等于底面的周长。

棱柱和圆柱的侧面积＝底面周长 × 高
棱柱和圆柱的表面积＝侧面积＋底面积 ×2

2 圆锥的表面积

圆锥的展开图，底面是圆，侧面是扇形 第150页。

求底面半径为3cm、母线 第183页 长度为6cm的圆锥的表面积。

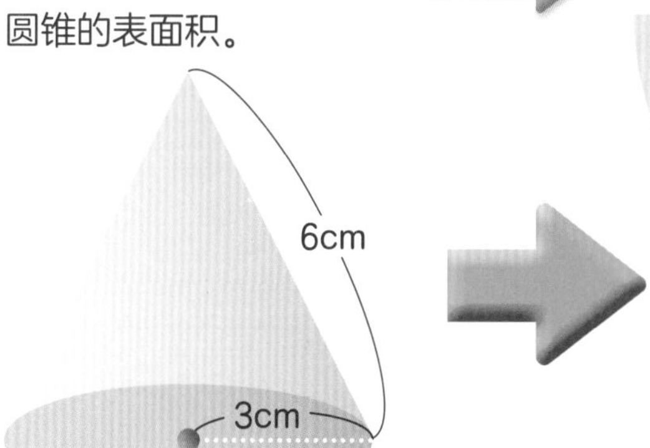

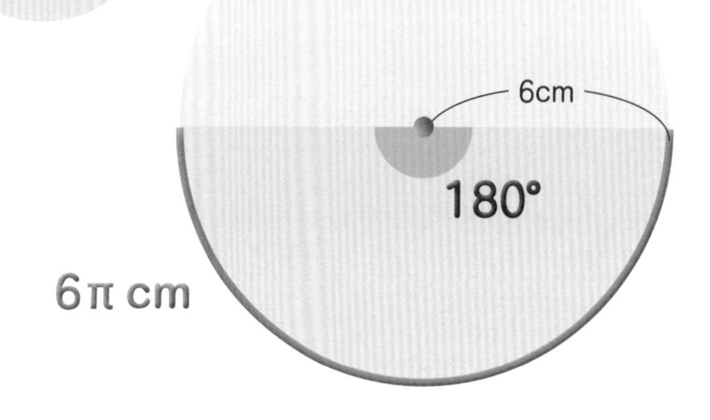

扇形侧面的弧长等于底面圆的周长。

$2 \times 3 \times \pi = 6\pi$（cm）

这是半径为6cm的圆的周长的一半，所以该扇形的圆心角是180°。

侧面积是　$\pi \times 6^2 \times \frac{180°}{360°} = 18\pi$（$cm^2$）。

底面积是　$\pi \times 3^2 = 9\pi$（cm^2）。

表面积是　$18\pi + 9\pi = 27\pi$（cm^2）。

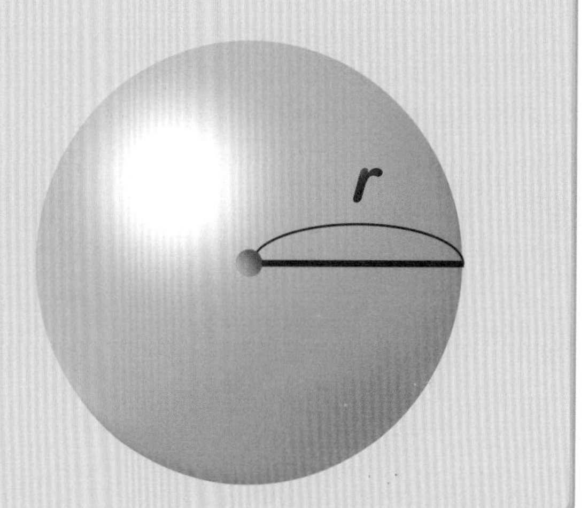

棱锥和圆锥的表面积＝侧面积＋底面积

球的表面积

半径为r的球的表面积S，可用下式表示。

$$S = 4\pi r^2$$

93 相似图形的面积与体积

1 相似平面图形的面积

我们来研究相似平面图形的面积之间存在怎样的关系。

相似比 4 : 3

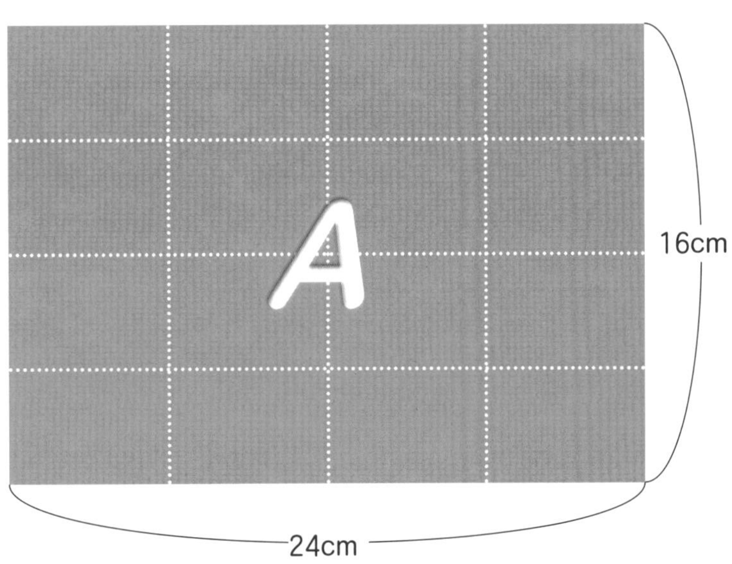

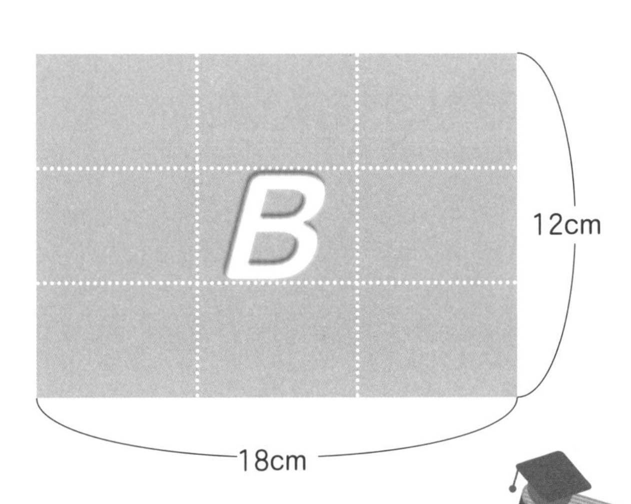

上面两个长方形A和B相似，相似比为4 : 3。
我们来研究这两个长方形的周长之比与面积之比。

图形一周的长度叫作周长。

周长之比

A的周长是2×（24+16）=80（cm）

B的周长是2×（18+12）=60（cm）

➡ 80 : 60 = 4 : 3

面积之比

A的面积是24×16=384（cm^2）

B的面积是18×12=216（cm^2）

➡ 384 : 216 = 16 : 9 = $4^2 : 3^2$

相似平面图形的周长与面积

两个平面图形相似，

当相似比为 $m : n$ 时，性质如下：

周长之比为 $m : n$，

面积之比为 $m^2 : n^2$。

对于圆、三角形及其他多边形，这一性质也成立。

2 相似立体图形的表面积与体积

在空间内和在平面上一样，把图形以一定的比率放大或缩小，也会形成相似的立体图形。
我们来看相似立体图形的表面积和体积分别有着怎样的关系。

相似比 4 : 3

C：12cm、8cm、8cm　　D：9cm、6cm、6cm

上面两个长方体 C 和 D 相似，相似比为 4 : 3。
我们来研究这两个长方体的表面积之比与体积之比。

表面积之比

C 的侧面积是 $2\times(12+8)\times8=320$ (cm^2)
C 的底面积是 $12\times8=96$ (cm^2)
C 的表面积是 $320+96\times2=512$ (cm^2)
D 的侧面积是 $2\times(9+6)\times6=180$ (cm^2)
D 的底面积是 $9\times6=54$ (cm^2)
D 的表面积是 $180+54\times2=288$ (cm^2)

➡ $512:288=16:9=4^2:3^2$

体积之比

C 的体积是 $12\times8\times8=768$ (cm^3)
D 的体积是 $9\times6\times6=324$ (cm^3)

➡ $768:324=64:27=4^3:3^3$

相似立体图形的表面积与体积

两个立体图形相似，
当相似比为 $m:n$ 时，性质如下：
表面积之比为 $m^2:n^2$，
体积之比为 $m^3:n^3$。

面积是二维平面，所以是相似比的平方；体积是三维空间，所以是相似比的立方。

94 向量 小 初 高

1 向量

大小和方向确定的量叫作向量。
例如，力有施加的大小和方向，所以可认为是向量。

向量用带箭头的线段表示，线段的长度和箭头的指向即向量的大小和方向。
箭头的起始处叫作**起点**，箭头的终止处叫作**终点**，该线段叫作**有向线段**。

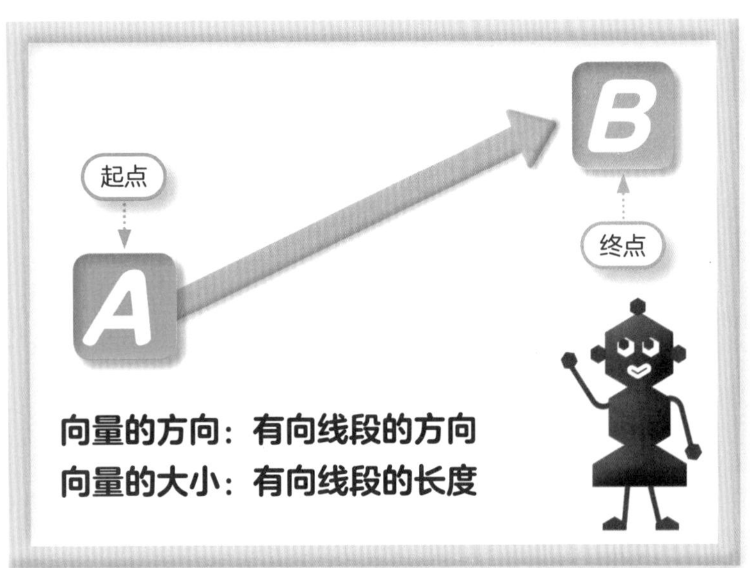

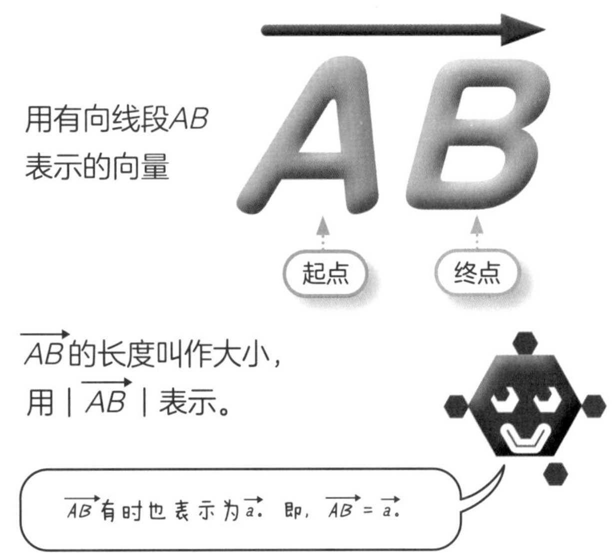

当两个向量的大小和方向都相等时，我们认为这两个向量相等。

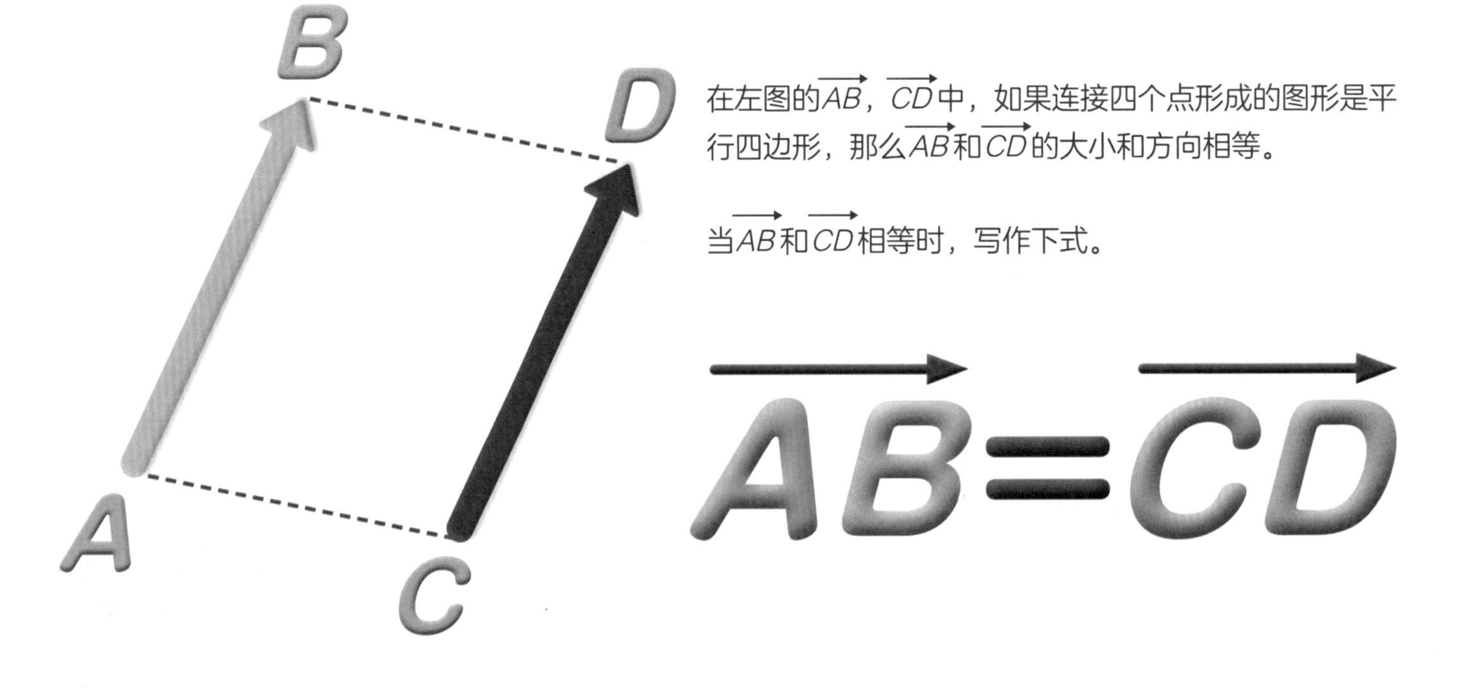

在左图的$\overrightarrow{AB}$，$\overrightarrow{CD}$中，如果连接四个点形成的图形是平行四边形，那么$\overrightarrow{AB}$和$\overrightarrow{CD}$的大小和方向相等。

当$\overrightarrow{AB}$和$\overrightarrow{CD}$相等时，写作下式。

$$\overrightarrow{AB}=\overrightarrow{CD}$$

例如，秒速5m的风和秒速10m的风合在一起，未必是秒速15m的风，因为风可能从各个方向吹过来，或是反向吹过去。我们来看由大小和方向确定的量。

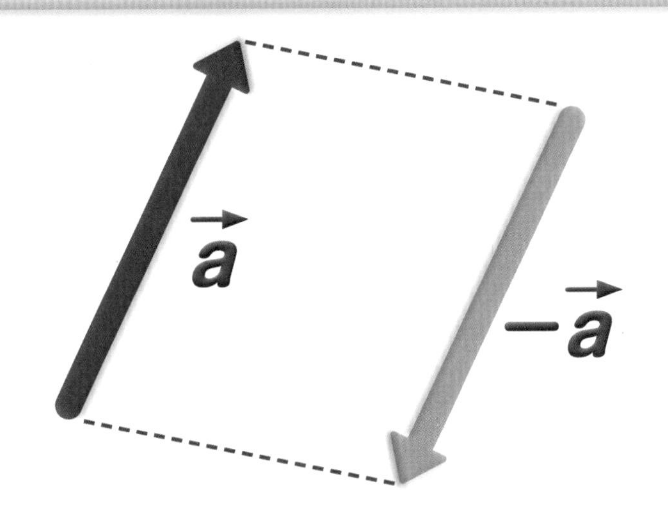

与$\vec{a}$大小相等、方向相反的向量叫作$\vec{a}$的**相反向量**，表示为$-\vec{a}$。

此外，大小为0的向量叫作**零向量**，表示为$\vec{0}$。零向量是起点与终点一致、大小为0、没有方向的特殊向量。

2 向量的和与差

我们通过图示来看，当一个人从某地出发，先向北行进3km，再向东行进4km后，此时距离出发点有多远。

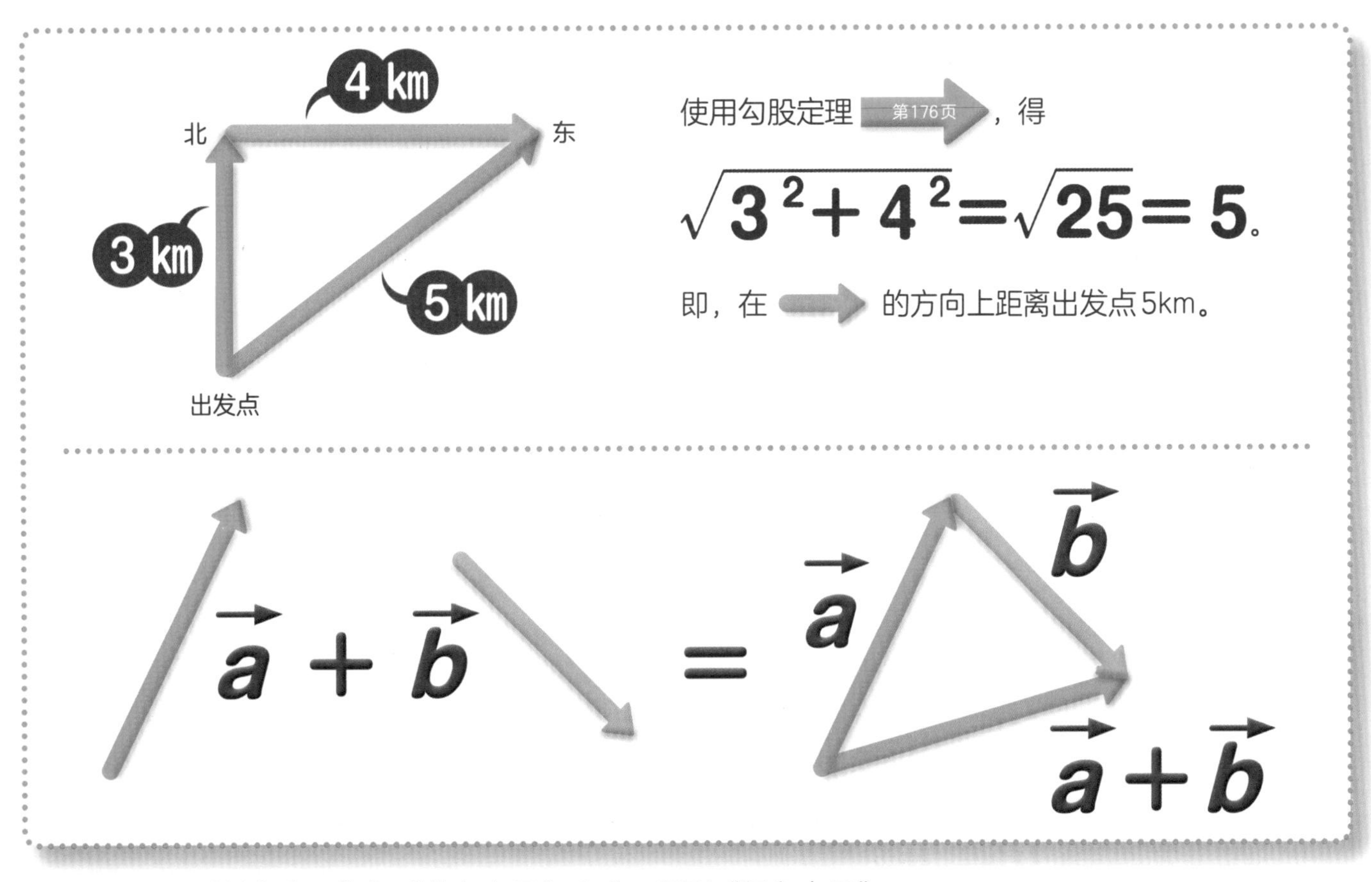

使用勾股定理 第176页，得

$$\sqrt{3^2+4^2}=\sqrt{25}=5.$$

即，在 ➡ 的方向上距离出发点5km。

在上图中，将“粉色向量”与“蓝色向量”合成，得到“绿色向量”。
即，当$\vec{b}$的起点与$\vec{a}$的终点重合时，从$\vec{a}$的起点到$\vec{b}$的终点的向量，就是二者之和。
至于向量的差，例如$\vec{a}-\vec{b}$，可看作$\vec{a}+(-\vec{b})$，即$\vec{a}$与$\vec{b}$的相反向量$-\vec{b}$之和。
这样一来，即可实现向量间的加减。

Chapter Ⅳ

第四章

统计与概率

Statistics / Probability

95 统计（1）小 初 高

1 统计的意义

“统计”是指为了明确一个集体的性质或趋势，对其内部发生的现象进行调查并归纳成数值数据。

数据即信息。例如，想掌握某种趋势时，通过收集信息并将其数值化，使任何人都能从中看出结果。因此，“统计”可以应用于任何领域和职业。

统计的思路

① 收集数据

收集数据以得出自己想弄清楚的结果。
数据越多就越可信。
收集方法：• 实验和观察；• 问卷调查。

② 查看数据并思考

查看收集的数据，思考其中呈现的性质或趋势。
此外，收集到的数据可能在数量和对象上存在不足。
此时需要考虑如下内容可视为必要条件。

- 应该在不同环境下进行实验和观察吗？
- 问卷调查的对象是否在地点、年龄等因素上存在偏差？

③ 用图表来表示数据

收集数据后，要确保其数值简明易懂，便于传达给查阅者。
有时，仅罗列结果很难察明其中的趋势和含义。
将数据整理成图表更易于读取。
此外，使用不同种类的图表，观感截然不同。

2 数据的表示方法

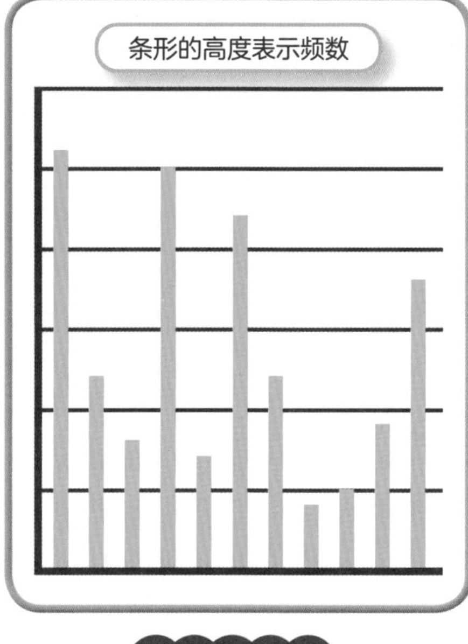

条形统计图

比较大小。

扇形的面积表示比率

扇形统计图

表示比率。

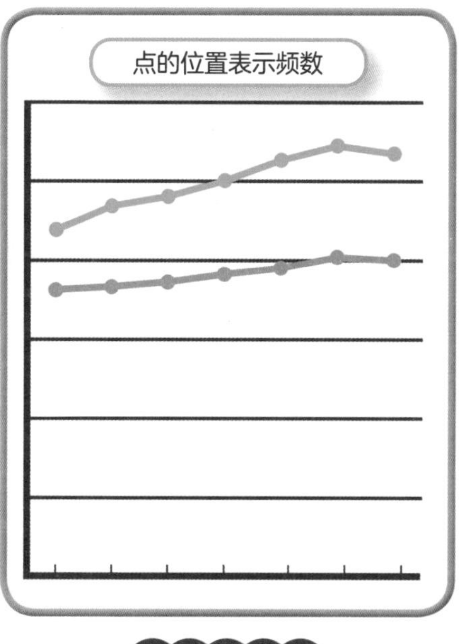

折线统计图

展示变化过程。

雷达图

同时比较若干数据。

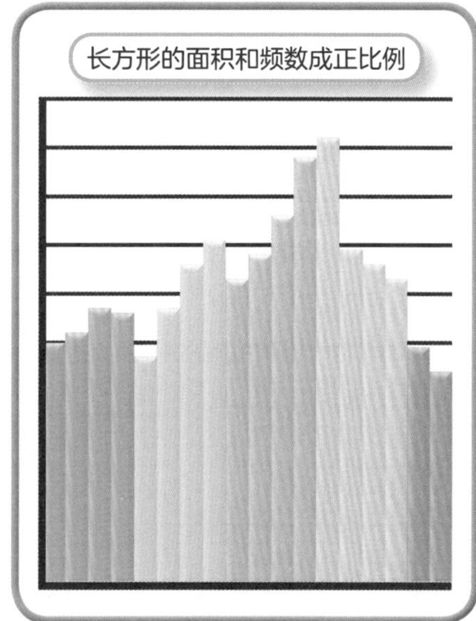

直方图

（柱形图）

面积与数量成正比例。

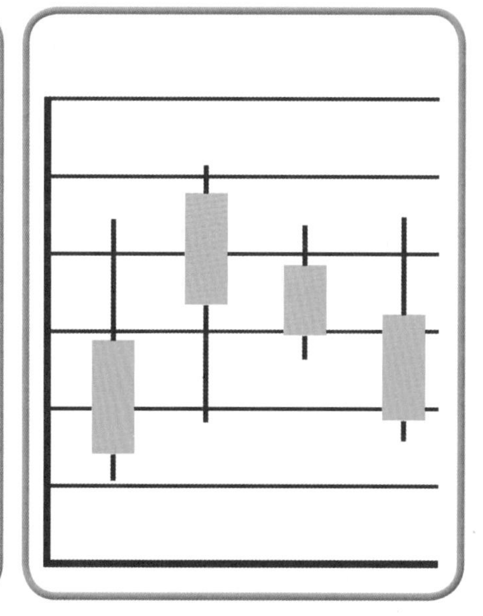

箱形图

展示一组数据的离散情况，
包括最大值、最小值等。

96 条形统计图

1 条形统计图的表示方法

调查小学二年级和六年级各100名学生正在参加的课外活动，归纳如右表所示。为了让这一结果变得更加简明易懂，可以用**条形统计图**将数据可视化。

课外活动调查（人）

课外活动	小学二年级	小学六年级
音乐	27	31
棒球、足球	12	24
补习班	8	35
书法	25	20
英语教室	7	12
游泳	22	11
珠算	12	4
柔道、剑道、空手道	4	5
舞蹈	5	4
其他	9	13
无	18	16

（调查对象为小学二年级和六年级各100名学生，回答可多选）

仅仅收集数据，往往难以弄清楚其结果表明什么。通过把数据整理成图表，观感将变得截然不同。

希望能够直观地传达数据的特征时，使用统计图是非常有效的办法。条形统计图通过横轴将数据分类，通过纵轴表示各小组的大小。当表示大小或比较数值时，条形统计图尤为有用。

2 各种条形统计图

想传达的目标不同，条形统计图的表示方法也会有所变化。

①是将课外活动按照从多到少的顺序排列的条形统计图，②是将二年级和六年级学生的课外活动并列展示的复式条形统计图。

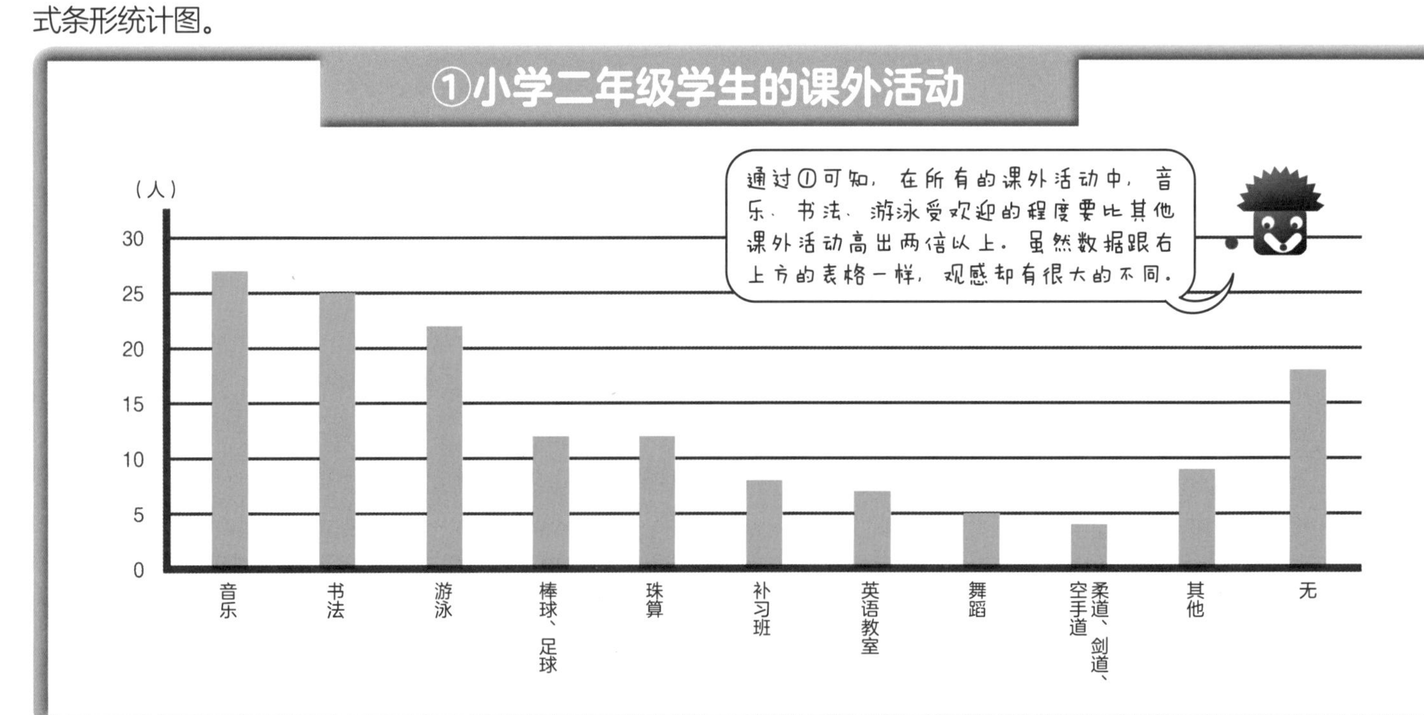

➡第204页 统计（1）

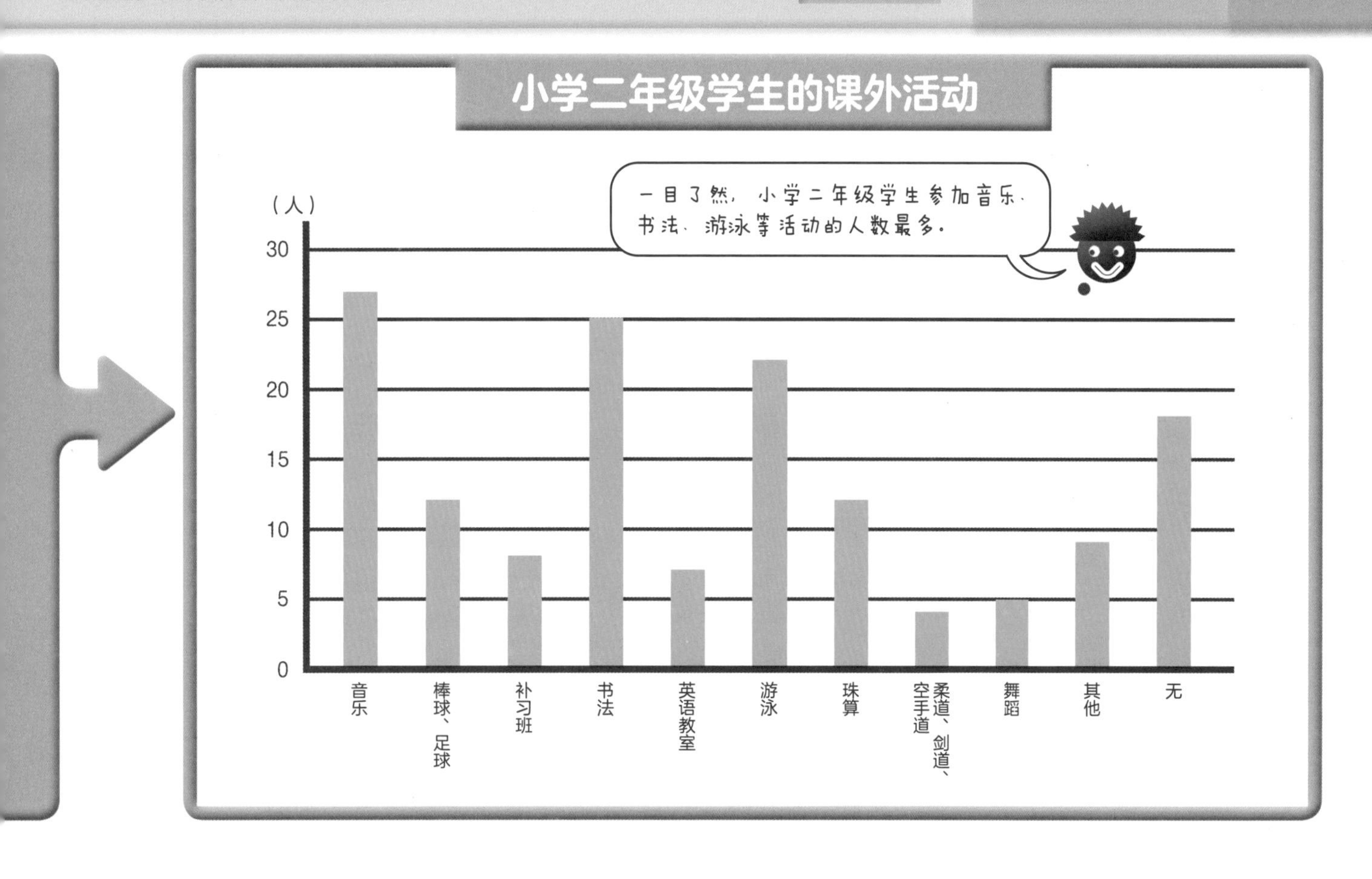
小学二年级学生的课外活动
一目了然，小学二年级学生参加音乐、书法、游泳等活动的人数最多。
（人）
30
25
20
15
10
5
0
音乐
棒球、足球
补习班
书法
英语教室
游泳
珠算
柔道、剑道、空手道
舞蹈
其他
无

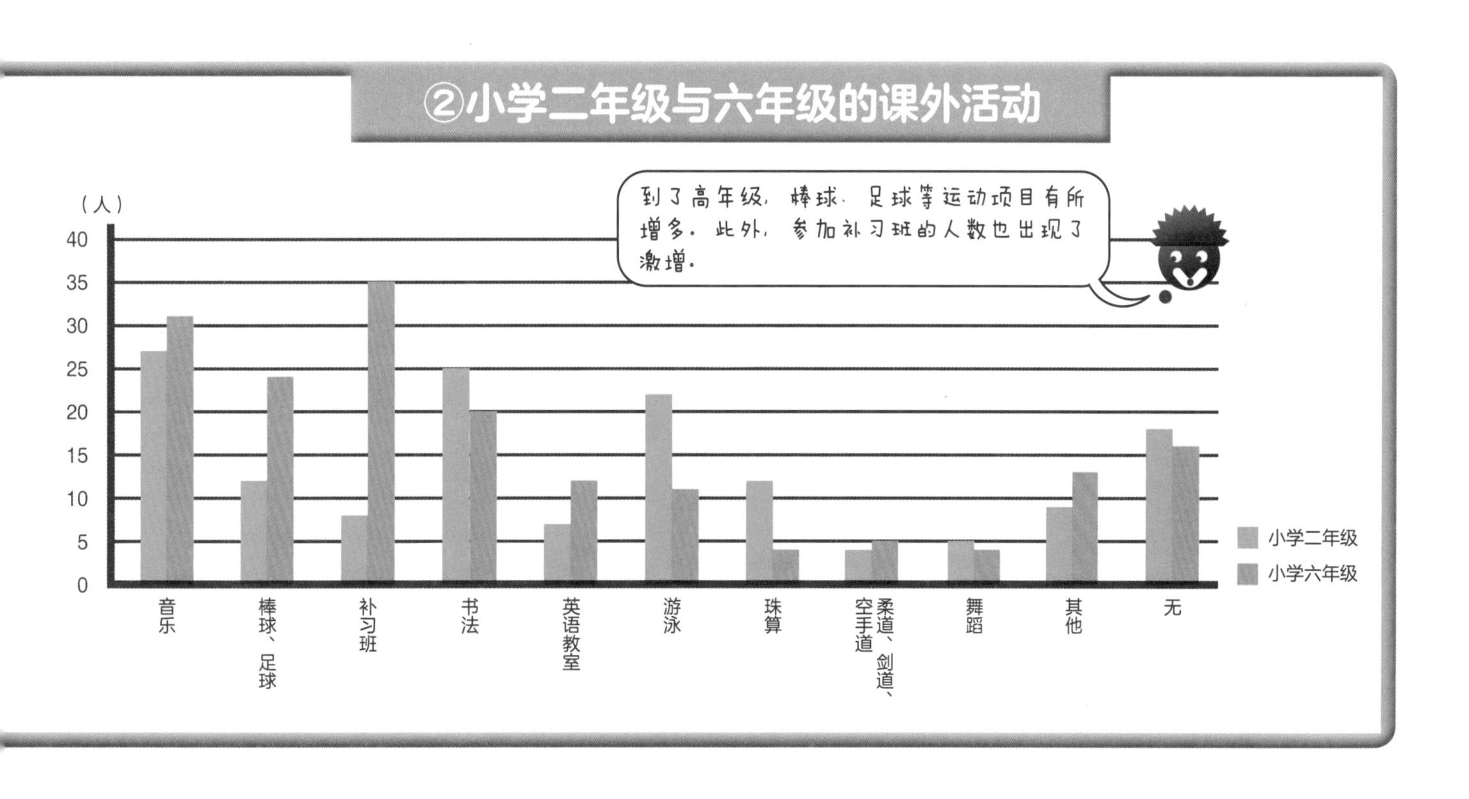
②小学二年级与六年级的课外活动
到了高年级，棒球、足球等运动项目有所增多。此外，参加补习班的人数也出现了激增。
（人）
40
35
30
25
20
15
10
5
0
音乐
棒球、足球
补习班
书法
英语教室
游泳
珠算
柔道、剑道、空手道
舞蹈
其他
无
小学二年级
小学六年级

97 扇形统计图

扇形统计图的表示方法

用一个圆代表100%，圆内的扇形表示各数据在整体中所占的百分比，这样的统计图叫作扇形统计图。

在扇形统计图中，扇形 第150页 的圆心角和面积与该扇形所代表的量值成正比例。要想直观地把握比率，使用扇形统计图格外有效。

用统计图表示下列数据。

水产品的收成和产量（2011年）（t）	
中国	66219255
印度尼西亚	13651379
印度	8879499
秘鲁	8346483
美国	5559997
越南	5555000
菲律宾	4975351
日本	4755478
智利	4436484
俄罗斯	4391154
其他国家	51552351
全世界总计	178322431

水产品的收成和产量（2011年）（%）	
中国	37.1
印度尼西亚	7.7
印度	5.0
秘鲁	4.7
美国	3.1
越南	3.1
菲律宾	2.8
日本	2.7
智利	2.5
俄罗斯	2.4
其他国家	28.9
全世界总计	100.0

把整体视为100%，通过求出各国所占的百分比，就能让数值变小，也就不难看懂了。

➡第204页 统计（1）

水产品的收成和产量（2011年）

中国 37.1%
印度尼西亚 7.7%
印度 5.0%
秘鲁 4.7%
美国 3.1%
越南 3.1%
菲律宾 2.8%
日本 2.7%
智利 2.5%
俄罗斯 2.4%
其他国家 28.9%

扇形统计图的优势：通过比较面积，能够迅速掌握数据的比率。

98 折线统计图

折线统计图的表示方法

用统计图表示数据随时间的推移而变化时，使用折线统计图十分有效。

用折线统计图表示两组数据的变化情况，能同时把握二者的特征。

5月某日的天气和温度（℃）

时间（时）		3日（晴天）	6日（雨天）
上午	6	19.4	17.2
	7	20.1	17.5
	8	21.2	17.9
	9	21.9	18.1
	10	23.4	18.3
	11	24.0	18.6
	12	25.0	19.1
下午	1	26.3	19.5
	2	27.2	20.2
	3	26.7	20.0
	4	25.3	19.7
	5	24.1	19.3
	6	22.8	18.8
	7	21.5	18.6
	8	19.1	18.4

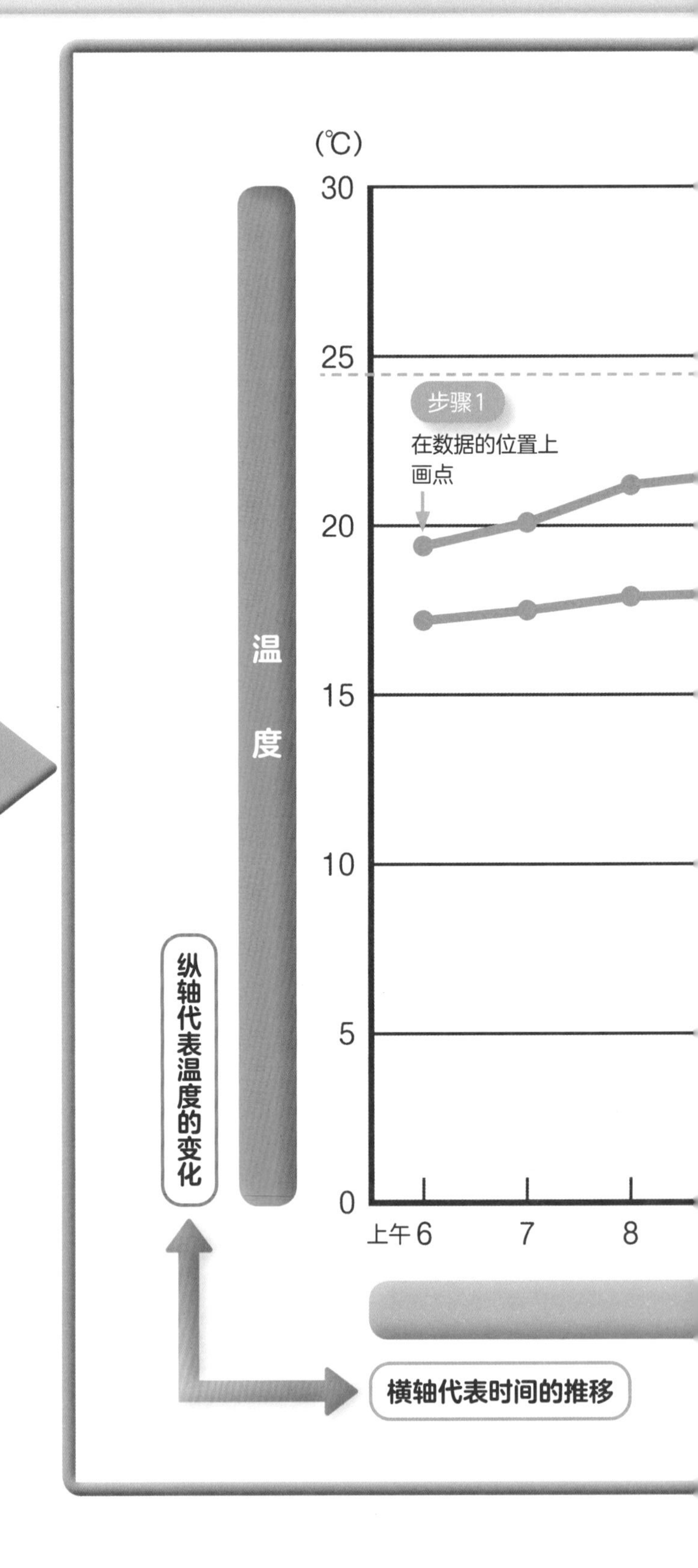

通过该图可知，在上午12时到下午3时这个时段，晴天和雨天的温差之大尤为明显。

我们来看能够简明易懂地表示测定数据随时间推移而变化的折线统计图。

➡第204页 统计（1）

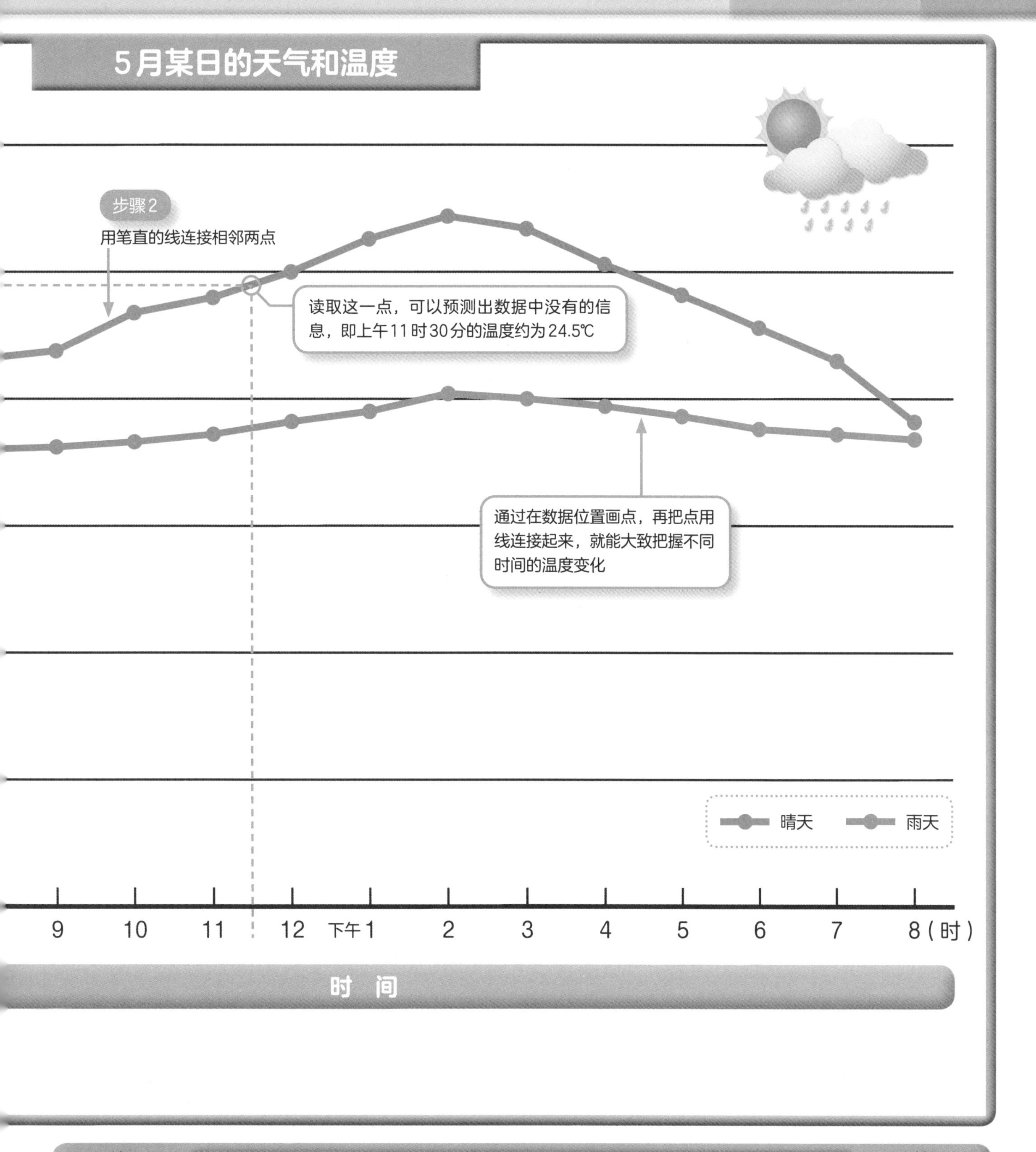

折线统计图的优势 • 便于理解数据随时间推移的变化情况。
• 能同时读取、比较两组以上的数据变化。

99 雷达图 小 初 高

雷达图的表示方法

雷达图是一种分项目对若干数据进行归纳、比较的方法。

当需要针对一个对象展示多个项目的结果，并一边把握量的大小，一边观察其平衡和特征时，多使用雷达图。

雷达图的形状是与项目个数一致的多边形，各顶点对应各项目，中心与各顶点用线段连接，以中心为0设定刻度。数值越大，越向外扩展；数值越小，越趋向中心。此外，各项目的值越趋于平衡，形状就越接近正多边形。

	A店	B店
价格的优惠度	6	9
菜单的丰富度	8	6
待客的礼貌度	8	5
装潢的美观度	8	6
菜品的可口度	7	8

分别调查餐厅A店和B店的五个项目，打分后归纳成上表。

考试分数

如下图所示，把考试分数归纳成雷达图，优势、弱点、需要解决的问题等便一目了然了。

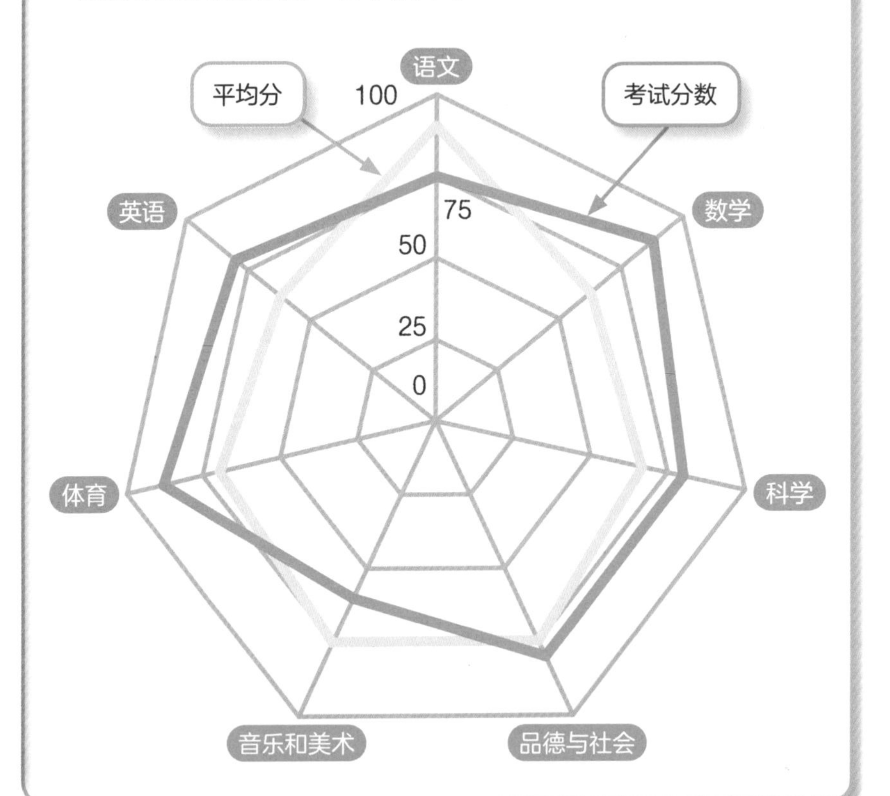

➡第204页 统计（1）

通过雷达图比较A店与B店

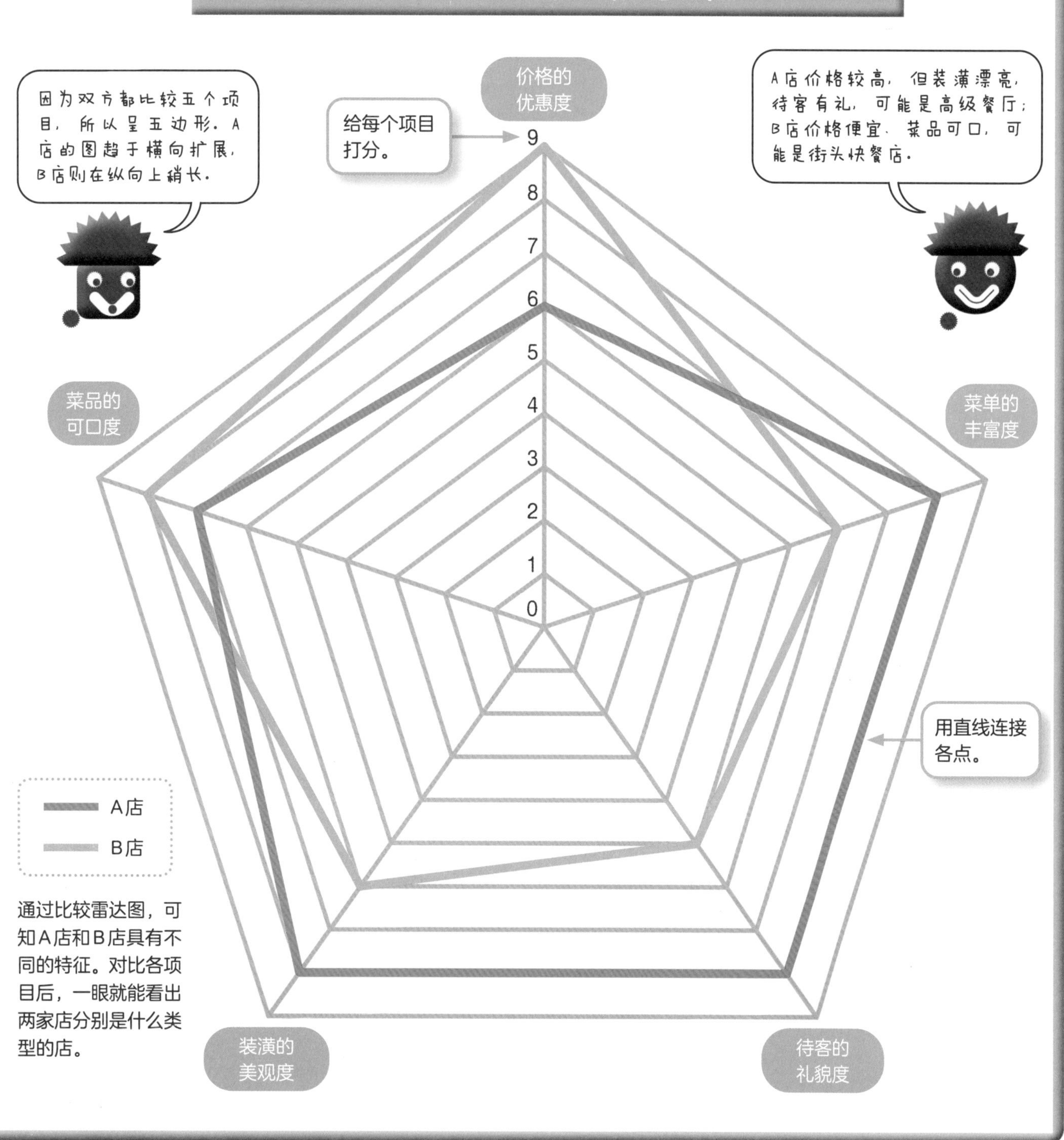

通过比较雷达图，可知A店和B店具有不同的特征。对比各项目后，一眼就能看出两家店分别是什么类型的店。

雷达图的优势
- 能分项目评价数据。
- 各数据的特征显而易见。
- 通过多边形的面积，可知数据的优劣。

100 直方图 小 初 高

直方图的表示方法

为了便于观察频数 第220页 **的分布情况而制定以组距为宽、频数为长的长方形并将它们并列排布的统计图，叫作直方图（柱形图）。**

直方图与条形统计图 第206页 相似，不同之处在于直方图是各长方形的面积（而非条形的长度）与组的频数成正比例。

A市不同年龄段的人口（千人）【组距5岁】

0~4岁	5~9岁	10~14岁	15~19岁	20~24岁	25~29岁	30~34岁	35~39岁	40~44岁	45~49岁	50~54岁	55~59岁	60~64岁	65~69岁	70~74岁	75~79岁	80~84岁	85岁以上	总计
50	52	57	56	47	57	66	71	63	68	76	88	92	69	66	63	49	45	1135

（千人）

纵轴：0 10 20 30 40 50 60 70 80 90 100

横轴：5 10 15 20 25 30 35 40 45 50 55 60 65 70 75 80 85以上（岁）

直方图的优势
- 通过改变数据的组距，可以使重点部分变得醒目易见。
- 长方形的面积与频数成正比例。

➡第204页 统计（1）

组距的设定方法不同，直方图的观感也不同。
左页的直方图是将组距设为5岁，右页的直方图是将组距设为10岁。
尽管数据相同，观感却不一样。

A市不同年龄段的人口（千人）【组距10岁】

0~9岁	10~19岁	20~29岁	30~39岁	40~49岁	50~59岁	60~69岁	70~79岁	80岁以上
102	113	104	137	131	164	161	129	94
								总计
								1135

（千人）
200 180 160 140 120 100 80 60 40 20 0
10 20 30 40 50 60 70 80以上（岁）

左右两个直方图是基于相同数据制成的。

改变组距，观感也会变化。比较左右两图中60~69岁的数据，根本想不到二者居然是相同的数据吧？

101 统计（2）小 初 高

数据的收集与整理

要想获得信息，必须先收集并整理数据。

收集数据的方法可举出以下两种：

• 实验和观察；• 问卷调查。

实验和观察

1 实验和观察的条件

进行实验和观察的关键在于当时的条件。

好不容易才得出结果，一旦当时的条件有异，那就无从比较了。

例如，测量50m短跑的用时，晴天时与下雨淋湿地面时相比，自然是晴天时的成绩更好。

进行实验和观察时，必须考虑到可能影响结果的因素。

实验和观察的内容不同，条件便也多种多样，如时间段、温度、天气等。

2 实验的“误差”

即使按照相同的步骤进行实验，也未必能得到相同的数据。

这是因为，相同条件只是理想中的情况，只要稍有差异，结果就会改变。

进行实验时，控制实验条件很重要，而当发生较大的误差时，查明原因也很重要。

问卷调查

1 如何选择母体

想要了解趋势的组织总体叫作**母体**。

在问卷调查和口头询问调查中，如果母体很大，调查所有内容就非常耗时。

因此，有时可以不调查组织全员，仅调查一部分来推测总体。

这样的调查方法叫作**抽样调查**。

相对地，关于对象组织总体的调查叫作**全面调查**。

2 抽样调查的方法

要想进行抽样调查，需要公平地抽取母体的一部分。

这叫作**随机抽样**。

随机抽样的方法有随机数骰子、随机数表、使用计算机等。

将数据整理成表格

统计调查结果，分项目整理数据。

掷5次纸飞机时的飞行距离（m）					
种类	第1次	第2次	第3次	第4次	第5次
A	3.10	3.25	3.00	3.20	3.00
B	3.50	3.45	3.55	3.47	4.50
C	4.10	4.00	4.30	4.15	4.20

第218页

足球比赛主场观众人数（人）（一场比赛平均）				
年度	A队	B队	C队	D队
1999	20095	14688	18734	21835
2000	20273	16781	19858	21571
2001	22262	19801	21842	22367
2002	15418	18326	21463	13310
2003	12008	14589	21699	8004
2004	5693	9211	14750	8443
2005	5365	19165	13993	8723
2006	5774	20095	14688	7996
2007	6338	16644	14114	9794
2008	7818	20595	16974	11723
2009	7897	24108	16323	12762
2010	9709	24957	16768	10222
2011	10012	24818	15712	12517
2012	9535	25713	13288	15966
2013	13393	23663	14924	16259

第218~221页将会使用这一数据。注意看它们是如何被归纳成统计图的。

第220页

抽样调查的流程

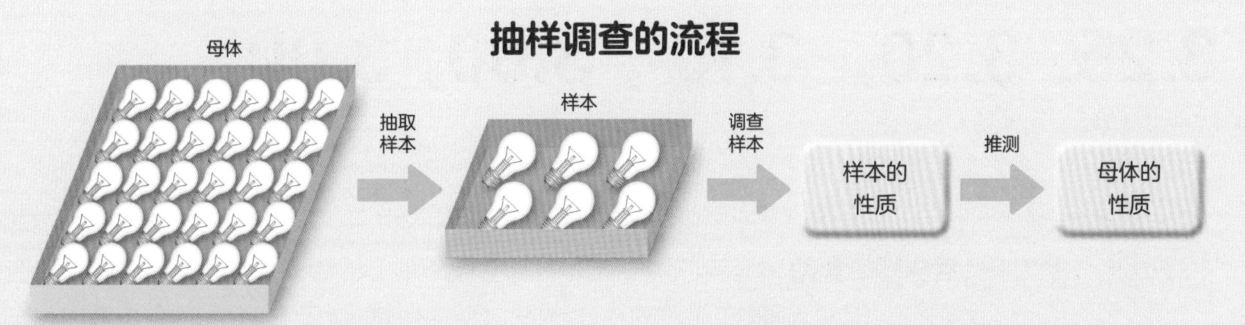

例如，在对工厂生产的大量电灯泡进行质检时，会从总体中随机抽取若干个进行检查。

102 代表值 小 初 高

代表值 **代表数据总体的值叫作代表值。**
我们有时会以代表值为基准，对事物作出思考和判断。

代表值有若干种类。
使用下列数据求几个代表值。

掷5次纸飞机时的飞行距离（m）				
第1次	第2次	第3次	第4次	第5次
3.10	3.25	3.00	3.20	3.00

① 平均数

平均数是各数据所有数值的总和除以数据总数所得的值，可通过下式求出。

$$平均数=\frac{资料的每个数值的总和}{资料的总数}$$

数据中纸飞机飞行距离的平均数是

$$\frac{3.10+3.25+3.00+3.20+3.00}{5}=3.11\text{(m)}$$

（分子：数值的总和；分母：总数）

② 中位数

中位数是把数据各数值按照大小顺序排列时位于中央的数值，其英文单词是median。
将数据中的纸飞机飞行距离按照从长到短的顺序排列：

3.25，3.20，3.10，3.00，3.00。

中位数是3.10（m）。

当数据个数是偶数时的中位数

当数据有偶数个时，位于中央的数值有两个。
此时，我们以两个数值相加再除以2所得的值作为中位数。

▶奇数时
中位数

▶偶数时
这两个值的平均数就是中位数

③ 众数

众数是指数据中出现次数最多的值，其英文单词是mode。
将数据中的纸飞机飞行距离按照从长到短的顺序排列：

3.25，3.20，3.10，3.00，3.00。

众数是3.00（m）。

众数与生活

像纸飞机飞行距离的数据这样，如果资料的个数较少，可能难以看出众数的意义。
我们可以通过下列数据理解众数。

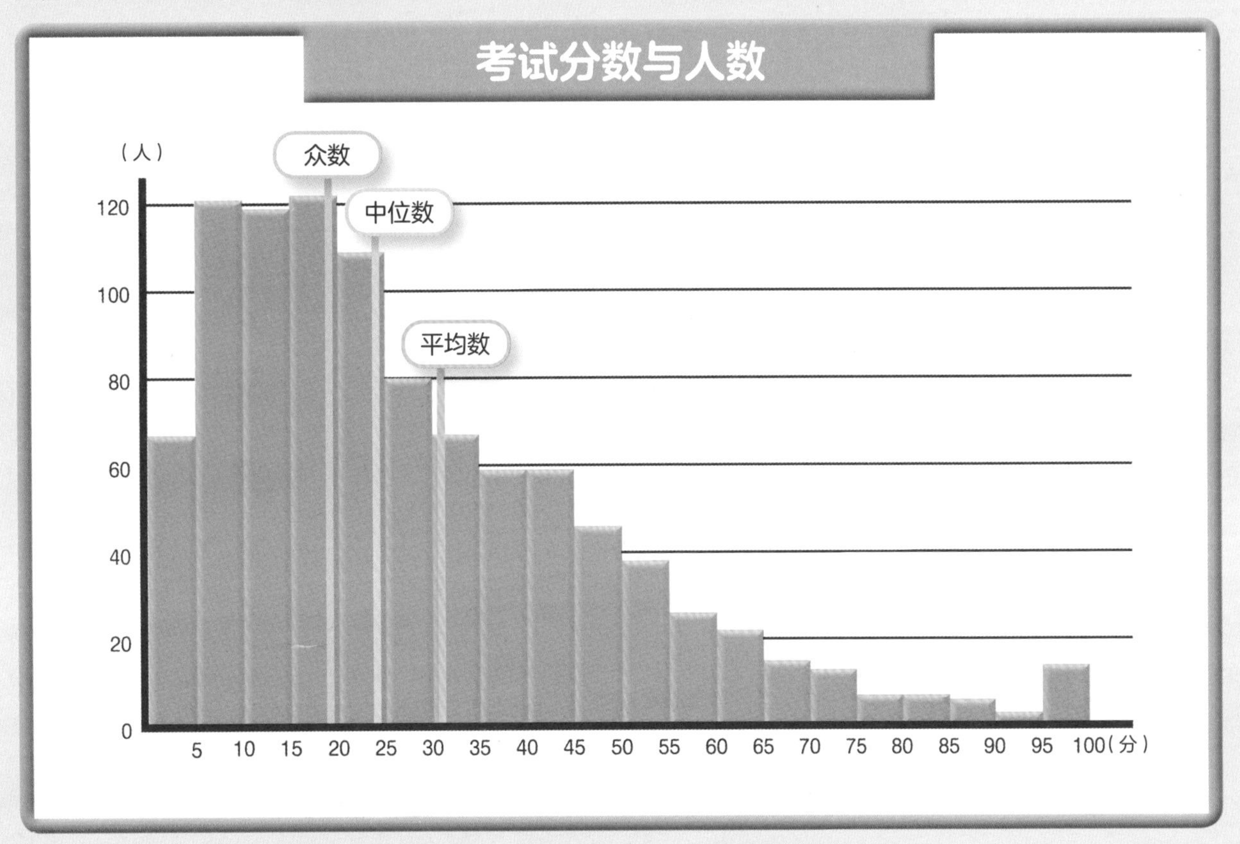

也许是这次考试太难，分数低的人占了多数，但也有一部分人的分数很高。
这样一来，平均数就成了相对较高的值。
此时，平均数容易受到游离在外的值的影响，反而中位数（median）和众数（mode）更符合很多人的情况。
mode也有“流行”的含义。很多人认为，资料中的众数（mode）指的是“当时的流行”。

就像这样，众数与我们日常生活中的各种场合同样息息相关。

103 分布的表示方法

足球比赛主场观众人数（人）（一场比赛平均）

年度	A队	B队	C队	D队
1999	20095	14688	18734	21835
2000	20273	16781	19858	21571
2001	22262	19801	21842	22367
2002	15418	18326	21463	13310
2003	12008	14589	21699	8004
2004	5693	9211	14750	8443
2005	5365	19165	13993	8723
2006	5774	20095	14688	7996
2007	6338	16644	14114	9794
2008	7818	20595	16974	11723
2009	7897	24108	16323	12762
2010	9709	24957	16768	10222
2011	10012	24818	15712	12517
2012	9535	25713	13288	15966
2013	13393	23663	14924	16259

1 频数分布表

右侧的两个表格，是将上方数据中的四支队伍的观众人数分别按照每5000人和每3000人划分区间后调查的结果。

把数据划分区间，表示各区间内相应数据的个数的表格叫作**频数分布表**。该区间叫作**组**，区间的跨度叫作**组距**，各组内的数据的个数叫作该组的**频数**。

观察频数分布表，很容易就能把握数据的分布情况。

组距的确定方法不同，频数分布表的观感也将截然不同。

右侧的两个表格尽管基础数据相同，但组距不同，下方的表将分布情况体现得更详细。

观众人数（人）：组距5000

	A队	B队	C队	D队
30000以上	0	0	0	0
25000（以上）～30000（不足）	0	1	0	0
20000～25000	3	6	3	3
15000～20000	1	5	6	2
10000～15000	3	2	6	5
5000～10000	8	1	0	5
不足5000	0	0	0	0

观众人数（人）：组距3000

	A队	B队	C队	D队
26000以上	0	0	0	0
23000（以上）～26000（不足）	0	5	0	0
20000～23000	3	2	3	3
17000～20000	0	3	2	0
14000～17000	1	4	8	2
11000～14000	2	0	2	4
8000～11000	3	1	0	5
5000～8000	6	0	0	1
不足5000	0	0	0	0

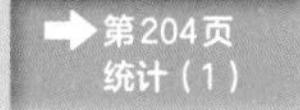
第204页
统计（1）

2 箱形图

有时可将数据的范围分成四等份，用位于分割点上的数值（四分位数）来表示分布情况。

下方数据是将表格中A队的观众人数按照从少到多的顺序自左向右排列的。

① 从最小值（第1个数值）到中位数（第8个数值）前1个数值，这7个数据的中位数叫作**第1四分位数。** 在上方数据中，就是第4个数值6338人。

② 中位数（第8个数值）9709人叫作**第2四分位数。**

③ 从中位数（第8个数值）后1个数值到最大值（第15个数值），这7个数据的中位数叫作**第3四分位数。** 在上方数据中，就是第12个数值15418人。

四分位数的数据分布，可以用给箱体画须制作成箱形图来表示，具体如下。

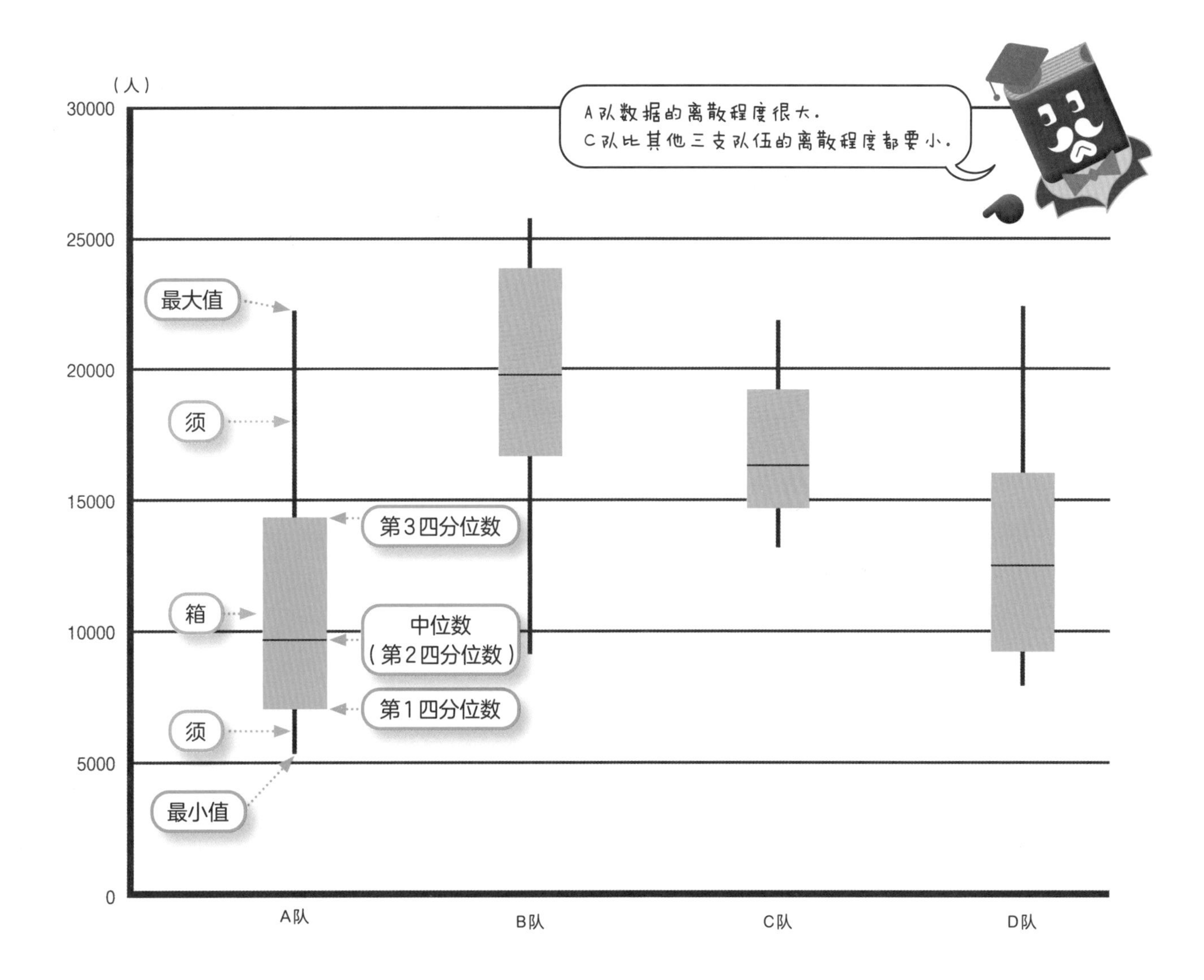

104 方差与标准差

方差与偏差

数学	80	40	70	60	70	80	50	100	40	50
英语	65	70	75	75	65	70	60	70	75	65

上表展示的是某班学生在数学和英语考试中各自的得分和平均分。

A同学的数学和英语都得了90分。
和考试得分一起记录的，还有如下的偏差值。

数学	61.1
英语	73.6

这是什么意思？
明明得分相同，为什么会出现不同的数值呢？

两门考试的平均分都在65分以上不到70分，但得分的离散程度却有很大差别。

英语考试的得分集中在60~80分，低分和高分的人数都比较少。

得分（分）	0以上~不足20	20~40	40~60	60~80	80~100以下
数学	0	2	5	5	8
英语	0	0	2	16	2

数学

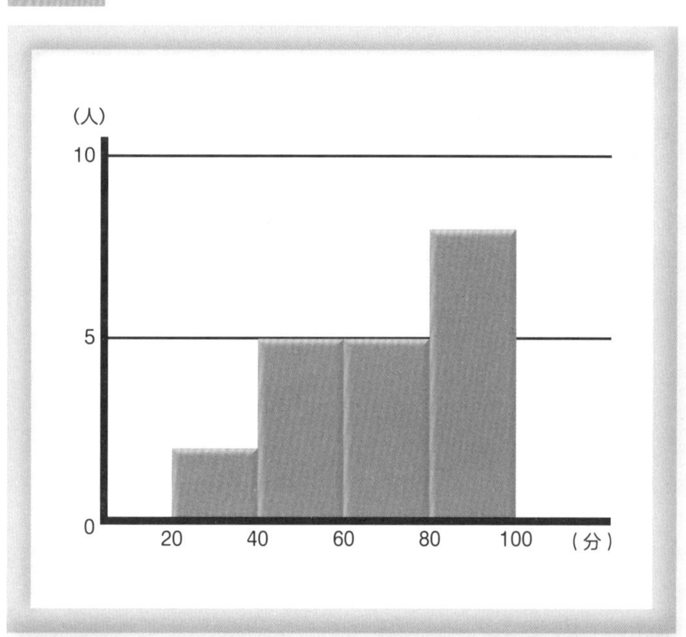

英语

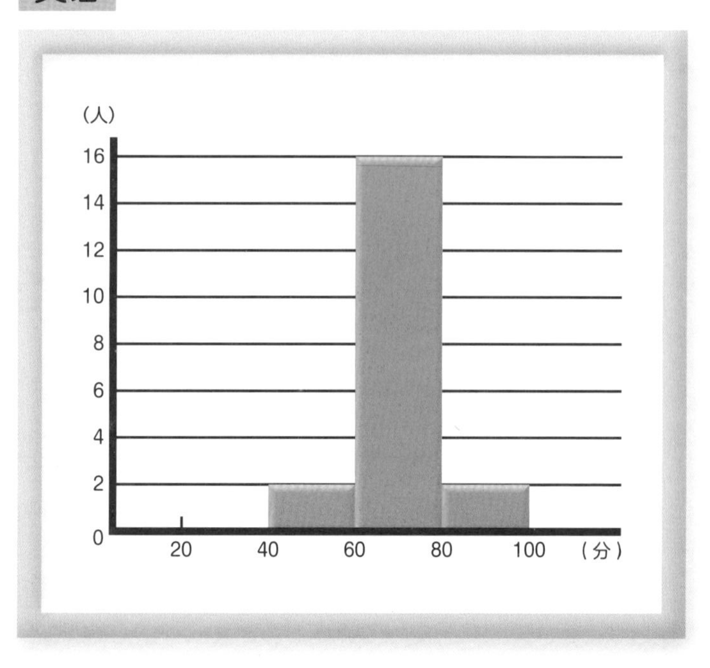

						A同学				平均
35	90	70	30	50	80	90	95	75	85	67
65	70	50	85	55	65	90	65	75	70	69

得分的分布如果用直方图 第214页 来表示，数学的直方图会在横向上扩展，而英语的直方图中得分大于等于60且小于80的组将占据多数。

数据的各数值与平均数之差，叫作偏差。

而“偏差的平方”，即“与平均数之差的平方”的平均数，叫作方差。

这次数学考试成绩的方差是

$$\{(80-67)^2+(40-67)^2+\cdots+(85-67)^2\}\div 20=431$$

（$80-67$：偏差；20：人数；431：方差）

此外，方差的算数平方根叫作**标准差**。

数学考试成绩的标准差是$\sqrt{431}\approx 20.8$（分）。

以同样的方法计算，英语考试的方差是79分，标准差约为8.9分。
方差和标准差是表示数据离散程度的值。

偏差值的求法

$$\text{偏差值}=\frac{\text{自己的得分}-\text{平均分}}{\text{标准差}}\times 10+50$$

如果“自己的得分”=“平均分”，偏差值就是50。

由此求得，A同学的数学得分的偏差值是$\frac{90-67}{20.8}\times 10+50\approx 61.1$，

英语得分的偏差值是$\frac{90-69}{8.9}\times 10+50\approx 73.6$。

105 相关图 小 初 高

相关图的表示方法

将两种数据的值在纵轴和横轴上取刻度，在坐标系中用点来表示对应变量的位置的图叫作相关图，也叫散点图。
通过点的位置，即可分辨两种数据是否存在相关关系。

身高与体重（六年级1班）

身高（cm）	142	147	137	144	150	141	140	147	146	152
体重（kg）	38	42	34	38	42	38	36	43	42	46

身高（cm）	142	146	151	146	144	149	144	145	146	150
体重（kg）	36	45	43	38	42	38	33	40	40	44

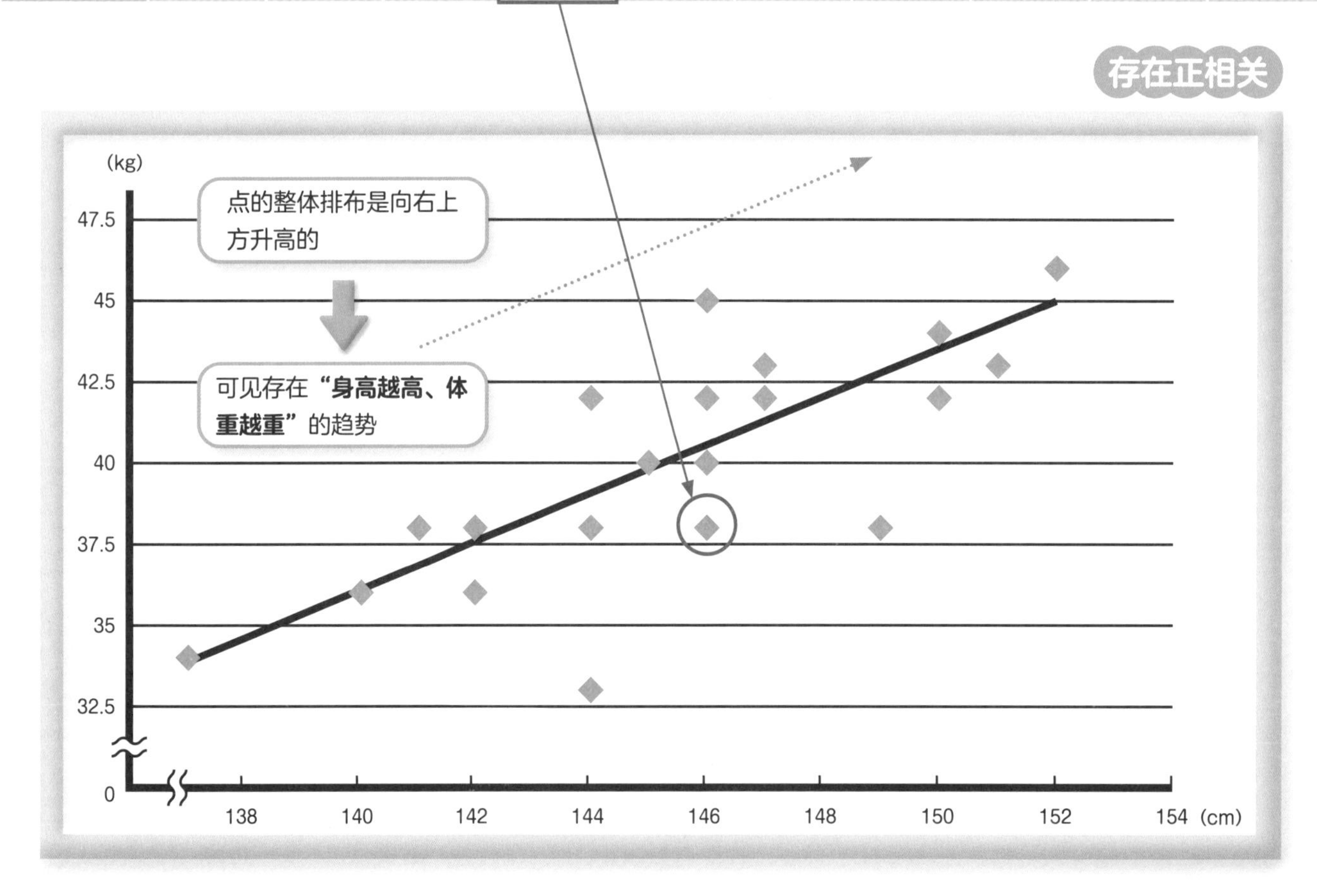

回归直线

如上图所示，为便于观察相关图的趋势，有时会画出一条直线。
这条直线叫作回归直线。可以说，靠近这条直线的点更接近该数据的趋势。

用相关图表示时，点的分布向右上方升高。

此时可以说，两种数据存在一方的值增大，另一方的值也会增大的趋势，叫作存在**正相关。**

当存在一方的值增大，另一方的值反而减小的趋势时，叫作存在**负相关。**

此外，当点呈广泛且不规则的状态分散时，可以称为**不相关。**

某地区学生的年龄与其50m短跑的平均用时

存在负相关

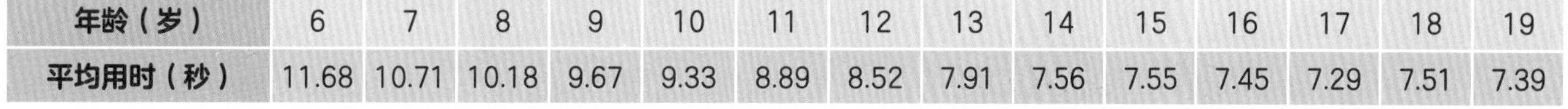

年龄（岁）	6	7	8	9	10	11	12	13	14	15	16	17	18	19
平均用时（秒）	11.68	10.71	10.18	9.67	9.33	8.89	8.52	7.91	7.56	7.55	7.45	7.29	7.51	7.39

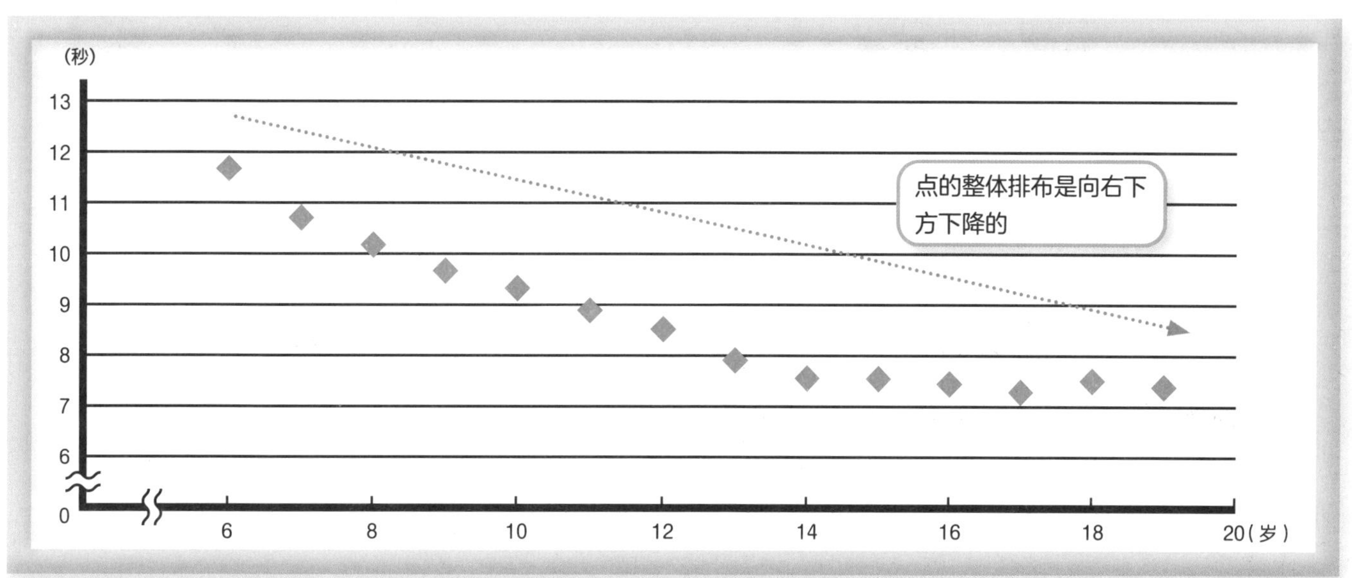

某班级学生的身高与其算数考试的得分

不相关

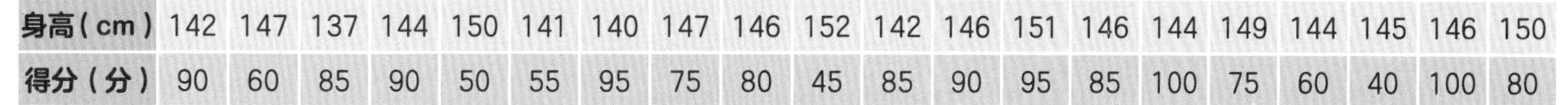

身高（cm）	142	147	137	144	150	141	140	147	146	152	142	146	151	146	144	149	144	145	146	150
得分（分）	90	60	85	90	50	55	95	75	80	45	85	90	95	85	100	75	60	40	100	80

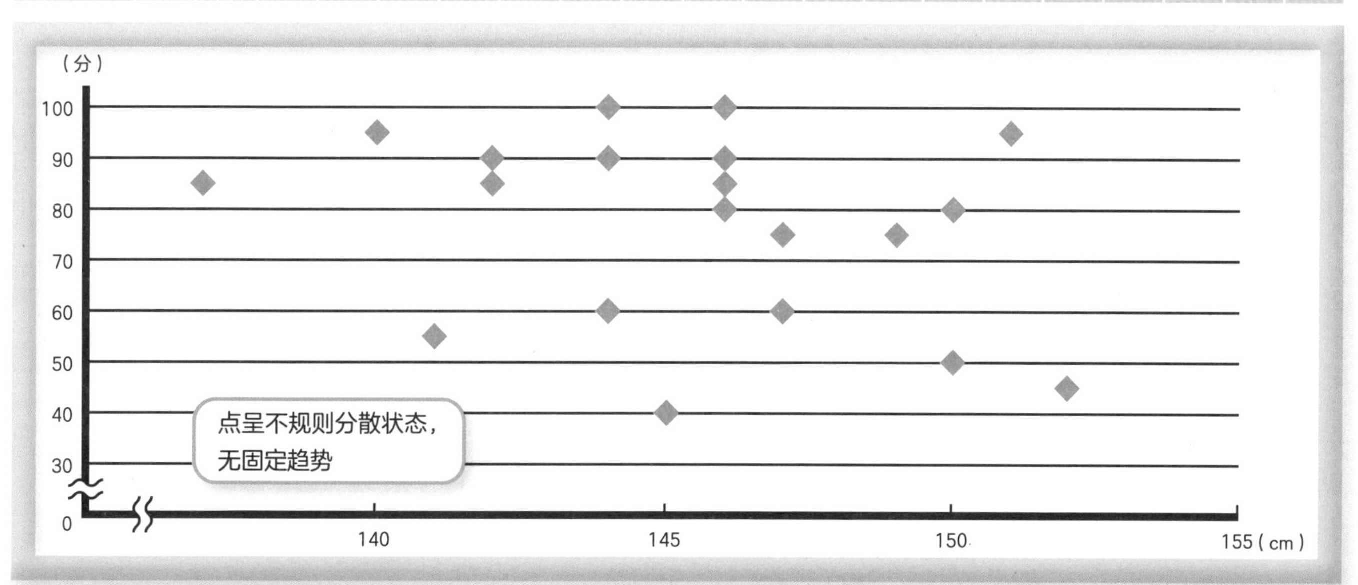

106 统计与生活

预测樱花开花

步骤1 确定想预测的地点。

步骤2 选择对樱花开花日期可能造成强烈影响的变量。

步骤3 收集可造成影响的变量的数据。

调查并归纳了1985年以后福岛县樱花的开花日期，以及当年3月的平均气温。

年份	1985	1986	1987	1988	1989	1990	1991	1992	1993	1994
3月的平均气温（℃）	4.1	4.1	5.3	4.1	6.3	6.4	5.7	5.5	5.1	4.1
开花日期（月/日）	4/14	4/17	4/6	4/16	4/1	4/3	4/9	4/5	4/12	4/8

年份	1995	1996	1997	1998	1999	2000	2001	2002	2003	2004
3月的平均气温（℃）	5.1	4.8	6.4	6.5	6.3	4.7	5.4	7.8	4.9	5.7
开花日期（月/日）	4/9	4/15	4/8	4/7	4/5	4/13	4/8	3/29	4/8	4/3

年份	2005	2006	2007	2008	2009	2010	2011	2012	2013
3月的平均气温（℃）	4.4	5.4	6.0	6.8	5.8	5.1	3.8	4.7	6.7
开花日期（月/日）	4/11	4/12	4/2	4/6	4/6	4/9	4/12	4/16	

这里就是我们想知道的日期。

步骤4 画出数据的散点图 第224页。

设3月的平均气温为x℃，开花日期为4月y日，读取步骤3的数据，在图中画出对应的点。

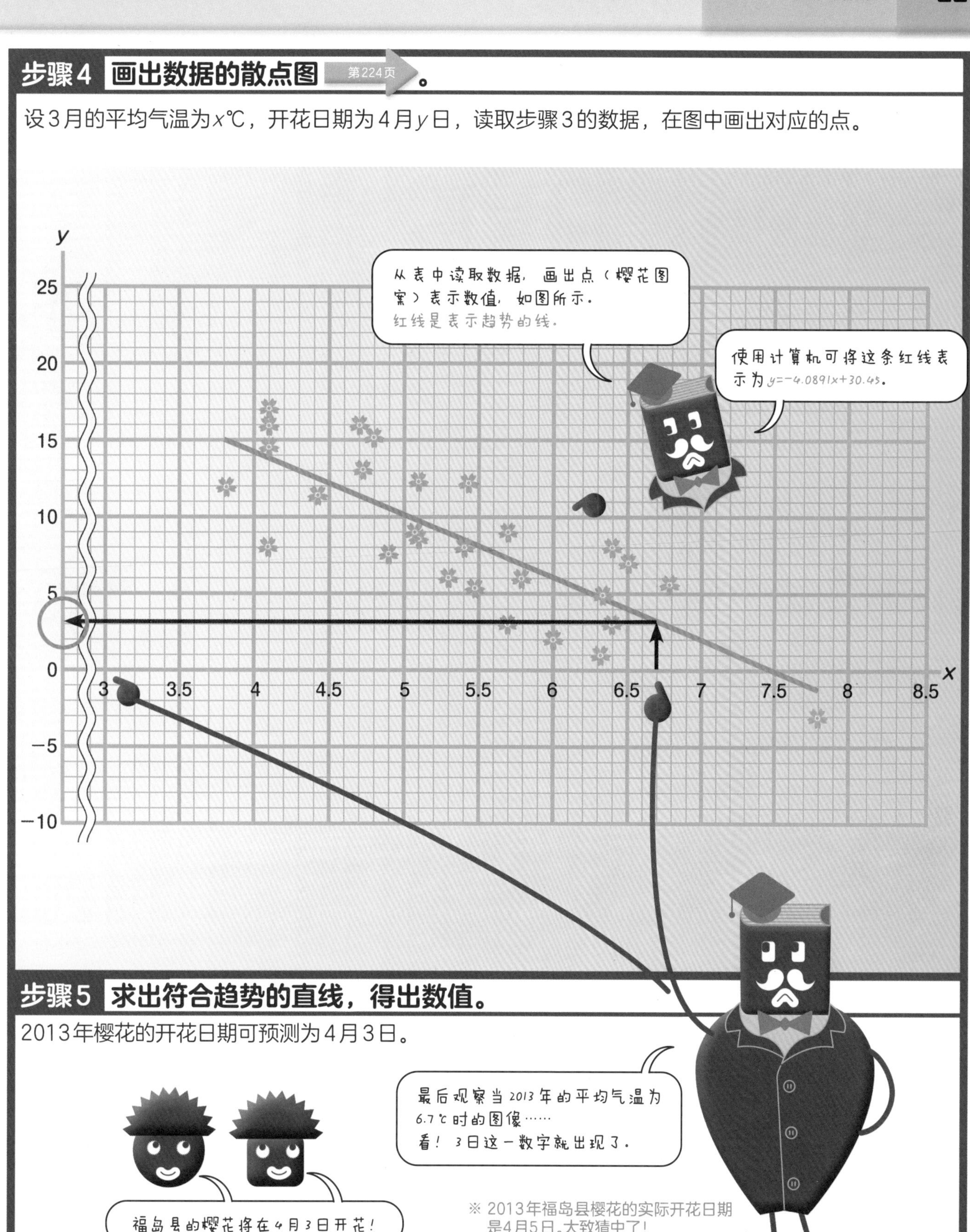

步骤5 求出符合趋势的直线，得出数值。

2013年樱花的开花日期可预测为4月3日。

※ 2013年福岛县樱花的实际开花日期是4月5日。大致猜中了！

107 树形图 小 初 高

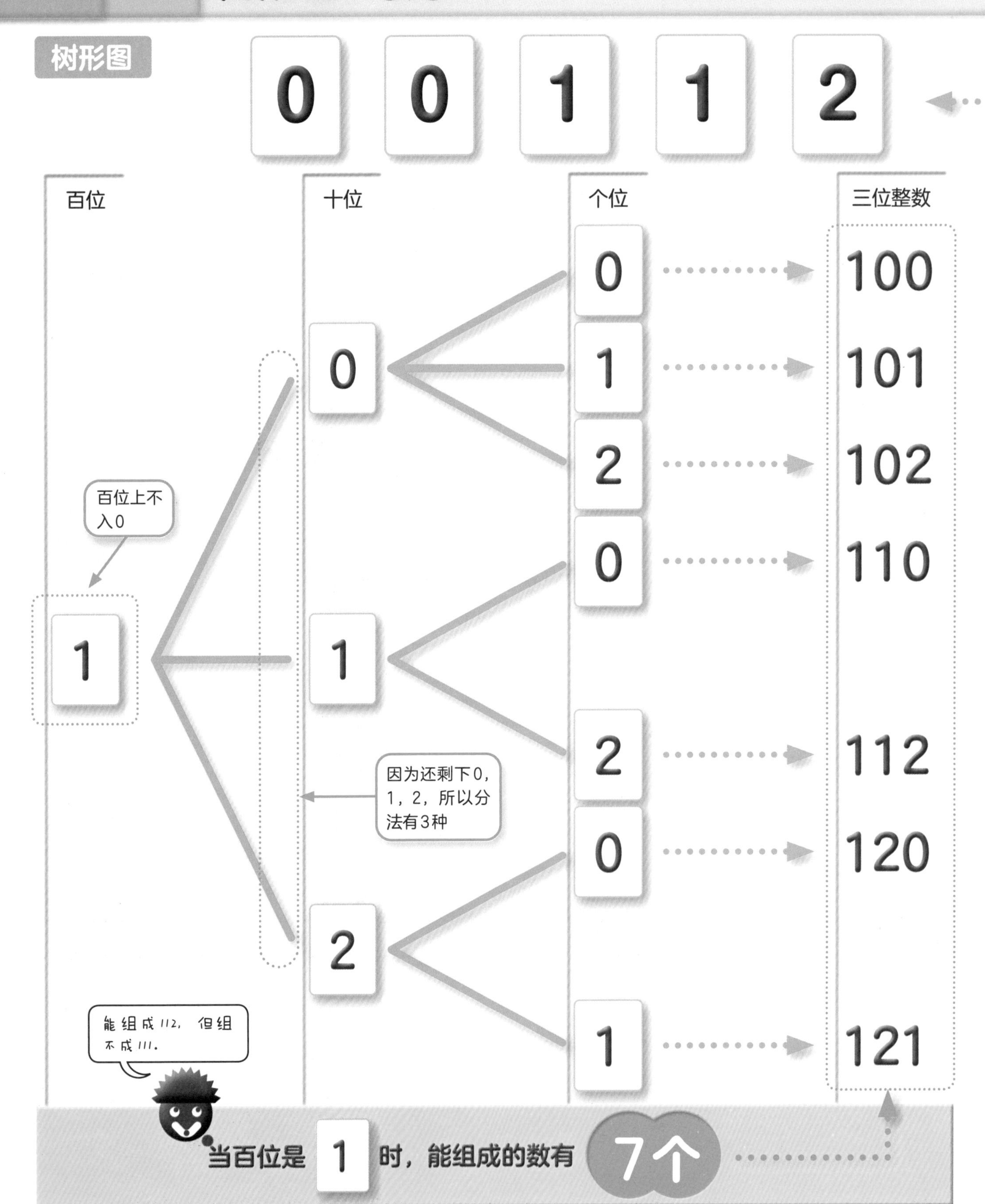
树形图
0 0 1 1 2
百位
十位
个位
三位整数
100
101
102
110
112
120
121
百位上不入0
因为还剩下0，1，2，所以分法有3种
能组成112，但组不成111。
当百位是 1 时，能组成的数有 7个

这里有5枚卡片，如左图所示。
我们来看，当从中选出3枚组成三位整数时，能组成多少个。

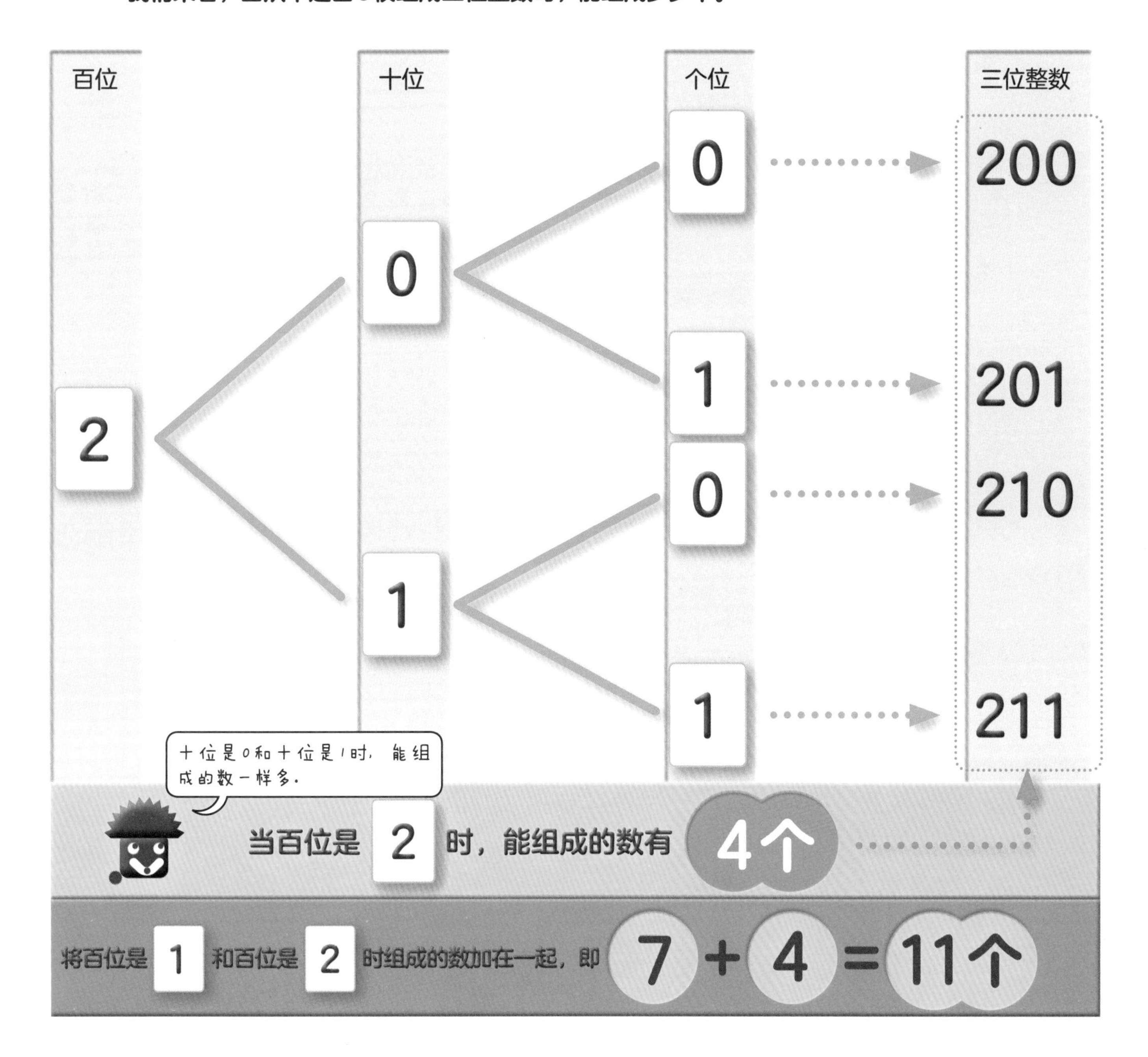

这样的图叫作**树形图**。
树形图是一种虽然简单但很有效的统计图，能够“无遗漏、无重复”地完成计数。

108 随机数

1 乘法定理

我们来看，当同时掷大小两个骰子时，可能出现的点数有多少种。

骰子有六个面，从1点到6点。
骰子可能掷出的点数如下表所示。
由此可见，两个骰子可能掷出的点数共有36种。

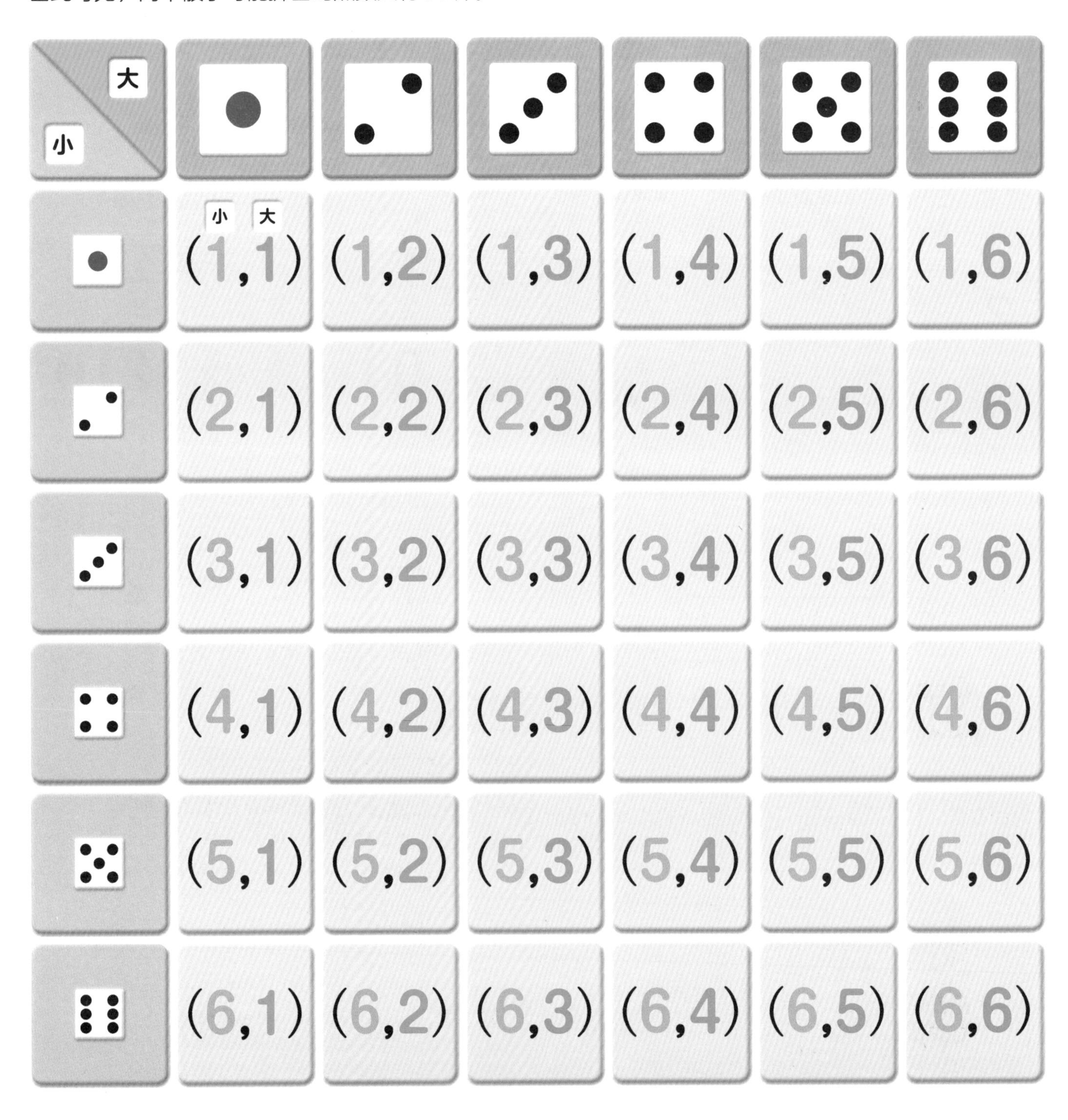

大 / 小	1	2	3	4	5	6
1	(1,1)	(1,2)	(1,3)	(1,4)	(1,5)	(1,6)
2	(2,1)	(2,2)	(2,3)	(2,4)	(2,5)	(2,6)
3	(3,1)	(3,2)	(3,3)	(3,4)	(3,5)	(3,6)
4	(4,1)	(4,2)	(4,3)	(4,4)	(4,5)	(4,6)
5	(5,1)	(5,2)	(5,3)	(5,4)	(5,5)	(5,6)
6	(6,1)	(6,2)	(6,3)	(6,4)	(6,5)	(6,6)

（小 大）

大骰子可能掷出的点数有6种，而相对于其中的每一种，小骰子可能掷出的点数也各有6种，因此可以认为，答案就是6×6=36（种）。
这一思路叫作**乘法定理**。

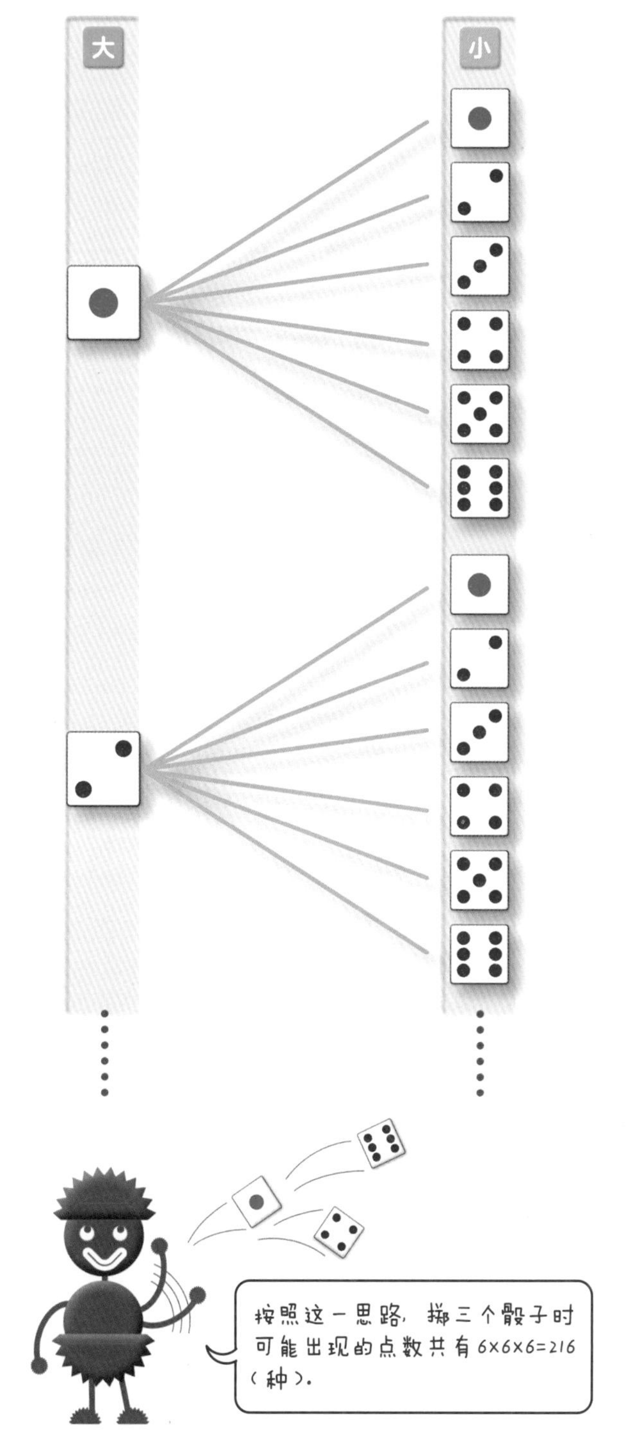

2 加法定理

我们来看，掷大小两个骰子时，两个骰子的点数之和是7或8的组合有多少种。

表示两个骰子的点数，可以下点功夫制作下面这样的表格。

两个骰子的点数之和

小＼大	⚀	⚁	⚂	⚃	⚄	⚅
⚀	2	3	4	5	6	7
⚁	3	4	5	6	7	8
⚂	4	5	6	7	8	9
⚃	5	6	7	8	9	10
⚄	6	7	8	9	10	11
⚅	7	8	9	10	11	12

当两个骰子的点数之和是7时，
数出上表中的黄色部分，共有6种。
当两个骰子的点数之和是8时，
数出上表中的绿色部分，共有5种。
总计6+5=11（种），
这一思路叫作**加法定理**。

考虑到各种情况，再把它们相加。

109 排列与组合

1 排列

我们来看，从10位选手中选出4人担任接力赛跑的第一棒、第二棒、第三棒、第四棒时，像这样连出赛顺序也考虑在内的选法有多少种。

第一棒的选法有10种，第二棒在除去被选为第一棒的人之后有9种选法……按照这样的思路，通过相乘可知共有多少种选法。

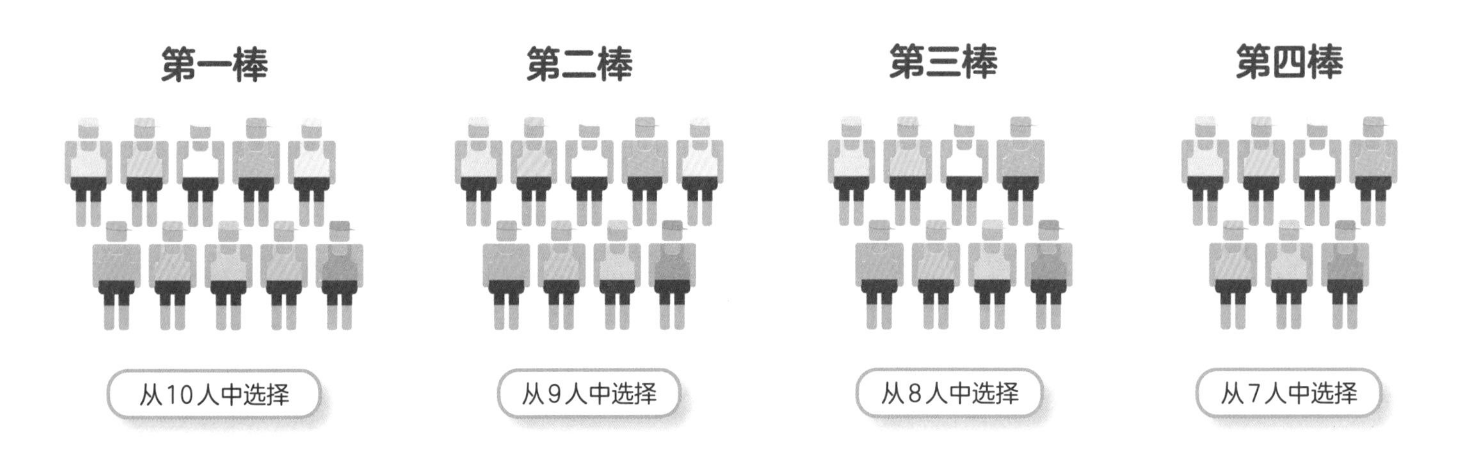

从10人中选出4人进行排序时的数写作P_{10}^{4}，按照如下方法计算。

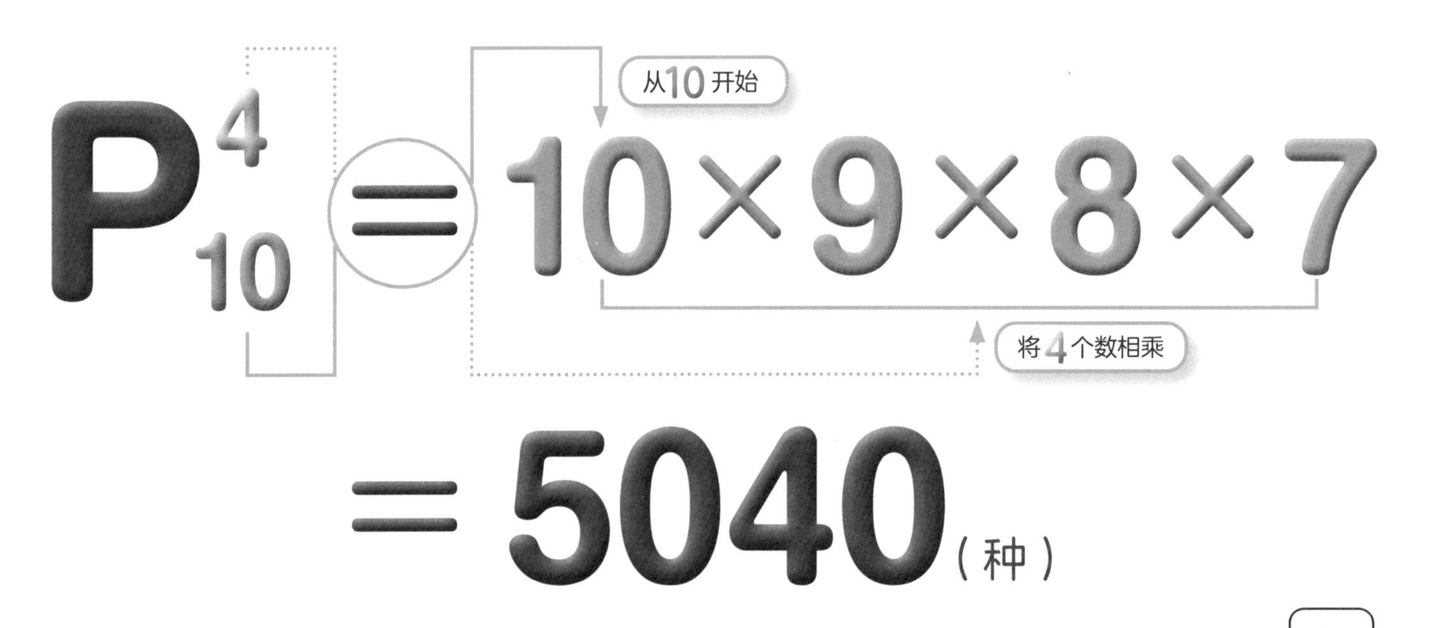

从n个不同元素中取出m（$m\leqslant n$，且m，n属于正整数）个元素，按照一定的顺序排成一列，叫作**排列**。
从n个不同元素中取出m（$m\leqslant n$，且m，n属于正整数）个元素所能形成的排列数，写作P_n^m。

当10位选手全部参赛时，考虑出赛顺序时的随机数是

$$P_{10}^{10}=10\times9\times8\times7\times6\times5\times4\times3\times2\times1=3628800\text{(种)}。$$

如上式所示，从10到1的整数的积叫作10的**阶乘**，写作“10！”。

P_n^n是从自然数n到1的所有正整数的积，叫作n的阶乘，写作“$n!$”。 $P_n^n=n!$

阶乘的示例

1！=1
2！=2×1=2
3！=3×2×1=6
4！=4×3×2×1=24
5！=5×4×3×2×1=120
6！=6×5×4×3×2×1=720
7！=7×6×5×4×3×2×1=5040
8！=8×7×6×5×4×3×2×1=40320
9！=9×8×7×6×5×4×3×2×1=362880

2 组合

接下来，我们不考虑出赛顺序，从10位选手中选择4人，看看此时的随机数是多少。

不考虑出赛顺序，从10人中选出4人时的随机数写作C_{10}^4，按照如下方法计算。

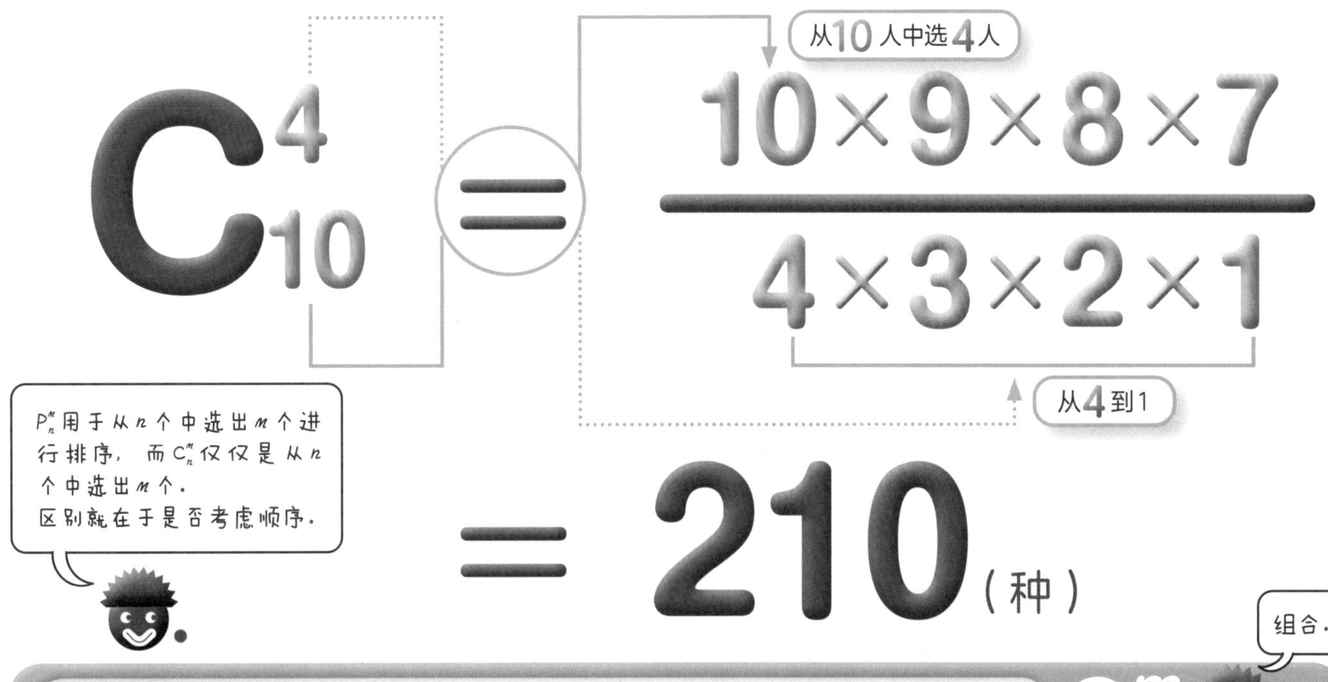

从n个不同元素中选出m（$m\leqslant n$，且m，n属于正整数）个元素而不考虑顺序，叫作**组合**。
从n个不同元素中取出m（$m\leqslant n$，且m，n属于正整数）个元素所能形成的组合数，写作C_n^m。

110 概率

1 概率的表示方法

概率是用数值表示某事件发生的可能性的大小。

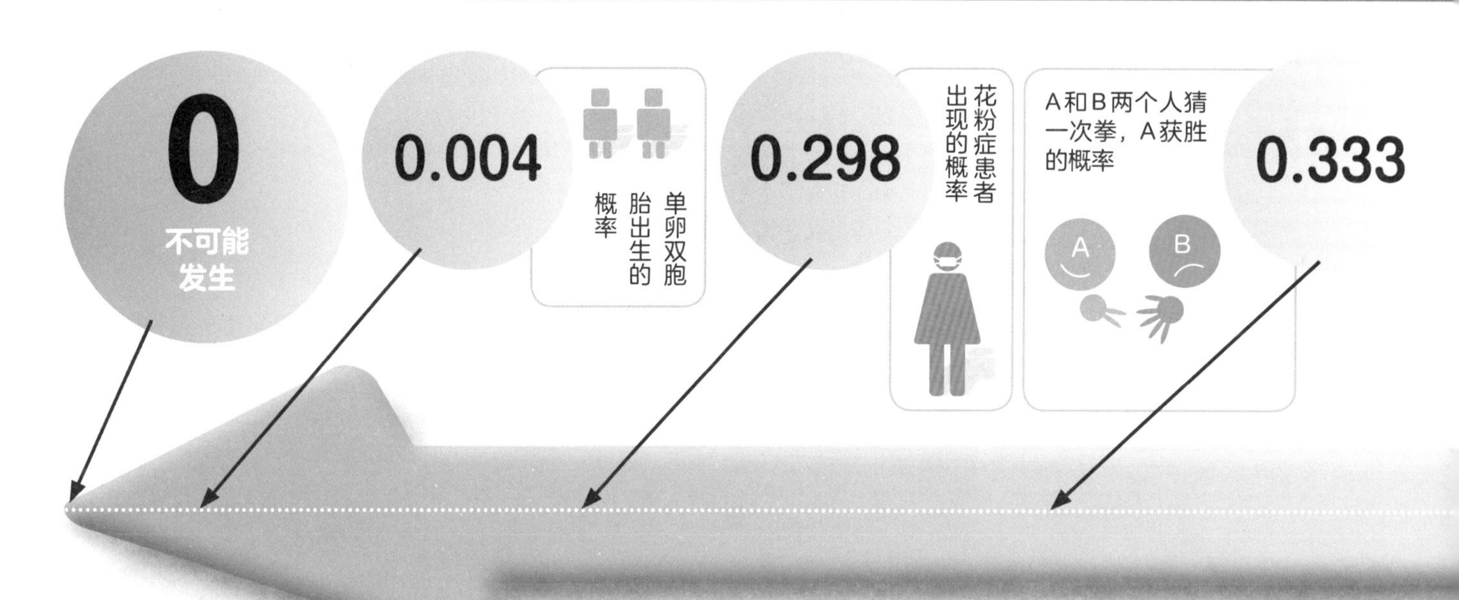

2 数学性概率与统计性概率

有时，预测发生与实际发生之间是有差异的。

因为掷骰子出现1点的概率是$\frac{1}{6}$，所以在进行“掷出1点就算赢”的游戏时，只要掷六次骰子就一定能赢，这样说对吗?

右表是对实际掷骰子时，出现1点的次数进行调查后得出的结果。

掷骰子的次数A	掷出1点的次数B	掷出1点的相对频数$\frac{B}{A}$
50	7	0.140
100	13	0.130
200	32	0.160
400	70	0.175
600	89	0.148
800	125	0.156
1000	165	0.165
1200	202	0.168
1400	239	0.171
1600	269	0.168
1800	299	0.166
2000	334	0.167

例：掷骰子出现1点的概率为 $\frac{1}{6}$

1 ← 事件A发生的随机数

6 ← 可能发生的所有随机数

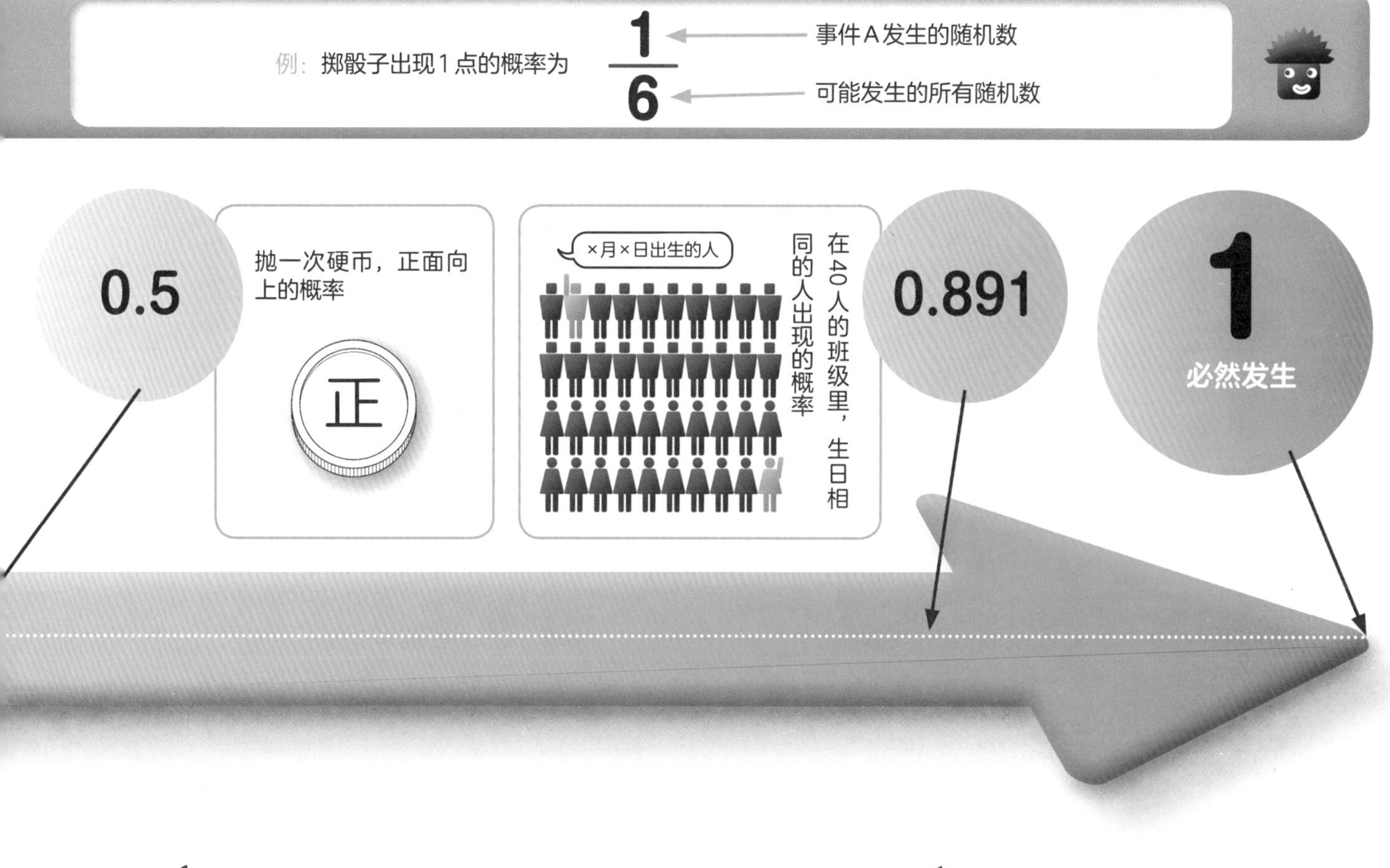

“概率为$\frac{1}{6}$”是指，当多次重复该行为时，该事件发生的相对频数接近$\frac{1}{6}$。
这是预测发生的概率，但很多时候，我们都会感受到它与实际发生之间的差异。

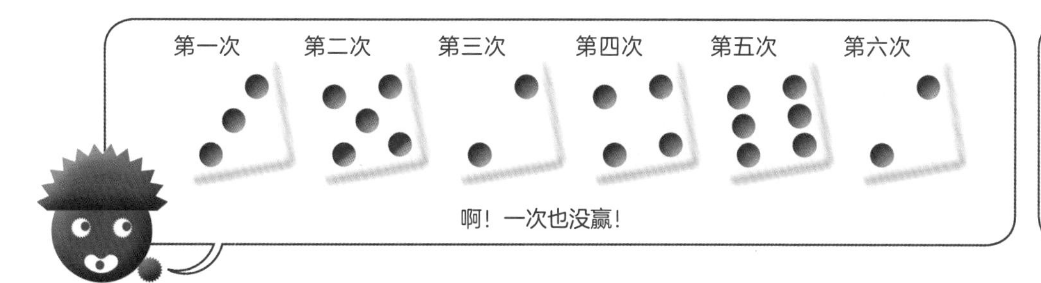

统计性概率

由过去的统计判断出的概率，叫作统计性概率。

与之相对，根据 $\frac{\text{某事件发生的随机数}}{\text{可能发生的所有随机数}}$ 计算求出的概率，叫作数学性概率。

例如，人的血型比率约为A型占四成，O型占三成，B型占二成，AB型占一成。这就是统计性概率的实例。

111 各种概率 小 初 高

1 概率乘法定理

抛一枚硬币，掷一次骰子。
想一想，此时硬币正面向上且骰子点数为3的概率是多少。

硬币

“抛硬币”行为与“掷骰子”行为，结果互不影响。在概率中，互不影响的两个行为叫作“两个行为独立”。

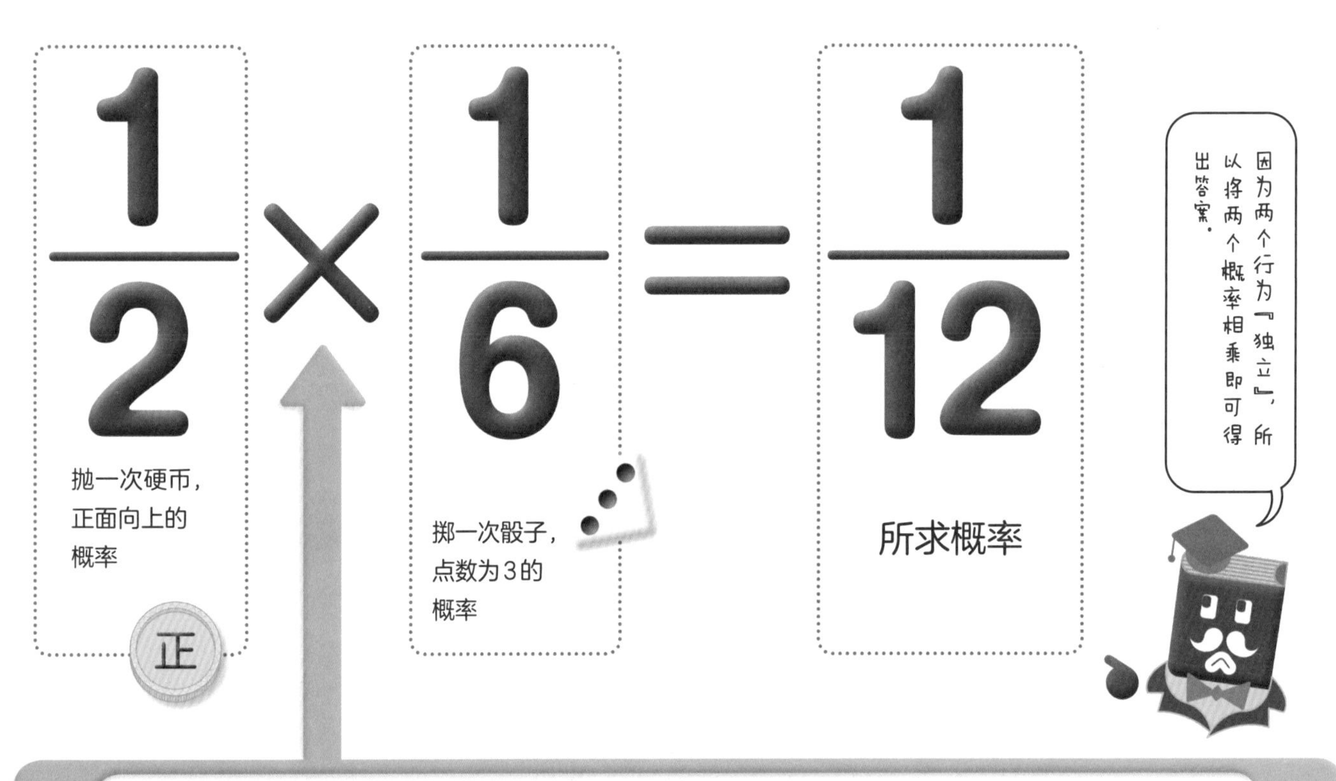

硬币正面向上“**且**”骰子点数为3是将两个概率相乘，这叫作概率乘法定理。

使用树形图 第228页 也能求出概率。

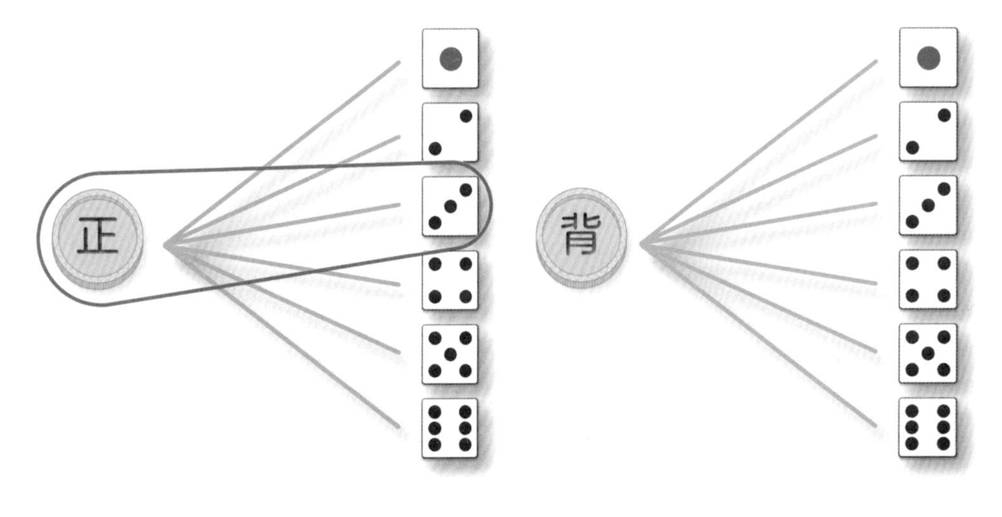

抛一次硬币，无论正面向上还是背面向上，骰子可能掷出的点数都各有6种。
也就是说，共有12种，所求概率是$\frac{1}{12}$。
即，也可通过$\frac{1}{2}\times\frac{1}{6}$求得。

➡第234页 概率

2　某事件不发生的概率

将100张卡片从1到100编号。想一想，当从中取出一张卡片时，编号不是7的倍数的概率是多少。

从1到100中“不是7的倍数”的数，
就是在从1到100的数当中
剔除“7的倍数”的数。

在从1到100的卡片中，7的倍数的卡片是

7×1＝7，7×2＝14，7×3＝21，7×4＝28，…，7×14＝98，

有14张。

从100张卡片中取出一张，
该卡片是7的倍数的概率为

$$\frac{14}{100}=\frac{7}{50}。$$

因此，所求概率为

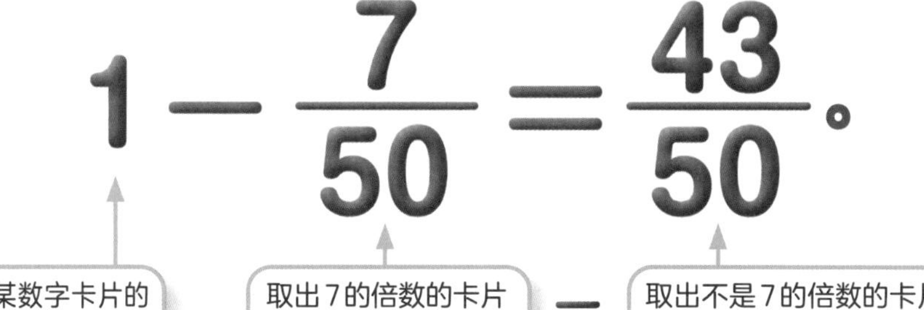

$$1-\frac{7}{50}=\frac{43}{50}。$$

取出某数字卡片的概率 － 取出7的倍数的卡片的概率 ＝ 取出不是7的倍数的卡片的概率

有时，利用反向思路能迅速得出答案。

（事件A不发生的概率）＝1－（事件A发生的概率）

用图来表示，即如下所示。事件A不发生叫作A的**余事件**。

可能发生的所有情况

A不发生的情况

A发生的情况

112 概率与生活 

1 猜拳与概率

A和B两人猜一次拳。想一想，此时A获胜的概率是多少。

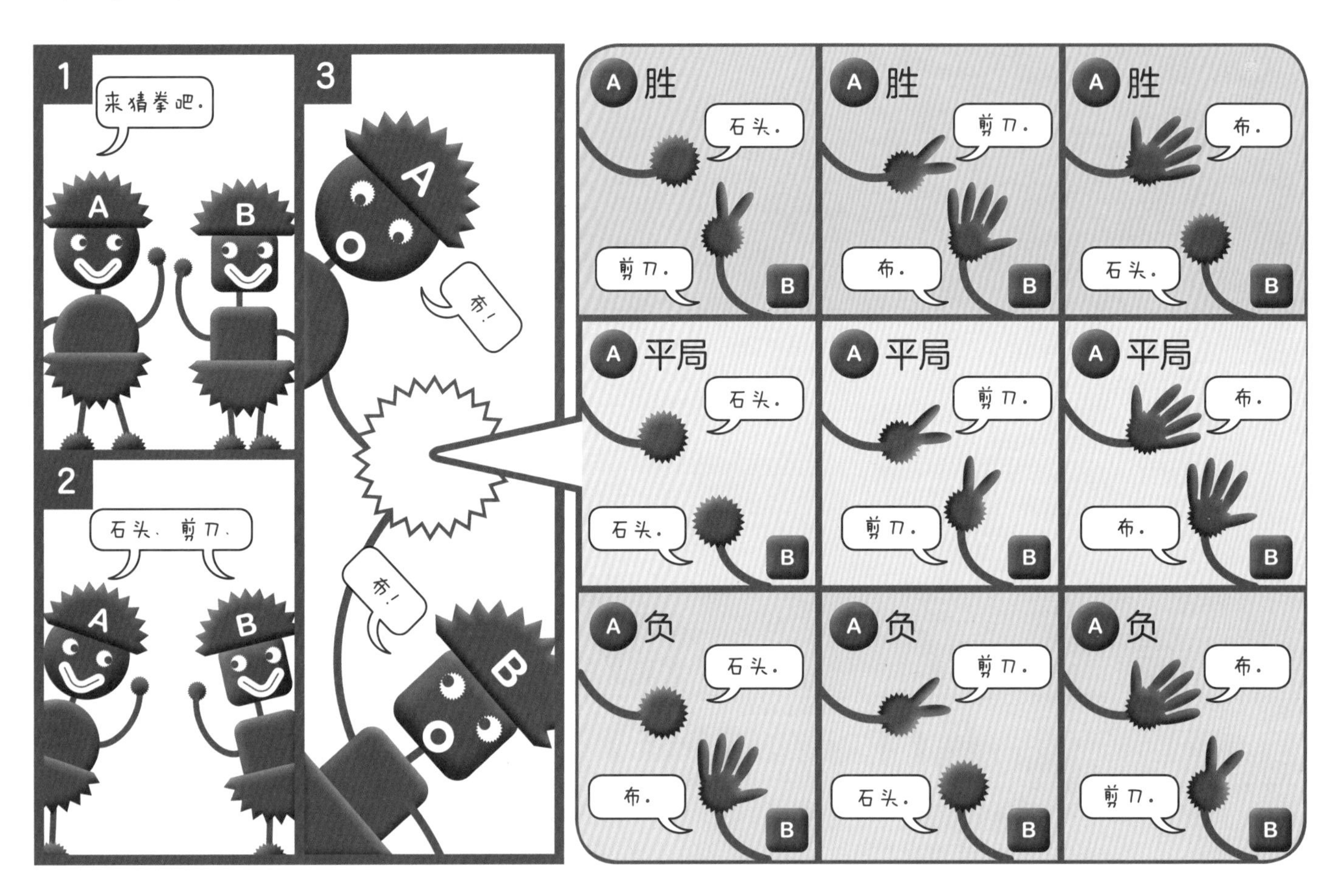

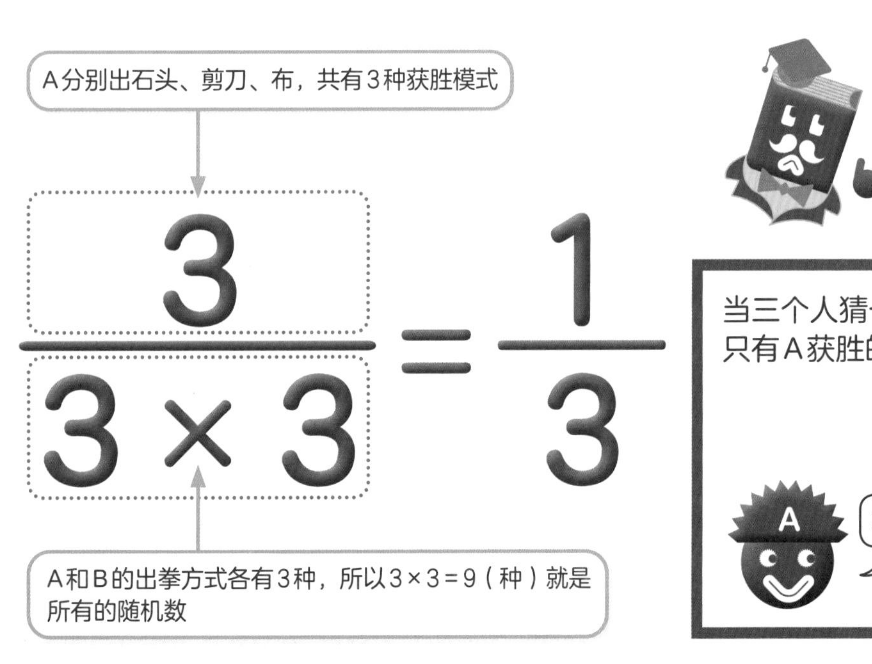

获胜概率是$\frac{1}{3}$，败北概率和平局概率都是$\frac{1}{3}$。

当三个人猜一次拳时，A获胜的概率和只有A获胜的概率各是多少？

卷末第243页

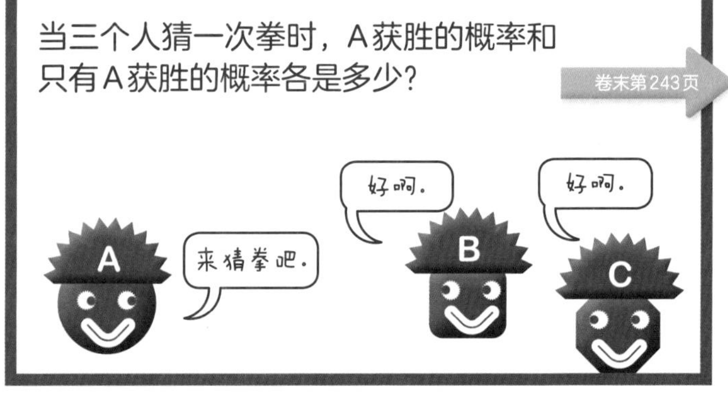

2 期望值

下图是1000张奖券中的奖金和张数的明细。

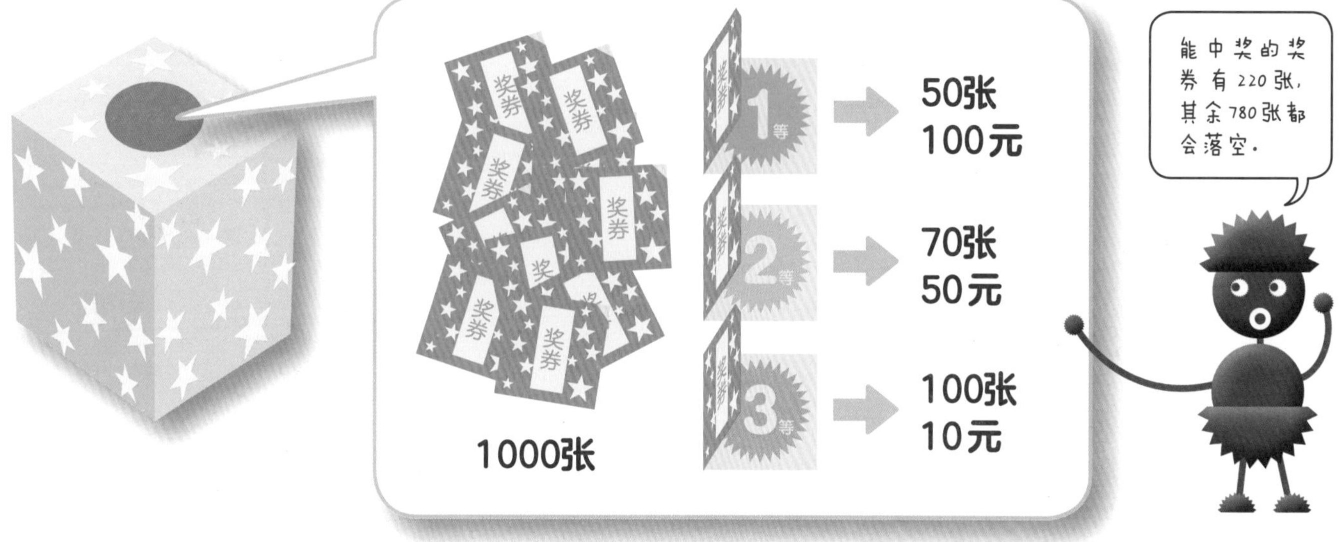

奖	数量（张）	奖金（元）	概率
一等	50	100	$\frac{1}{20}$
二等	70	50	$\frac{7}{100}$
三等	100	10	$\frac{1}{10}$
落空	780	0	$\frac{39}{50}$

衡量某事物的得失时，
有时会用到**期望值**的思路。
期望值是 **“可能取的值”** × **“该值发生的概率”** 之和。
这些抽奖券的期望值是

$$100\times\frac{1}{20}+50\times\frac{7}{100}+10\times\frac{1}{10}+0\times\frac{39}{50}=9.5(\text{元})$$

从数学上来说，9.5元就是可期望的奖金金额，虽然实际上往往落空……

彩票

彩票也称奖券。《现代汉语词典》中对彩票的解释是：“一种证券，上面编着号码，按票面价格出售。开奖后，持有中奖号码彩票的，可按规定领奖。”

运算符号

第12页

$+$ 加

$-$ 减

$\times$ 乘

$\div$ 除

关系符号

第13页

$=$ 等号

$>$，$<$ 不等号

$\geqslant$，$\leqslant$ 大于等于号、小于等于号

运算定律

第22页

交换律

$A+B=B+A$

$A\times B=B\times A$

结合律

$(A+B)+C=A+(B+C)$

$(A\times B)\times C=A\times(B\times C)$

分配律

$A\times(B+C)=A\times B+A\times C$

$(A+B)\times C=A\times C+B\times C$

乘法公式

第68页

$(x+a)(x+b)=x^2+(a+b)x+ab$

$(x+a)^2=x^2+2ax+a^2$

$(x-a)^2=x^2-2ax+a^2$

$(x+a)(x-a)=x^2-a^2$

因式分解公式

第69页

$x^2+(a+b)x+ab=(x+a)(x+b)$

$x^2+2ax+a^2=(x+a)^2$

$x^2-2ax+a^2=(x-a)^2$

$x^2-a^2=(x+a)(x-a)$

指数运算法则

第81、112页

当m，n是正整数时，

$a^m\times a^n=a^{m+n}$，$a^m\div a^n=a^{m-n}$，

$(a^m)^n=a^{mn}$，

$(ab)^m=a^mb^m$。

比率

第57页

比率＝比较量 ÷ 标准量

平均数

第139页

平均数＝总量 ÷ 个数

速度

第140页

速度＝路程 ÷ 时间

路程＝速度 × 时间

时间＝路程 ÷ 速度

等式的性质

第98页

1 等式两边加同一个数或式子，等式仍成立。若$A=B$，则

$A+C=B+C$。

2 等式两边减同一个数或式子，等式仍成立。若$A=B$，则

$A-C=B-C$。

3 等式两边乘同一个数，等式仍成立。若$A=B$，则

$A\times C=B\times C$。

4 等式两边除以同一个不等于零的数，等式仍成立。若$A=B$，则

$A\div C=B\div C(C\neq 0)$。

不等式的性质

1 两边加（或减）同一个数，不等号的方向不变。若$A<B$，则

$$A+C<B+C,$$
$$A-C<B-C。$$

2 两边乘（或除以）同一个正数，不等号的方向不变。若$A<B$，$C>0$，则

$$AC<BC,\ \frac{A}{C}<\frac{B}{C}。$$

3 两边乘（或除以）同一个负数，不等号变反向。若$A<B$，$C<0$，则

$$AC>BC,\ \frac{A}{C}>\frac{B}{C}。$$

一元二次方程的求根公式

第111页

一元二次方程$ax^2+bx+c=0$的解是

$$x=\frac{-b\pm\sqrt{b^2-4ac}}{2a}。$$

对数的性质与对数公式

第83、117页

当$a>0$，$a\neq1$，$M>0$，$N>0$且P为实数时，

$$\log_a MN=\log_a M+\log_a N,$$
$$\log_a \frac{M}{N}=\log_a M-\log_a N,$$
$$\log_a M^p=p\log_a M。$$

卷末解答

1 计算器游戏

如果以“467”为例来说明，将个位与百位上的数字互换，得数为“764”。

$$\begin{aligned}764-467&=(700-400)+(60-60)+(4-7)\\&=100\times(7-4)+0+(4-7)。\end{aligned}$$

“4 − 7”的计算，

向相邻的数借10，即

$$\begin{aligned}&100\times(7-4)+0+(4-7)\\&=100\times(7-4-1)+90+(10+4-7)。\quad\cdots①\end{aligned}$$

将①的个位与百位上的数字互换，得数为

$$100\times(10+4-7)+90+(7-4-1)。\quad\cdots②$$

把①和②相加

$$\begin{aligned}&100\times(7-4-1)+90+(10+4-7)\\+\ &100\times(10+4-7)+90+(7-4-1)\\\hline&100\times(10-1)+180+(10-1)。\quad\cdots③\end{aligned}$$

最后剩下的数字，无一与最初的“467”有关。

即使用其他数字进行这一系列操作后，也总会得到

$$\begin{aligned}&100\times(10-1)+180+(10-1)\\&=100\times9+180+9=1089。\end{aligned}$$

2 神奇的计算

$1\times8+1=9$

$12\times8+2=98$

$123\times8+3=987$

$1234\times8+4=9876$

$12345\times8+5=98765$

$123456\times8+6=987654$

$1234567\times8+7=9876543$

$12345678\times8+8=98765432$

$123456789\times8+9=987654321$

图形的面积

长方形的面积＝长 × 宽

正方形的面积＝边长 × 边长

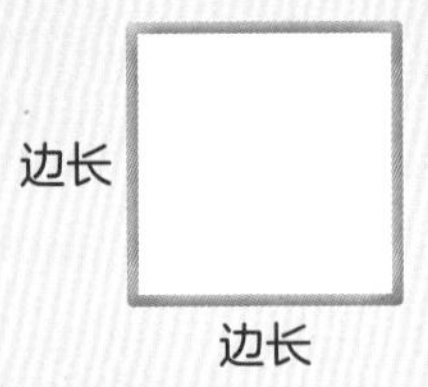

平行四边形的面积＝底 × 高

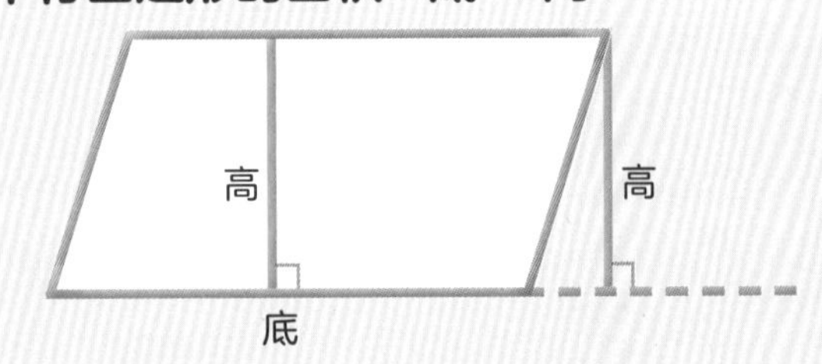

三角形的面积＝底 × 高 ÷ 2

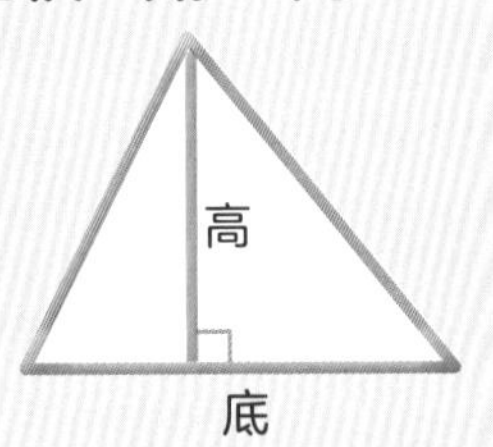

梯形的面积＝（上底＋下底）× 高 ÷ 2

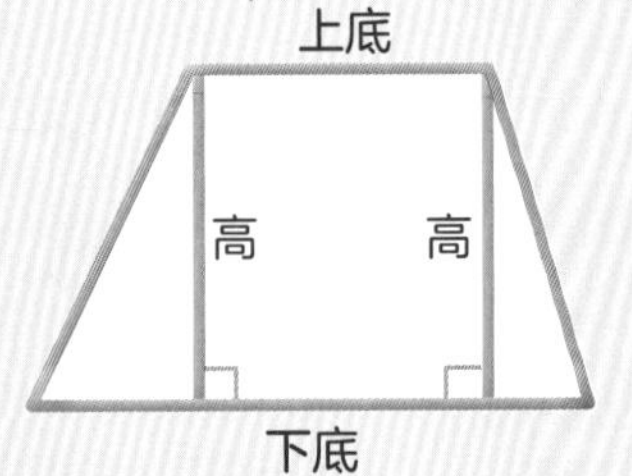

菱形的面积＝对角线 × 对角线 ÷ 2

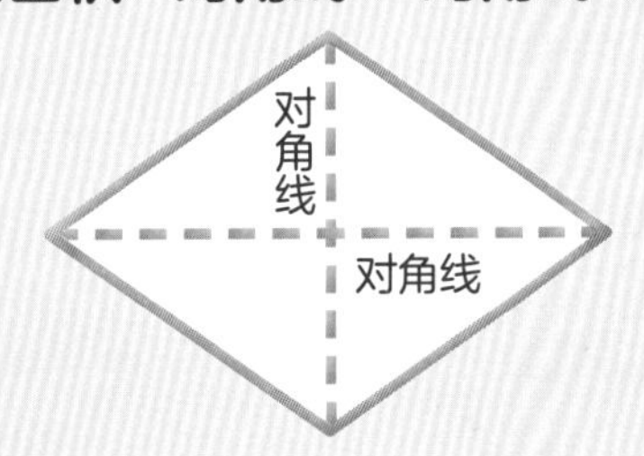

圆的周长与圆的面积

第146~149页

圆的周长＝直径 × π(3.14)

圆的面积＝半径 × 半径 × π(3.14)

设圆的周长为l，圆的面积为S，半径为r，则

$l=2\pi r$，

$S=\pi r^2$。

扇形的弧长与面积

扇形的弧长＝圆的周长 × $\frac{圆心角}{360°}$

设扇形的弧长为l，

半径为r，圆心角为$a°$，

则

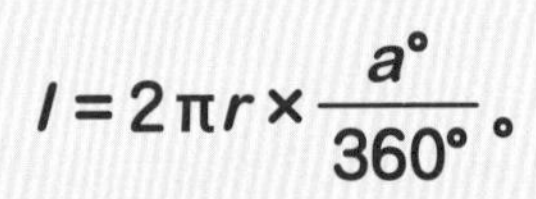

$l=2\pi r\times\frac{a°}{360°}$。

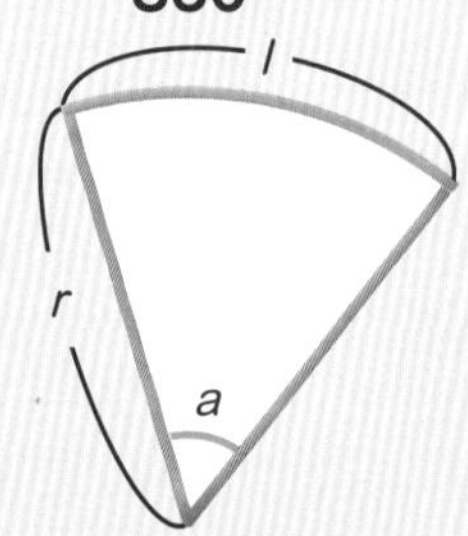

扇形的面积＝圆的面积 × $\frac{圆心角}{360°}$

设扇形的面积为S，

半径为r，圆心角为$a°$，

则

$l=\pi r^2\times\frac{a°}{360°}$。

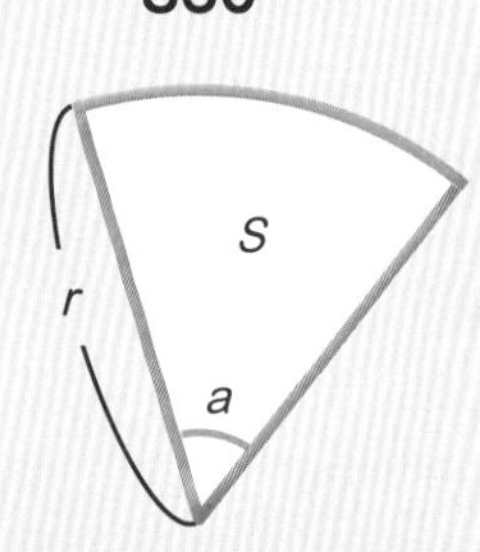

立体图形的体积与表面积

第194~197页

长方体的体积＝长 × 宽 × 高

正方体的体积＝棱长 × 棱长 × 棱长

棱柱和圆柱的体积＝底面积 × 高

棱锥和圆锥的体积＝底面积 × 高 × $\frac{1}{3}$

棱柱和圆柱的侧面积＝底面周长 × 高

棱柱和圆柱的表面积＝侧面积＋底面积 ×2

棱锥和圆锥的表面积＝侧面积＋底面积

相似图形的面积比与体积比

第198页

两个平面图形相似，当相似比为$m:n$时，

周长之比为 $m:n$

面积之比为 $m^2:n^2$

两个立体图形相似，当相似比为$m:n$时，

表面积之比为 $m^2:n^2$

体积之比为 $m^3:n^3$

对顶角的性质

第156页

对顶角大小相等。

平行线的性质

当一条直线与另两条平行的直线相交时，

1 同位角相等。

2 内错角相等。

3 同旁内角之和是180°。

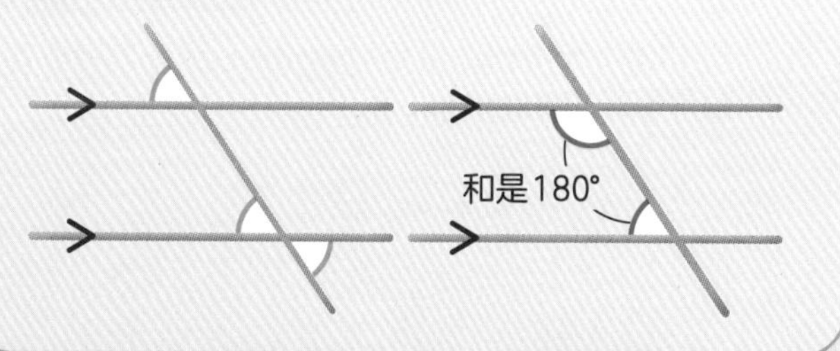

多边形的内角和

n边形的内角和 = 180° × (n − 2)

多边形的外角和

多边形的外角和恒等于360°。

卷末解答

第238页

猜拳与概率

A、B、C三人猜拳，当A出石头获胜时，对手的出拳方式如下图所示，有3种。

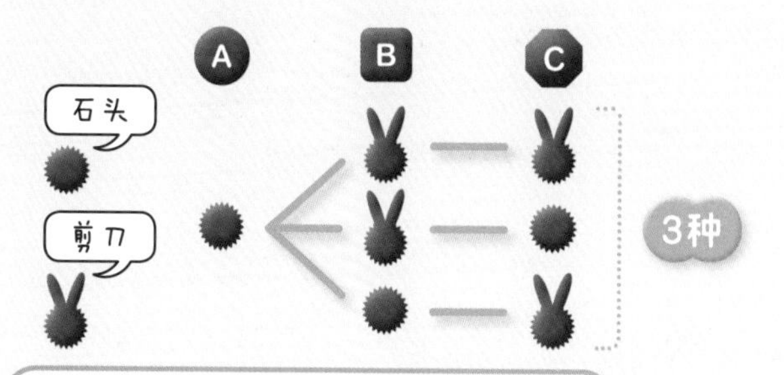

A分别出石头、剪刀、布，各有3种获胜模式

$$\frac{③\times 3}{3\times 3\times 3}=\frac{1}{3}$$

A、B、C的出拳方式各有3种，所以3×3×3就是所有的随机数

A获胜的概率是 $\frac{1}{3}$ 。

当只有A出石头获胜时，对手的出拳方式如下图所示，只有1种。

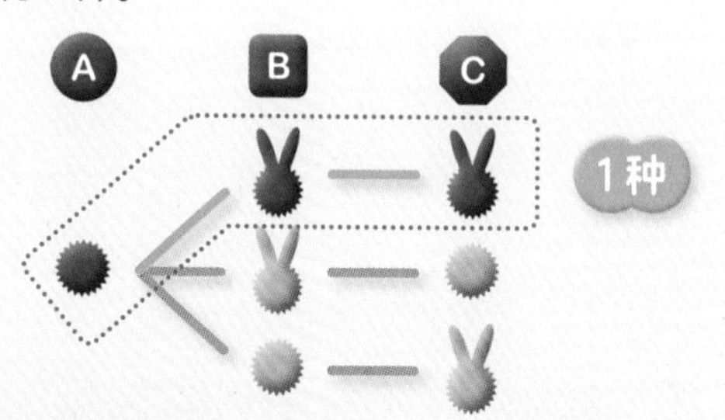

只有A获胜的概率是

$$\frac{①\times 3}{3\times 3\times 3}=\frac{1}{9},$$

只有A获胜的概率是 $\frac{1}{9}$ 。

三角形全等的条件

第161页

满足以下任一条件的两个三角形全等。

1 三组边分别相等。

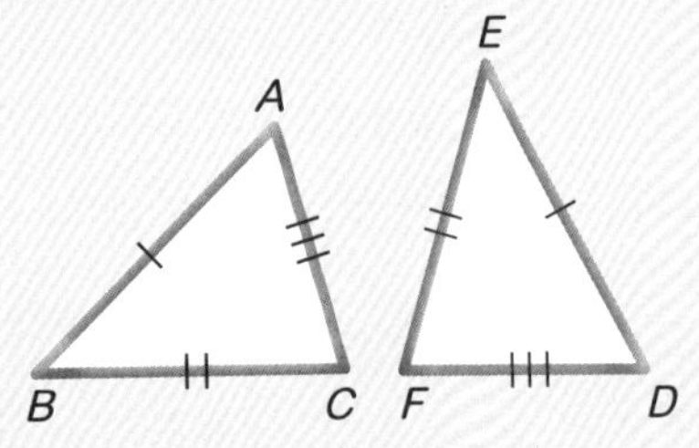

2 两组边及其夹角分别相等。

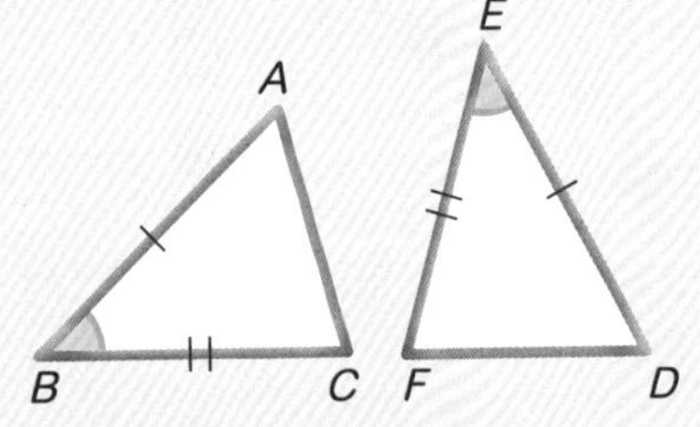

3 一组边及其两端的角分别相等。

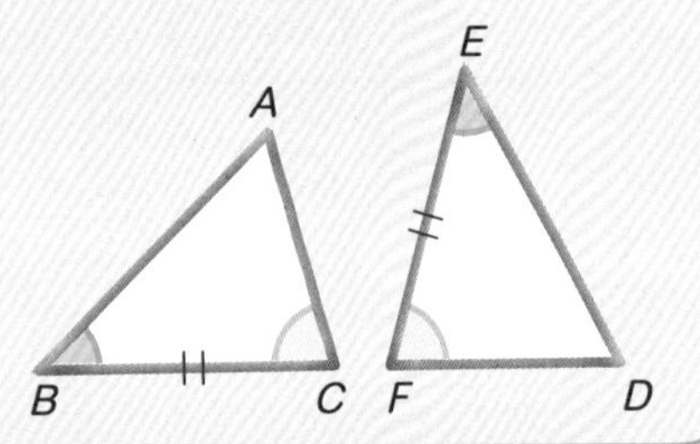

直角三角形全等的条件

第161页

满足以下任一条件的两个直角三角形全等。

1 斜边和一个锐角分别相等。

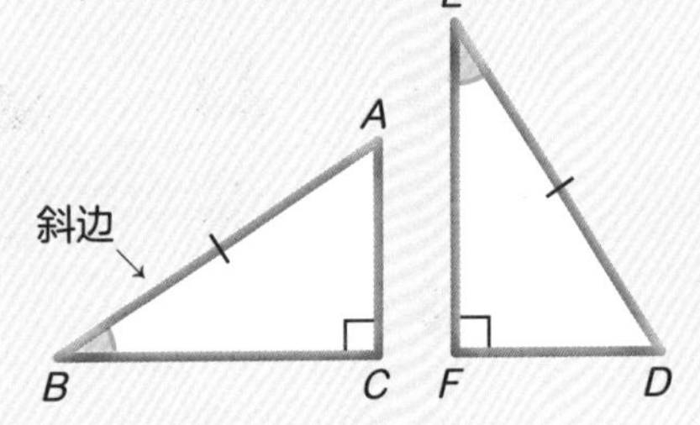

2 斜边和另一条边分别相等。

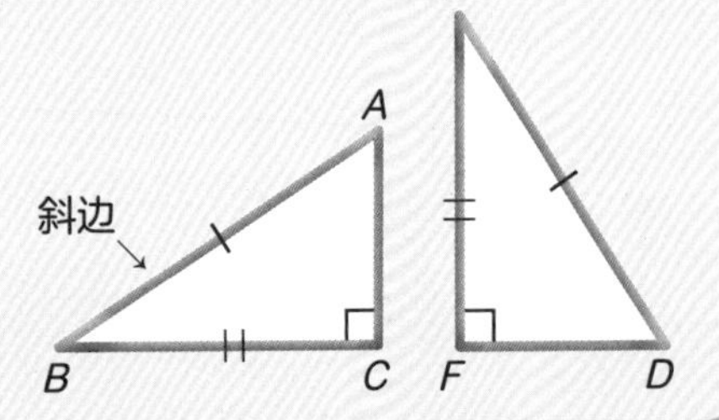

三角形相似的条件

第173页

满足以下任一条件的两个三角形相似。

1 三组边之比都相等。

$a:a'=b:b'=c:c'$

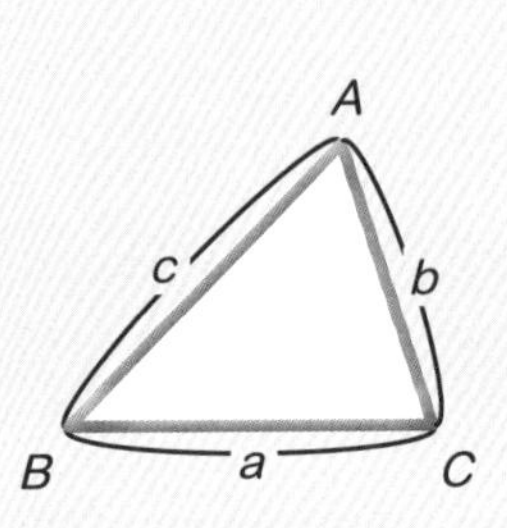

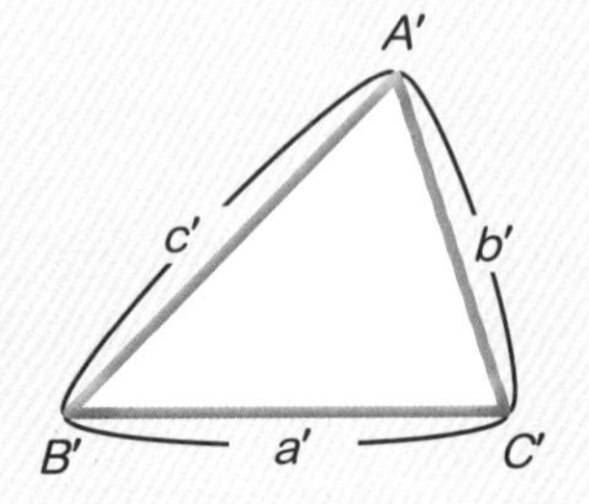

2 两组边之比及其夹角分别相等。

$a:a'=c:c'$，$\angle B=\angle B'$

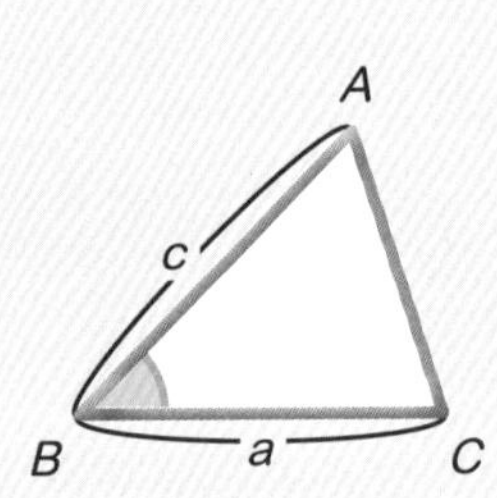

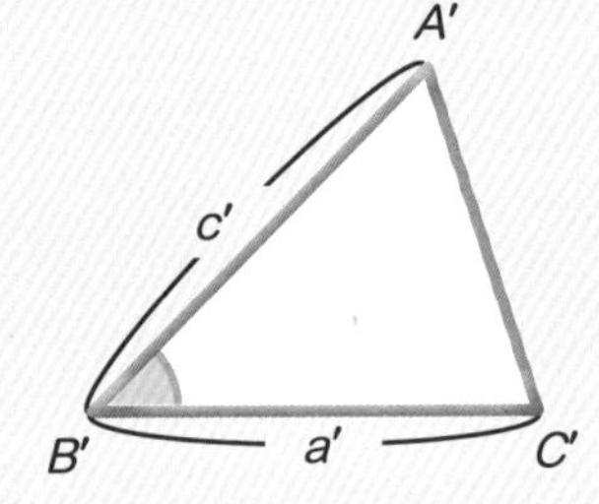

3 两组角分别相等。

$\angle B=\angle B'$，$\angle C=\angle C'$

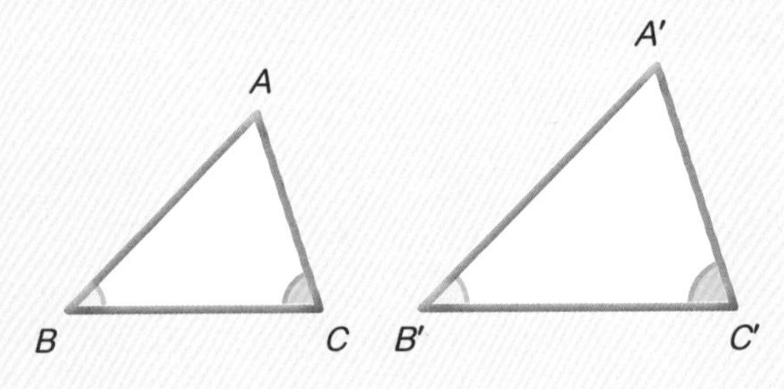

圆周角定理

在一个圆中，同弧所对的圆周角大小相等，是它所对的圆心角的 $\frac{1}{2}$。

圆周角定理的推论

在一个圆中，等弧所对的圆周角大小相等，大小相等的圆周角所对的弧长相等。

三角形与比（1）

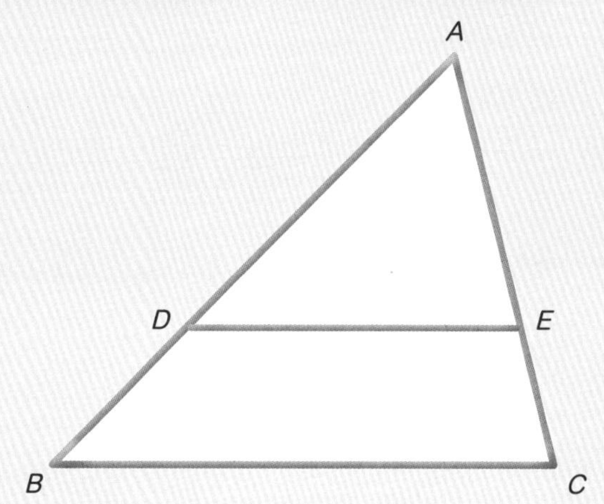

设△ABC的两边AB和AC上的两点分别为D，E。

若　$DE /\!/ BC$，

则　$AD:AB=AE:AC=DE:BC$。

若　$AD:AB=AE:AC$，

则　$DE /\!/ BC$。

三角形与比（2）

第174页

设△ABC的两边AB和AC上的两点分别为D，E。

若　$DE /\!/ BC$，

则　$AD:DB=AE:EC$。

若　$AD:DB=AE:EC$，

则　$DE /\!/ BC$。

平行线与比

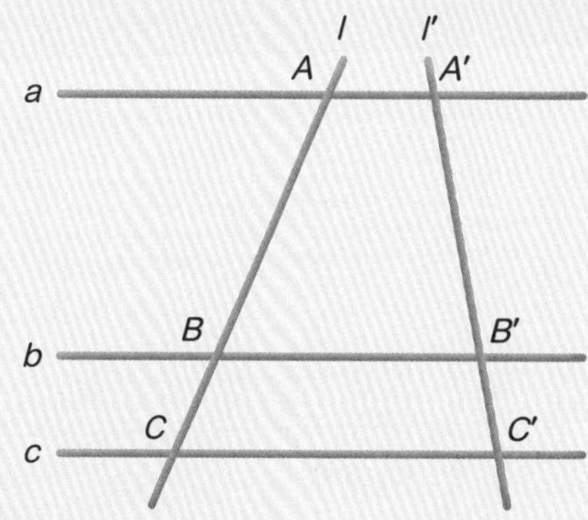

三条平行直线a，b，c，设直线l与它们的交点分别为A，B，C，直线l'与它们的交点分别为A'，B'，C'，则

$AB:BC=A'B':B'C'$。

三角形中位线定理

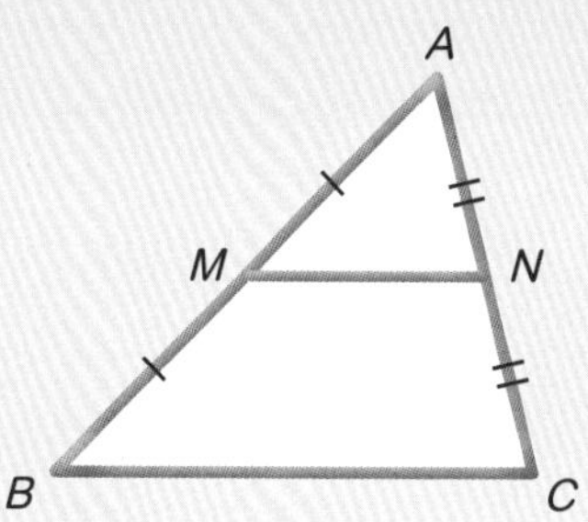

设△ABC的两边AB和AC的中点分别为M，N，以下关系成立。

$MN /\!/ BC$，$MN=\frac{1}{2}BC$

勾股定理

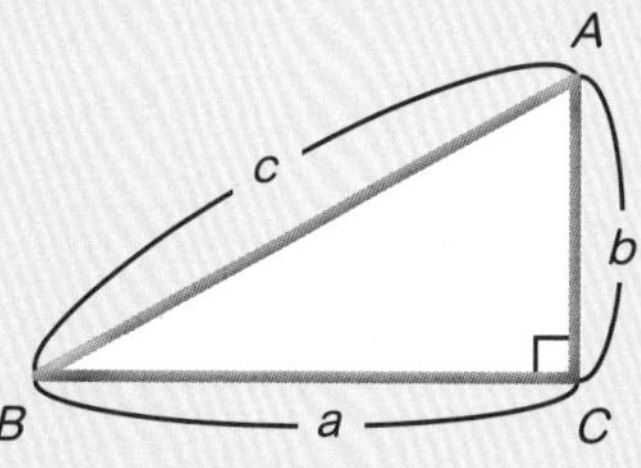

设直角三角形的两条直角边的长度分别为a和b，斜边长度为c，则

$a^2+b^2=c^2$。

索引

A

B

D

E

F

G

H

J

K

L

M

N

O

P

Q

R

S

Z

《趣味数学图鉴》所含的想法

本书从小学、初中乃至高中数学遴选出来一部分的内容，但并非“解题书”，而是饱含了“希望读者用眼睛看就能了解数学”这一想法的“探索数学原理的图鉴”，既可以从头开始阅读，也可以挑选自己喜欢的章节读起，衷心期待大家能够享受这些全彩图解，全身心地沉浸在迷人的数学世界里。

本书有以下三大特点。

1. 利用图画来营造轻松愉快的氛围，使读者能够直观地理解内容。
2. 在重视数学发展过程的基础上选定条目。
3. 通过具体的场景，对日常生活中用到的数学知识进行介绍。

每一页都通过图画，对数、符号、字母的含义作了简明易懂的说明。对那些深信自己搞不懂数学的人来说，本书很可能会为他们打开一扇通往数学世界的新大门。

衷心期待大家能在阅读本书的过程中，感受到“优美”“简洁”“明确”等数学之美，倘若能在日常生活中多少发挥数学的作用，那么更是万幸。

想必每个人都曾被绘画、雕刻等艺术作品以及自然界中的动植物之美所深深地吸引，沉迷其中。为什么会觉得美呢？在那些美的背后，或许便隐藏着数学的力量。用数学的眼光去观察那些觉得美的艺术作品和建筑，往往就能看到1：1.618这个黄金比。此外，植物枝叶的分布也符合斐波纳奇数列这一具备机能美的神奇数字。像这样，通过用数学的眼光去观察事物，有时就能看透这个世界的本质。每当此时，我都不禁会想：“数学太厉害了，太美了。”能否从小就形成这样的体验，或许正是喜欢数学的人与讨厌数学的人的差别所在。

从0到9的数字和+、-等符号，是数学的语言。比较物体的大小时，该怎么做？既可以直接比较，也可以使用数来比较，而且后者往往更简单更容易。用数来表示，能进行计算，也能求出哪一方大多少。此外，通过使用数字，再大的数也能表示出来；通过使用小数点，再小的数也能表示出来。

我们喝咖啡时，会告诉对方“拿两块方糖”；购买85元的商品时，会思考“支付100元，找零15元”。多亏有了数和符号，我们才能做到简洁的表达和准确的传达。在本书中，也会对这些基本的数和运算的重要性作出说明。

在日常生活中，我们会进行各种各样的判断，有时会在无意识间使用数学。例如，出门去某地时，我们可能会想需要多久能到，于是在无意识间用到比例的知识去思考：如果一直以这样的速度前行，需要多少分钟会到达目的地。除此之外，本书中的各种场景下的各种问题，都使用了数学思维去加以判断，大家一看便知。

数学还能创造一个崭新的世界。当人们想用数来表示正方形对角线的长度时，由于无法用分数表示，便创造出了无理数$\sqrt{2}$。在数学的世界里，能否自由创造新事物，并与既有事物一样使用，值得一探究竟。

我想，本书的诸位读者定能享受到一步踏入新世界的乐趣。

世界上可能有许多这样的人：只在购物算钱时使用数学，一见到公式和算式就头疼。有的成年人可能自中学毕业后就再未接触过数学。如果这些人读完本书，能感觉到数学离自己近了一点儿，感受到数学所蕴含的无限可能，那将是我最大的快乐。

日本山梨大学教授　中村享史

版权登记号：01-2023-5242

图书在版编目（CIP）数据

趣味数学图鉴 /（日）中村享史编著；程亮译. --
北京：现代出版社，2023.11
ISBN 978-7-5231-0534-4

Ⅰ. ①趣… Ⅱ. ①中… ②程… Ⅲ. ①数学－青少年
读物 Ⅳ. ①01-49

中国国家版本馆CIP数据核字（2023）第185056号

趣味数学图鉴

作　　者　〔日〕中村享史
译　　者　程　亮
责任编辑　申　晶　滕　明
美术编辑　袁　涛
出版发行　现代出版社
通信地址　北京市安定门外安华里504号
邮政编码　100011
电　　话　010-64267325　64245264（传真）
网　　址　www.1980xd.com
印　　刷　北京飞帆印刷有限公司
开　　本　889mm×1194mm　1/16
印　　张　16
字　　数　180千
版　　次　2023年11月第1版　2023年11月第1次印刷
书　　号　ISBN 978-7-5231-0534-4
定　　价　88.00元
